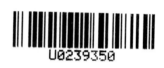

职业教育机电类专业系列教材
机械工业出版社精品教材

冷冲压与塑料成型机械

第2版

主　编　范有发
参　编　陈　胤　欧圣雅　徐志扬
主　审　翁其金

机 械 工 业 出 版 社

本书是根据职业教育机电类专业人才培养的需要进行修订的。全书共分六章，内容主要包括曲柄压力机、双动拉深压力机、螺旋压力机、精密冲压压力机、高速压力机、数控回转头压力机、数控液压折弯机、伺服压力机、液压机、塑料挤出机、塑料注射机、双（多）色注射机、全电动注射机、塑料压延机、塑料中空吹塑成型机和反应注射机等设备的结构、特点、工作原理及应用。其中，对曲柄压力机、数控冲压与塑料成型设备进行了较具体的叙述。本书在编写中增加了许多实物图片，力求突出内容的系统性、实用性和直观性。

本书适合作为职业技术院校模具专业教材，也可作为成人教育或专业技术培训教材，还可供从事金属与塑料成型加工的工程技术人员参考。

图书在版编目（CIP）数据

冷冲压与塑料成型机械/范有发主编．—2 版．—北京：机械工业出版社，2012.3（2023.8 重印）
职业教育机电类专业系列教材
ISBN 978-7-111-37485-5

Ⅰ.①冷… Ⅱ.①范… Ⅲ.①冷冲压—职业教育—教材 ②塑料成型加工设备—职业教育—教材 Ⅳ.①TG38 ②TQ320.5

中国版本图书馆 CIP 数据核字（2012）第 024267 号

机械工业出版社（北京市百万庄大街 22 号 邮政编码 100037）
策划编辑：汪光灿 责任编辑：汪光灿 王海霞
版式设计：霍永明 责任校对：申春香
封面设计：饶 薇 责任印制：邓 博
北京盛通商印快线网络科技有限公司印刷
2023 年 8 月第 2 版第 4 次印刷
184mm×260mm · 18.75 印张 · 462 千字
标准书号：ISBN 978-7-111-37485-5
定价：52.00 元

电话服务 网络服务
客服电话：010-88361066 机 工 官 网：www.cmpbook.com
010-88379833 机 工 官 博：weibo.com/cmp1952
010-68326294 金 书 网：www.golden-book.com
封底无防伪标均为盗版 机工教育服务网：www.cmpedu.com

前　言

本书第1版出版以来，承蒙广大读者的厚爱，陆续印刷了近20次，成为机械工业出版社精品教材。本书是在第1版教材的基础上，根据目前新技术、新工艺、新装备的发展，以及职业教育人才培养的特点组织编写的。

本书修订时，增加了伺服压力机、双螺杆挤出机、双（多）色注射机、全电动注射机等设备的结构和塑料注射机操作方法与使用维护方面的内容，对第1版教材中存在的一些问题和部分插图进行了相应的修正和更新，并对教材中部分章节的内容进行了修订和补充。修订后的教材更注重内容的实用性、完整性和直观性，与现代生产工艺、设备和新技术的距离靠得更近，众多实物图片的加入更有利于学生理解教材相关章节的内容和知识点，对职业教育人才的培养和学生实际操作能力的培养十分有益。本书在每章后附有一定量的复习思考题，以便教师引导学生对课程内容进行及时的复习巩固。

本书由福建工程学院范有发主编，并完成修订，由翁其金教授主审。本书第1版的编者有欧圣雅、陈胤、徐志扬，修订版保留了第1版的特点，包含了原作者的部分劳动成果。在教材的审稿过程中，翁其金教授对本书提出了许多宝贵意见，在此表示衷心的感谢。此外，许多设备生产厂家及其相关技术人员为本书提供了大量的参考资料，在此一并表示衷心的感谢。

由于编者水平有限，错误之处在所难免，恳切希望广大读者批评指正。并请采用此教材的教师通过 E-mail 告知姓名、院校及通信地址，以便进行交流。编者 E-mail：youfa_ fan@ 163. com。

编　者

目　录

绪　论

一、冷冲压成形工艺与设备概述

1. 冲压成形工艺的特点

冲压是利用压力机和冲压模具对材料施加压力，使其分离或产生塑性变形，以获得具有一定形状和尺寸的制品的一种材料成形加工方法，由于它多用于金属板材的冲压成形加工，故又称为板料成形。通常，将常温下的冲压生产称为冷冲压成形，将把坯料加热到较高温度后所进行的冲压生产称为温热冲压或热冲压成形。冲压成形与其他加工方法（如锻造、铸造、焊接、机械切削加工等）相比，具有以下特点：

1）生产效率高，制品形状和尺寸一致性好，质量稳定。

2）冲压生产可实现少屑加工或无屑加工，制品一般不需要机加工即可进行表面处理或直接用于产品装配。

3）板料冲压件的质量小、结构刚性好，材料利用率高。

4）可成形各种薄壁复杂件，如汽车覆盖件、计算机机箱、易拉罐等包装容器，飞机、导弹、火箭外壳等航空航天和国防工业产品。

冲压生产在汽车、计算机、电子、通信、家电、电动机、仪器仪表、航空航天和国防等领域得到了广泛应用。冲压成形已成为大批量、高效率生产各种金属制品的重要手段，工业越发达的国家，其冲压技术的应用与研究就越深入和普遍，并以较快的速度发展。

2. 冷冲压生产的基本工序

根据冲压件的形状、尺寸、精度要求、生产批量和所用材料性质等的不同，所采用的冲压成形工艺也不同，但其基本工序一般可分为分离和成形两大类，见表0-1。

表0-1　冷冲压基本工序

分离工序								成形工序														复合工序		
普通冲裁							精密冲裁	弯曲			拉深		成形									复合冲压	级进冲压	级进复合冲压
落料	冲孔	切边	切断	切口	剖切	修整		压弯	卷边	扭曲	普通拉深	变薄拉深	压凹	翻边	胀形	缩径	整形	校正	压印	冷镦	冷挤压			

分离工序是指在外力的作用下，使被加工材料沿一定的轮廓形状剪切断裂而分离的冲压工序，通常称为冲裁。普通冲裁获得的零件断面质量较差、尺寸精度较低，只能满足要求不太高的产品需要，或者为后续工序提供毛坯。而精密冲裁则可获得断面质量好、尺寸精度高的冲裁件。

成形工序是指在外力的作用下，使材料屈服，产生塑性变形，以获得具有一定形状和尺寸的零件的冲压工序。

此外，在大批量生产中，为了提高生产效率，有时可以结合零件的结构特点和工艺要求，将两个或两个以上不同的冲压工序复合在一起同时冲压成形，称之为复合工序。如落料－冲孔、落料－拉深－切边、落料－冲孔－翻边复合等。

3. 冷冲压生产设备

为适应不同的冲压工艺和产品生产要求，冲压生产所用的设备类型很多。我国将锻压机械分为机械压力机、液压机、自动锻压机、锤锻机、剪切机、弯曲校正机及其他8大类，其中多数设备可用于冷冲压生产。在实际生产中，曲柄压力机、板料折弯机和液压机的应用最广。

随着机械、电子、信息和材料等技术的高速发展，冲压生产设备得到了快速的发展。在近年举办的国际金属板材成形设备展览会上，大量展出了日本、意大利、瑞士、瑞典、德国、美国和我国的各类冷冲压生产设备，其发展趋势是不仅向大型化、自动化发展，而且向高速化、精密化、数控智能化、微型化和节能环保等方向发展。德国舒勒（Schuler），日本川崎（Kawasaki）、会田（AIDA）、村田（Murata）、小松（Komatsu）等一些国际知名公司的最新产品，其性能达到了相当高的水平。

各国最新开发的各类冷冲压设备具有如下特点：

1）大量采用新材料、新结构，尽量减少运动部件的质量。例如，日本京利（Kyori）公司生产的Mach系列超高速精密压力机的滑块采用了陶瓷－铝合金复合材料，使运动部件的质量得到了进一步减少，使惯性力下降了40%，其最高行程次数可达到4 000次/min；而瑞士布鲁德罗（Bruderer）公司的250kN压力机也可达到1 500次/min。

2）尽量减少温度、导向精度对滑块运动精度的影响，从而显著改善了滑块的运动特性。例如，日本BeatANEX系列高速压力机采用对称曲柄－肘杆机构，其连杆和肘杆的热变形互相抵消，不但减少了热变形对滑块运动位置精度的影响，而且降低了滑块在下止点附近的速度，提高了加工性能。日本京利公司的Mach系列产品则采用新型的动静压混合导向机构，以提高滑块的导向精度，可将压力机下止点的位置精度控制在0.01mm左右。瑞士布鲁德罗公司产品的导向轴承可自动补偿热变形，还设有油－水冷却器以控制温度的变化，确保其工作精度。

3）设备的自动化水平和工作可靠性得到了进一步提高。例如，瑞士布鲁德罗压力机采用了CNC控制，其图形显示、滑块位置、送料长度等均能实现实时检测和控制；采用人机对话界面操作，系统可存储500套模具的参数，大大节省了换模调节时间；选择适当的数据接口和控制系统平台还可实现数据的网络化管理。

4）采用新的伺服驱动方式，大大改善了设备的性能。例如，数控回转头压力机采用液压伺服驱动技术，使步冲频率提高到600次/min以上。折弯机采用交流伺服电动机－滚珠丝杠驱动后，克服了液压系统速度切换时的短暂停顿现象，使滑块运动更加敏捷，整体效率较液压式提高了1倍以上。而伺服曲柄压力机可根据实际需要来调整滑块行程，且在一个工作循环中，曲柄无需完成360°旋转，只要进行一定角度的摆动即可完成冲压工作，从而缩短了工作循环时间，更加高效节能。

5）减少滑块变形、改善误差补偿，提高了弯曲精度。小松PAS系列折弯机加大了滑块尺寸，其质量增加到原来的3倍，而刚度则增加到原来的3.8倍，使工作时的滑块变形大大减小。滑块的挠度补偿除采用楔块、液压等传统补偿方式外，一些折弯机在滑块上还安装了四个独立的驱动装置，自动计算补偿曲线，分配各轴运动进行补偿。天田公司则采用了自动挠度补偿机构，此机构可自动补偿滑块的挠度变形，无需复杂的计算；并推出了一种数字角度测量仪 DIGIPRO，它与折弯机控制软件 OPERATEUR 结合，能对弯曲回弹角进行精确修正。

6）实现了冲压过程的闭环控制。日本小松和会田的交流伺服曲柄压力机，其伺服电动机经一级齿轮传动直接驱动曲柄－连杆机构工作，中间无离合器，并设置了位移传感器检测滑块的运动，实现闭环控制。滑块的运动曲线不再是正弦曲线，而是根据工艺要求进行优化设计的任意曲线，并可在控制器中预存适于冲裁、拉深、压印、弯曲等工艺及不同材料的特性曲线，使用时可根据不同工艺、不同材料直接调用不同曲线，显著提高了压力机的加工性能，扩大了加工范围。

7）更加环保、节能、降噪。伺服压力机的曲柄只做小角度的摆动，且省去了飞轮和离合器，进一步降低了能耗，与常规曲柄压力机比较，节能超过30%。另外，它可按特殊设计的工作特性曲线进行冲压生产，准确控制冲裁时冲头的速度，从而减少了冲裁的振动和噪声，提高了模具的使用寿命。据小松公司提供的数据，该压力机的冲裁噪声较常规曲柄压力机降低了10dB。又由于没有空转，不工作时可以完全没有噪声，达到静音冲压的效果。冲压生产的节能、环保和设备“宜人化”是新型设备开发的重要趋势。

二、塑料成型工艺与设备概述

1. 塑料成型工艺及其应用

塑料工业的发展历史虽然只有短短的几十年，但它的发展速度却十分惊人。据统计，全世界塑料用量近十年来几乎以每五年翻一番的速度增长，预计今后将以每八年翻一番的速度持续高速发展。除塑料材料的年消耗量快速增长外，塑料品种也不断增加，出现了许多新型工程塑料，用以替代部分金属制品。塑料制品的应用领域不断扩大，塑料成型技术得到了不断的创新和发展。

塑料制品的生产过程通常包括塑料预处理（原料的预压、预热和干燥、添加剂预混等)、成型（注射、挤出、压缩模塑成型、中空成型等)、后处理（如机械加工、退火或调湿处理、表面抛光、喷涂、电镀等）和装配等工序。其中，塑料成型工序是必不可少的工序，其他工序则可根据塑料制品要求的不同进行取舍。

塑料成型是塑料原料转变为制品的重要环节，塑料成型方法除传统的压缩、传递、注射、挤出、压延、中空吹塑、搪塑和滚塑成型外，近年又发展了许多新的成型加工方法，如多层复合挤出成型、发泡成型、反应注射成型、精密注射成型、气体辅助注射成型、热流道注射成型、双色或多色注射成型、叠层注射与多模注射成型、微孔塑料注射和挤出成型等。目前，塑料最常用的成型方法有注射、挤出、吹塑、压缩成型和热成型，尤其是注射和挤出成型，其制品数量占塑料制品总量的80%左右。

塑料的优良特性和塑料制品生产的方便性，使它的应用领域不断扩大，在汽车、计算机、信息、电子、机电、仪器仪表、医疗、纺织、轻工、建筑、国防和航空航天及日用工业等许多行业均得到了广泛的应用。

2. 塑料成型设备

塑料成型设备的类型很多，包括各种模塑成型设备和非模成型设备（如压延机等)。模塑成型设备有挤出机、注射机、中空成型机、发泡成型机、塑料液压机，以及与之配套的辅助设备等。生产中，挤出机和注射机的应用最广，其次是液压机和压延机。从塑料制品的总量上看，挤出成型制品的产量约占总产量的一半，注射成型制品占总产量的30%～40%，这个比例还在扩大。而在塑料成型设备生产中，注射机的产量最大，据统计，全世界注射机的产量近十年增加了10倍，每年注射机的产量（台数）约占所有塑料设备产量的50%，成为塑料设备生产中增长最快、产量最多的机型。

随着科学技术的发展，塑料成型设备正向大型、高速、高效、精密、特殊用途、连续化和自动化，以及小型和超小型（指注射机）方向发展。目前，日本SN120P塑料注射机的注射压力高达460MPa，制品公差可控制在0.02～0.03mm。采用全电动注射机可生产精度达微米级的精密塑件，其重复精度可达0.1%。万分之一克的微型塑件注射成型设备、直径1mm的塑料管挤出设备和容积仅3mL的中空吹塑机等均已投入实际应用；合模力达8000kN的大型注射机已用于轿车车身零件的生产；直径2m的塑料管、宽10m的片材和5000L的中空容器等大型塑料制品生产设备也已商业化。日本已提出开发质量为十万分之一克的注射成型设备，以及用于替代人体血管的直径小于0.5mm的塑料管生产设备等；各种大型塑料制品（如小型快艇、运动艇、超大直径的洲际长途输油输气塑料管道、10000L甚至更大容积的塑料储装容器等）的生产都已有需求，这类设备的开发已在进行中。目前，德国生产的大型造粒用单螺杆挤出机，其螺杆直径达700mm，产量为36000kg/h。

我国的塑料工业与发达国家相比虽有一定差距，但发展速度也非常迅猛。目前，我国不仅能生产品种齐全的塑料成型设备，而且实现了挤出机、注射机、压延机等设备的系列化，并能生产大型、精密、自动化程度高的塑料成型设备（如注射量达30000cm³的大型注射机、螺杆直径达φ250mm的挤出机、压制力达20000kN的层压机，以及大型精密压延机等），打破了这类设备依赖进口的局面。

三、本课程的学习要求

产品生产与其材料、生产工艺、模具和设备是紧密相关的，它们构成了产品生产的四大要素。由于产品的种类繁多，所用设备的种类也很多，因此，本书仅选择若干具有代表性的冲压与塑料成型设备进行比较详细的介绍，其余设备只做简单介绍，力图通过典型设备的结构分析和介绍，使学生掌握常用设备的选择、使用和维护方法，能够解决设备的常见故障，并对今后的进一步学习和工作起到举一反三、触类旁通的作用。

通过本课程的学习，应达到如下要求：

1）了解冲压与塑料成型主要设备的结构特点、工作原理、技术指标与性能，掌握主要设备与模具的关系，并能根据产品的生产工艺要求合理地选用设备。

2）能够根据工艺要求和设备说明书，正确使用、调整和维护主要设备，并具有分析和排除常见故障的能力。

3）在学习过程中，应注意将理论知识与生产实际相结合，充分利用生产实习和综合实践环节的学习机会，仔细观察、分析设备的工作原理和动作过程，使所学知识得到巩固和升华。

第一章　曲柄压力机

第一节　曲柄压力机概述

一、曲柄压力机的分类

曲柄压力机（冲床）属于机械传动类压力机，它为冲压模具提供生产所需的动力和运动，依靠冲压模具完成各种冲压工艺，生产出半成品或制品。曲柄压力机在汽车、农用机械、电动机、仪表、电子、医疗器械、国防、航空航天及日用品等工业部门得到了广泛的应用。

为适应不同零件冲压生产的工艺要求，需要采用不同类型的曲柄压力机，它们的结构形式和工作特点各不相同。通常可按曲柄压力机的工艺用途及结构特点进行分类。

曲柄压力机按工艺用途不同，可分为通用压力机和专用压力机两大类。通用压力机可用于冲裁、弯曲、成形、浅拉深等多种冲压工艺；专用压力机的用途较为单一，它是针对某一特殊工艺开发的，如双动拉深压力机、板料折弯机、剪板机、冷镦机、高速压力机、精压机、热模锻压力机等。

曲柄压力机按机身结构形式不同，可分为开式压力机、半闭式压力机和闭式压力机。开式压力机的机身形状类似于英文字母 C，如图 1-1 所示。其机身工作区域三面敞开，操作空间大，但机身刚度相对较差，工作时机身会产生角变形，影响冲压精度，因此，开式压力机的公称压力一般在 2000kN 以下。按立柱结构不同，开式压力机又可分为单柱压力机和双柱压力机两种。图 1-2 所示为开式双柱固定台（偏心式）压力机，其机身工作区域也是三面敞开的，方便实现前后和左右两种送料方式。此外，开式压力机按照工作台结构不同，可分为可倾台式压力机（图 1-1）和固定台式压力机（图 1-2），早期的升降台式压力机因工作台的整体刚度差，模具闭合高度调节困难，已很少使用。开式压力机按连接曲柄和滑块的连杆数不同可分为开式单点压力机（图 1-1、图 1-2）和开式双点压力机（图 1-3）。

图 1-1　J23 系列开式双柱可倾式压力机

图 1-2　JH21 系列开式双柱固定台式压力机

图 1-3　J25-200 型开式双点压力机

闭式压力机的机身左右两侧封闭，机身呈框架结构(图1-4)，刚度好、冲压精度高；但操作空间较小，操作人员只能从前后两面接近模具，操作不太方便。目前，公称压力超过2500kN的中、大型压力机几乎都采用闭式机身结构。为了改善闭式压力机的操作空间和送料的方便性，近年出现了半闭式机身结构的压力机（图1-5），它在封闭机身前方两侧开有较大的窗口，可供操作者接近模具或进行左右送料。

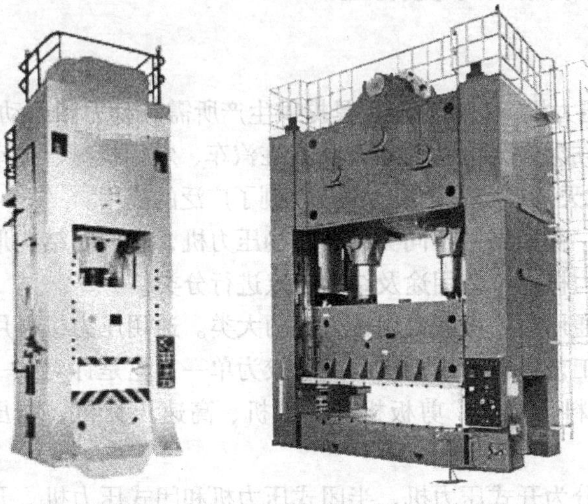

a) b)

图1-4 闭式压力机

a）JH31-250型闭式单点压力机 b）JC36-630型闭式双点压力机

图1-5 JA35-400型半闭式双点压力机

同样，闭式压力机按连接曲柄和滑块的连杆数量不同，可分为单点压力机、双点压力机和四点压力机，如图1-6所示。连杆数主要根据滑块面积的大小和吨位而定，连杆数量越多，滑块承受偏心负荷的能力越大。

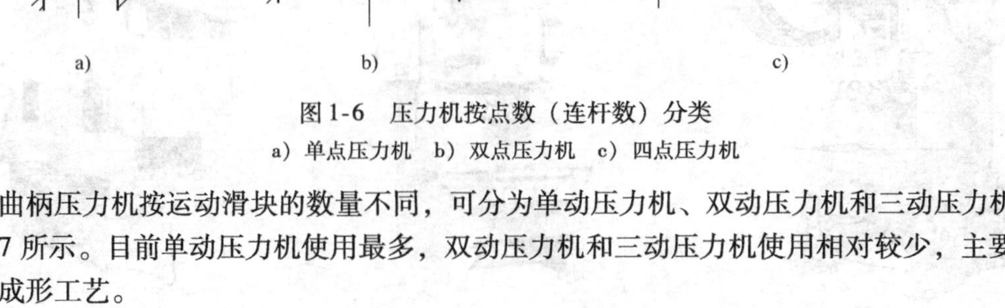

a) b) c)

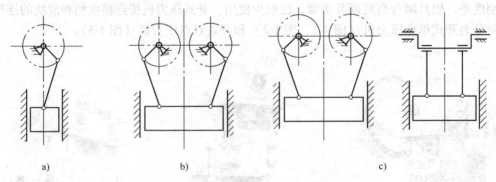

图1-6 压力机按点数（连杆数）分类

a）单点压力机 b）双点压力机 c）四点压力机

曲柄压力机按运动滑块的数量不同，可分为单动压力机、双动压力机和三动压力机，如图1-7所示。目前单动压力机使用最多，双动压力机和三动压力机使用相对较少，主要用于拉深成形工艺。

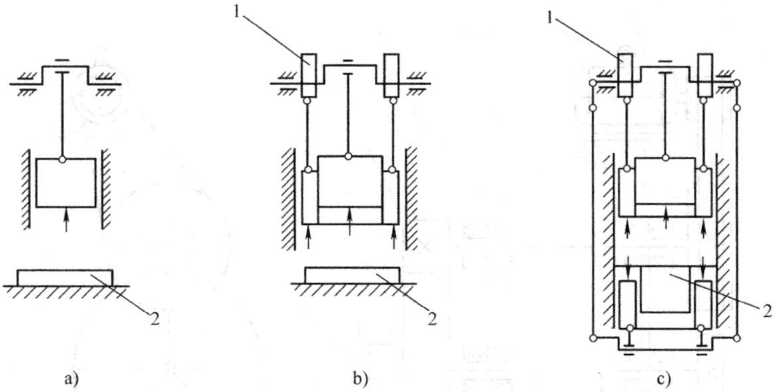

图 1-7　压力机按运动滑块数分类
a）单动压力机　b）双动压力机　c）三动压力机
1—凸轮　2—工作台

二、曲柄压力机的工作原理与结构组成

无论何种类型的曲柄压力机，其工作原理和基本结构组成都是相同的。图 1-1 所示的开式双柱可倾式压力机的传动原理如图 1-8 所示，电动机 1 的能量和运动通过带传动传递给中间传动轴 4，再由齿轮传递给曲轴 9，经连杆 11 带动滑块 12 做上下直线移动，从而将曲轴的旋转运动通过连杆转变为滑块的往复直线运动。将上模 13 固定于滑块上，下模 14 固定于工作台垫板 15 上，压力机便能对置于上、下模间的板料加压，将其冲压成工件。为了对滑块运动进行控制，曲轴两端分别装有离合器 7 和制动器 10，以实现滑块的间歇或连续运动。压力机在整个工作周期内有负荷的工作时间很短，大部分时间为空行程运动。为了有效地利用能量，减小电动机功率，曲柄压力机均装有飞轮，以起到储能作用。图 1-8 中的大带轮 3 和大齿轮 6 均起储能的作用。

从上述工作原理可知，曲柄压力机通常由以下部分组成。

（1）工作机构　一般为曲柄滑块机构，由曲轴、连杆、滑块、导轨等零件组成。其作用是将飞轮的旋转运动转换为滑块的往复直线运动，承受和传递冲压的工作压力，并在滑块上安装模具。

（2）传动系统　包括带传动和齿轮传动等机构。它将电动机的能量和运动传递给工作机构，并对电动机的转速进行减速，以获得所需的滑块行程次数。

（3）操纵系统　包括离合器、制动器及其控制装置，用来控制压力机安全、准确地运转。

（4）能源系统　包括电动机和飞轮，飞轮能将电动机空程运转时的能量储存起来，在冲压时再释放出来。

（5）支承部件　如机身，它把压力机的所有机构连接在一起，承受全部工作变形力和各种装置的重力，并保证整机所要求的精度和强度。

此外，还有各种辅助系统和附属装置，如润滑系统、顶件装置、安全保护装置、滑块平衡装置等。

图 1-9 所示为 J31-315 型闭式压力机原理图，与图 1-8 相比，其传动系统中多了一级齿轮传动；工作机构的曲柄由偏心齿轮的偏心距代替，工作时由偏心齿轮 9 带动连杆摆动，使

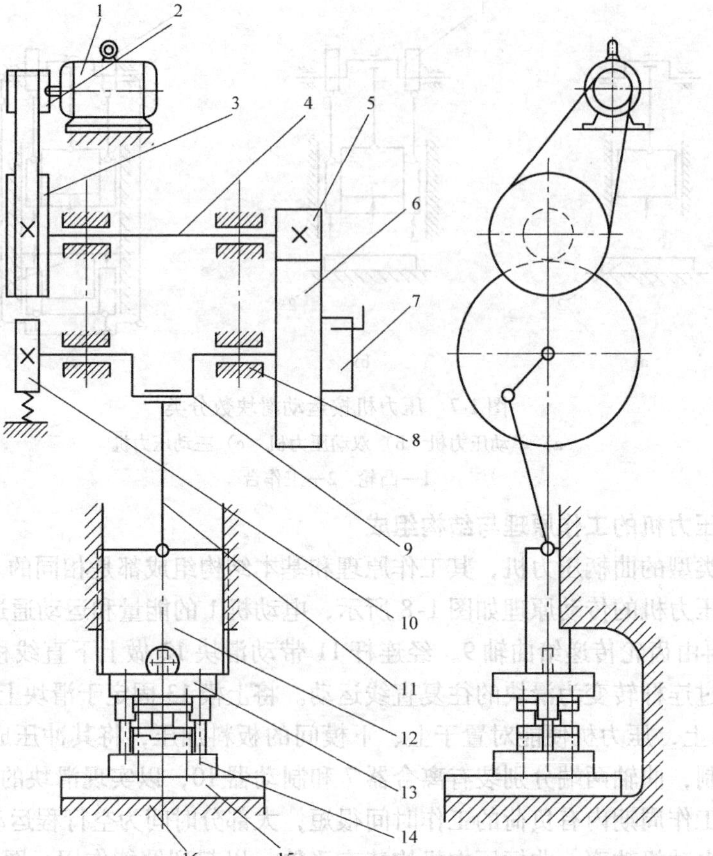

图1-8 JC23-63型压力机传动原理图

1—电动机 2—小带轮 3—大带轮 4—中间传动轴 5—小齿轮 6—大齿轮 7—离合器 8—机身 9—曲轴 10—制动器 11—连杆 12—滑块 13—上模 14—下模 15—垫板 16—工作台

滑块做往复直线运动；此外，该压力机的工作台下装有液压气垫18，用于拉深成形时坯料的压料及工件的顶出。

三、曲柄压力机的主要技术参数

曲柄压力机的技术参数能较全面地反映压力机的工作能力和性能，其主要技术参数有公称压力、滑块行程、滑块行程次数、最大装模高度等。

1. 公称压力 F_g及公称压力行程 S_g

曲柄压力机的公称压力（即额定压力）就是滑块所允许承受的最大作用力，而滑块必须在到达下止点前某一特定距离之内允许承受公称压力，这一特定距离称为公称压力行程（或额定压力行程）S_g，公称压力行程所对应的曲柄转角称为公称压力角（或额定压力角）α_g。例如，JC23-16压力机的公称压力为160kN，公称压力行程为5mm，即指该压力机的滑块在离下止点前5mm之内，允许承受的最大压力为160kN。

公称压力是压力机的主参数（单位为kN），我国生产的压力机的公称压力已系列化，如160kN、200kN、250kN、315kN、400kN、500kN、630kN、800kN、1 000kN、1 600kN、2 500kN、3 150kN、4 000kN、6 300kN等。

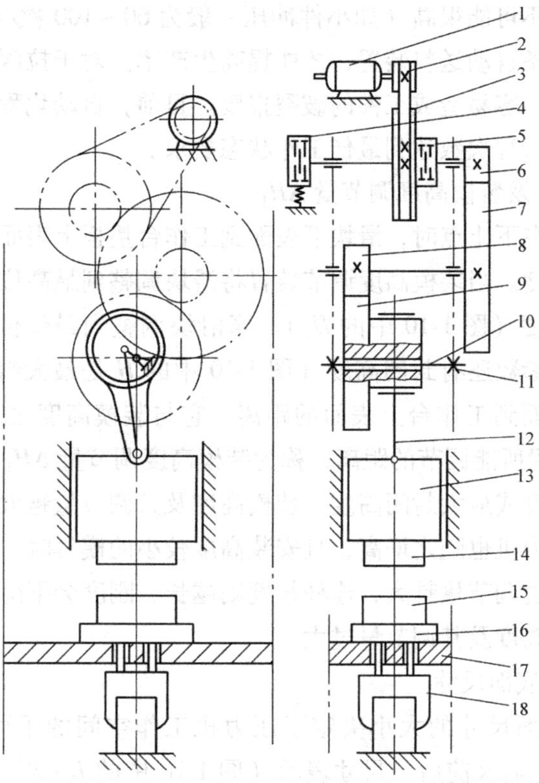

图 1-9　J31-315 压力机原理图

1—电动机　2—小带轮　3—大带轮　4—制动器　5—离合器　6、8—小齿轮　7—大齿轮　9—偏心齿轮　10—芯棒　11—机身　12—连杆　13—滑块　14—上模　15—下模　16—垫板　17—工作台　18—液压气垫

2. 滑块行程 S

如图 1-10 所示，滑块行程是指滑块从上止点到下止点所经过的距离，它等于曲柄半径的 2 倍。它的大小可反映出压力机的工作范围，行程长，则能生产高度较高的零件。但滑块行程并非越大越好，而是应根据设备规格大小，冲压时的送料、取件，以及模具寿命等因素综合考虑。曲拐式和偏心齿轮式曲柄压力机的滑块行程一般是可调的，以满足生产实际的需要。例如，J11-500 压力机的滑块行程可在 10 ~90mm 之间调节，J23-100A、J23-100B 压力机的滑块行程均可在 16 ~140mm 之间调节。

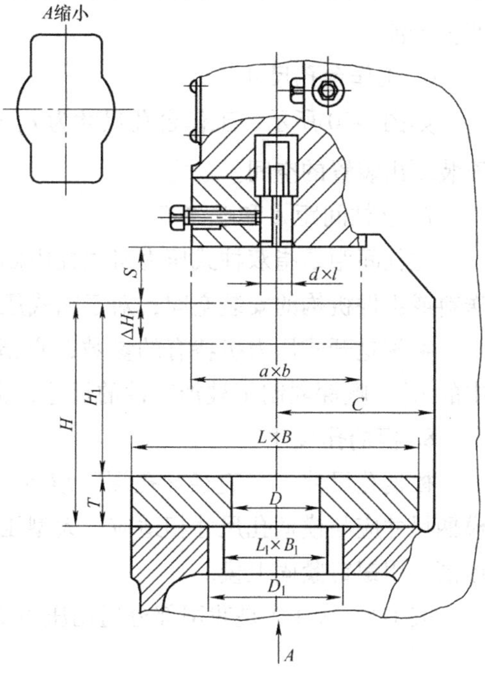

图 1-10　曲柄压力机与模具的相关技术参数

3. 滑块行程次数 n

滑块行程次数是指滑块每分钟往复运动的次数，行程次数越高，生产率就越高。当采用单次行程方式工作时，因受送料时间的限制，即使行

程次数再多，生产率也不可能很高（如小件冲压一般为 60～100 次/min）。所以行程次数超过一定数值后，必须配备自动送料装置，才能提高生产率。对于拉深成形工序，行程次数越多，材料变形速度越快，容易造成工件的破裂报废。目前，自动化程度高的压力机的行程次数通常是可调的，以便行程次数达到最佳工作状态要求。

4. 最大装模高度 H_1 及装模高度调节量 ΔH_1

装模高度是指滑块在下止点时，滑块下表面到工作台垫板上表面的距离，其大小限制了压力机所使用模具的高度。当装模高度调节装置将滑块调整到最高位置时，装模高度达到最大值，称为最大装模高度（图 1-10 中的 H_1）。当滑块调整到最低位置时为最小装模高度。与装模高度性质相同的参数还有封闭高度（图 1-10 中的 H 是最大封闭高度），它是指滑块在下止点时，滑块下表面到工作台上表面的距离，它与装模高度之差等于工作台垫板的厚度 T。装模高度调节装置所能调节的距离，称为装模高度调节量 ΔH_1。模具的闭合高度应小于压力机的最大装模高度或最大封闭高度。装模高度及其调节量越大，对模具的适应性也越强；但装模高度大，压力机也随之增高，且安装高度较小的模具时，需增加垫板，给使用带来不便。同时，装模高度调节量越大，连杆长度则越长，刚度会下降。因此，只要满足使用要求即可，不必使装模高度及其调节量过大。

5. 工作台板及滑块底面尺寸

工作台板及滑块底面尺寸的大小决定了压力机工作空间的平面尺寸大小。工作台板（垫板）的上平面用“左右×前后”尺寸表示（图 1-10 中的 $L \times B$），滑块下平面也用“左右×前后”尺寸表示（图 1-10 中的 $a \times b$）。闭式压力机的滑块与工作台板的尺寸基本相同，而开式压力机滑块的下平面尺寸则小于工作台板尺寸。所以，开式压力机所用模具上模的外形尺寸不宜大于滑块下平面的尺寸，否则，当滑块在上止点时，可能造成上模与压力机导轨产生干涉。

6. 工作台孔尺寸

如图 1-10 所示，工作台孔尺寸为 $L_1 \times B_1$（左右×前后）、D_1（直径），用做向下出料或安装顶出装置的空间。

7. 立柱间距 A 和喉深 C

立柱间距是指双柱式压力机立柱内侧面之间的距离。对于开式压力机，其值影响到向后送料或出件机构的安装空间；对于闭式压力机，其值限制了模具和加工板料的最大宽度。

喉深是开式压力机特有的参数，它指的是滑块中心线至机身前后方向的距离（图 1-10 中的 C）。喉深限制了被加工件的尺寸，也会影响压力机机身的刚度。

8. 模柄孔尺寸

模柄孔尺寸用“直径×孔深”表示（图 1-10 中的 $d \times l$），模柄孔用于固定上模，冲模模柄尺寸应与模柄孔尺寸相适应。大型压力机不用模柄孔固定上模，而是在滑块底面开设 T 形槽，用螺钉紧固上模。

表 1-1、表 1-2 是我国部分通用压力机的技术参数。

表 1-1　部分开式压力机的主要技术参数

压力机型号		J23-3.15	J23-6.3	J23-10	J23-16F	JH23-25	JH23-40	JC23-63	J11-50	J11-100	JA11-250	JH21-80	JA21-160	J21-400A
公称压力/kN		31.5	63	100	160	250	400	630	500	1 000	2 500	800	1 600	4 000
滑块行程/mm		25	35	45	70	75	80	120	10 ~ 90	20 ~ 100	120	160	160	200
滑块行程次数/（次/min）		200	170	145	120	80	55	50	90	65	37	40 ~ 75	40	25
最大封闭高度/mm		120	150	180	205	260	330	360	270	420	450	320	450	550
封闭高度调节量/mm		25	35	35	45	55	65	80	75	85	80	80	130	150
立柱间距/mm		120	150	180	220	270	340	350					530	896
喉深/mm		90	110	130	160	200	250	260	235	340	325	310	380	480
工作台尺寸/mm	前后	160	200	240	300	370	460	480	450	600	630	600	710	900
	左右	250	310	370	450	560	700	710	650	800	1 100	950	1 120	1 400
垫板尺寸/mm	厚度	30	30	35	40	50	65	90	80	100	150		130	170
	孔径	ϕ110	ϕ140	ϕ170	ϕ210	ϕ260	ϕ320	ϕ250	ϕ130	ϕ160				ϕ300
模柄孔尺寸/mm	直径	ϕ25	ϕ30		ϕ40		ϕ50			ϕ60	ϕ70	ϕ50	ϕ70	ϕ100
	深度	40	55		60		70	80			90	60	80	120
最大倾斜角		45°		35°		30°								
电动机功率/kW		0.55	0.75	1.1	1.5	2.2	5.5			7	18.1	7.5	11.1	32.5
备　注						需压缩空气						需压缩空气		

表 1-2　部分闭式压力机的主要技术参数

压力机型号		J31-100	JA31-160	J31-250	J31-315	J31-400	JA31-630	J31-800	J31-1250	J36-160	J36-250	J36-400	J36-630
公称压力/kN		1000	1600	2500	3150	4000	6300	8000	12500	1600	2500	4000	6300
公称压力行程/mm			8.16	10.4	10.5	13.2	13	13	13	10.8	11	13.7	26
滑块行程/mm		165	160	315	315	400	400	500	500	315	400	400	500
滑块行程次数/（次/min）		35	32	20	20	16	12	10	10	20	17	16	9
最大装模高度/mm		445	375	490	490	710	700	700	830	670	590	730	810
装模高度调节量/mm		100	120	200	200	250	250	315	250	250	250	315	340
导轨间距离/mm		405	590	900	930	850	1480	1680	1520	1840	2640	2640	3270
退料杆行程/mm				150	160	150	250						
工作台尺寸/mm	前后	620	790	950	1100	1200	1500	1600	1900	1250	1250	1600	1500
	左右	620	710	1000	1100	1250	1700	1900	1800	2000	2780	2780	3450
滑块底面尺寸/mm	前后	300	560	850	960	1000	1400	1500	1560	1050	1000	1250	1270
	左右	360		980	910	1230				1980	2540	2550	3200
模柄孔尺寸/mm	直径	ϕ65	ϕ75										
	深度	120											
工作台孔尺寸/mm		ϕ250	430×430			630×630							
垫板厚度/mm		125	105	140	140	160	200			130	160	185	190
备　注				需压缩空气						备　气　垫			

四、曲柄压力机的型号

按照《锻压机械　型号编制方法》（JB/T　9965—1999）的规定，锻压机械型号是锻压机械名称、主参数、结构特征及工艺用途的代号，由汉语拼音正楷大写字母和阿拉伯数字组成，型号中的汉语拼音字母按其名称读音。曲柄压力机是常用锻压机械之一，其型号编制方法应遵循该标准，具体表示方法为

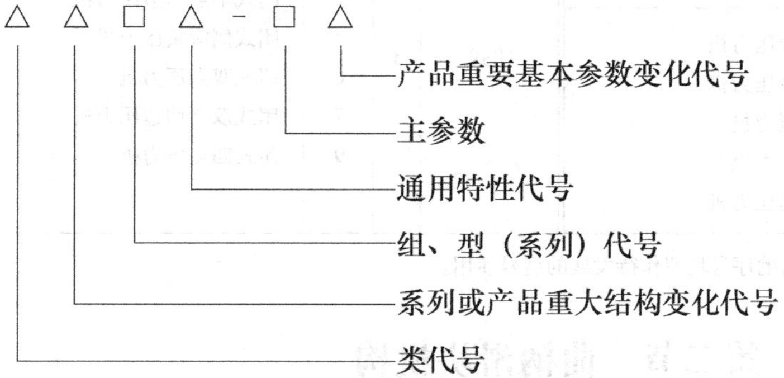

第一个字母为类代号，用汉语拼音字母表示，机械压力机用字母 J 表示。

第二个字母代表同一类产品重大结构变化和主要结构不同的变型顺序号，用正楷大写字母 A、B、C…表示。

第三、第四个数字分别为组、型（系列）代号。前面一个数字代表“组”，后面一数字代表“型（系列）”。在型谱表中，每类锻压设备分为 10 组，每组分为 10 型（系列），用两位数字组成。

第五个字母为通用特性代号，其定义为：K 表示数字控制或计算机控制（含微机）代号；Z 表示自动代号，带自动送卸料装置的代号；Y 表示液压传动代号，是指机器的主传动采用液压装置；Q 表示气动代号，是指机器的主传动（力、能来源）采用气动装置；G 表示高速代号，是指机器每分钟的行程次数或速度显著高于同规格产品；M 表示精密代号，是指机器的精度显著高于同规格产品。

凡产品与基本型产品比较，除有普通型式之外，还另有上述某种通用特性，应在基本型号中加注正楷大写特性字母代号；一个产品型号中，只表示一个最主要的通用特性，在产品的名称中可以加写通用特性名称。例如，J21G-200 中的“G”代表“高速”；J92K-250 中的“K”代表“数字控制”。通用特性代号在各类锻压机械型号中所表示的意义相同。

横线后面的数字代表主参数，主参数可用实际数值或实际数值的十分之一（仅限于公称压力 kN 或能量 kJ）表示。压力机一般将公称压力数值的 1/10 作为主参数，单位为 kN。

最后一个字母代表产品重要基本参数变化顺序号，凡是主参数相同而重要的基本参数不同者用字母 A、B、C…加以区别；凡是次要基本参数略有变化的产品，可不改变其原型号。

例如，JC23-63A 型号的意义是：公称压力为 630kN 的开式双柱可倾式普通机械压力机，其重要结构为基本型的第三种变形，重要基本参数经过了第一次变化。通用曲柄压力机的型号见表 1-3。

表 1-3　通用曲柄压力机的型号

组特征	组号	型号	名称	组特征	组号	型号	名称
开式单柱	1	1	单柱固定台压力机	闭式	3	1	闭式单点压力机
		2	单柱活动台压力机			2	闭式单点切边压力机
		3	单柱柱形台压力机			3	闭式侧滑块压力机
开式双柱	2	1	开式固定台压力机			6	闭式双点压力机
		2	开式活动台压力机			7	闭式双点切边压力机
		3	开式可倾压力机			9	闭式四点压力机
		5	开式双点压力机				
		9	开式底传动压力机				

注：从 10 至 39 型号中，凡未列出的序号均留作待发展的型号使用。

第二节　曲柄滑块机构

曲柄滑块机构是曲柄压力机的工作机构，其承载能力及运动规律在很大程度上决定了曲柄压力机所具备的工作特性。

一、曲柄滑块机构的运动规律

图 1-11 所示为曲柄滑块机构的运动简图。根据滑块与连杆的连结点 B 的运动轨迹是否位于曲柄旋转中心 O 和连结点 B 的连线上，将曲柄滑块机构分为结点正置（图 1-11a）和结点偏置两种，而结点偏置又有正偏置与负偏置之分。当结点 B 的运动轨迹偏离 OB 连线，位于曲柄上行侧时，称为结点正偏置（图 1-11b）；反之，称为结点负偏置（图 1-11c），它们的受力状态和运动特性是有差异的。结点偏置机构主要用于改善压力机的受力状态和运动特性，

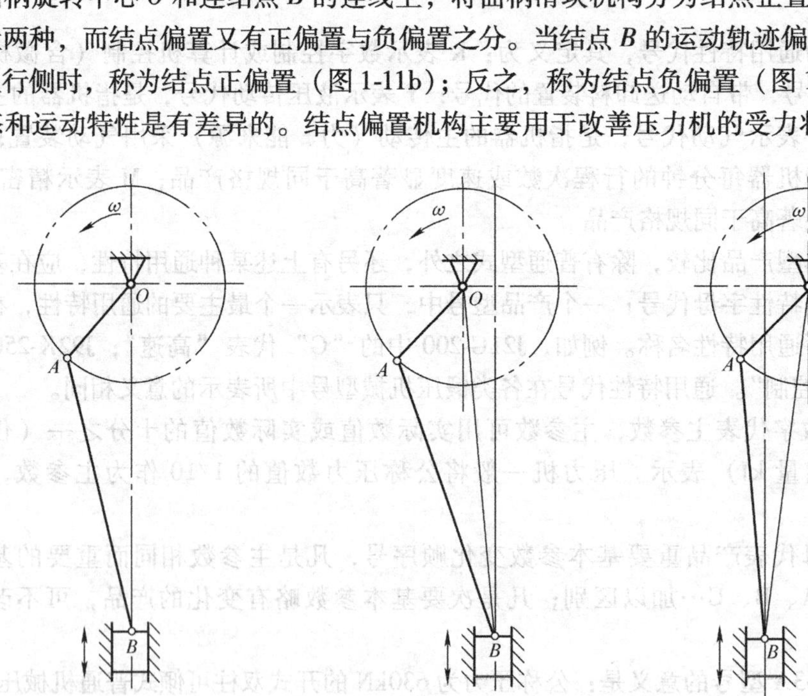

a)　　　　b)　　　　c)

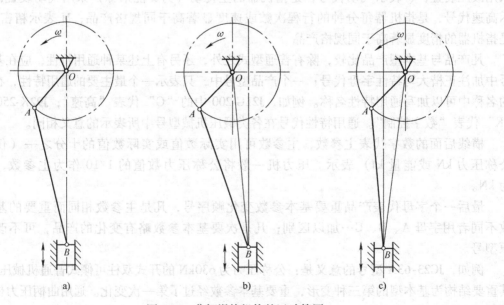

图 1-11　曲柄滑块机构的运动简图
a）结点正置　b）结点正偏置　c）结点负偏置

从而适应不同工艺要求。例如，负偏置机构的滑块有急回特性，其工作行程速度较小，回程速度较大，有利于冷挤压工艺，常在冷挤压机中采用；正偏置机构的滑块有急进特性，常在平锻机中采用。下面介绍常见的结点正置的曲柄滑块机构的运动规律。

当曲柄以角速度 ω 等速转动时，滑块的位移 S、速度 v、加速度 a 随曲柄转角 α 的变化而变化。由图 1-12 所示的几何关系可以导出滑块位移 S 与曲柄转角 α 之间的关系为

$$S=R(1-\cos\alpha)+L\left[1-\sqrt{1-\left(\frac{R\sin\alpha}{L}\right)^2}\right] \tag{1-1}$$

一般 $\frac{R}{L}\leqslant\frac{1}{3}$，对于通用压力机，$\frac{R}{L}$ 一般为 0.1 ~ 0.2，这时式（1-1）中的根号部分近似为

$$\sqrt{1-\left(\frac{R\sin\alpha}{L}\right)^2}\approx 1-\frac{1}{2}\left(\frac{R\sin\alpha}{L}\right)^2$$

故式（1-1）变为

$$S=R\left(1-\cos\alpha+\frac{R}{2L}\sin^2\alpha\right) \tag{1-2}$$

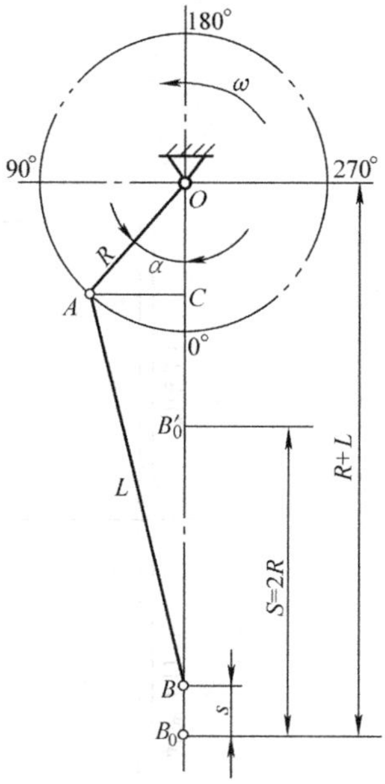

图 1-12　结点正置的曲柄滑块机构运动关系计算图

式中，S 是滑块位移，从下止点算起，向上方向为正；α 是曲柄转角，从下止点算起，与曲柄旋转方向相反为正，以下相同；R 是曲柄半径；L 是连杆长度，当连杆长度可调时，取最小值。

将式（1-2）对时间求导数，即可得到滑块的速度公式；将速度公式再对时间求导数，便可得到滑块的加速度公式。

$$v=\omega R\left(\sin\alpha+\frac{R}{2L}\sin 2\alpha\right) \tag{1-3}$$

$$a=-\omega^2 R\left(\cos\alpha+\frac{R}{L}\cos 2\alpha\right) \tag{1-4}$$

式中，v 是滑块速度（m/s），向下方向为正；ω 是曲柄角速度（1/s），$\omega=\frac{2\pi n}{60}$；n 是曲柄转数（1/min），即滑块行程次数；a 是滑块加速度（m/s^2），向下方向为正。其余符号同式（1-2），式（1-4）中前边的负号是因为坐标的关系而加上去的。

根据式（1-2）、式（1-3）、式（1-4）作出滑块的位移 S、速度 v、加速度 a 随曲柄转角 α 变化的曲线，称为曲柄滑块机构的运动线图，如图 1-13 所示，它可以清楚地表明曲柄滑块机构的运动规律。由图 1-13 可以看出，尽管曲柄做匀速转动，但滑块在其行程中各点的运动速度是不相同的。滑块在上止点（$\alpha=180°$）和下止点（$\alpha=0°$）时，其运动速度为零，即 $v=0$；滑块在行程中点（$\alpha=75°\sim90°$ 和 $270°\sim285°$）时，其运动速度最快，近似取 $\alpha=90°$ 和 $\alpha=270°$ 时的滑块速度作为滑块的最大速度 v_{max}，则由式（1-3）可得

$$v_{max}=\pm\omega R=\pm\frac{2\pi nR}{60}=\pm\frac{\pi nR}{60} \tag{1-5}$$

上式表明，滑块的最大速度约等于连杆与曲柄的连结点（即 A 点）的线速度，并与滑块行程次数和滑块行程的乘积成正比。

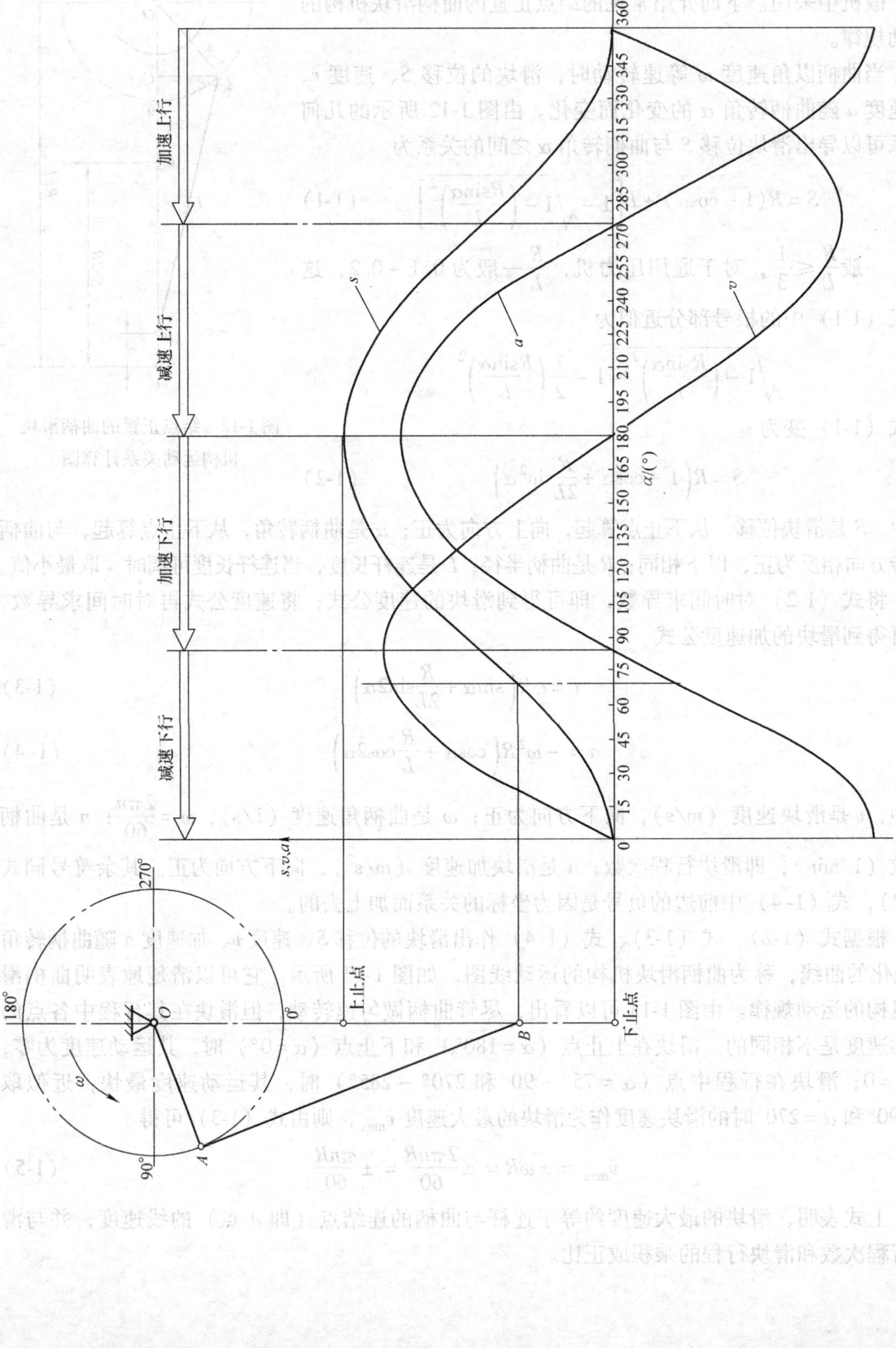

图1-13　曲柄滑块机构的运动线图

滑块的速度直接影响加工板料的变形速度和生产率，因而它受冲压工艺合理速度的限制。例如，对于拉深成形，若速度过高，则会引起工件破裂。表 1-4 为不同材料拉深成形工艺的合理速度范围，拉深成形时所用压力机的滑块速度不应超过表中的数值。

表 1-4　拉深成形工艺的合理速度范围

材料名称	钢	不锈钢	铝	硬铝	黄铜	铜	锌
最大拉深速度/（m/s）	0.40	0.18	0.89	0.20	1.02	0.76	0.76

滑块的速度也受压力机自身机械机构的限制。但为了提高生产率，现今压力机有提高滑块行程次数即提高滑块速度的趋势。

二、曲柄压力机滑块许用负荷图

从曲柄滑块机构的强度出发，作用在滑块上的允许工作压力［F］是随着曲柄转角 α 的变化而改变的，如图 1-14 所示。为了不使压力机超载，规定了曲柄压力机滑块许用负荷图，它表明该压力机在满足强度要求的前提下，其滑块允许承受的载荷与行程 S（或曲柄转角 α）之间的关系。实际上，曲柄压力机的许用负荷图是综合考虑曲柄支承颈扭曲强度、曲柄颈弯曲（或弯扭联合）强度、齿轮抗弯强度和齿面接触强度等限制条件而制定的。图 1-15 所示为曲柄压力机典型的许用负荷图，从图中可知，使用压力机时要注意曲柄的工作角度，应使工作压力落在安全区内，以保证曲柄及齿轮不致发生强度破坏。

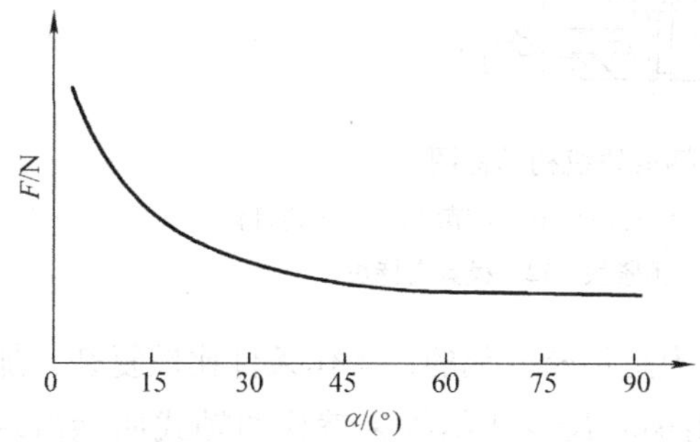

图 1-14　滑块许用工作压力曲线

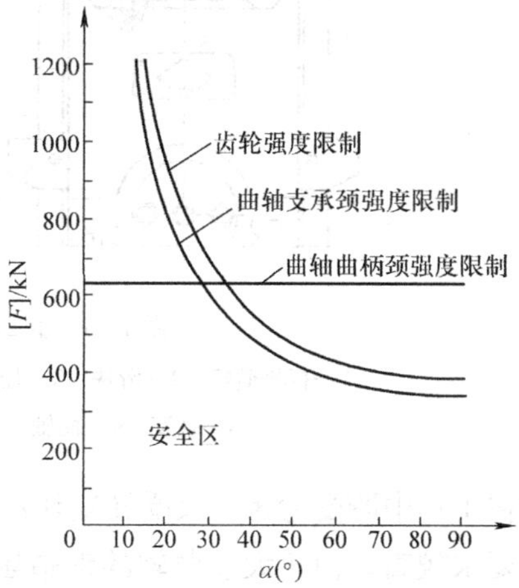

图 1-15　J23-63 型压力机滑块许用负荷图

三、曲柄滑块机构的结构

1. 曲柄滑块机构的驱动形式

常见的驱动形式如图 1-16 所示。

（1）曲轴驱动的曲柄滑块机构　图 1-17 所示为曲轴驱动的曲柄滑块机构的结构图。它主要由曲轴 9、连杆（连杆体 7 和调节螺杆 6）和滑块 2 组成。曲轴旋转时，连杆做摆动和上、下运动，使滑块在导轨中做上、下往复直线运动。

曲轴式结构可以设计成较大的曲柄半径，但曲柄半径一般是固定的，故行程不可调。曲

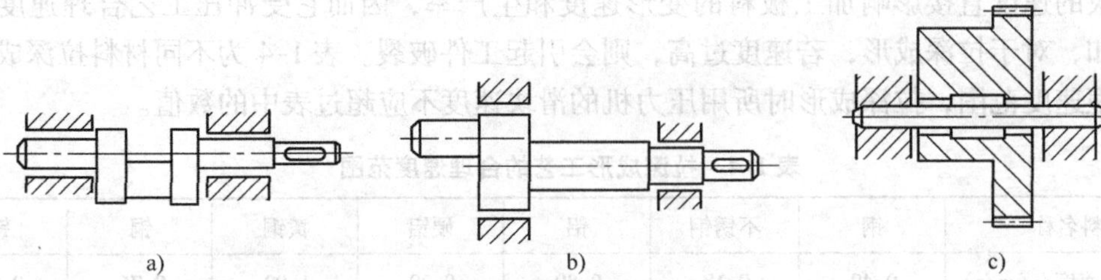

图1-16　曲柄滑块机构的驱动形式

a）曲轴式　b）曲拐式　c）偏心齿轮式

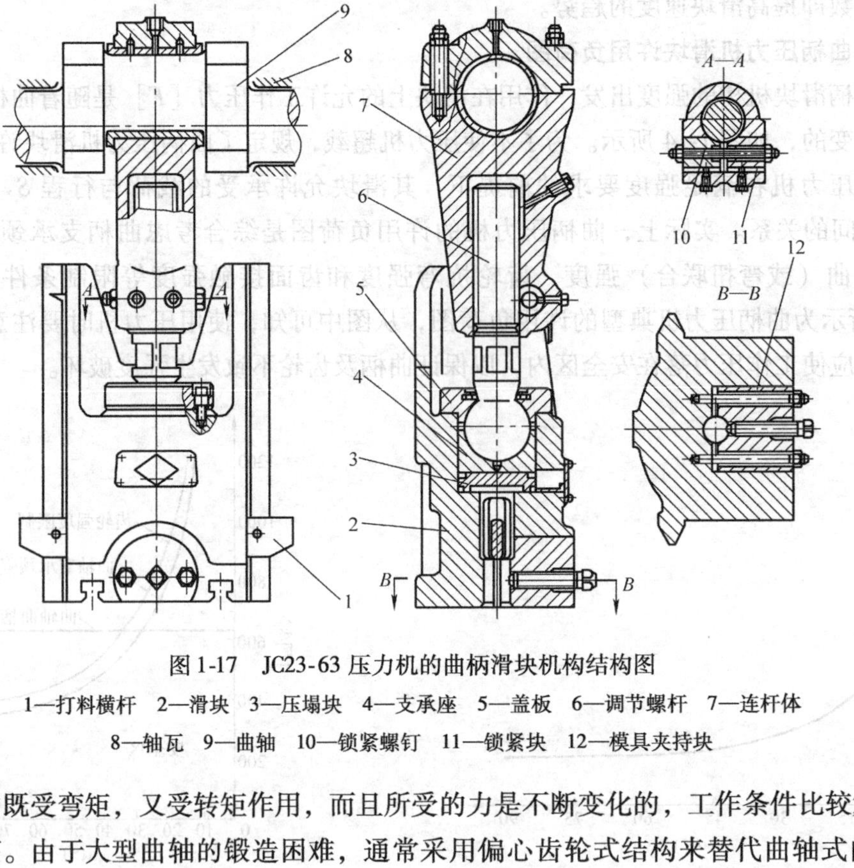

图1-17　JC23-63压力机的曲柄滑块机构结构图

1—打料横杆　2—滑块　3—压塌块　4—支承座　5—盖板　6—调节螺杆　7—连杆体　8—轴瓦　9—曲轴　10—锁紧螺钉　11—锁紧块　12—模具夹持块

轴在工作中既受弯矩，又受转矩作用，而且所受的力是不断变化的，工作条件比较复杂，加工要求较高。由于大型曲轴的锻造困难，通常采用偏心齿轮式结构来替代曲轴式曲柄滑块机构。

（2）曲拐驱动的曲柄滑块机构　图1-18所示为曲拐驱动的曲柄滑块机构结构图，其示意图如图1-16b所示。它主要由曲拐轴5、偏心套6、调节螺杆2、连杆体3和滑块1组成。偏心套6装在曲拐轴颈上，而连杆套装于偏心套的外圆上。当曲拐轴转动时，偏心套的外圆中心便以曲拐轴的中心为圆心做圆周运动，带动连杆、滑块运动。偏心套的外圆中心 *M* 与曲拐轴中心 *O* 的距离 *OM* 相当于曲柄半径，如图1-19所示。转动偏心套，改变其在曲拐轴颈上的相对位置，便可以改变 *OM* 值的大小，从而达到调节滑块行程的目的。一般情况下，压力机在偏心套上或曲拐轴颈的端面刻有分度值，调整行程时，可将偏心套从偏心轴销上拉出，然后旋转一定的角度，对准需要的行程分度，再将偏心套重新套入曲拐轴颈，并由花键啮合即可。

曲拐轴式曲柄滑块机构便于调节行程且结构较简单，但由于曲柄悬伸，受力情况较差，因此主要在中、小型机械压力机上应用。

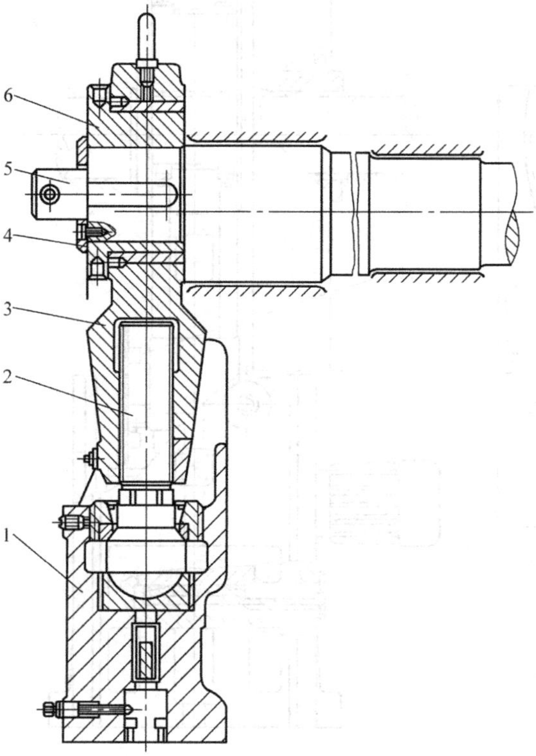

图 1-18　JB21-100 压力机的曲柄滑块机构

1—滑块　2—调节螺杆　3—连杆体　4—压板　5—曲拐轴　6—偏心套

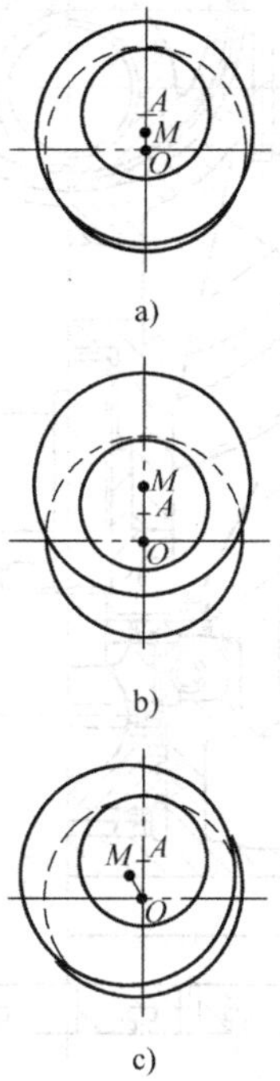

图 1-19　用偏心套调节行程示意图

O—主轴中心　A—偏心轴销中心　M—偏心套外圆中心

（3）偏心齿轮驱动的曲柄滑块机构　图 1-20 所示为偏心齿轮驱动的曲柄滑块机构的结构图，其示意图如图 1-16c 所示。它主要由偏心齿轮 9、心轴 10、调节螺杆 7、连杆体 8 和滑块 6 组成。偏心齿轮的偏心颈相对于心轴有一偏心距，相当于曲柄半径。心轴两端紧固在机身上，连杆套在偏心颈上。当偏心齿轮在心轴上旋转时，其偏心颈就相当于曲柄在旋转，从而带动连杆使滑块上下运动。

偏心齿轮工作时只传递转矩，弯矩由心轴承受，因此偏心齿轮的受力比曲轴简单，心轴只承受弯矩，受力情况也比曲轴好，且刚度较大。此外，偏心齿轮的铸造比曲轴锻造容易解决，但总体结构相对较复杂。所以，偏心齿轮驱动的曲柄滑块机构常用于大中型压力机。

2. 连杆结构及装模高度调节机构

连杆是曲柄滑块机构中的重要构件，它将曲柄和滑块连接在一起，并通过其运动将曲柄的旋转运动转变为滑块的直线往复运动。因此，要求连杆、曲柄和滑块之间必须是铰链连接结构。

为适应不同闭合高度模具的安装，一般压力机都通过连杆长度的调节或连杆与滑块连接件的调节来实现滑块位置的上下调整，以达到调节装模高度的目的。调节方式分为手动调节

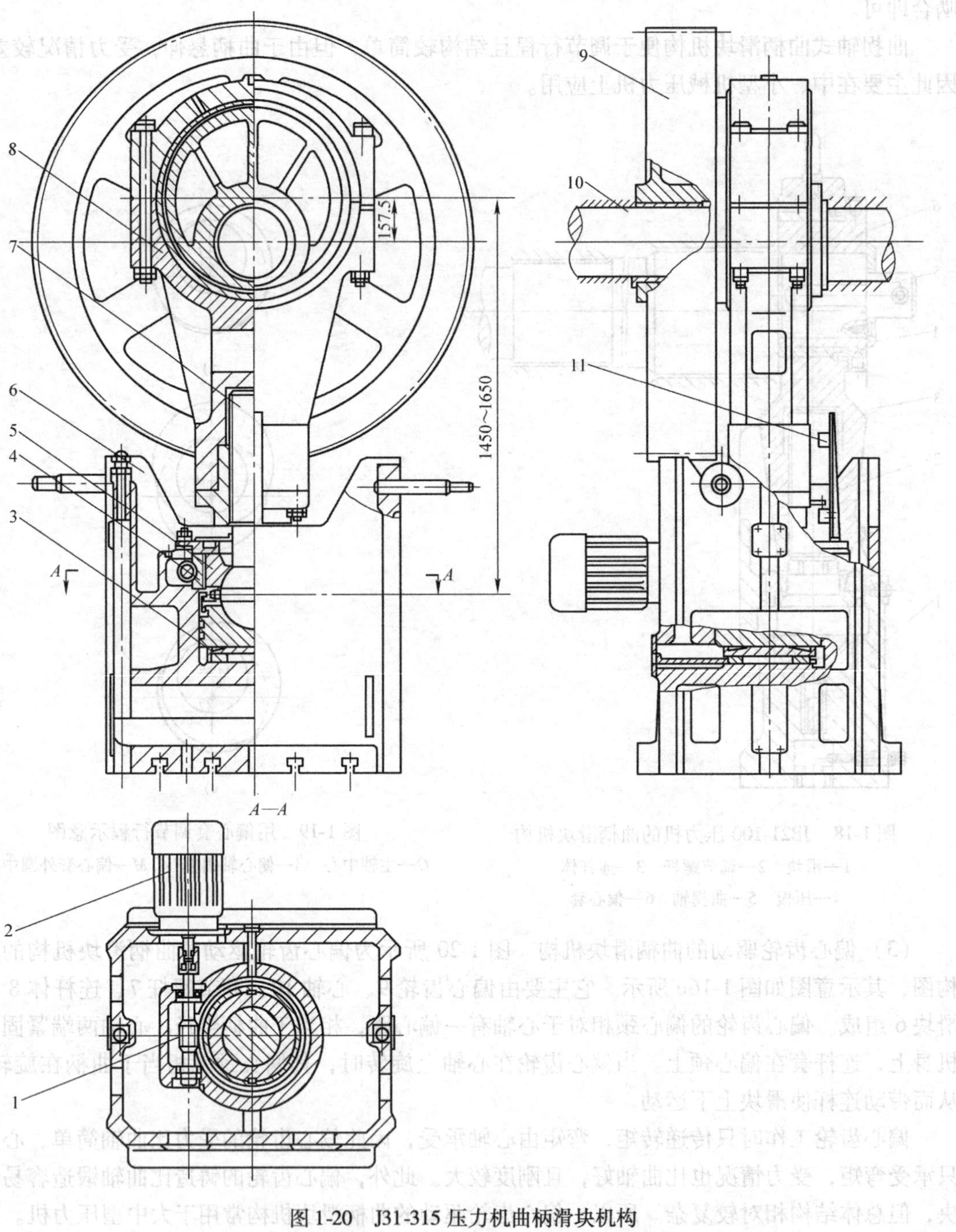

图 1-20　J31-315 压力机曲柄滑块机构

1—蜗杆　2—电动机　3—压塌块　4—蜗轮　5—拨块　6—滑块　7—调节螺杆　8—连杆体　9—偏心齿轮　10—心轴　11—限位开关

和机动调节两种。手动调节适用于小型压力机，大、中型压力机则采用机动调节。以下介绍几种连杆结构形式及装模高度的调节方法。

(1) 球头式连杆　如图 1-17 所示，连杆不是一个整体，而是由连杆体 7 和调节螺杆 6 组成的。调节螺杆下部的球头与滑块 2 连接，连杆体上部的轴瓦与曲轴 9 连接。用扳手转动调节螺杆，即可调节连杆长度。为了防止装模高度在冲压过程中因松动而改变，故设有锁紧装置，它由锁紧块11及锁紧螺钉10组成（或在螺杆上加防松螺母）。调节时先旋转锁紧螺钉，使锁紧块松开，再将连杆调至需要的长度，然后拧动锁紧螺钉，使锁紧块压紧调节螺杆，以防松动。

图1-20所示也是球头连杆，与前者不同的是，它的装模高度采用机动调节。调节螺杆的球头侧面有两个销，销插在拨块5上的两个叉口上。当电动机2驱动蜗杆1、蜗轮4旋转时，蜗轮便带动拨块旋转，拨块则通过两个销带动调节螺杆转动，即可调节装模高度。

球头式连杆的结构较紧凑，压力机高度可以降低，但连杆的调节螺杆容易弯曲，且球头部分无数控车床时加工较困难。

（2）柱销式连杆　如图1-21所示，连杆3是个整体，其长度不可调节。它通过连杆销4、调节螺杆2与滑块6连接。调节螺杆由蜗杆5、蜗轮7驱动；当驱动蜗杆、蜗轮转动时，滑块即可相对调节螺杆上下移动，达到调节装模高度的作用。

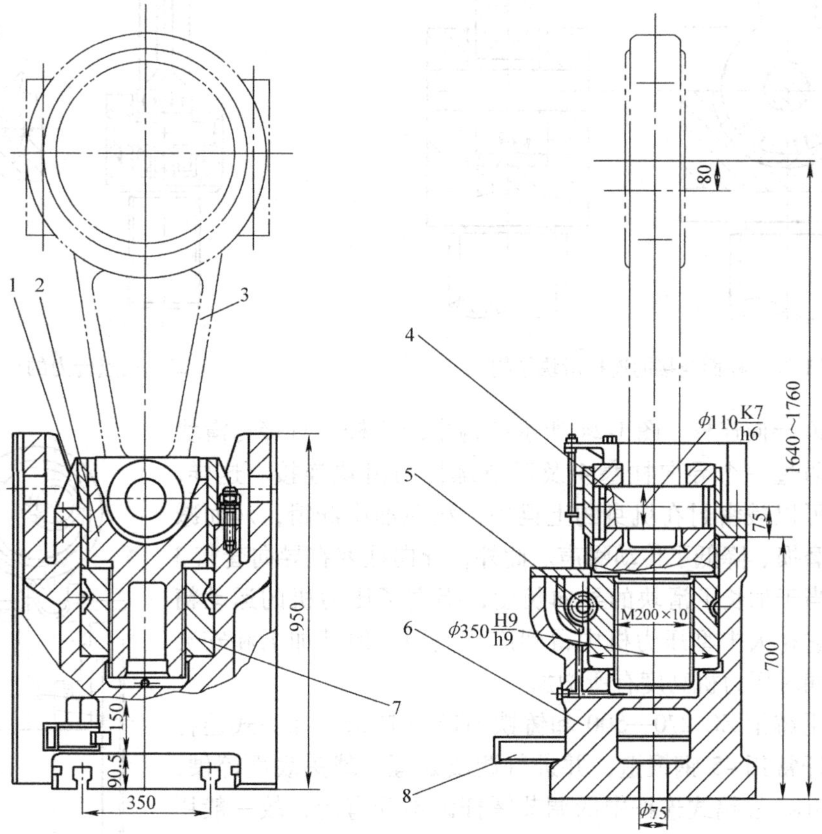

图1-21　JA31-160A连杆及装模高度调节装置

1—导套　2—调节螺杆　3—连杆　4—连杆销　5—蜗杆　6—滑块　7—蜗轮　8—顶料杆

柱销式连杆的结构没有球头式连杆紧凑，但其加工较容易。柱销在工作中承受很大的弯矩和剪切力，因此大型压力机不宜采用柱销式连杆结构。

（3）柱面式连杆　图1-22所示为针对柱销式连杆的缺点改进设计的柱面连接的连杆滑块结构。其销与连杆孔有间隙，工作行程时，连杆端部柱面与滑块接触传递载荷；销只在回程时承受滑块的重量和脱模力，大大减轻了销的负荷，销的直径可以减小许多，但柱面加工的难度加大了。

(4) 三点传力柱销式连杆　如图 1-23 所示的结构在调节螺杆与柱销配合面上多了一个中间支点，而与轴销配合的连杆轴瓦的主要承力面（上表面）没有变化。因此，工作载荷可通过三个支点传给柱销，再传给连杆，从而使柱销承受的弯矩和剪切力大为减小。三点传力柱销式连杆既保持了柱销式连杆加工容易的优点，又解决了柱销受力状态恶劣的问题，便于在中、大型压力机上应用。

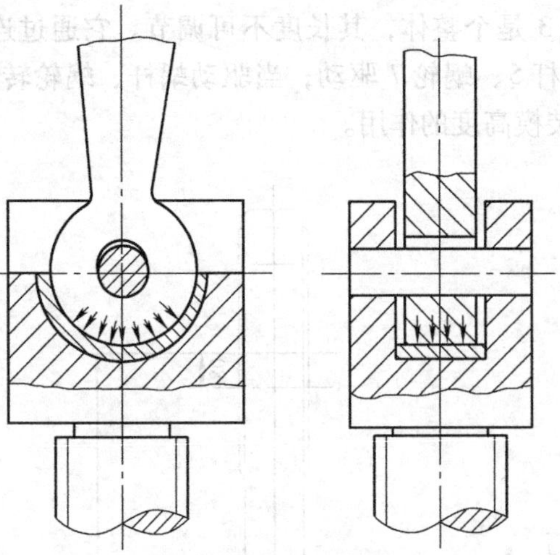

图 1-22　柱面连接的连杆滑块结构

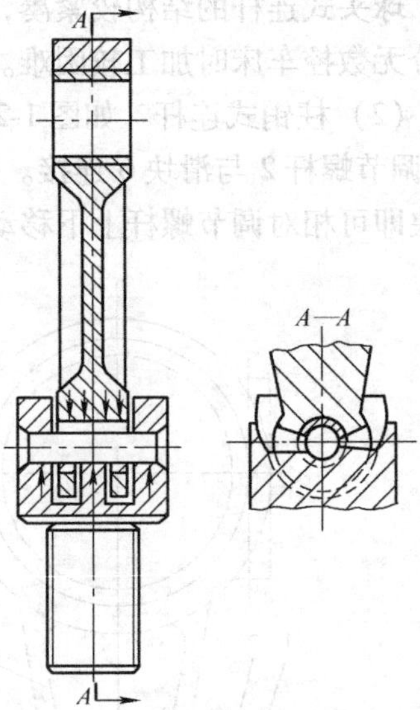

1-23　三点传力的柱销式连杆

(5) 柱塞导向连杆　图 1-24 所示结构中的连杆不直接与滑块连接，而是通过一个导向柱塞 4 及调节螺杆与滑块连接。这样，偏心齿轮 1 可以被密封在机身的上梁中，浸在油中润滑，从而减少了齿轮的磨损、降低了传动噪声。此外，导向柱塞在导向套筒 3 内滑动，相当于加长了滑块的导向长度，提高了压力机的运动精度。因此，它在大中型压力机中得到广泛应用。但其加工和安装比较复杂，同时压力机高度有所增加。

连杆常用铸钢 ZG 270—500 和铸铁 HT200 铸造。球头式连杆中的调节螺杆常用 45 钢锻造，并进行调质处理，球头表面淬硬，硬度为 42HRC。柱销式连杆中的调节螺杆因不受弯矩，故一般用球墨铸铁 QT550-5、QT500-7 或灰铸铁 HT200 制造即可。

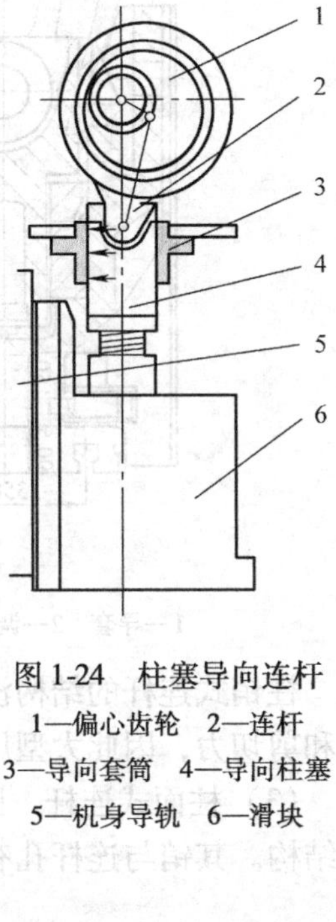

图 1-24　柱塞导向连杆
1—偏心齿轮　2—连杆
3—导向套筒　4—导向柱塞
5—机身导轨　6—滑块

3. 滑块与导轨结构

压力机的滑块是一个箱形结构，它的上部与连杆连接，下面开有 T 形槽（图 1-20）或模柄孔（图 1-17），用于安装模具的上模。滑块在曲柄连杆的驱动下，沿机身导轨上下往复运动，并直接承受上模传来的工作负荷。为保证滑块底平面和工作台上平面的平行度，保证滑块的运动方向与工作台面的垂直度，滑块的导向面必须与底平面垂直。为保证滑块的运动精度，滑块的导向面应尽量长，即滑块的高度要足够高，滑块高度与宽度的比值在闭式单点压力机上为1.08～1.32，在开式压力机上则高达1.7。

滑块还应有足够的强度，小型压力机的滑块常用灰铸铁HT200铸造；中型压力机的滑块常用灰铸铁HT200或稀土球铁铸造，或用Q235钢板焊接而成；大型压力机的滑块一般用Q235钢板焊成，焊后进行退火处理。导轨滑动面的材料一般用灰铸铁HT200制造。速度高、偏心载荷大的则用铸造青铜ZCuSn6Zn6Pb3或铸造黄铜ZCuZn38Mn2Pb2制造。

导轨和滑块的导向面应保持一定的间隙，间隙过大无法保证滑块的运动精度，会影响上、下模具的对中，承受偏心载荷时滑块会产生较大的偏斜；间隙过小润滑条件差，摩擦阻力大，会加剧磨损，降低传动效率，增加能量损失。因此，导向间隙必须是可调的，这也便于导轨滑块导向面磨损后能调整间隙。

除了增大导向长度来保证滑块的运动精度外，导轨的形式也是影响滑块运动精度的一个重要因素。导轨的形式有很多种，在开式压力机上，目前绝大多数采用成双对称布置的90°V形导轨（图1-17）。在闭式压力机上，大多数采用四面斜导轨，如图1-25所示。其四个导轨均可通过各自的一组推拉螺钉进行单独调整，因而能提高滑块的运动精度，但调节困难。近年来，部分通用压力机上采用了八面平导轨，如图1-26所示，八个导轨面可以单独调节，每个调节面都有一组推拉螺钉。这种结构的导向精度高，调节也方便。此外，高速压力机上滑块导向还有采用滚针加预压负载的结构，消除了间隙，可以保证滑块进行高速精密运转。

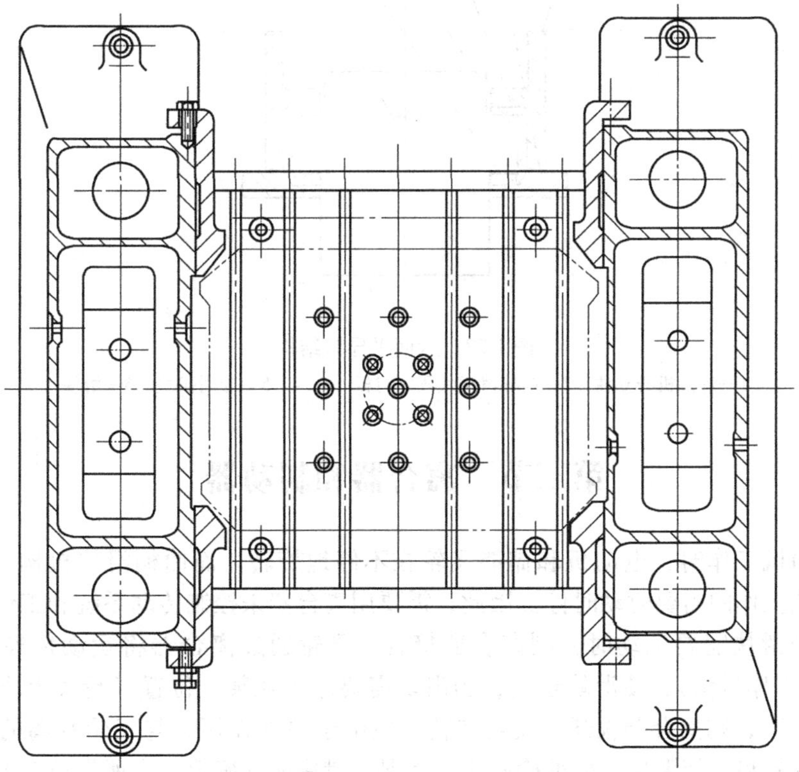

图1-25　闭式压力机四面斜导轨结构

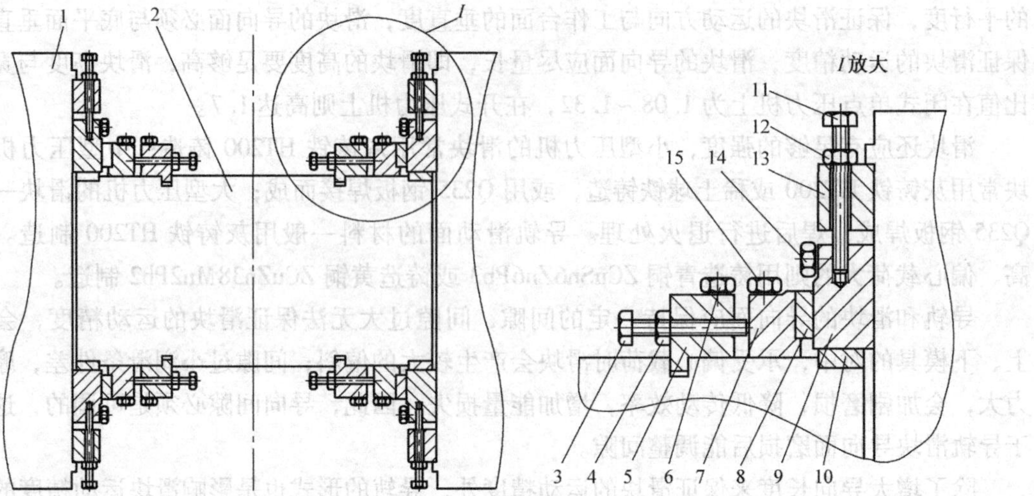

图1-26　四角八面平导轨结构

1—机身立柱　2—滑块　3、11—调节螺钉　4、12—锁紧螺母　5、13—固定挡块　6、14、15—锁紧螺钉　7、9—调整块　8、10—导向面镶条

在中小型高性能压力机上，还有采用高精度六面平导轨结构，也称矩形导轨（图1-27）。这种导轨经常与焊接机身配合使用，其导向精度高，摩擦损失小，因其间隙调整较难，故导滑镶块采用高硬度、高耐磨材料制造，以延长导轨的使用寿命。

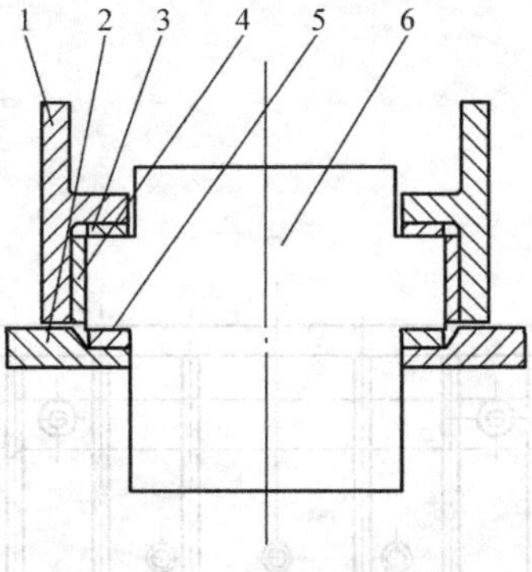

图1-27　六面平导轨结构

1—焊接机身立柱　2—前导滑镶块固定衬板　3、4、5—导滑镶块　6—滑块

第三节　离合器和制动器

曲柄压力机工作时，电动机和储能飞轮在不停地旋转，而曲柄滑块机构（工作机构）必须根据工艺操作的需要时动时停。因此，需要用离合器来控制传动系统和工作机构的接合或脱开。每当滑块需要运动时，则离合器接合，飞轮通过离合器将运动传递给从动部分（传动系统和工作机构），使滑块运动；当滑块需要停止在某一位置（行程上止点或行程中的任意位置）时，则离合器脱开，飞轮空转。但由于惯性作用，与飞轮脱离的从动部分还有继续运动的趋势，使滑块不能准确停止。为保证滑块能准确停止在所需位置上，须设置制

动器对从动部分进行制动。

由此可见，离合器和制动器是用于控制压力机曲柄滑块机构运动或停止的部件，也是防止事故、提高质量和生产率的重要部件。压力机的离合器、制动器必须密切配合和协调工作，否则很容易出现故障，影响生产的正常进行。压力机的离合器和制动器不允许有同时接合的时刻存在，也就是说压力机的离合器接合前，制动器必须松开；而制动器制动前，离合器必须脱开。否则将引起摩擦元件严重发热和磨损，甚至无法继续工作。一般压力机在不工作时，离合器总是处于脱开状态，而制动器则总是处于制动状态。

压力机上常用的离合器可分为刚性离合器和摩擦离合器两大类，常用的制动器有圆盘式和带式两类。

一、刚性离合器

曲柄压力机的离合器是由主动部分、从动部分、连接主动部分和从动部分的连接零件及操纵机构四部分组成。刚性离合器的主动部分和从动部分接合时是刚性连接的，这类离合器按连接件结构可分为转键式、滑销式、滚柱式和牙嵌式等几种，应用最多的是转键离合器。

1. 转键离合器及其操纵机构

转键离合器按转键的数目可分为单转键式和双转键式两种。按转键的形状可分为半圆形转键离合器和矩形转键离合器，后者又称为切向转键离合器。

图 1-28 所示为半圆形双转键离合器。它的主动部分包括大齿轮 1、中套 5 和两个滑动轴承 2 和 6 等；从动部分包括曲轴 4、内套 3 和外套 8 等；连接零件是两个转键（主键或称工作键 12、副键 10）；操纵机构由关闭器 16 等组成（图 1-28*C*—*C* 断面，详细结构如图 1-31 所示）。双转键离合器工作部分的构成关系如图 1-29 所示，中套 5 装在大齿轮内孔中部，用平键与大齿轮连接，跟随大齿轮转动；内套 4 和外套 6 分别用平键与曲轴 2 连接。内、外套的内孔上各加工出两个缺月形槽，而曲轴的右端加工出两个半月形槽，两者组成两个圆孔，主键 7 和副键 9 便装在这两个圆孔中，并可在圆孔中转动。转键中部（与中套相对应的部分）加工成与曲轴上半月形槽一致的半月形截面，当这两个半月形轮廓重合时，与曲轴外圆组成一个完整的圆，这样中套便可与大齿轮一起自由转动，即离合器脱开，如图 1-28*D*—*D* 断面的左图所示。中套内孔开有四个缺月形槽，当转键的半月形截面嵌入中套缺月形槽内时，如图 1-28*D*—*D* 断面的右图所示，大齿轮带动曲轴一起转动，即离合器接合。

主键的转动是靠关闭器 16 和弹簧 14 对尾板 15 的作用来实现的（图 1-28*C*—*C* 断面）。尾板与主键连接在一起（图 1-29），当需要离合器接合时，可使关闭器 16 转动，让开尾板 15，尾板连同工作键在弹簧 14 的作用下，有向逆时针方向旋转的趋势。只要中套上的缺月形槽转至与曲轴上的半月形槽对正，弹簧便立即将尾板拉至图示双点画线位置（图 1-28*C*—*C* 断面），主键则向逆时针方向转过一个角度，镶入中套的槽中，如图 1-28*D*—*D* 断面右图，曲轴便跟随大齿轮向逆时针方向旋转。与此同时，副键顺时针转动，镶入中套的另一个槽中。如欲使滑块停止运动，可将关闭器 16 转动一角度，挡住尾板，而曲轴继续旋转，由于相对运动，转键将转至分离位置（图 1-28*D*—*D* 断面左图），大齿轮空转，装在曲轴另一端的制动器把曲轴制动。

副键总是跟着工作键转动的，但二者转向相反。其运动联系是靠装在键尾的四连杆机构来完成的，如图 1-28*E* 向视图。副键的作用是在飞轮反转时起传力作用，并可防止曲柄滑块的“超前”运动。所谓“超前”是指在滑块重力的作用下，曲柄的旋转速度超过飞轮的转速，

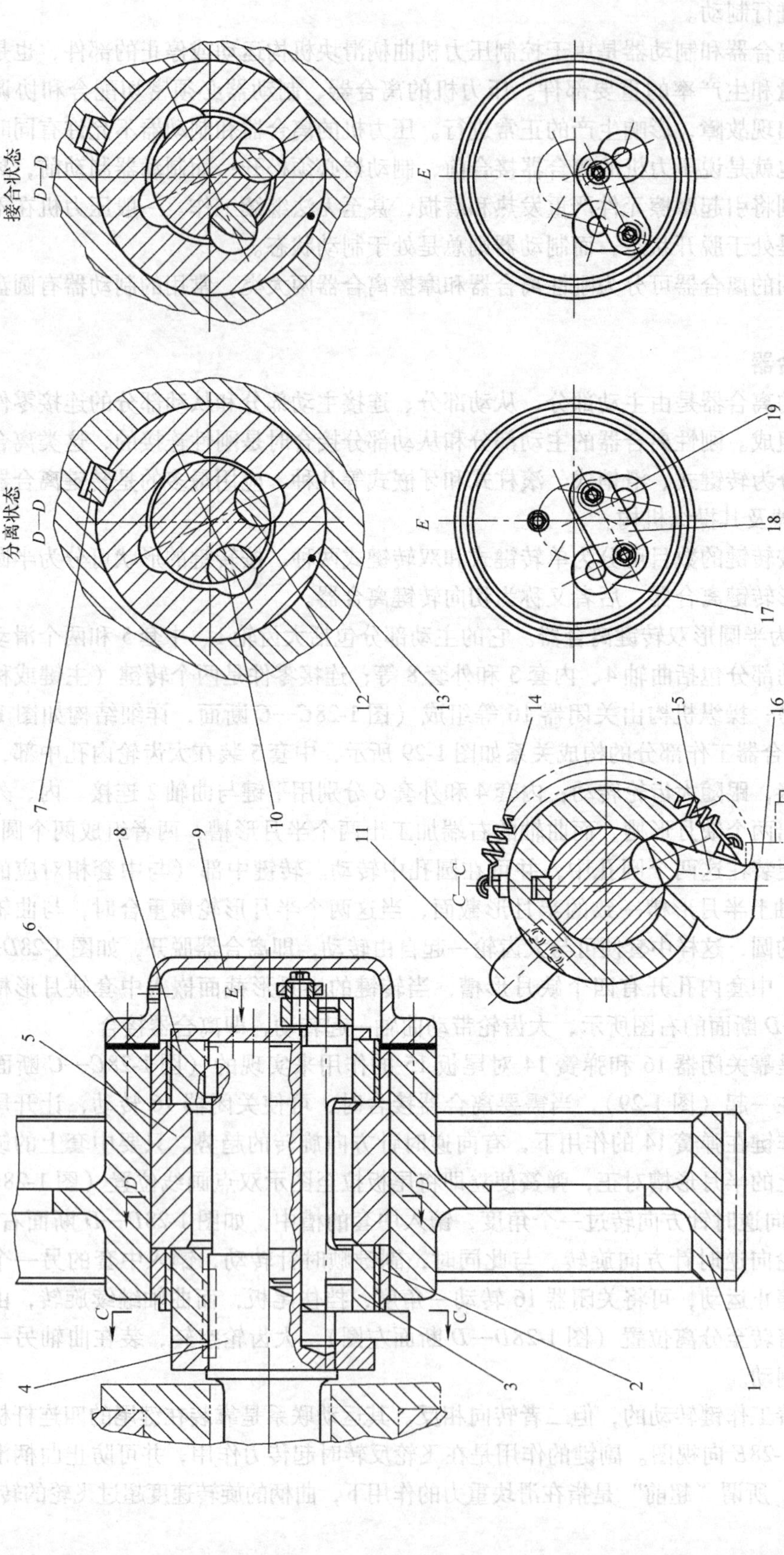

图1-28 半圆形双转键离合器

1—大齿轮 2、6—滑动轴承 3—内套 4—曲轴（右端） 5—中套 7—平键 8—外套 9—端盖 10—副键 11—凸块 12—工作键 13—润滑棉芯 14—弹簧 15—尾板 16—关闭器 17—副键柄 18—拉板 19—工作键柄或滑块回程时在气垫推力的作用下，曲柄转速超过飞轮转速的现象。“超前”运动会引起工作键与中套撞击，这是因为转键与中套的缺月槽不能全面接触，只能单向传力。

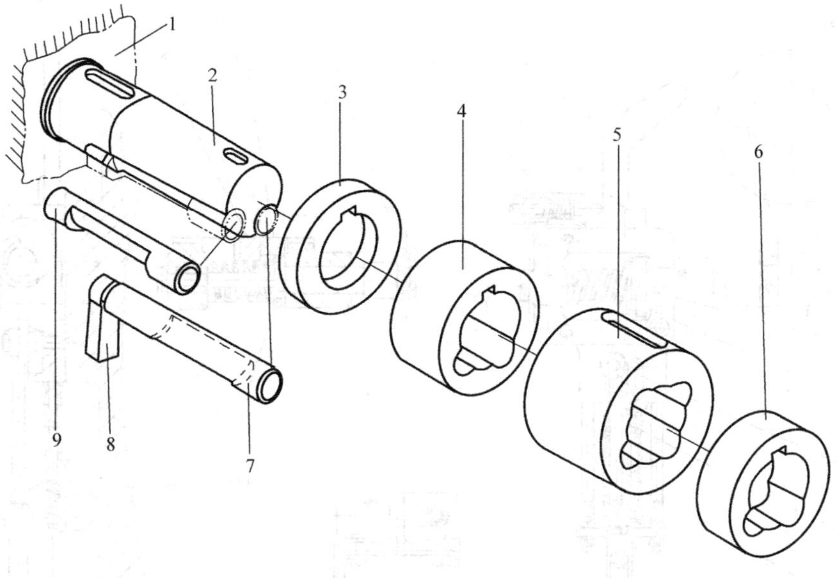

图 1-29　双转键离合器工作部分的构成关系

1—机身立柱　2—曲轴（右端）　3—挡圈　4—内套　5—中套　6—外套　7—主键　8—尾板　9—副键

离合器接合时，转键承受相当大的冲击载荷，因此常用合金结构钢 40Cr、50Cr 或碳素工具钢 T7、T8 制造；热处理硬度为 50 ~ 55HRC，在两端 30 ~ 40mm 长度处回火至 30 ~ 35HRC；关闭器采用 40Cr 钢制造，热处理硬度为 50 ~ 55HRC；中套用 45 钢制造，热处理硬度为 40 ~ 45HRC；内、外套也用 45 钢制造，调质处理硬度为 220 ~ 250HBW。

图 1-30 所示为矩形转键离合器，它与半圆形转键离合器的主要区别在于转键的中部呈近似的矩形截面，强度较好，但转动惯量较大，冲击较大。

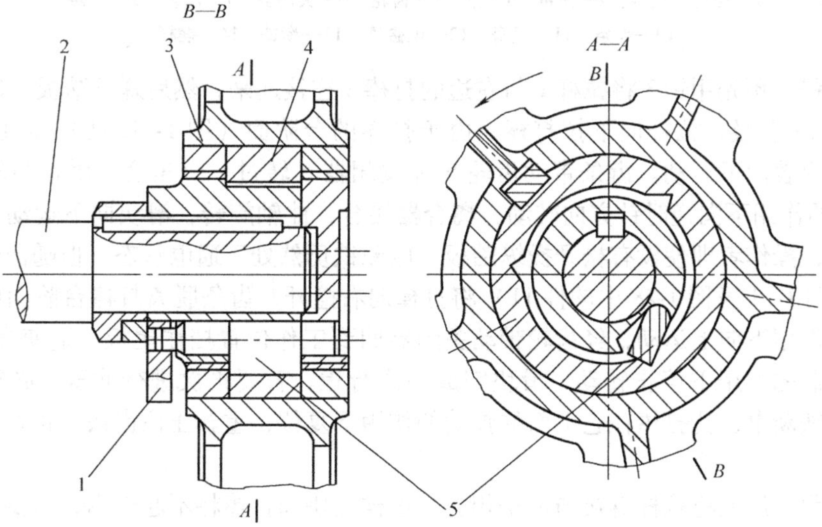

图 1-30　矩形转键离合器

1—尾板　2—曲轴　3—大齿轮　4—中套　5—矩形转键

关闭器的转动是靠操纵机构来实现的。图1-31所示为电磁铁控制的操纵机构，可以使压力机获得单次行程和连续行程两种工作方式。

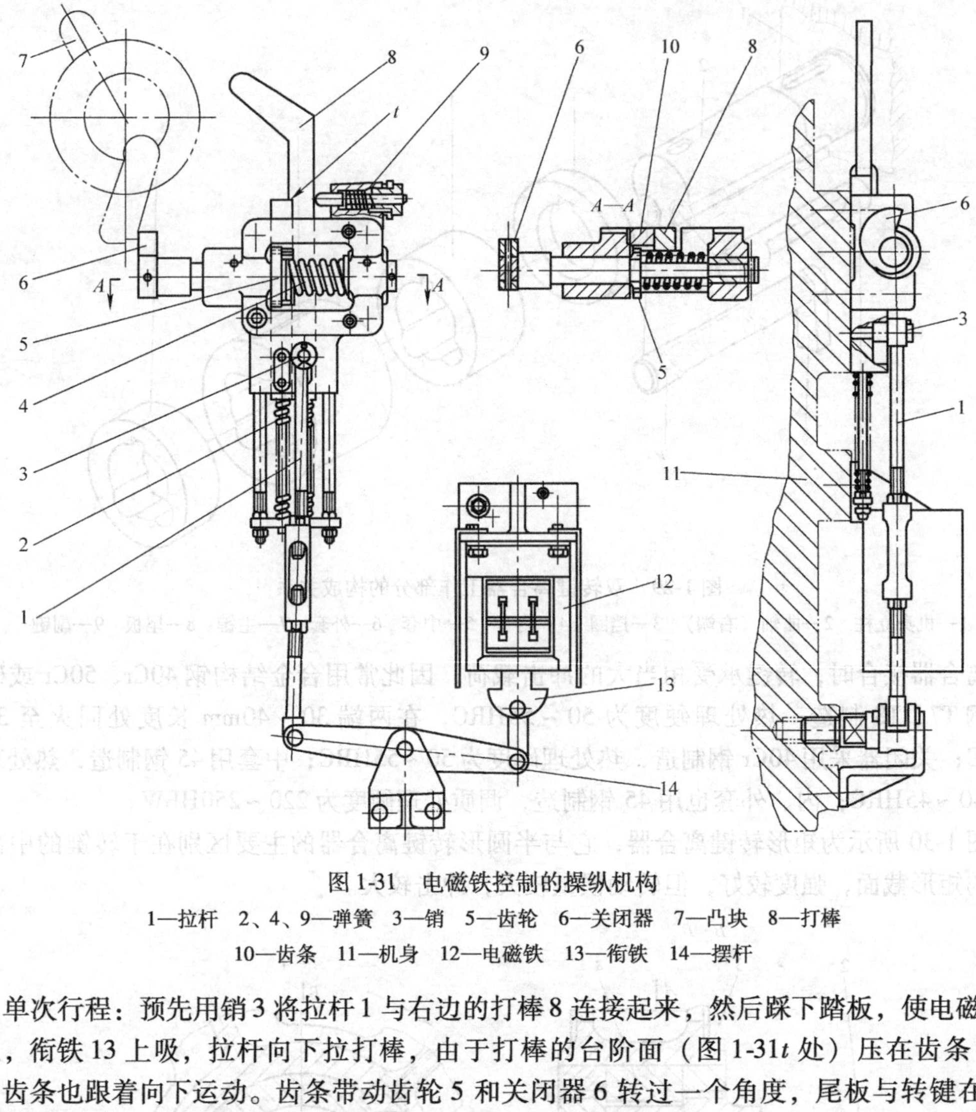

图1-31　电磁铁控制的操纵机构

1—拉杆　2、4、9—弹簧　3—销　5—齿轮　6—关闭器　7—凸块　8—打棒
10—齿条　11—机身　12—电磁铁　13—衔铁　14—摆杆

单次行程：预先用销3将拉杆1与右边的打棒8连接起来，然后踩下踏板，使电磁铁12通电，衔铁13上吸，拉杆向下拉打棒，由于打棒的台阶面（图1-31t处）压在齿条10上面，齿条也跟着向下运动。齿条带动齿轮5和关闭器6转过一个角度，尾板与转键在弹簧（图1-28）的作用下向逆时针方向转动，离合器接合，曲轴旋转，滑块向下运动。在曲轴旋转一周之前，操作者即使没有松开操纵踏板，电磁铁仍然处于通电状态，但随曲轴一起旋转的凸块7（图1-31及图1-28中的件11）将打棒向右撞开，齿条脱离打棒台阶面的限制，在下端弹簧的作用下向上运动，经齿轮带动关闭器回到工作位置挡住尾板，迫使离合器脱开；曲轴在制动器的作用下停止转动，滑块完成一次行程。若要再次进行冲压，必须先松开踏板，使电磁铁断电，让打棒在它下面的弹簧的作用下复位，重新压住齿条，再踩踏板，才能实现。

连续行程：用销将拉杆直接与齿条相连，这样凸块和打棒将不起作用，只要踩住踏板不松开，电磁铁不断电，滑块便可连续冲压，即可实现连续行程。

上述操纵机构存在单次行程和连续行程转换不方便的缺点。因此，某些压力机转键离合器操纵机构的拉杆直接与齿条连接，由电气控制线路与操纵机构密切配合，只要改变转换开关的位置，即可实现单次行程和连续行程的变换，使用比较方便，但电路较复杂，容易出现故障。

2. 滑销式离合器

滑销式离合器的滑销可装于飞轮上，也可装在从动盘上，图 1-32 所示为后一种形式。它的主动部分为飞轮 10，从动部分包括曲轴 7、从动盘 9 等，连接零件是滑销 5；操纵机构由滑销弹簧 2、闸楔 4 等组成。当操纵机构通过拉杆 3 将闸楔向下拉，使之离开滑销侧的斜面槽时，滑销便在滑销弹簧的推动下进入飞轮侧的销槽中，即实现飞轮与曲轴的结合。若要使离合器脱开，只要让闸楔向上顶住从动盘颈部的外表面，当滑销跟随曲轴转至闸楔时，在滑销随曲轴转动的同时，闸楔便插入滑销侧的斜面槽，通过斜面的作用，将滑销从飞轮侧的销槽中拨出，如图 1-32 中 *A* 向视图所示，曲轴就与飞轮分离了。

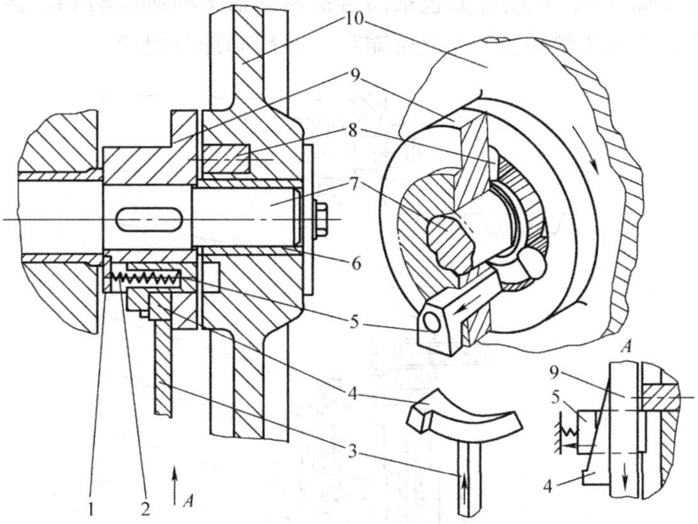

图 1-32 滑销式离合器

1—压板 2—滑销弹簧 3—拉杆 4—闸楔 5—滑销 6—滑动轴承 7—曲轴 8—镶块 9—从动盘 10—飞轮

从上述滑销离合器的工作情况可以看出，这种离合器必须有能使曲轴准确停止旋转的制动器装置，如果制动迟了，闸楔将超出离合器返回的范围，且闸楔要承受很大的制动力；如果制动早了，离合器滑销不能完全被拉回，有碍于旋转部件的旋转，从而产生振动，并发出噪声，振动大了甚至有促使滑块二次下落的危险。因此，滑销式离合器断开时的冲击大，可靠性也低于转键离合器。它的突出优点是价格低，一般用于行程速度不高的压力机。表 1-5 为滑销离合器与双转键离合器的最高工作速度。

表 1-5 刚性离合器的最高工作速度 （单位：次/min）

压力机吨位/kN	滑销离合器	双转键离合器	压力机吨位/kN	滑销离合器	双转键离合器
<200	150	300	<500	100	150
<300	120	220	>500	50	100

综上所述，刚性离合器具有结构简单、制造容易的优点。但工作时有冲击，噪声较大，滑销、转键等接合件容易损坏，且只能在上止点附近脱开，不能实现寸动操作及紧急停车，使用的方便性、安全性较差，一般用于1 000kN以下的小型压力机。

二、摩擦离合器—制动器

摩擦离合器依靠摩擦力使主动部分与从动部分接合，以传递所需的运动和力矩；摩擦制动器则利用摩擦作用来吸收运动部件的动能，使其停止运动。摩擦离合器—制动器是将二者组合起来，并由同一操纵机构协调来控制压力机工作的装置。曲柄压力机的摩擦离合器—制动器按摩擦方式可分为干式和湿式两种，按其结构可分为分离式和组合式，按摩擦面的形状可分为圆盘式、浮动镶块式、圆锥式、鼓式等。目前常见的是圆盘式和浮动镶块式摩擦离合器—制动器。

1. 圆盘式摩擦离合器—制动器

图1-33所示为组合式圆盘摩擦离合器—制动器。离合器的主动部分包括飞轮3、离合器保持环4和离合器摩擦片8，从动部分包括离合器从动盘9和从动轴14，接合件是摩擦片8，操纵机构由气缸7、活塞（制动盘）6及压缩空气等控制部分组成。

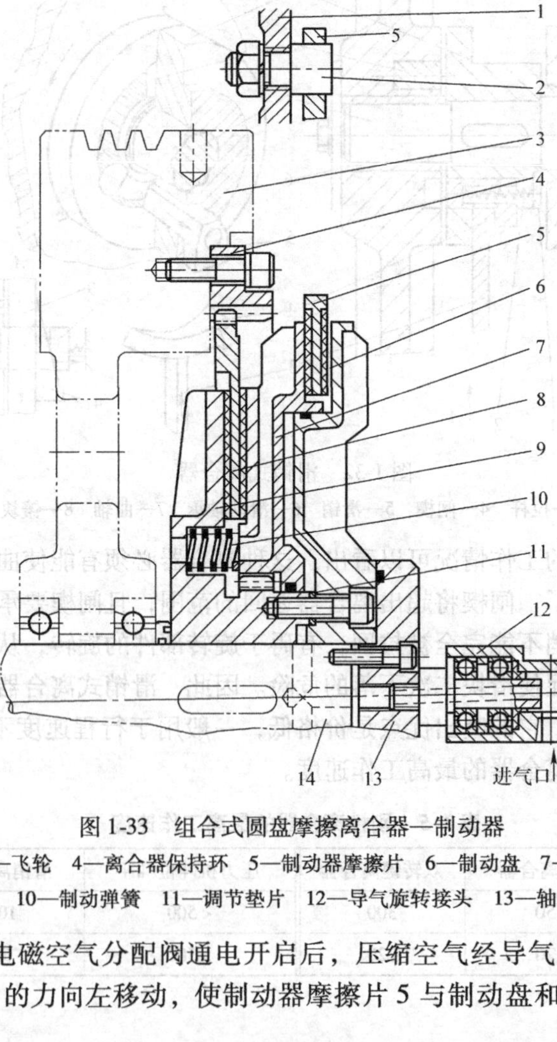

图1-33　组合式圆盘摩擦离合器—制动器

1—床身　2—销轴　3—飞轮　4—离合器保持环　5—制动器摩擦片　6—制动盘　7—气缸　8—离合器摩擦片　9—离合器从动盘　10—制动弹簧　11—调节垫片　12—导气旋转接头　13—轴端挡板　14—从动轴

其动作过程为：电磁空气分配阀通电开启后，压缩空气经导气旋转接头12进入气缸，气缸克服制动弹簧10的力向左移动，使制动器摩擦片5与制动盘和气缸的摩擦面脱开；紧接着气缸左面的摩擦面将摩擦片 8 压紧在离合器从动盘的摩擦面上，使离合器接合，从动轴便随着飞轮转动。电磁空气分配阀断电后，气缸与大气相通，在制动弹簧 10 的作用下，气缸右行，离合器松开，制动器接合，制动摩擦片对从动部分作用足够的制动力矩，使之停止转动。

根据离合器容量的不同，离合器中的圆盘摩擦片可用一片（图 1-33）或多片，其主动摩擦片和从动摩擦片成对增加，但最多不超过三片。摩擦片的材料多为铜基粉末冶金制品，其特点是具有耐磨性、耐热性、较大的摩擦因数和一定的抗咬合能力，且使用寿命较长。离合器摩擦片和制动器摩擦片的磨损将使摩擦面之间的间隙增大，使活塞的行程增加，此时可通过调整调节垫片 11 的厚度来调整间隙。

组合式离合器—制动器具有机械联锁作用，工作可靠。但由于控制机构的气缸、活塞都装在从动部分上，从动部分的转动惯量大，离合器、制动器接合时发热较大，温度较高，制动性能较差，故只适用于中小型压力机。

2. 浮动镶块式摩擦离合器—制动器

图 1-34 所示为浮动镶块式摩擦离合器—制动器，其结构为分离式，左端为离合器，右端为制动器，两者之间用推杆 5 实现刚性联锁（又称机械联锁），动作可靠。材质为石棉材料的摩擦片制成块状，镶在保持盘沿圆周方向布置的孔洞中（图 1-35），并可在孔中做轴向移动（即浮动镶块），且磨损后更换容易。离合器的主动部分由飞轮 25、主动盘 2 和 26、气缸 6、活塞 7 和推杆 5 组成。气缸用双头螺柱 29 固定在飞轮上，其间有定距套管 28 和调整垫片组 27，活塞 7 固定于气缸和飞轮之间的导向杆 8 上，可沿轴向滑动。推杆与活塞固定连接，另一端通过轴承支承在制动盘 12 上。离合器的从动部分由传动轴 9、保持盘 3、摩擦块 1 等组成。

离合器和制动器的动作由压缩空气和弹簧来操纵。当接通电磁空气分配阀时，压缩空气通过导气旋转接头 4 进入气缸，推动活塞 7、主动盘 2、推杆 5 和制动盘 12 克服弹簧 13 的阻力向右移动。放松制动摩擦块，即取消对从动部分的制动。紧接着主动盘 2 和 26 将摩擦块 1 夹紧，使从动部分随飞轮转动。当气缸排气时，制动弹簧 13 便推动制动盘 12、推杆和活塞左移，先使主动盘 2 与摩擦块 1 脱开，切断从动部分与主动部分的联系，紧接着制动盘 12 和 10 将摩擦块 11 夹紧，靠摩擦力迫使从动部分停止转动。

分离式离合器—制动器在结构上可以将离合器气缸和活塞装在主动部分上，因而从动部分惯量较小，离合器接合及制动器制动时发热较少，故应用较广。分离式摩擦离合器—制动器除采用机械联锁外，也有采用气动联锁的方式，即用两个气缸分别控制离合器和制动器的动作，靠两个气缸的顺序工作来实现联锁。这种方式不受传动轴长度的限制，但调整较麻烦，容易产生干涉，造成摩擦元件的过早磨损。

由上可知，摩擦离合器结构复杂，操作系统调整麻烦，外形尺寸大，制造成本高，且需要气源。但与刚性离合器相比，摩擦离合器具有与制动器的动作协调性好；能在曲柄转动的任何角度接合或分离，容易实现寸动行程和紧急停止；便于模具的安装调整和人身安全保护装置的安装；容易实现自动运转和远距离操作；接合平稳，能在较高的转速下工作；能传递大的转矩等优点。因此，在大型及高性能压力机上得到了广泛应用。

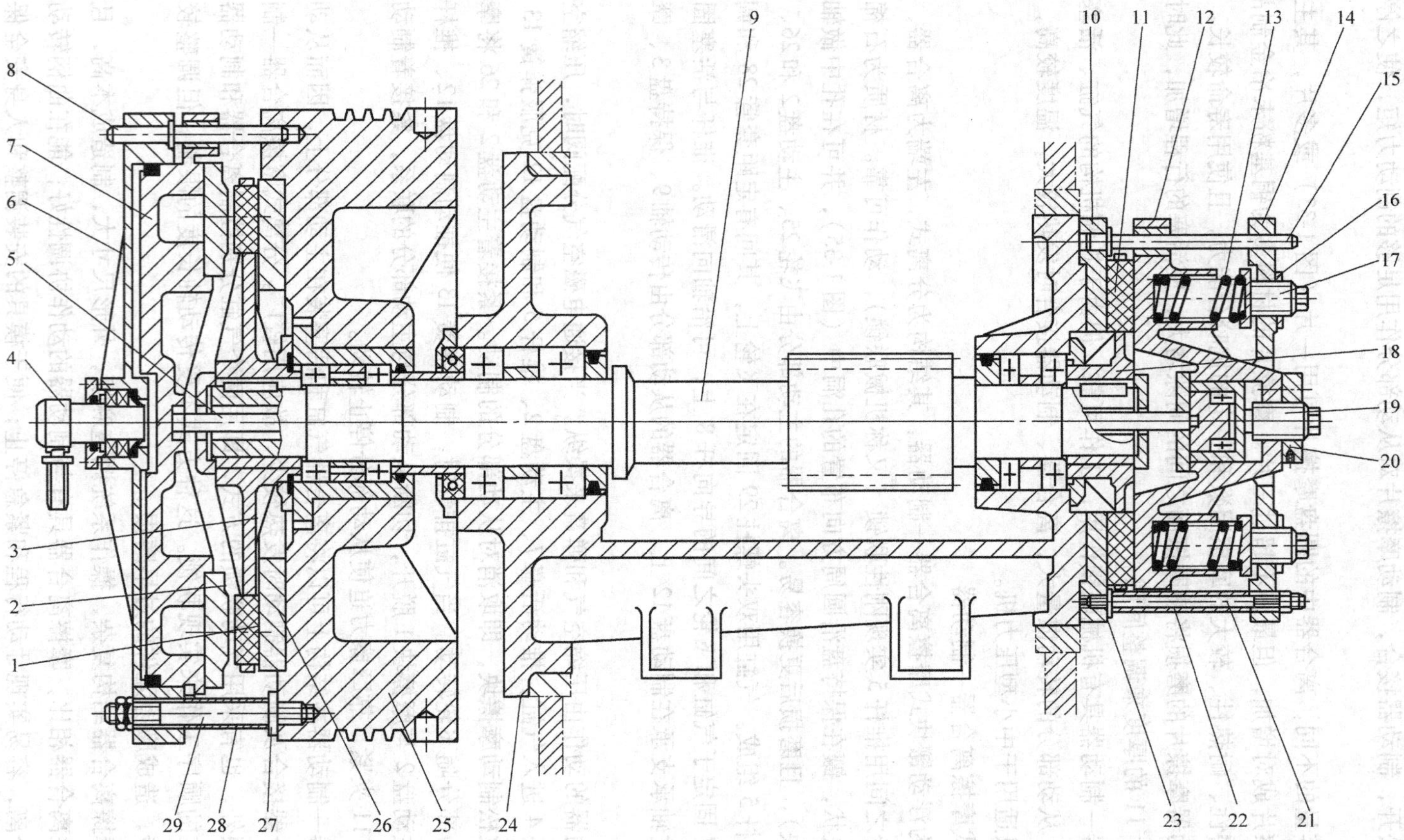

图1-34 浮动镶块式离合器—制动器

1、11—摩擦块 2、26—主动盘 3、18—保持盘 4—导气旋转接头 5—推杆 6—气缸 7—活塞 8、15—导向杆 9—传动轴 10、12—制动盘 13—弹簧 14—盖板 16、20—锁紧螺母 17—调整螺钉 19—调整螺套 21、29—双头螺柱 22、28—定距套管 23、27—调整垫片组 24—托架 25—飞轮

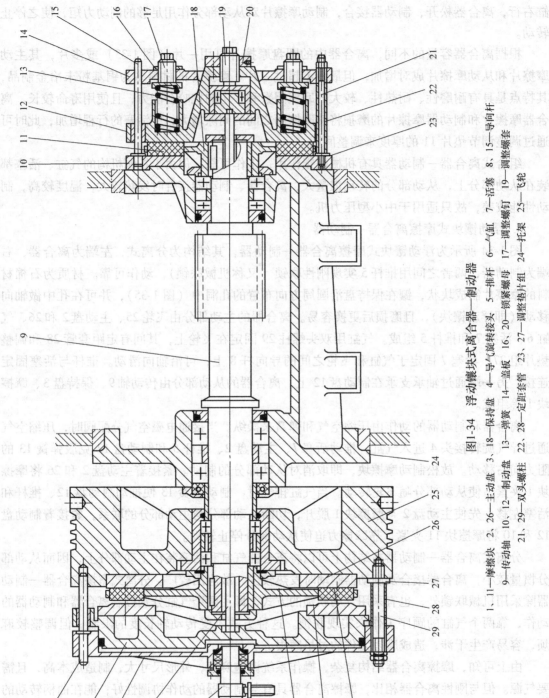

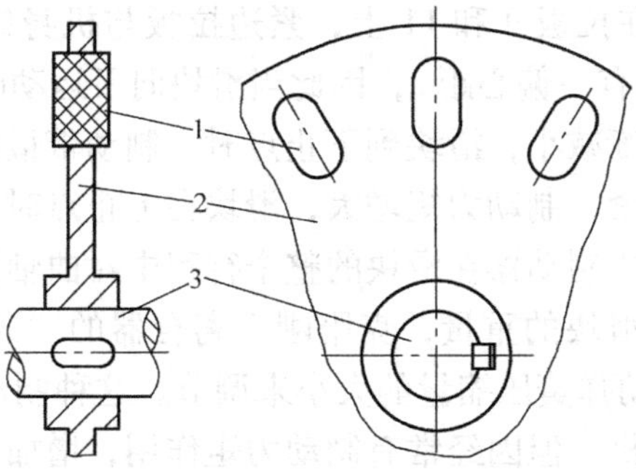

图 1-35　浮动镶块的安装

1—浮动镶块（摩擦片）　2—保持盘　3—传动轴

3. 带式制动器

常用的带式制动器有偏心带式、凸轮带式和气动带式三种。图 1-36 所示为偏心带式制动器，制动轮 6 用键紧固在曲轴 5 的一端。制动带 8 包在制动轮的外沿，其内层铆接着摩擦

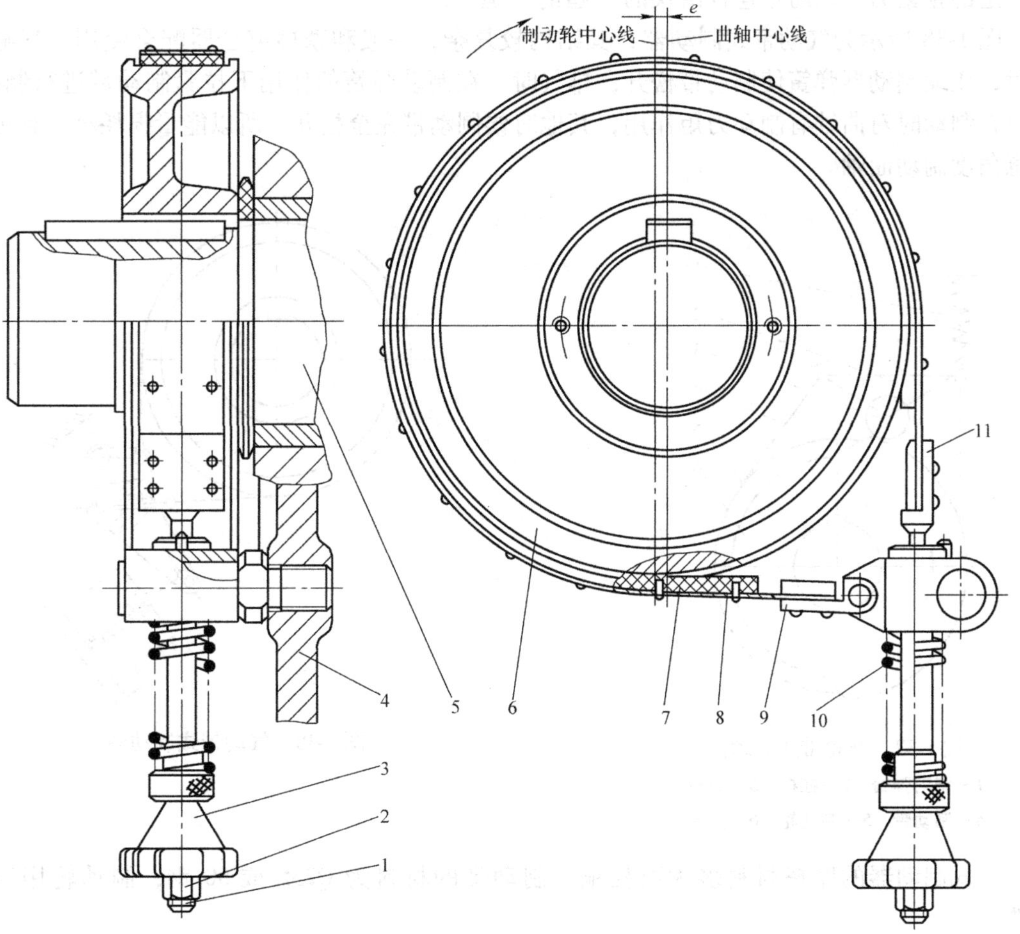

图 1-36　偏心带式制动器

1—调节螺钉　2—锁紧螺母　3—星形把手　4—机身　5—曲轴　6—制动轮

7—摩擦带　8—制动带　9—紧边拉板　10—制动弹簧　11—松边拉板

带7，制动带的两端各铆接在拉板9和11上，紧边拉板与机身铰接，松边拉板用制动弹簧10张紧。由于制动轮与曲轴有一偏心距 e，因此当滑块向下运动时，偏心轮对制动带的张紧力逐渐减小，制动力矩也逐渐减小，滑块到下止点时，制动带最松，制动力矩最小。当滑块向上运动时，制动带逐渐拉紧，制动力矩增大，滑块在上止点时，制动带绷得最紧，制动力矩最大。由此可见，偏心带式制动器在滑块的整个行程中对曲轴作用着一个周期变化的制动力矩，它在一定程度上平衡滑块的重量，克服刚性离合器的“超前”现象。制动力矩可通过旋转星形把手3，调节制动弹簧压缩量的大小来调节。这种制动器结构简单，常与刚性离合器配合用于小型开式压力机。但因经常有制动力矩作用，增加了压力机的能量损耗，加速了摩擦带材料的磨损，使用时需要经常调节，既不能过松，又不能过紧，以期能够与离合器准确配合，安全工作；并且要避免润滑油进入制动器摩擦面，致使制动效果大减。

图1-37所示结构为凸轮带式制动器，它也与刚性离合器配合使用。其制动轮5与曲轴是同心的，凸轮6根据需要制成一定的轮廓曲线，一般滑块在上止点时制动带张得最紧。当滑块下行时，制动带完全松开，以减少能量的损耗；当滑块上行时，制动带不完全松开，保持一定的张紧力，以防止连杆滑块的“超前”运动。

图1-38所示为气动带式制动器，其结构较复杂，一般和摩擦离合器配合使用。气缸进气时，压缩制动器弹簧使制动带松开；排气时，在制动弹簧的作用下拉紧制动带进行制动。它只在制动时对曲轴有制动力矩作用，其他时候制动带完全松开，所以能量损耗小，且可以任意角度制动曲轴。

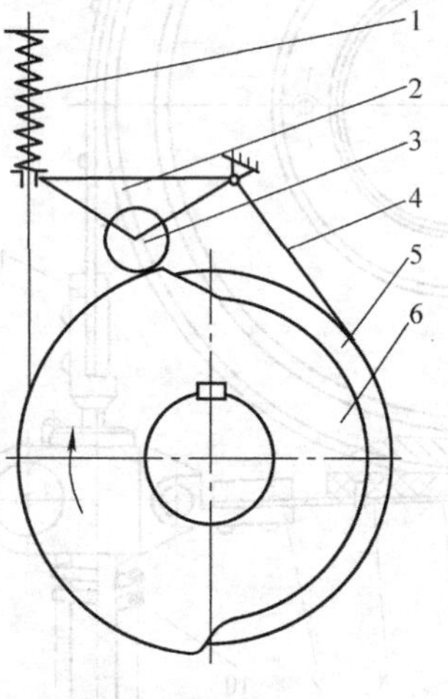

图1-37　凸轮带式制动器

1—制动弹簧　2—杠杆　3—滚轮
4—制动带　5—制动轮　6—凸轮

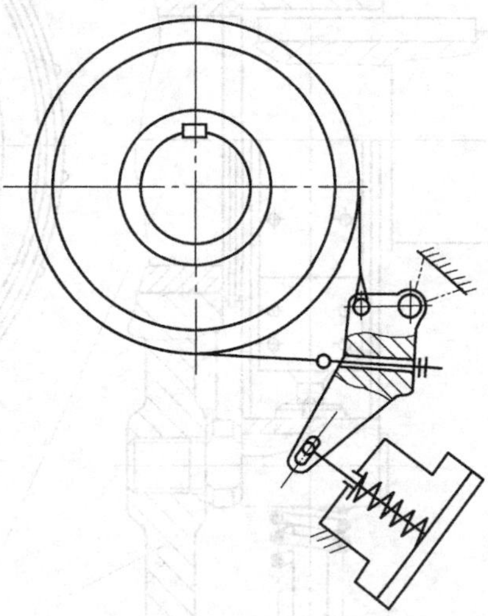

图1-38　气动带式制动器

带式制动器的摩擦材料多为石棉铜，制动带的材料为Q235或50钢，制动轮用铸铁制造。

从上述制动器的结构来看，不论哪一种形式的制动器，其制动力都是由弹簧产生的。原因是弹簧动作比气缸动作更可靠，不但调整方便，且停机关闭气源后，弹簧依然能保持制动作用。

第四节　机身结构

机身是压力机的一个基本部件，压力机几乎所有零件都安装在机身上，它不仅要承受压力机工作时的全部变形力，还要承受各种装置和各个部件的重力。

一、机身的结构形式

机身的结构形式一般可分为开式机身和闭式机身两大类，它与压力机的类型有关，主要取决于冲压工艺要求和承载能力。

开式机身的常见形式如图1-39所示，不同形式机身的承载能力有差异，工艺用途也不同。双柱可倾式机身便于从机身后部出料，有利于冲压工作的机械化与自动化，但随着压力机速度的提高和气动顶推装置的普及，可倾式机身的作用将逐渐变小。固定台式机身将底座和机身铸成一体，直接固定在安装基础之上，整体刚度较好。高性能压力机机身下部配有固定的框架式底座，便于在底座内部安装供气装置，同时也便于在底座之下安装防振垫，一般用于中低速压力机。

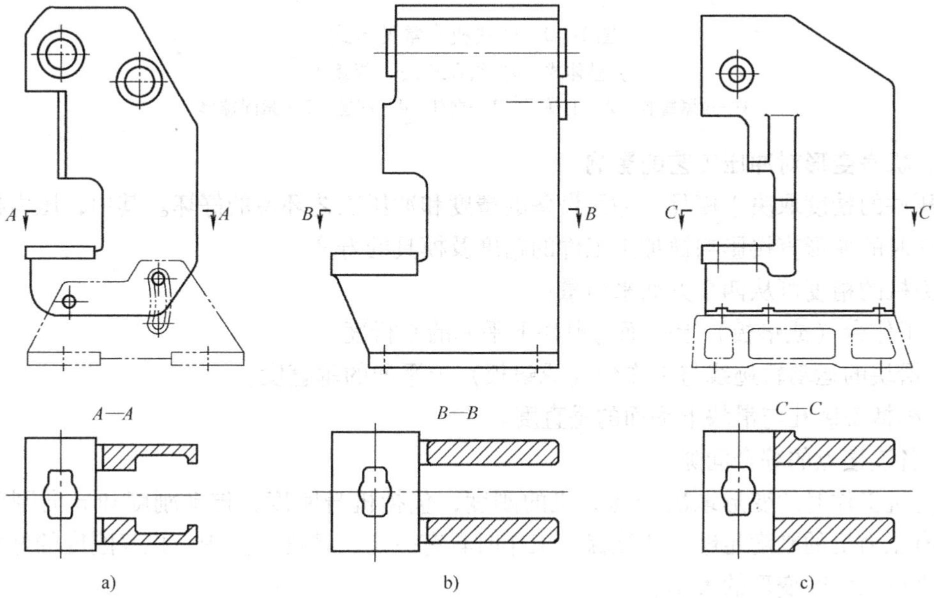

图1-39　开式机身常见形式

a）双柱可倾式机身　b）双柱固定台式机身　c）高性能压力机机身

闭式机身的常见形式如图1-40所示，有整体式、组合式和焊接式三种。闭式机身的承载能力大，刚度较好，所以从小型精密压力机到超大型压力机基本均采用该形式。其中，组合式（图1-40b）机身依靠拉紧螺栓将上梁、立柱和底座连接紧固成一体，加工和运输比较方便，在大中型压力机中应用较广。整体式机身（图1-40a）加工装配工作量较小，但加工、运输均较困难，一般被限制在3000kN以下的压力机上应用。随着CAD/CAE/CAM技术的广泛使用，焊接式机身得到了快速的发展，它可根据冲压工艺要求和机身的受力情况，借助CAD/CAE/CAM技术进行机身结构优化，使机身的强度、刚度和精度得到可靠保证。目前，这类机身在各种类型和规格的压力机上均有应用，且应用越来越广。

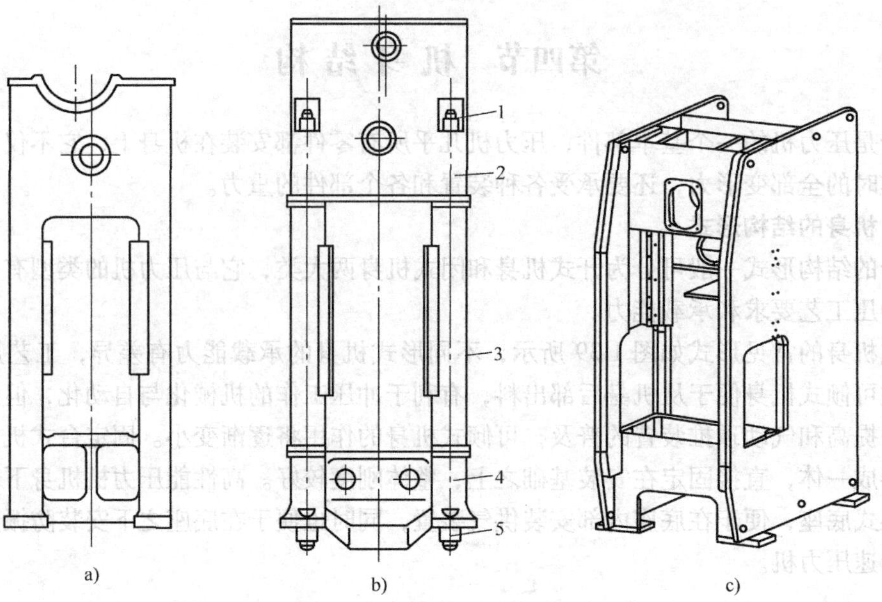

图 1-40　闭式机身常见形式
a）整体式　b）组合式　c）焊接式
1—拉紧螺栓　2—上横梁　3—立柱　4—底座　5—紧固螺母

二、机身变形对冲压工艺的影响

冲压件的精度取决于模具、冲压设备的精度和冲压工艺环境的好坏。其中，压力机的精度和工作时的变形直接影响被加工工件的精度及模具的寿命。

压力机的精度可从四个方面来衡量：

1）工作台（或垫板）上平面与滑块下平面的平行度。

2）滑块的运动轨迹线与工作台（或垫板）上平面的垂直度。

3）模柄安装孔与滑块下平面的垂直度。

4）各连接点的综合间隙。

压力机工作时的变形取决于压力机的刚度，包括机身刚度、传动刚度和导向刚度三部分，只有压力机的刚度足够，才能保证工作时具有一定的精度。其中，机身刚度的好坏直接影响压力机工作时变形的大小。

在负荷状态下，闭式机身压力机的工作台、垫板及滑块会出现如图 1-41 所示的挠度，平面度误差增大，从而造成模具安装面和垫板上平面及滑块下平面接触不紧密，引起模具变形。开式机身在负荷作用下将出现如图 1-42 所示的变形，压力机的平行度误差和垂直度误差增大，使装模高度 ΔH 和滑块运动方向产生倾斜的角变形 $\Delta\alpha$。角变形将影响凸模进入凹模的深度，加剧模具工作表面的磨损，进而影响工件精度、模具寿命，加速滑块导向部分的磨损。

机身的角变形使滑块下平面与垫板（或工作台）上平面的平行度误差增大，造成模具的导向机构和滑块导轨过热，甚至严重磨损，使制件精度降低，尤其对压印或整形加工的影响更致命（图 1-43a）。如图 1-43b、c 所示，冲裁或拉深成形时，机身的角变形造成滑块运动轨迹与工作台（或垫板）上平面的垂直度误差，使模具间隙不均匀，并产生水平方向的侧压力，从而影响制件精度和加速模具的磨损，甚至使小凸模折断，特别是薄板冲压时，凸、凹模冲裁间隙很小，影响尤其严重。因此，机身变形对冲压工艺的影响是至关重要的，必须加以重视。

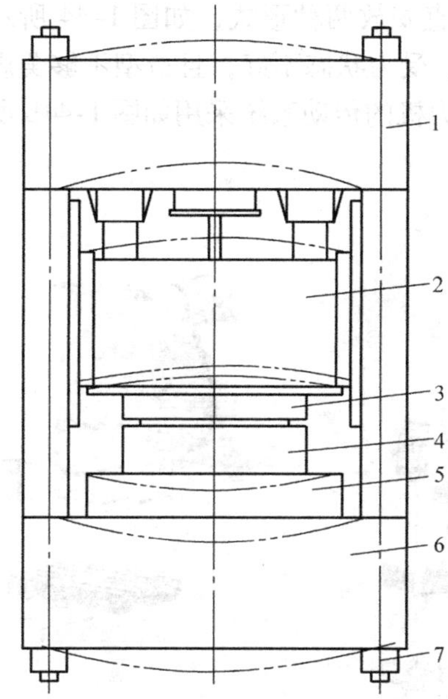

图 1-41　闭式机身压力机中滑块及工作台的弹性变形

1—上横梁　2—滑块　3—上模　4—下模
5—垫板　6—底座　7—紧固螺母

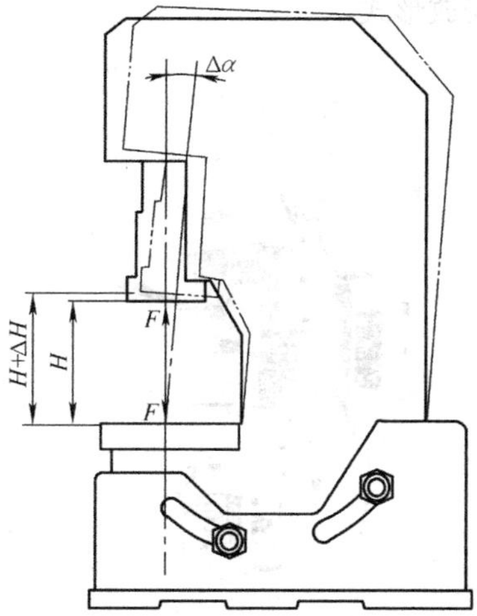

图 1-42　开式机身压力机的弹性变形

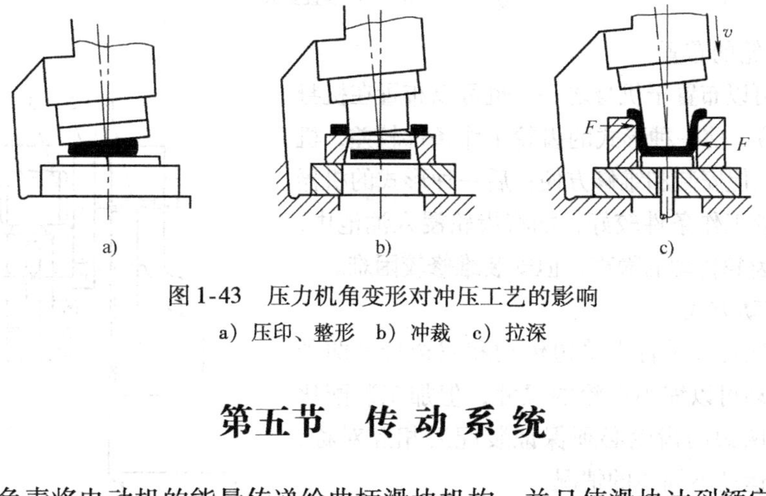

图 1-43　压力机角变形对冲压工艺的影响

a）压印、整形　b）冲裁　c）拉深

第五节　传 动 系 统

传动系统负责将电动机的能量传递给曲柄滑块机构，并且使滑块达到额定的行程次数。它一般由带传动、齿轮传动构成，其形式及布局对压力机的总体结构、外观、能量损耗及离合器的工作性能等均有影响。

一、传动系统的布局

1. 压力机的传动系统

传动系统一般装在机身的上部（图 1-1、图 1-4），称为上传动；也有将传动系统设于底座下部的，称为下传动或底传动。下传动压力机主要用于双动拉深压力机，其优点在于重心低、运转平稳，能减少振动和噪声；但安装需要较深的地坑，基础庞大，且对传动部件及拉深垫的维修不便。

2. 传动系统的安装方式

传动系统相对于压力机的正面有平行安放和垂直安放两种形式，如图1-44所示。平行安放（图1-44a）各轴的长度较长，支承点跨距大，受力状态不好，且造型不够美观，多用于开式双柱压力机。一般开式压力机和闭式通用压力机的传动系统采用如图1-44b所示的垂直安放形式。

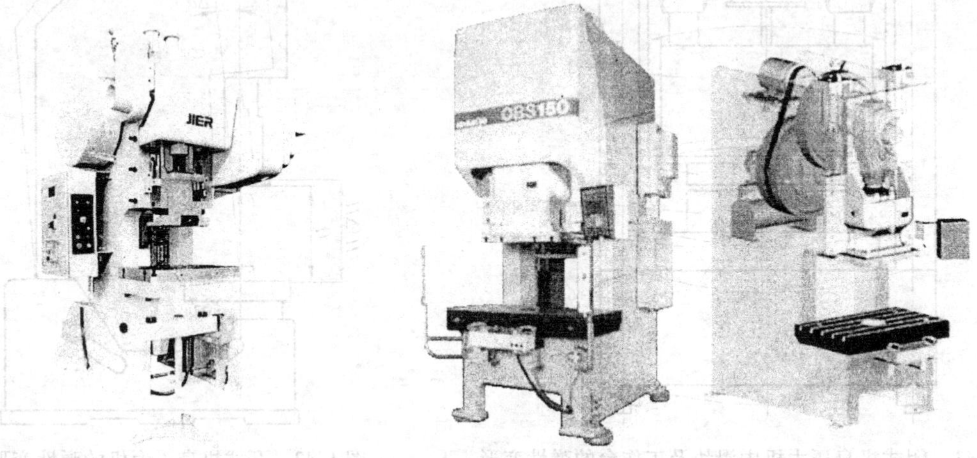

a)　　b)

图1-44　压力机传动系统的安放形式

a）平行安放　b）垂直安放

3. 传动齿轮的布置

传动齿轮可以布置于机身之外，也可以布置在机身之内（图1-45）。前一种形式的齿轮工作条件较差，机器外形不美观，但安装和维修方便；后一种形式的机器外形美观，齿轮工作条件较好，如将齿轮浸入油池中，则可大大降低齿轮传动的噪声，但安装维修较困难。

4. 齿轮传动方式

齿轮传动还可以设置为单边传动和双边传动两种形式。双边传动可以缩小齿轮的尺寸，但加工装配比较困难，因为两边的齿轮必须保证装配后相互对称，否则可能出现运动不同步的情况。

5. 传动级数

传动系统按传动级数可分为1～4级传动，传动级数与电动机的转速和滑块的行程次数有关，并受各传动级速比及蓄能飞轮转速的制约。飞轮积蓄的能量与飞轮转速的平方成正比，因此行程次数小（30次/min以下），而要求加工能力大的大行程压力机需要三级或四级传动，以便提供可安装飞轮的高速

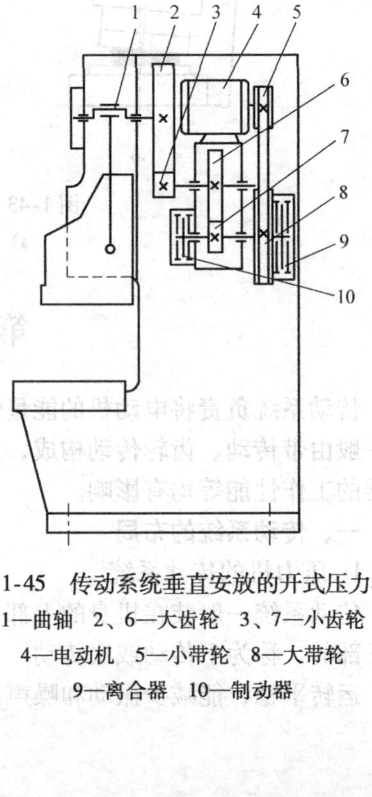

图1-45　传动系统垂直安放的开式压力机

1—曲轴　2、6—大齿轮　3、7—小齿轮

4—电动机　5—小带轮　8—大带轮

9—离合器　10—制动器

轴。多数压力机行程次数为 30 ~ 70 次/min，采用二级传动。一级传动也称直传式，用于小型压力机或高速压力机，行程次数在 70 次/min 以上。

二、离合器与制动器的安装位置

单级传动压力机的离合器和制动器只能安装在曲轴上。刚性离合器不宜在高速下工作，故一般安装在曲轴上，因此制动器也随之安装于曲轴上。

摩擦式离合器安装于曲轴上时，其主动部分的能量大（可利用大齿轮的蓄能作用），而离合器接合所消耗的摩擦功和加速从动部分所需的功都比较小，因而能量消耗小，离合器工作条件较好，寿命较长。但是低速轴上的离合器需要传递的转矩大，因而结构尺寸较大。一般行程次数较高的压力机的离合器最好安装在曲轴上；对于行程次数较低的压力机，由于其曲轴速度低，最后一级大齿轮的蓄能作用已不明显，为了缩小离合器的尺寸，降低制造成本，离合器多置于转速较高的传动轴上，一般是飞轮轴上。此外，从传动系统的布置来看，闭式通用压力机的传动系统近年来多封闭在机身内部，并采用偏心齿轮结构，致使离合器不便安装在曲轴（偏心齿轮心轴）上，通常只能安装在转速较高的传动轴上。制动器的位置随离合器而定，因为传动轴上制动力矩较小，所以装于传动轴上的制动器的结构尺寸较小。

图 1-46 所示为 J31-315 压力机的传动系统图，它是闭式单点压力机常用的一种传动结构。该系统为三级上传动，单边驱动，主轴垂直于压力机正面安放，所有传动齿轮都置于机身内部，离合器、制动器装在高速轴上。

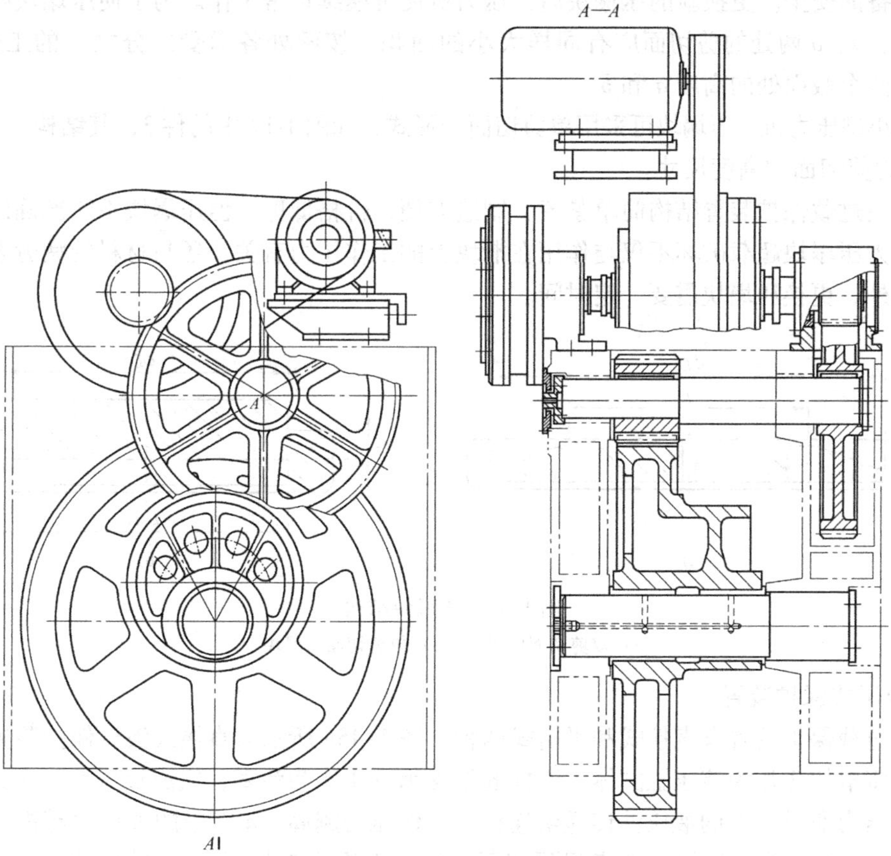

图 1-46　J31-315 压力机的传动系统图

第六节　辅助装置

为了使压力机正常运转，提高生产率，扩大工艺范围，以及确保机器设备的安全，改善作业环境，降低工人的劳动强度等，常在压力机中附设有各种辅助装置，下面对常用的几种加以介绍。

一、过载保护装置

当曲柄压力机的工作负荷超过许用负荷时称为过载。引起过载的原因很多，如压力机选用不当，模具调整不正确，坯料厚度不均匀，两个坯料重叠或杂物落入模腔内等。过载会导致压力机的薄弱部分损伤，如连杆螺纹破坏、螺杆弯曲，曲轴弯曲、扭曲或断裂，机身变形或开裂等。曲柄压力机是比较容易发生过载的设备，为了防止过载，一般大型压力机多采用液压式保护装置，中小型压力机采用液压式或压塌块式保护装置进行过载保护。

1. 压塌块式保护装置

压塌块式保护装置通常装在滑块部件中，压力机工作时，作用在滑块上的工作压力全部通过压塌块传递给连杆，如图 1-20 中的件 3，其结构尺寸如图 1-47a 所示。当压力机过载时，压塌块上 a、b 两处圆形截面发生剪切破坏，使连杆相对滑块移动一个距离，以保证压力机的重要零件受力不过载。同时能拨动开关，使控制线路切断电源，压力机停止运转，从而确保设备的安全。更换新的压塌块后，压力机便可继续正常工作。为了使压塌块两剪切面同时破坏，a、b 两处的剪切面应有同样大小的面积，按两处各承受二分之一的工作载荷，可确定出两个截面处的高度 a 和 b。

对于小型压力机，压塌块可采用单剪切面的形式，如图 1-17 中的件 3，其结构如图 1-47b 所示，δ 为剪切面的高度尺寸。

压塌块过载保护装置结构简单紧凑，制造方便，价格低廉。但压塌块不能准确地限制过载力，因为压塌块超载破坏不仅与作用在滑块上的工作压力有关，还与材料的疲劳老化程度有关。此外，更换压塌块需要一定时间。

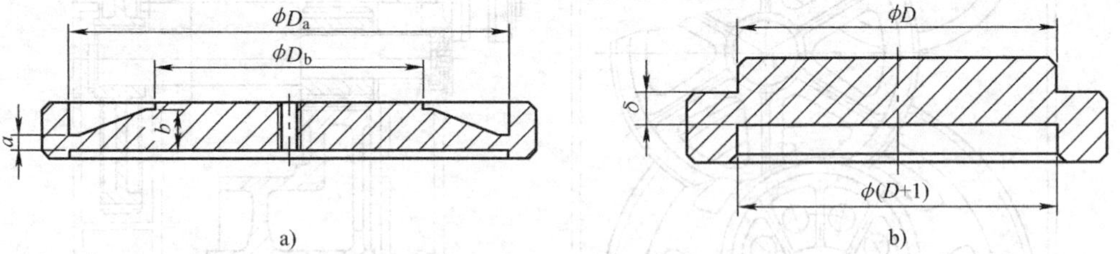

图 1-47　压塌块结构

a）双剪切面压塌块　b）单剪切面压塌块

2. 液压式保护装置

液压过载保护装置有直接式和平衡式两种。图 1-48a 所示为直接式液压保护装置的一种结构。它将滑块 2 作为液压缸缸体，连杆的下支承座 4 作为活塞，组成液压垫。压力机工作时，工作压力通过 a 腔的液压油传递给连杆，工作压力越高，a 腔中的油压也越高。当压力机过载时，a 腔中的油压超过溢流阀预调压力值，溢流阀 1 打开，a 腔的液压油流入 b 腔，使连杆3能相对滑块2移动，从而起到保护压力机的作用。在滑块通过下止点后，由于其自重和弹簧5的作用，滑块相对于连杆向下运动，使a腔形成负压，单向阀6打开，b腔中的液压油被抽入a腔，重新形成液压垫，压力机便可继续工作。这种结构的工作压力可以通过调节溢流阀进行限制，发生作用后能自动恢复，但液压垫刚度较差，因为其初始压力为零，工作中随着工作压力的增大，液压垫会被压缩。为提高液压垫的刚度，有些压力机采用如图1-48b所示的液压供油系统，压力继电器11能感知液压垫的压力，当其压力小于工作压力时，会接通电源起动液压泵给液压垫充液加压，当压力达到调定值时，会自动切断电源，使液压泵停止工作。

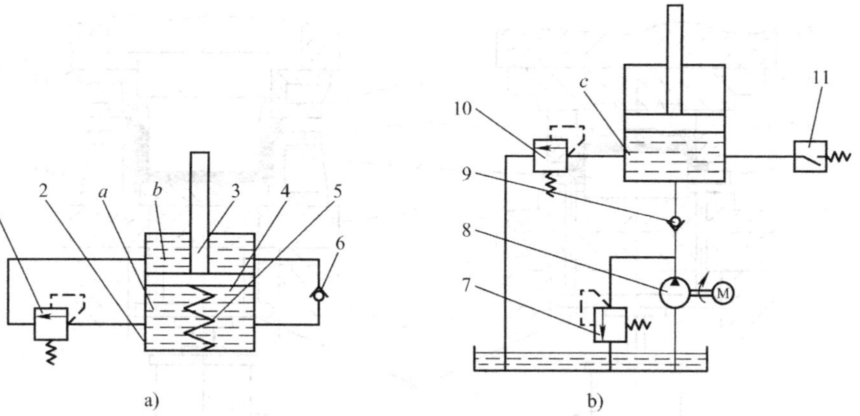

图1-48　直接式液压保护装置

1、7、10—溢流阀　2—液压缸缸体（滑块）　3—连杆　4—活塞（连杆下支承座）　5—弹簧　6、9—单向阀　8—泵　11—压力继电器

平衡式液压保护装置利用气动卸荷阀阀芯两端的平衡作用，以气压（或液压、弹簧力）平衡连杆球座下面的液压垫的油压。过载时平衡被破坏，液压垫中的高压油通过卸荷阀排出，以消除过载。图1-49所示为平衡式液压保护装置在双点压力机上的应用实例。工作时，气动液压泵1将液压油经单向阀2压入气动卸荷阀9及液压垫3，形成高压。当压力机在公称压力下工作时，气动卸荷阀阀芯油压端的油压略低于阀芯气压端的空气压力，压力机可以正常工作。当压力机过载时，液压垫中的油压升高，其压力大于卸荷阀气缸中的气压时，阀芯活塞失去平衡向气压端移动，阀门开启，液压垫中的油排回油箱，压力迅速卸载。同时，控制离合器脱开，使压力机停止运转。故障排除后，接通电源，气动液压泵工作，给液压垫充液加压，当压力达到设定值时，压力继电器发出信号，使气动液压泵

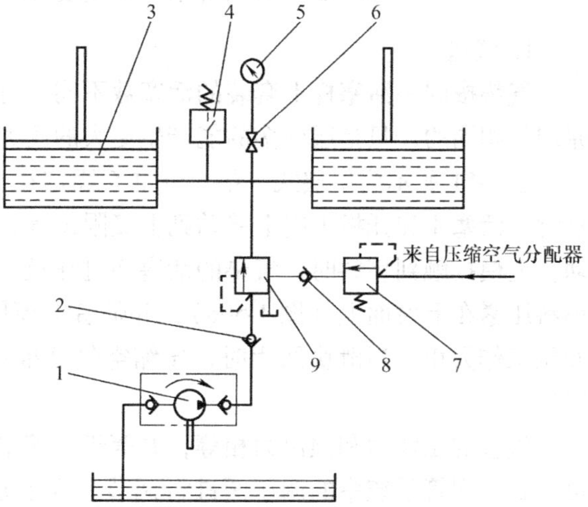

图1-49　平衡式液压保护装置

1—气动液压泵　2、8—单向阀　3—液压垫　4—压力继电器　5—压力计　6—截止阀　7—减压阀　9—气动卸荷阀

停止工作，压力机恢复正常工作状态。该液压过载保护装置虽然结构较复杂，但它能准确地决定过载压力，在双点或四点压力机上，能确保各连杆同时卸荷。

二、拉深垫

拉深垫是在拉深成形时压住坯料的边缘，防止其起皱的一种压料装置（图1-50a），配置拉深垫可进一步扩大压力机的工艺范围，使单动压力机具有双动压力机的效果，而双动压力机配置拉深垫（图1-50b）就可作为三动压力机使用。另外，拉深垫还可用于顶料（或顶件）或对工件底部进行局部成形。拉深垫通常用于大中型压力机，有气压式和气－液压式两种，均安装在压力机底座下部。

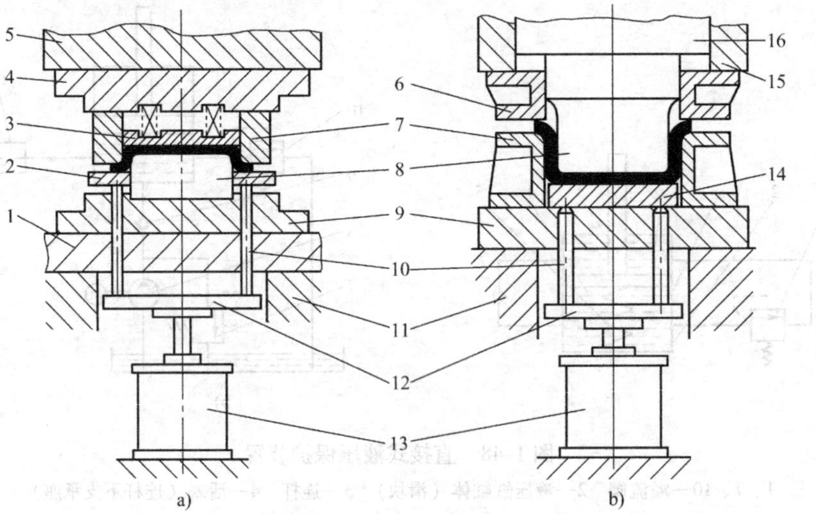

图1-50 拉深垫的应用

a）在单动压力机上使用拉深垫 b）在双动压力机上使用拉深垫

1—垫板 2、6—压料圈 3、14—顶板 4—上模座 5—滑块 7—凹模 8—凸模 9—下模座 10—顶杆 11—工作台 12—托板 13—拉深垫 15—外滑块 16—内滑块

1. 气垫

气垫按同一活塞杆上套装的活塞数不同，可分为单层式、双层式和三层式。它们的工作原理是相同的，只是层数多的能产生更大的压力。

图1-51所示为单层式气垫，气缸5固定在机身工作台2的底面上，当压缩空气进入气缸时，活塞4和托板1向上移动到上极限位置，气垫处于工作状态。当压力机的滑块向下运动，上模接触到坯料时，气垫的活塞通过托板、顶杆及模具中的压料装置以一定的压紧力将坯料压紧在上模面上（图1-50a），并随着上模同步向下移动，直至滑块到达下止点，完成冲压工作为止。当滑块回程时，压缩空气又推动活塞随滑块上升到上极限位置，完成顶件工作。

气垫的压紧力和顶出力相等，并等于压缩空气的压力乘以活塞的有效面积，空气的压力可用置于配管系统中的调压阀进行调节。为了减小气垫工作行程中的压力波动（一般应小于20%），气垫一般都备有较大的气罐。上述单层气垫结构简单，活塞较长，导向性能较好，能承受一定的偏心力，同时内部有较大的空腔，可以储存较多的压缩空气，不必另备气罐，价格便宜，且工作可靠。但受压力机底座下安装空间的限制，其工作压力有限。

图 1-52 所示为三层式气垫，因为其三个活塞同时推动托板，所以产生的压紧力可达到相同截面尺寸的单层气垫的近三倍。

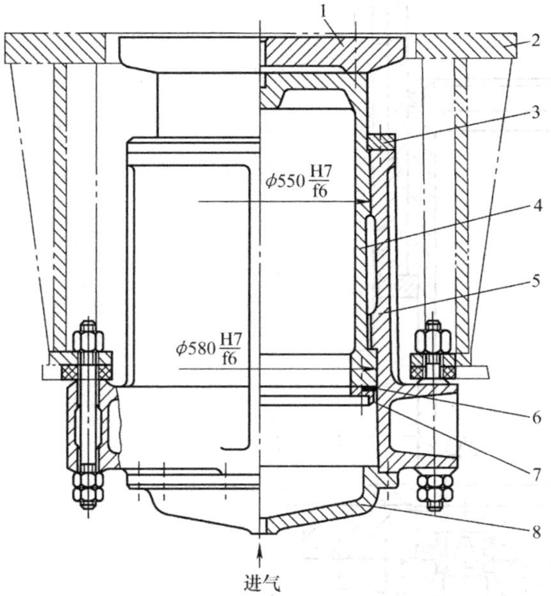

图 1-51　JA36—160 压力机气垫

1—托板　2—工作台　3—定位块　4—活塞　5—气缸　6—密封圈　7—压环　8—气缸盖

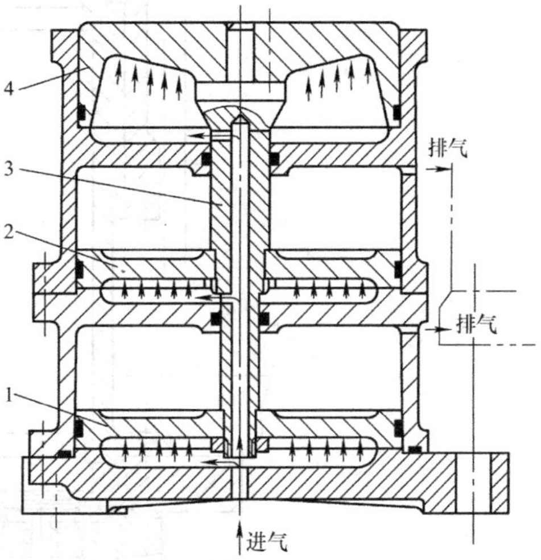

图 1-52　三层式气垫

1、2、4—活塞　3—活塞杆

2. 液压气垫

图 1-53a 所示为液压气垫的一种结构形式。工作缸 3 通过单向阀 1、溢流阀 4 及管路与液气罐 10（图 1-53b）连通。液气罐内除油液外还充有压缩空气，通过调压阀来调节压力，罐内的油液在其上部压缩空气的作用下通过管道顶开单向阀压入工作缸，并将工作缸和托板 2 顶起，一直达到极限位置。当压力机开始工作，滑块下行至上模接触坯料时，工作缸内的油压开始随上模的加压而升高。当此压力升高到一定值后，工作缸中的油液顶开溢流阀，流回液气罐，于是托板便保持一定的压力，并跟随滑块下行至下止点，完成拉深工作。当滑块离开下止点开始回程时，托板上的压力消失，工作缸中的油压也随之降低，溢流阀即关闭。当工作缸中的油压低于液气罐 10（图 1-53b）内的油压时，液气罐中的油液又顶开单向阀进入工作缸，使工作缸和托板上升，将下模内的工件顶起，直至上极限位置，至此完成一个工作周期。

该液压气垫的压料力和顶出力是不同的。压料力是通过溢流阀产生的，因为工作缸内的液压油作用在阀芯一端直径为 d_1 的面积上，而控制缸 5 内的压缩空气则作用在阀芯另一端直径为 d_2 的活塞面上，这两种压力保持平衡就确定了油压的大小，亦即确定了压料力的大小。作用在活塞上的空气压力越高，工作缸溢流时的油压就越大，压料力就越大。因此，调节减压阀 3（图 1-53b），改变供给控制缸的压缩空气压力，便可以控制工作缸溢流时的油压，得到需要的压料力。调节减压阀 9（图 1-53b），改变液气罐内空气的压力，可以改变油液进入工作缸的油压，便可控制顶出力。

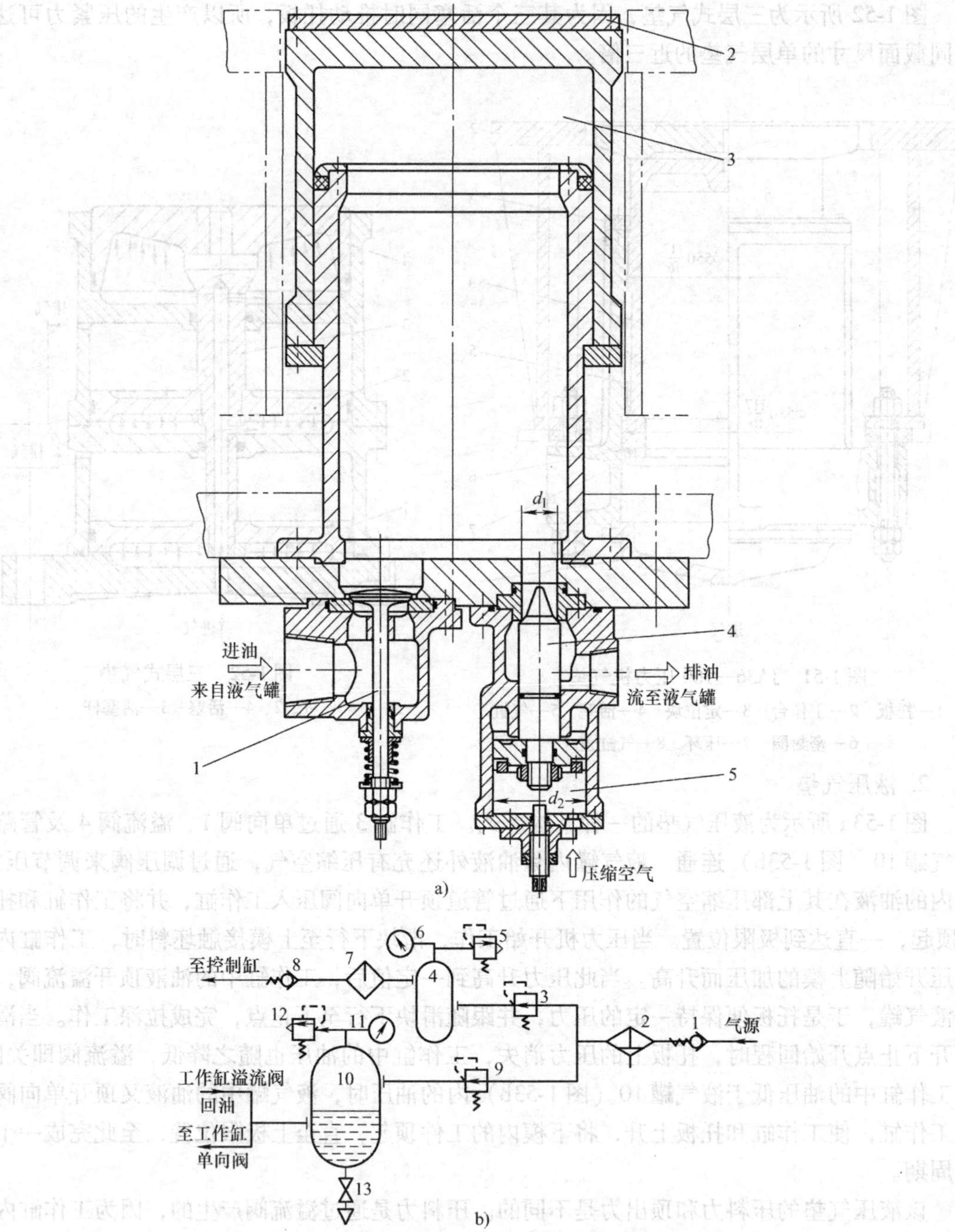

图 1-53　液压气垫

a）液压气垫结构图　b）液压气垫原理图

a）1—单向阀　2—托板　3—工作缸　4—溢流阀　5—控制缸

b）1、8—单向阀　2—空气过滤器　3、9—减压阀　4—气罐　5、12—溢流阀

6、11—压力计　7—油雾器　10—液气罐　13—放水阀

与气垫相比，液压气垫结构紧凑，顶出力和压料力可以分别控制，能得到更高的压料力，但是其结构复杂。在工作过程中，由于液压油通过溢流阀后会增高油温，因而会使密封

橡胶填料的使用寿命缩短；同时因液压油的流速与流向有变化，会引起油压波动和冲击振动，形成噪声。

3. 拉深垫行程调节装置

上述拉深垫在工作中行程是不变的，即托板的上限位置是一定的。因此，要根据所使用模具的结构尺寸，准备若干不同长度的顶料杆，随模具更换，比较麻烦。

图1-54所示为双层气垫，其拉深垫带有行程调节装置，可根据不同模具的要求改变托板的上限位置。调整行程时，由电动机带动蜗杆6和蜗轮7旋转（蜗轮内孔为螺母），蜗轮的旋转能驱动调节螺杆5（即限位螺杆）上下移动，从而改变拉深垫的上限位置，实现行程长度的调整，该行程调节装置也可用于液压气垫。行程长度调节量的显示可通过无线装置传送到气垫行程指示器上读出，也可通过机械传动从相应的标尺上读出，或者采用数字仪表来显示。

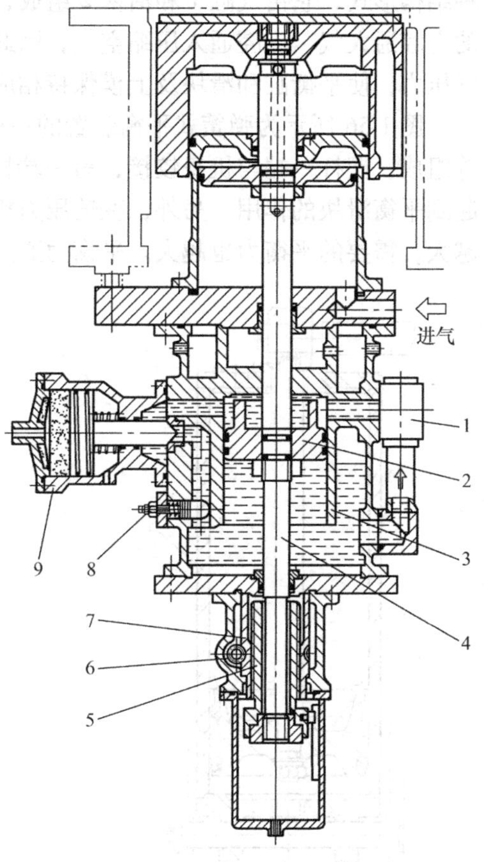

图1-54　双层气垫结构图

1—单向阀　2—锁紧缸活塞　3—锁紧液压缸　4—活塞杆　5—限位螺杆　6—蜗杆　7—蜗轮　8—升程调节螺栓　9—锁紧阀

4. 锁紧装置

拉深垫托板在滑块回程时的顶出作用一般是随动的，但有时要求拉深垫的顶起应滞后于滑块回程（如上模装有弹性压板或定位块及双动压力机），即拉深垫要等到上模升至一定高度后才允许顶起，以避免顶坏工件。实现这一功能的装置称为拉深垫的锁紧装置。

在图1-54中，与拉深垫气缸同轴串联的锁紧液压缸3即为锁紧装置。拉深加工时，气垫托板往下降，活塞杆4和锁紧缸活塞2也随之下降。锁紧液压缸上腔的压力降低，下腔的油压升高，下腔的油液经过旁路管道顶开单向阀1进入上腔，同时一部分油液流经开启的锁紧阀9进入上腔，直至滑块到达下止点时，关闭锁紧阀，同时单向阀自动关闭。当滑块通过下止点回程上行时，拉深垫气缸中的压缩空气有顶起拉深垫托板的趋势，但由于锁紧液压缸上腔充满的液压油不能排出，因此锁紧缸活塞拉住活塞杆阻止了气垫上行，即气垫被锁紧在下止点。

滑块回程到预定位置后，电磁空气阀起动，使锁紧阀9的气缸排气，锁紧阀重新打开，锁紧液压缸的上、下腔接通。气垫托板在压缩空气的作用下上升顶件，锁紧缸上腔的液压油随之被压回下腔。电磁空气阀的起动时间由旋转式凸轮行程开关控制，它的工作时间可以任意设定。

三、滑块平衡装置

曲柄压力机传动系统中各传动件的连接点存在间隙，如齿轮啮合、连杆与曲柄、连杆与滑块的连接点，装模高度调节螺杆与螺母之间等，由于滑块重量的作用这些间隙会偏向一侧。当滑块受到工作负荷时，由于工作负荷的方向与重力方向相反，间隙就被推向相反的一侧，造成撞击和噪声；当滑块冲压完毕上行时，重量又使间隙反向转移。撞击和噪声不仅不利于工作环境，也加快了设备的损坏。为了消除这种现象，压力机上一般都装有滑块平衡装置，特别是在大中型压力机和高速压力机上，平衡装置尤为重要。

压力机上常见的平衡装置有弹簧式和气缸式两种。图1-55所示为气缸式平衡装置的一种结构形式，它由气缸1和活塞2组成，活塞杆的上部与滑块连接，气缸装在机身上。气缸的上腔通大气，下腔通入压缩空气，因此能把滑块托住。根据所装上模重量的不同，调整空气压力，使平衡缸和滑块及上模保持相应平衡。

图1-56所示为弹簧式平衡装置的一种结构形式，它由压力弹簧3、双头螺柱4及摆杆1等组成。摆杆一端与机身铰接，另一端托起滑块，中间靠压力弹簧通过螺杆将它吊起，从而起到平衡滑块的作用。另外，变速压力机要根据选用的行程次数调整平衡力；滑块行程次数越大，需要的平衡力也越大。平衡力通过调节锁紧螺母6来调节。

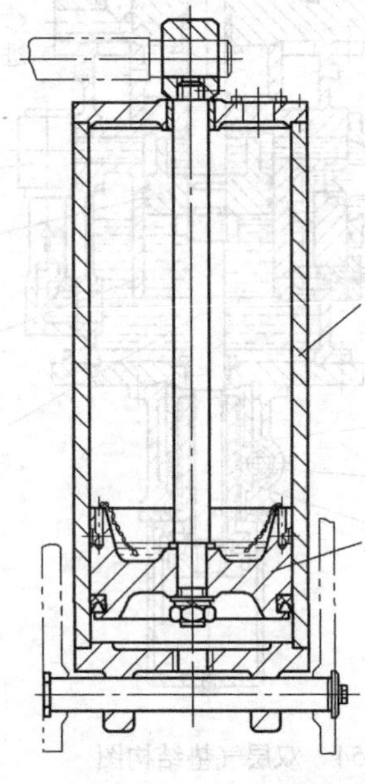

图1-55　J31-315压力机平衡装置

1—气缸　2—活塞

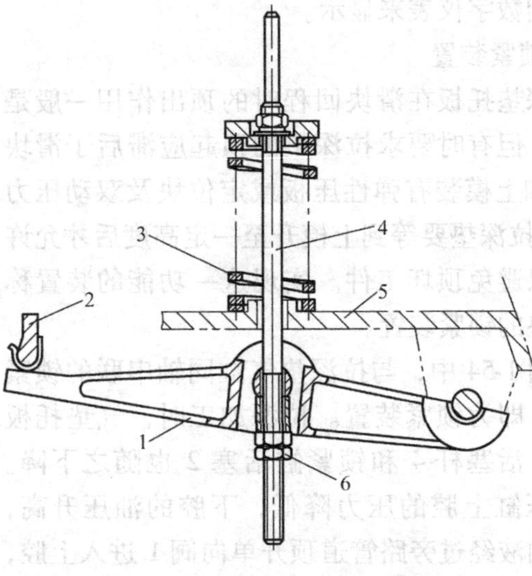

图1-56　J21G-20压力机平衡装置

1—摆杆　2—滑块　3—压力弹簧　4—双头螺柱　5—床身　6—锁紧螺母

平衡装置除有消除冲击和噪声，使压力机运转平稳的作用外，还能使装模高度的调整灵活方便，若为机动调整则可降低功率消耗。同时，它也改善了制动器的工作条件，提高了其灵敏度和可靠性，并可防止因制动器失灵或连杆折断时，滑块坠落而发生事故。

四、推件装置

冲压结束后，工件或废料往往会留在模具中，为使其能在适当的时候脱离模具，压力机上必须设置推件装置，推件装置有刚性和气动两种。

压力机一般在滑块部件上设置推件装置，供上模推料用。图1-57所示为刚性推件装置，它由一根穿过滑块的打料横杆4及固定于机身上的挡头螺钉3等组成。当滑块下行冲压时，由于工件的作用，通过上模中的推杆7使打料横杆在滑块中升起。当滑块回程上行接近上止点时，打料横杆两端被机身上的挡头螺钉挡住，滑块继续上升，打料横杆便相对滑块向下移

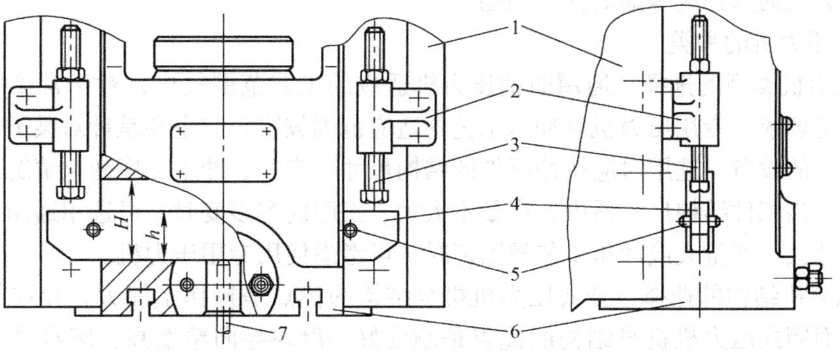

图 1-57　JC23-63 压力机刚性推件装置

1—机身　2—挡头座　3—挡头螺钉　4—打料横杆　5—挡销　6—滑块　7—推杆

动，推动上模中的推杆将工件推出。打料横杆的最大工作行程为 $H-h$（图 1-57），如果过早与挡头螺钉相碰，会发生设备事故。所以在更换模具、调节压力机装模高度时，必须相应地调节挡头螺钉的位置。

刚性推件装置结构简单、动作可靠，应用广泛。其缺点是推件力及推件位置不能任意调节。

图 1-58 所示为气动推件装置，它由双层气缸 4 和一根打料横杆 1 组成。双层气缸与滑块连接在一起，它的活塞杆 2 和打料横杆的一端铰接。气缸进气时，即可推动打料横杆将工件顶出。气缸的进排气由电磁空气分配阀控制，它可以使推件动作在回程的任意位置进行。

气动推件装置的推件力和推件行程容易调节，有利于实现冲压自动化，但由于受到气缸尺寸与气压大小的限制，推件力不可以太大。

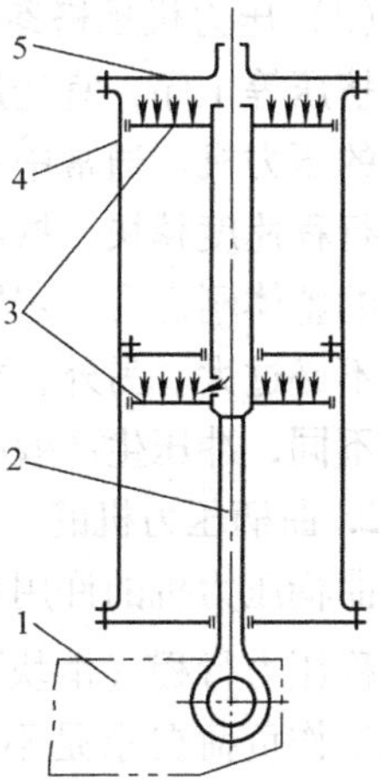

图 1-58　气动推件装置

1—打料横杆　2—活塞杆　3—活塞

4—气缸　5—气缸盖

第七节　曲柄压力机的选用

一、曲柄压力机的选择

冲压生产时，设备的选择直接关系到设备的安全和使用，同时也关系到冲压工艺是否能顺利进行，以及模具的寿命、产品的质量、生产效率和成本的高低等问题。曲柄压力机的选用应注意以下几点：

1）应明确冲压件的成形要求，即冲压件所包含的工序内容、工序安排（先后次序、工序组合情况）、冲压件的几何形状及尺寸、精度要求、生产批量、取件方式、废料处理等。

2）应了解各类冲压设备的特点，主要有设备的结构特点（开式、闭式结构）、主要技术参数（公称压力、滑块行程、速度大小、装模空间、操作空间大小等）、精度、辅助装置及功能等。

3）所选设备的规格和性能应与冲压件的加工要求相适应，除满足使用要求之外，应尽量避免资源浪费（设备规格选用过大）。

曲柄压力机的选择应考虑的如下问题。

1. 曲柄压力机的种类

（1）压力机类型的选择　通用曲柄压力机适应的工艺范围较广，对于常见的冲压工艺一般均能满足要求。专用压力机对冲压工艺的适应范围较窄，它主要是针对某类制品或某种工艺专门开发的设备。选用时应按冲压件的结构尺寸、产量、冲压工序变化情况的不同加以区分。例如，当工件结构尺寸适中、产量不太大、工序内容多变时，可选用通用压力机；当工件结构尺寸大、产量大或冲压工艺较固定时，可考虑使用专用压力机。

（2）压力机结构的选择　开式压力机机身结构的优点是操作空间大，允许前后或左右送料操作；而闭式压力机机身结构的优点是刚度好、滑块导向精度高，床身受力变形易补偿。因此，当工件尺寸较大、精度要求高、模具寿命要求长时，宜选用闭式压力机；当模具和工件尺寸较小、要求操作方便，或要安装自动送料装置时，则宜选择开式压力机。

（3）压力机规格参数的选择　滑块行程速度是影响金属塑性变形的重要因素，对于拉深、挤压等工序，宜选用滑块行程速度稍慢的压力机，而冲裁类工序则可选用滑块行程速度较快的压力机。通常中小型压力机的滑块行程速度较快，中大型压力机的滑块行程速度稍慢。行程速度越快，振动、噪声越大，对模具寿命会有影响。压力机的行程和装模高度对压力机的整体刚性有一定影响，在满足冲压成形要求及方便操作的前提下，压力机行程和装模高度不必过大。另外，根据产量及操作条件（手工或自动送料）的不同、工人操作的熟练程度不同，冲压生产效率也不同，选用压力机时应予以注意。

2. 曲柄压力机的工作压力特性

曲柄压力机的许用负荷随滑块行程位置的不同有很大的变化（图1-15）。其公称压力 F_g 在公称压力行程（滑块下止点前几毫米到十几毫米）范围内才能达到，而不同冲压工艺方法的工作负荷要求是不同的（图1-59）。由图可知，冲裁、压印类冲压工艺的工作行程较短，在下止点附近才产生大的工件变形抗力；弯曲、拉深类冲压工艺的工作行程较大，距下止点较高位置就开始产生相当大的工件变形抗力，虽然校核时其最大冲压力 F_{max} 不大于压力机的公称压力 F_g，但仍有可能发生过载。

如图1-60所示，压力机许用负荷曲线Ⅰ的公称压力大于拉深时的最大拉深力，但拉深工作负荷曲线 c 并未完全处于压力机许用负荷曲线Ⅰ之下，表明用该压力机进行这一拉深工序的生产会发生过载现象。因此，对于工作行程大的冲压工序（如拉深、弯曲、挤压等），压力机的选用不仅要校核其最大冲压力是否小于压力机的公称压力，还必须校核压力机的做功能力，并留有一定的安全裕度。图1-60所示许用负荷曲线Ⅰ的压力机适用于工作负荷为曲线 a、b 的冲压工序成形，曲线Ⅱ的压力机适用于负荷曲线 c 的冲压工序。

工作负荷曲线可在工序确定之后求解获得，对于复合工序要注意考虑压力的叠加情况。另外，工作负荷不仅包括冲压变形力，而且要加上与变形力同时存在的其他工艺力，如压料力、弹性卸料力、弹性顶件力、推件力等。

3. 曲柄压力机的做功能力

曲柄压力机克服冲压力所做的功相当于工作负荷曲线下所包含的面积。压力机冲压成形的做功时间很短，在一个工作周期内，大部分时间为辅助工作时间。为提高效率，曲柄压力机在传动系统中设置了飞轮，利用飞轮吸收和积蓄辅助工作时间内电动机输出的能量（飞轮转速提高），待冲压工件时瞬间将其释放出来（飞轮减速），使得压力机选配的电动机功率

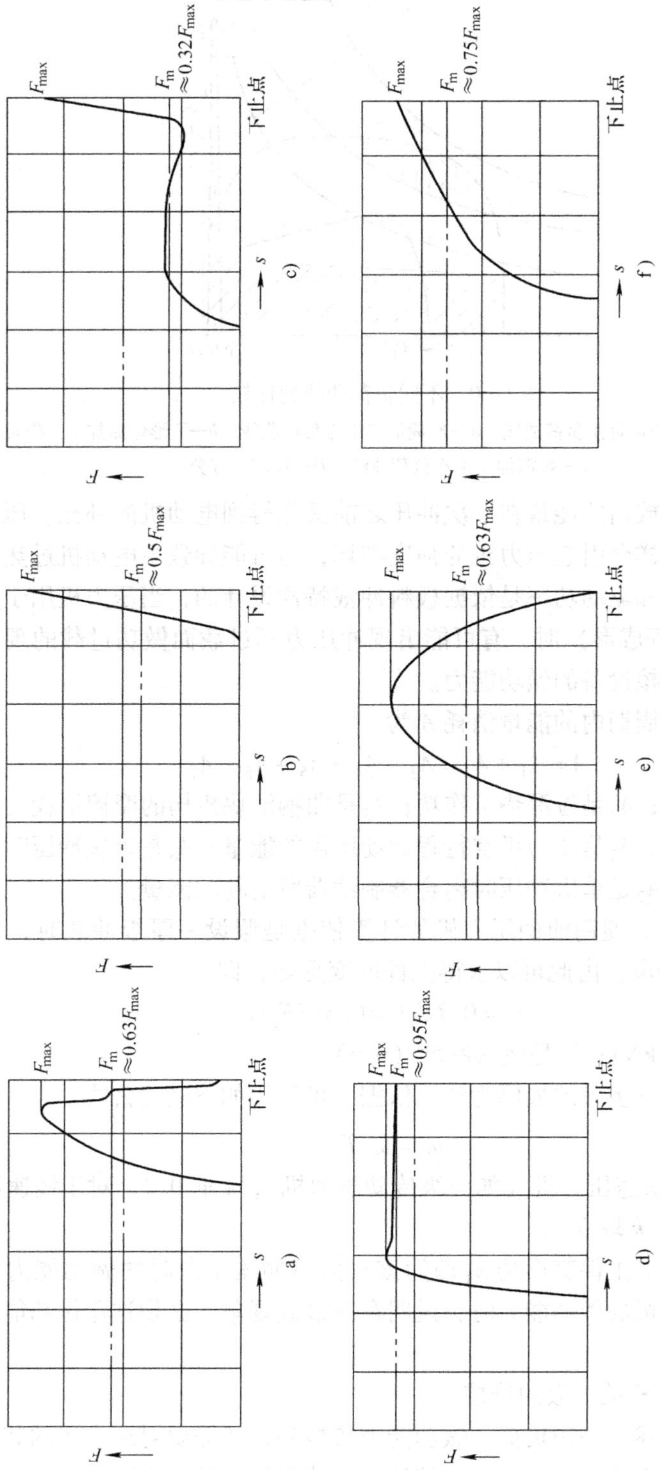

图1-59　不同冲压工艺的工作负荷F与滑块行程s的关系曲线

a）剪切　b）压印　c）弯曲　d）冷挤压　e）拉深　f）冷镦

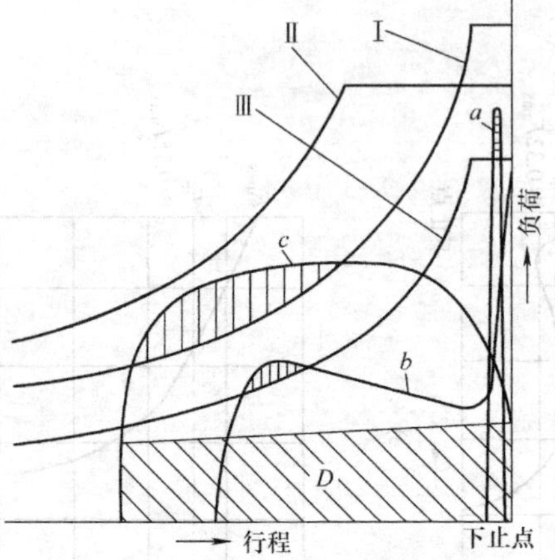

图1-60　不同负荷曲线的比较

Ⅰ～Ⅲ—三种压力机的许用负荷曲线　*a*—冲裁加工工作负荷曲线　*b*—V形弯曲加工工作负荷曲线　*c*—拉深加工工作负荷曲线　*D*—拉深垫部分

可以大为减小。飞轮释放出的能量在下次冲压之前又能得到电动机的补充。压力机的功率不足虽然不像压力不足那样会引起压力机的强度破坏，但可能导致主电动机过热，引起烧损。

曲柄压力机的结构和驱动功率是依据板料冲裁特性设计的，当压力机用于其他冲压工序（如拉深、挤压、压印等成形）时，有可能出现冲压力不过载而做功过载的现象，此时，曲柄压力机的选用需要校核设备的做功能力。

压力机在一个工作周期内的能量消耗A为

$$A = A_1 + A_2 + A_3 + A_4 + A_5 + A_6 + A_7$$

式中，A_1是工件变形功；A_2是拉深垫工作功；A_3是曲柄滑块机构的摩擦消耗功；A_4是冲压时床身消耗的弹性变形功；A_5是压力机空行程运动所需的能量；A_6是单次冲压时滑块停顿、系统空转所消耗的能量；A_7是单次冲压时离合器制动器所消耗的能量。

对于工件变形功A_1，通用曲柄压力机的计算依据是假设一厚板冲载时，当凸模进入板厚$0.45h_0$时板料断裂分离，由此可以求得工件的变形功，即

$$A_1 = 0.7F_g h = 0.315F_g h_0$$

式中，F_g是公称压力（kN）；h_0是板料厚度（mm）。

对于不同的压力机以多大的板厚为计算依据，可采用如下经验公式

$$h_0 = k\sqrt{F_g}$$

式中，k是系数，对于快速压力机（如一级传动压力机），k取0.2；对于慢速压力机（如两级及以上传动压力机），k取0.4。

上述设计计算确定的工件变形功A_1即为该压力机冲压生产时的做功能力，当工件实际所需的变形功大于压力机的做功能力时，说明存在过载现象，必须选用做功能力更大的压力机才行。

4. 压力机装模空间相关参数的校核

压力机的选用除前述的许用负荷、做功能力校核外，还需要对压力机的装模空间、模具与压力机的连接固定是否匹配等方面进行校核，具体有以下几个方面。

（1）模具闭合高度校核　模具闭合高度H_0应处于压力机最大装模高度H_1与最小装模高

度 $H_1 - \Delta H_1$之间，且由于压力机的新旧程度不同，闭合高度调节螺杆始末端可能磨损失效，因此模具闭合高度必须比压力机装模高度的上限尺寸小5mm或比下限尺寸大5mm，以确保模具闭合高度与压力机相匹配。若模具闭合高度不满足要求，可采取相应的措施（若模具闭合高度过高，可拆除压力机垫板或更换更薄的垫板；若模具闭合高度过小，则可在模具下加垫板）或另选设备，以适应压力机闭合高度的要求。

（2）模柄尺寸校核　模具模柄通常位于模具压力中心的位置，装模时，模柄必须装入滑块上的模柄孔，并可靠紧固，使模具压力中心与压力机滑块中心重合，同时也保证滑块能带动上模运动，不致因上模的自重及冲压回程时的卸料力使上模松动或脱落。因此，模柄直径与滑块模柄孔尺寸应采用间隙配合，模柄长度应比模柄孔深度小5～10mm。对于带有上打件机构的冲模，上打件行程不宜过大，其打料杆长度一般高于模柄15～30mm（应与滑块上打料横梁的行程相匹配），过小起不到打料作用，过大则上模无法正常安装。

（3）模具上模安装面尺寸校核　对于小型压力机，滑块工作行程一般较小，滑块下底面尺寸也较小，模具安装时需校核上模安装面尺寸（长×宽）是否小于压力机滑块下底面尺寸。若不符合要求，则当滑块运动至上止点时，滑块底面往往会缩入机身导轨内，引起模具与机身干涉。

（4）模具其他尺寸校核　若模具带有下顶件机构，则下顶件装置尺寸必须小于压力机工作台垫板孔尺寸；对于冲裁废料或工件需要从工作台垫板孔中下落的，工件大小及废料分布区域应小于垫板孔尺寸，否则，需将模具的下模用平行垫块垫起一个空间，以便排除废料或取出工件。

5. 辅助装置选用

如果辅助装置用得恰当，不但可以提高生产率，节省人力，而且可以增加安全性，所以选用压力机时，对于各种辅助装置（上打件装置、下顶件装置、送料与取件装置、理料装置等）也应予以考虑。但盲目地附带过多的辅助装置，势必导致故障增多，维护保养麻烦，成本提高，反而弊多利少。因此，在选择辅助装置时，须权衡利弊才能决定取舍。

二、压力机的使用与维护

只有正确使用和维护保养曲柄压力机，才能减少机械故障，延长其使用寿命，充分发挥其功能，保证产品质量，并最大限度地避免事故的发生。

1. 压力机能力的正确发挥

使用者必须明确所使用压力机的加工能力（公称压力、许用负荷图、电动机功率），选用时应考虑安全裕度问题，尤其是在偏心载荷工作状态下，冲压力须低于公称压力许多。超负荷对压力机、模具及工件等均有不良影响，甚至可能造成安全事故，避免超负荷是使用压力机的最基本要求。

压力机超负荷时会出现如下现象，使用者可依此判断设备是否超负荷。

电动机功率超负荷时将引起：

1）电动机过热，熔断器烧毁。

2）单次冲压时，飞轮减速很大。

3）连续冲压时，随着冲压次数的增加，飞轮速度逐渐降低，直至滑块停止运动。

工作负荷超出设备许用负荷曲线时将出现：

1）曲柄发生扭曲变形。

2）齿轮破损。

3）离合器损坏。

4）带传动打滑、过热。

公称压力超负荷时将出现：

1）冲压声音沉闷，振动大。

2）曲柄弯曲变形。

3）连杆螺纹损坏。

4）机身严重变形。

5）过载保护装置动作或破坏。

2. 压力机结构的正确使用

单点压力机在偏心载荷的作用下会使滑块承受附加力矩（$M = Fe$）的作用，从而在滑块和导轨之间产生阻力矩 $F_R l$，如图 1-61a 所示。M 使滑块倾斜，加快了滑块与导轨间的不均匀磨损。因此，进行偏心负荷较大的冲压生产时，应避免使用单点压力机，而应使用双点或多点压力机。双点或多点压力机能承受更大的偏心负荷，当偏心不大或冲压力合力中心位于双点之间时不产生附加力矩，如图 1-61b 所示。

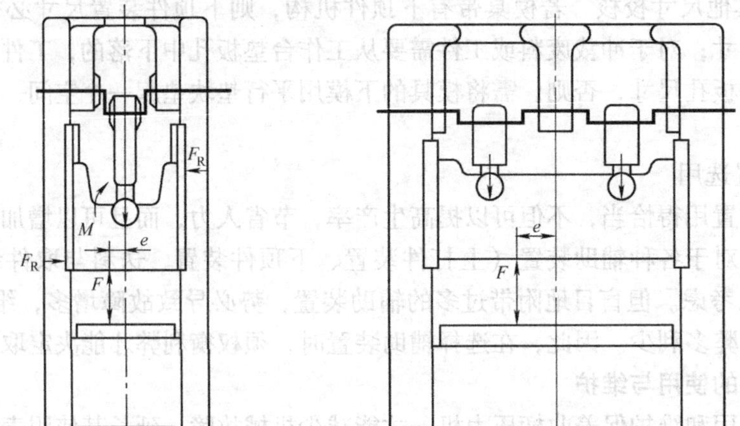

图 1-61　偏心载荷对滑块受力的影响

a）单点压力机　b）双点压力机

压力机各活动连接处或滑块导滑部分的间隙不能太大，否则将降低精度。可用下面的方法检验：当滑块下行时，用手指触摸滑块侧面，在下止点如有振动，说明间隙过大，必须进行调整。调整时，注意不要因过分追求精度而使滑块过紧，这会导致摩擦发热，加快导轨磨损，适当的间隙对改善润滑、延长使用寿命有益。各相对运动部分都必须保证良好的润滑，按要求添加润滑油（脂）。

压力机的离合器、制动器是确保压力机安全运转的重要部件，若离合器、制动器发生故障，易导致事故的发生。因此，操作者不仅要充分了解离合器和制动器的结构，而且每天开机前都要试车检查离合器、制动器的动作是否正常、可靠。气动摩擦离合器制动器使用的压缩空气必须达到要求的压力标准，如压力不足，离合器传递的力矩将减小，而制动器制动力不足、动作不迅速，极易造成危险。

滑块平衡装置应在每次更换模具后，根据模具的重量加以调整，以保证平衡效果。

3. 模具尺寸对压力机正确使用的影响

模具尺寸与压力机工作台尺寸应相适应，小型模具应在工作台面积较小的压力机上使用。若用于大台面压力机，而冲压力又接近公称压力，将使工作台及工作台垫板受力过于集中，造成局部过载而损坏，此时可在模具下加垫板，以分散冲压力。

对于闭合高度较小的模具，使用时也应加垫板，以避免闭合高度调节螺杆伸出过长，使连杆强度和刚度降低，发生危险。

4. 准确无误的操作

压力机的操作失误不仅对压力机、模具、工件会造成破坏，甚至可能导致人身安全事故。因此，正确操作是安全使用压力机的重要环节，必须予以重视。

1）模具安装必须准确牢靠，保证模具间隙均匀，闭合状态良好，冲压过程不移位。

2）严格遵守压力机操作规程，工作中及时清除工作台上的工件和废料，不能图省事直接徒手清除，必须用钩子或刷子等专用工具清理。

3）生产时应避免将坯料重叠放入模具冲压。随时留意压力机的工作状态，出现不正常现象（如滑块自由下落、不正常的冲击和噪声，制品质量不合格，以及卸料、出件不正常等）时，应立即停止工作，切断电源，进行检查和处理，故障排除后方可恢复生产。

4）工作结束后，应先使离合器脱开，然后才能切断电源，清除工作台上的杂物，清洁、涂油缓蚀。

5. 定期检修保养

压力机使用一段时间后，机械部分会磨损，轻者使压力机不能正常发挥功能，重者则出现机械故障，甚至发生事故。定期检修的目的就是通过每日、每周、每月、每半年或一年的检查维修，使压力机始终保持良好的状态，以保证压力机的正常运转和确保操作者的人身安全。压力机的定期检修保养，包括离合器、制动器的保养，曲柄滑块工作机构的检修，导滑间隙的调整，螺栓联接部分的检查，供油装置和供气系统的检修，定期精度检查等。

除上述各项外，压力机的定期检修保养还应包括传动系统、电气系统和各种辅助装置功能的检查维修。日常检查是设备定期检修保养的重要环节，它可防患于未然，必须列入压力机操作规程，在每天工作前、开机加工中、作业后，都应进行相应项目的检查和维护。

三、压力机的常见故障及其排除方法

压力机在使用中，由于维护不当或正常的损耗会出现一些故障，影响正常的工作。表1-6～表1-9是压力机关键零部件的常见故障及其排除方法。

表1-6　转键式离合器的常见故障及其排除方法

序　号	故障现象	故障原因	排除方法
1	单次行程离合器接合不上	1. 打棒（图1-31件8）台阶面棱角磨圆打滑 2. 弹簧（图1-31件9）力量不足 3. 转键的拉簧（图1-31件14）断裂或太松 4. 转键尾部断裂 5. 拉杆（图1-31件1）长度未调整好	1. 修复或更换 2. 调整或更换 3. 更换或调紧拉簧 4. 换新转键 5. 调整拉杆长度
2	滑块到下止点振动停顿	1. 制动带断裂 2. 转键的拉簧断裂	更换

（续）

序　号	故障现象	故障原因	排除方法
3	离合器分离时有连续急剧的撞击声	1. 制动带太紧 2. 转键拉簧松动	1. 调节制动器弹簧到正常状态 2. 调节转键拉簧到正常状态
4	飞轮空转时离合器有节奏响声	1. 转键没有完全卧入凹槽内 2. 转键曲面高于曲轴面	拆下维修
5	离合器分离时有沉重的响声	制动带太松	调节制动弹簧到正常状态
6	单次行程时出现连冲	1. 弹簧（图1-31件2）太松或断裂 2. 弹簧（图1-31件4）太紧或断裂	调节到正常状态或更换弹簧
7	转键冲击严重	1. 转键（图1-31件12）磨出毛刺 2. 曲轴凹槽磨出毛刺 3. 中套（图1-31件5）磨出毛刺	拆下修理或更换

表1-7　摩擦离合器的常见故障及排除方法

序　号	故障现象	故障原因	排除方法
1	离合器接合不紧，滑块不动或动作很慢	1. 间隙过大 2. 气阀失灵 3. 密封件漏气 4. 摩擦面有油 5. 导向销或导向键磨损	1. 调整间隙或更换摩擦片 2. 检修气阀 3. 更换密封件 4. 清洗干净 5. 拆下修理或更换
2	滑块下滑刹不住车	1. 制动器摩擦面间隙大 2. 气阀失灵 3. 弹簧断裂 4. 平衡气缸没气或气压太低 5. 导向销或导向键磨损	1. 调整或更换 2. 检修气阀 3. 更换弹簧 4. 送气或消除漏气 5. 拆下修理或更换
3	摩擦块磨损过快或温度异常升高	1. 气动联锁不正常，离合器和制动器互相干扰 2. 摩擦块厚度不一致 3. 摩擦面之间有异物 4. 摩擦盘偏斜	1. 调整两个气阀的时差 2. 更换摩擦块 3. 清除异物 4. 重新安装调整
4	制动时滑块下滑距离过长	1. 制动部分摩擦片间隙较大 2. 凸轮位置不对，制动时排气不及时	1. 调整间隙 2. 调整凸轮位置

表1-8　滑块机构的常见故障及其排除方法

序　号	故障现象	故障原因	排除方法
1	调节闭合高度时滑块调不动	1. 调节螺杆压弯 2. 调节螺杆螺纹与连杆咬住 3. 蜗轮（或连同调节螺母一起）底面或侧面牙齿鼓胀部分与滑块体（或外壳）咬住 4. 调节螺杆球头间隙过小，球头与球头座咬合 5. 球头销松动卡在滑块上 6. 平衡气缸气压过高或过低	1. 更换或校直 2. 更换或修丝扣 3. 轻则修刮车削，重则更换新件 4. 放大间隙，清洗球座，去伤痕 5. 重新配销 6. 调整间隙

(续)

序号	故障现象	故障原因	排除方法
1	调节闭合高度时滑块调不动	7. 蜗杆轴滚动轴承碎裂 8. 导轨间隙太小 9. 电动机、电气故障 10. 锁紧未松开	7. 换轴承 8. 调整间隙 9. 电工检修 10. 松开
2	冲压过程中，滑块速度明显下降	1. 润滑不足 2. 导轨压得太紧 3. 电动机功率不足	1. 加足润滑油 2. 放松导轨重新调整 3. 更换电动机或改选压力机
3	润滑点流出的油发黑或有青铜屑	润滑不足	检查润滑油流动情况，清理油路、油槽及刮研轴瓦
4	球头结构的连杆滑块在工作过程中滑块闭合高度自动改变	1. 没有锁紧机构的连杆机构中出现这种现象，是由于蜗轮蜗杆没有保证自锁 2. 对于具有锁紧机构的连杆滑块机构，往往是由于调节闭合高度后忘了锁紧或锁紧不够	1. 减小螺旋角等，在双连杆压力机上可采用加抱闸的方法（临时措施） 2. 重新调整锁紧
5	连杆球头部分有响声	1. 球形盖板松动 2. 压力机超载，压塌块损坏	1. 旋紧球形盖板的螺钉，并用手扳动连杆调节螺杆以测松紧程度 2. 更换新的压塌块
6	调节闭合高度时滑块无止境地上升或下降	限位开关失灵	修理限位开关，但必须注意调节闭合高度的上限位和下限位行程开关的位置，不能任意拆掉，否则可能发生重大事故
7	滑块在下止点被顶住	1. V带太松 2. 超负荷（闭合高度调节不当，送料发生重叠）	1. 调节带的松紧度 2. 在检查传动系统无其他故障原因后，将离合器脱开，起动电动机反转，达到回转速度时关闭电动机，靠飞轮惯性，将滑块退出。一次不行可反复几次。对于不能反转的压力机，可调节装模高度，使滑块退出后再将曲柄转到上止点
8	挡头螺钉和挡头座被顶弯或顶断	调节闭合高度时，挡头螺钉没有做相应的调节	1. 更换损坏零件 2. 调节闭合高度时，应首先将挡头螺钉调到最高位置，待闭合高度调好后，再降低挡头螺钉到需要的位置

表 1-9　气垫的常见故障及其排除方法

序　号	故障现象	故障原因	排除方法
1	气垫柱塞不上升或上升不到顶点	1. 密封圈太紧 2. 压紧密封圈的力量不均 3. 托板卡住，原因是： 1）导轨太紧 2）废料或顶杆卡在托板与工作台板之间 3）托板偏转被压力机座卡住 4）气压不足 5）压紧压力气缸活塞堵住进油口	1. 放松压紧螺钉或更换密封圈 2. 调整均匀 3. 办法是： 1）放大导轨间隙 2）清除废料，用堵头堵上工作台上不用的孔 3）转正托板，拧紧螺钉 4）调整气压，消除漏气 5）排出此气缸中的空气
2	气垫柱塞不下降	1. 密封圈压紧力不均匀或太紧 2. 气垫缸内气排不出 3. 托板导轨太紧 4. 活动面有磨损现象	1. 调整压紧力 2. 排气 3. 调整间隙 4. 修理
3	液压气垫得不到所需的压料力	1. 油不够 2. 控制缸活塞卡住不动或气缸不进气，故活塞不动 3. 溢流阀阀面密封不严	1. 加油 2. 清洗气缸，检查管路及气阀 3. 拆开研磨，检修
4	气垫柱塞上升不平稳，甚至有冲击上升	1. 缸壁与活塞润滑不良，摩擦力大或液压气垫油液中混入过多的冷凝水而变质 2. 密封圈压紧力不均匀	1. 清洗除锈，加强润滑，更换油液并加强日常检查和放水 2. 调整压紧力
5	液压气垫产生压紧力后，拉深不出合格的零件	1. 控制凸轮位置不对，压紧压力产生不及时 2. 气垫托板与模具压料圈不平行，压料力量不均匀	1. 调整凸轮位置 2. 调整平行度

复习思考题

1.1　冲压用的压力机有哪几种类型？各有何特点？

1.2　曲柄压力机由哪几部分组成？其工作机构是什么机构？

1.3　压力机的封闭高度、装模高度及调节量各表示什么？

1.4　曲柄压力机滑块的速度在整个行程中的变化规律是怎样的？

1.5　曲柄压力机滑块的许用负荷图说明什么问题？其图形一般是什么形状？

1.6　曲轴式、曲拐轴式和偏心齿轮式曲柄压力机有何区别？各有何特点？

1.7　如何调节滑块与导轨之间的间隙？间隙不合理会出现什么现象？

1.8　曲柄压力机为什么要设离合器？常用的离合器有哪几种？各有什么特点？

1.9　转键离合器的工作原理如何？双转键各起什么作用？

1.10　制动器有几种类型？为什么偏心带式制动器在工作中应经常调节？

1.11　压力机的刚度包括哪几个部分？压力机刚度不好会带来什么问题？

1.12　压力机飞轮的作用是什么？工作中有时飞轮和电动机会逐渐减速的原因是什么？

1.13　压塌块起什么作用？一般设置在压力机的什么部位？对它有何要求？

1.14　压力机过载保护装置有哪几种类型？各有何特点？不同过载保护装置分别用于哪些类型的压力机？

1.15 拉深垫有何作用？气垫和液压气垫各有何优缺点？

1.16 何谓拉深垫锁紧装置？锁紧装置是如何工作的？

1.17 为什么压力机上要设滑块平衡装置？其常见形式有哪几种？

1.18 打料横杆如何起推料作用？如何调节其打料行程？

1.19 选择压力机时，要考虑哪些问题？

1.20 某落料拉深复合模，已知：板厚为2.5mm，落料力为520kN，拉深件高度为30mm，拉深力为200kN，试为其选择压力机的型号。

1.21 压力机超负荷会造成什么后果？如何判断压力机是否超负荷工作？

1.22 压力机的综合间隙太大会有什么现象产生？

1.23 压力机的定期检修保养一般应完成哪几项内容？

1.24 压力机上安装冲裁模、拉深模的一般步骤有哪些？

第二章 新型、专用压力机

第一节 双动拉深压力机

双动拉深压力机是具有双滑块的压力机。图 2-1 所示为上传动式双动拉深压力机，它配有外滑块、内滑块和拉深气垫。外滑块用来落料或压紧坯料的边缘，防止起皱；内滑块用于拉深成形。外滑块在机身导轨上做下止点有“停顿”的上下往复运动，内滑块在外滑块的内导轨中做上下往复运动。

图 2-1 上传动式双动拉深压力机

一、双动拉深压力机的特点

拉深工艺除要求内滑块有较大的行程外，还要求内、外滑块的运动协调配合，内、外滑块的运动关系如图 2-2 所示。在内滑块拉深之前，外滑块应先压紧坯料的边缘；在内滑块的拉深过程中，外滑块应保持始终压紧坯料的状态；拉深完毕，外滑块应稍滞后于内滑块回程，以便使拉深件从凸模上脱模。

双动拉深压力机相对于曲柄压力机具有如下特点。

1. 压边力大、可调且压边刚性好

双动拉深压力机的外滑块专门设计了用于拉深坯料的压边，可提供很大的压边力；外滑块可通过机械或液压的方法调节压边间隙或油压，从而使压边力得到调节。另外，外滑块为箱体结构，受力后变形小，压边刚性好，可使拉深模拉深筋处的金属完全变形，充分发挥拉深筋控制金属流动的作用。

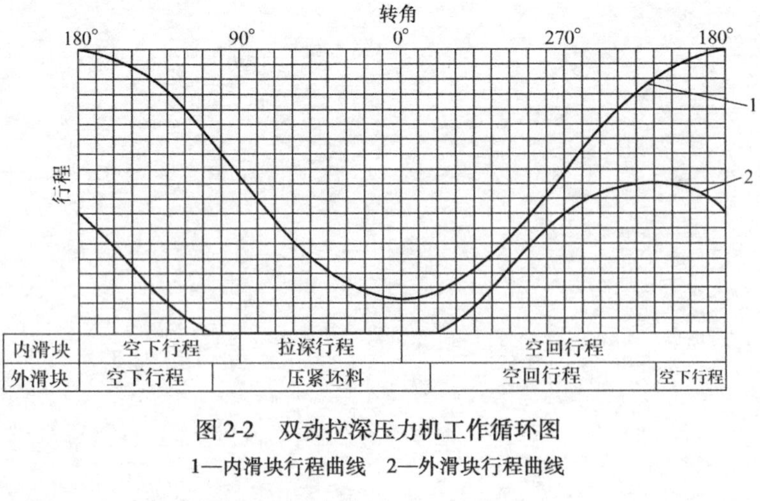

图 2-2 双动拉深压力机工作循环图

1—内滑块行程曲线 2—外滑块行程曲线

2. 内、外滑块的速度更适合拉深成形

双动拉深压力机是拉深加工的专用设备，其技术参数和传动结构的设计更符合拉深工艺中金属板料变形速度的要求。内滑块由于受到板料拉深变形速度的限制，一般运动速度较慢，为了提高生产率，在大、中型双动拉深压力机上多采用变速机构，以提高内滑块的空行程运动速度。外滑块空行程运动速度较快，开始压边时，外滑块已处于下止点的极限位置，其运动速度接近于零，对工件的接触冲击力很小，压边较平稳。

3. 能在较大行程范围内提供充足的拉深力

由于机械传动机构驱动的双动拉深压力机不像曲柄压力机那样只能在滑块接近下止点的很小一段行程上提供额定吨位的压力，而是在较大行程范围内均能提供额定的压力，以便拉深成形高度较大的拉深件。液压驱动的双动拉深压力机滑块在全行程上均能提供额定的工作压力，更适合深拉深件的成形。

4. 便于工艺操作

在双动拉深压力机上，凹模固定在工作台垫板上，因而坯料易于安放与定位，拉深成形后也便于工件的取出。

由于双动拉深压力机具有上述工艺特点，因此特别适合形状复杂的大型薄板件或深度较大的薄壁筒形件的拉深成形。

二、双动拉深压力机的结构

双动拉深压力机按传动方式不同，可分为机械双动拉深压力机和液压双动拉深压力机。其中，机械双动拉深压力机按传动系统布置的不同，又可分为上传动和下传动两种。

图 2-3 所示为下传动双动拉深压力机的外形。图 2-4 所示为 J44—55B 型下传动双动拉深压力机的传动原理，该压力机采用三级减速对称传动。电动机的旋转运动通过带和齿轮传动传给主轴，主轴中间固接的凸轮 1 驱动工作台做上下往复运动，与压边滑块配合完成压料动作，主轴两端的大齿轮 2 上装有偏心轮 3，通过连杆 6 驱动拉深滑块 7 做上下往复运

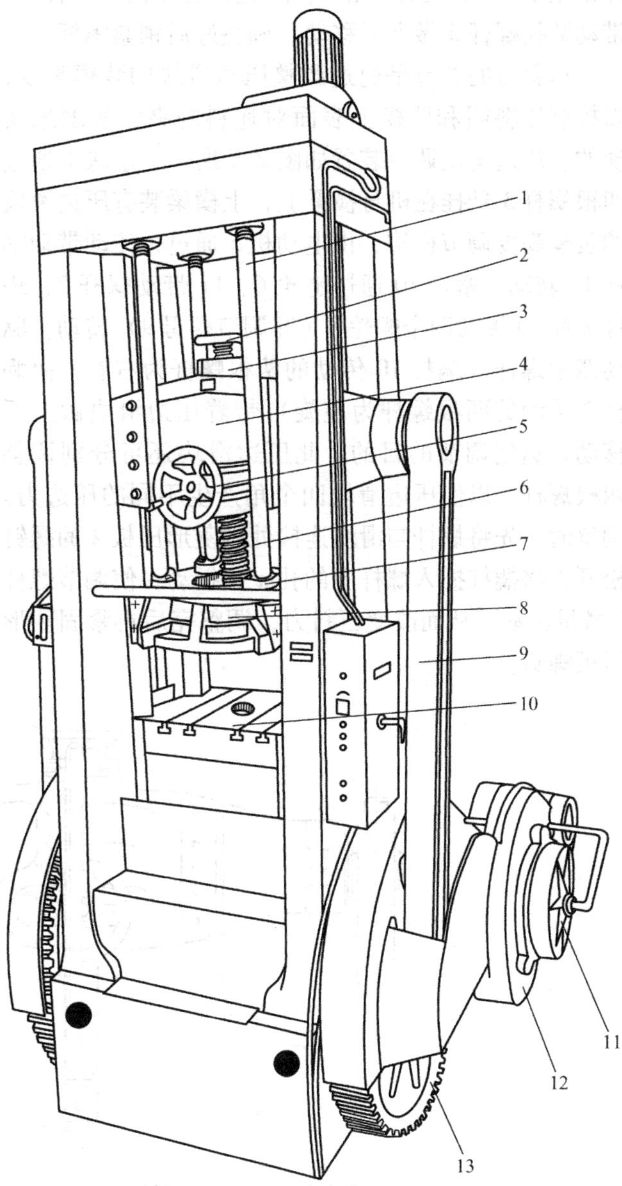

图 2-3 下传动双动拉深压力机

1—压边螺杆 2—手轮 3—锁紧手轮 4—拉深滑块 5—上模调节手轮 6—装模螺杆 7—菱形压板 8—压边滑块 9—连杆 10—工作台 11—离合器 12—飞轮 13—大齿轮

动，完成拉深成形动作。拉深凹模装于工作台5上，凸模装于与拉深滑块连接在一起的装模螺杆上，压料圈装在压边滑块的下面。调节装模螺杆的上、下位置，即可改变压力机的装模高度。

装模螺杆的调节机构如图2-5所示。调整时，松开锁紧手轮1，旋转手轮6，通过锥齿轮使螺母转动，带动装模螺杆5做上下移动，调整好后锁紧螺杆。

压料力的调节是通过调整压边滑块的装模高度，以控制压料圈和凹模上表面对坯料的夹紧程度来实现的。压边滑块调节装置如图2-6所示，滑块1通过四根螺杆3悬挂在机身横梁上，上横梁装有压边滑块的装模高度调节机构，由电动机5通过带传动带动蜗杆10转动，蜗杆10通过链轮6、11带动蜗杆7，蜗杆7和10带动四个蜗轮8（即调节螺母9）转动，驱动四根螺杆（蜗杆10传动的两根螺杆为右旋，而蜗杆7传动的两根螺杆为左旋）带着压边滑块做上下移动，达到调节的目的。此压边滑块还可分别调整四根螺杆，以使压边滑块四个角产生不同的压边力。调整时，先将螺杆与滑块连接处的菱形压板2的螺钉松开，将撬杠插入螺杆上的孔 *a* 中扳动，使调节螺杆3微量转动，从而改变压料力，调整完后再紧固菱形压板螺钉。

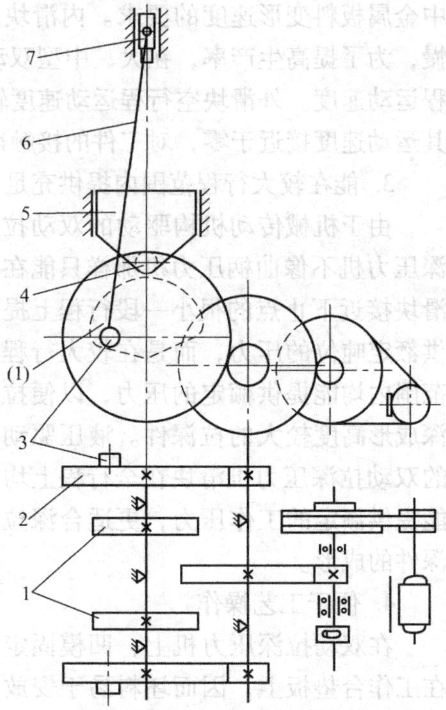

图2-4 J44—55B型下传动双动拉深压力机的传动原理

1—凸轮 2—大齿轮 3—偏心轮 4—滚轮 5—工作台 6—连杆 7—拉深滑块

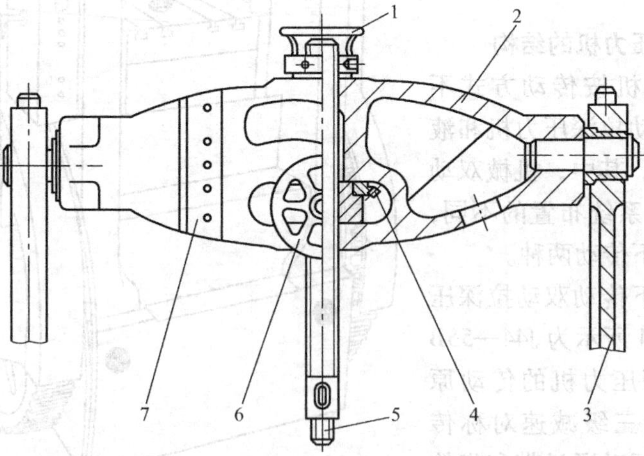

图2-5 J44-55B型双动拉深压力机装模螺杆的调节机构

1、6—手轮 2—滑块 3—连杆 4—锥齿轮 5—装模螺杆 7—导滑面

图2-7所示为JA45-100型闭式单点双动拉深压力机的外形，其传动原理如图2-8所示。它采用四级减速传动，内滑块为偏心齿轮驱动的曲柄滑块机构，外滑块由同一偏心齿轮驱动杠杆

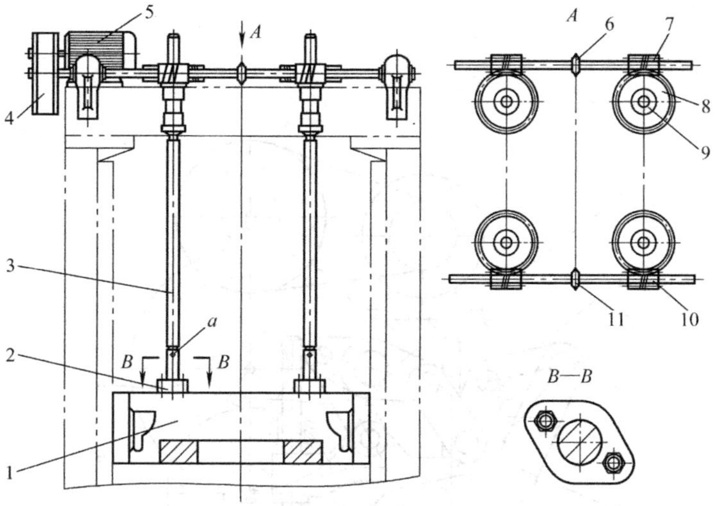

图 2-6　J44-55B 型双动拉深压力机压边滑块调节装置

1—滑块　2—菱形压板　3—调节螺杆　4—传动带　5—电动机　6、11—链轮　7、10—蜗杆　8—蜗轮　9—调节螺母

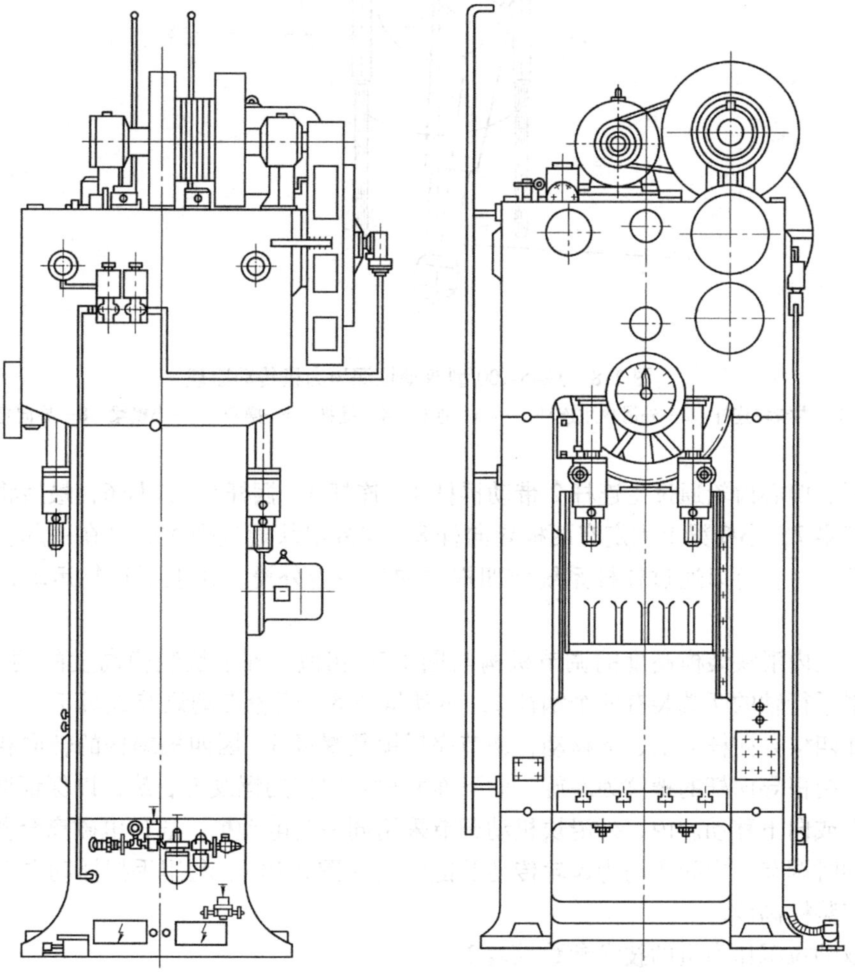

图 2-7　JA45-100 型闭式单点双动拉深压力机

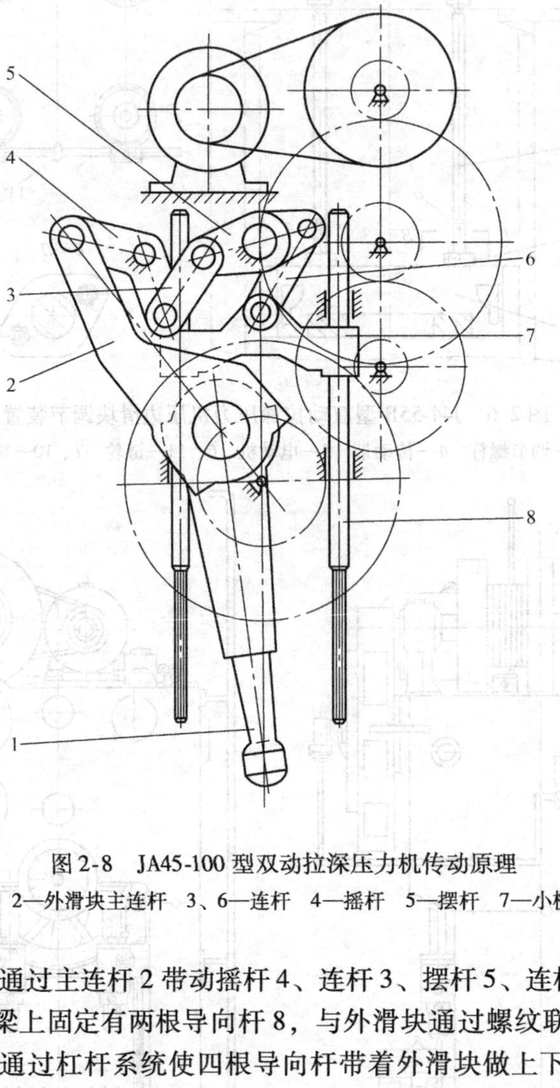

图2-8　JA45-100型双动拉深压力机传动原理

1—内滑块连杆　2—外滑块主连杆　3、6—连杆　4—摇杆　5—摆杆　7—小横梁　8—导向杆

系统来实现。偏心齿轮通过主连杆2带动摇杆4、连杆3、摆杆5、连杆6，最后将运动传递给两个小横梁7，小横梁上固定有两根导向杆8，与外滑块通过螺纹联接在一起。这样，当偏心齿轮转动时，可以通过杠杆系统使四根导向杆带着外滑块做上下往复运动，实现压料动作。

该压力机内滑块装模高度的调节机构与图1-20相似，外滑块装模高度的调节如图2-9所示，两根平行轴的两端装有四个蜗杆2，驱动蜗轮8，蜗轮带动调节螺母7旋转，从而使外滑块3在四根导向杆上上、下移动，调节完后锁紧螺母6。因四根蜗杆的转向相同，所以图中上面的两根导向杆的螺纹为左旋，而下面两根导向杆的螺纹为右旋，以保证调节时外滑块同步向上或向下移动。内、外滑块机动调节采用同一台电动机，通过电磁离合器及齿轮挂靠实现不同时调节，中间传动为齿轮传动及链传动（图2-10）。利用手把摇动电动机也可实现手动调节装模高度。

几种双动拉深压力机的技术参数见表2-1。

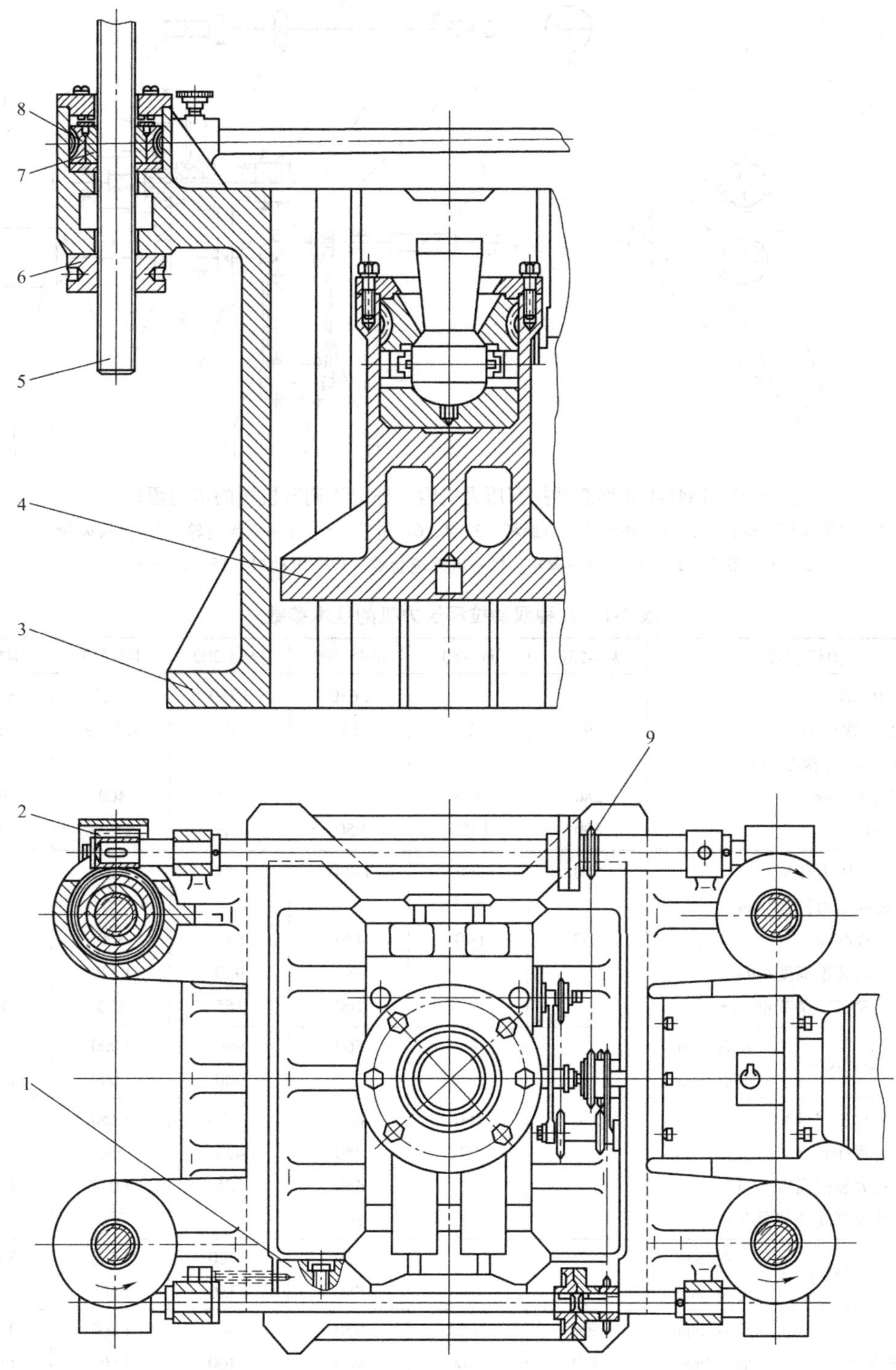

图 2-9 JA45-100 型双动拉深压力机外滑块调节机构

1—内滑块导轨 2—蜗杆 3—外滑块 4—内滑块 5—导向杆 6—锁紧螺母 7—调节螺母 8—蜗轮 9—链轮

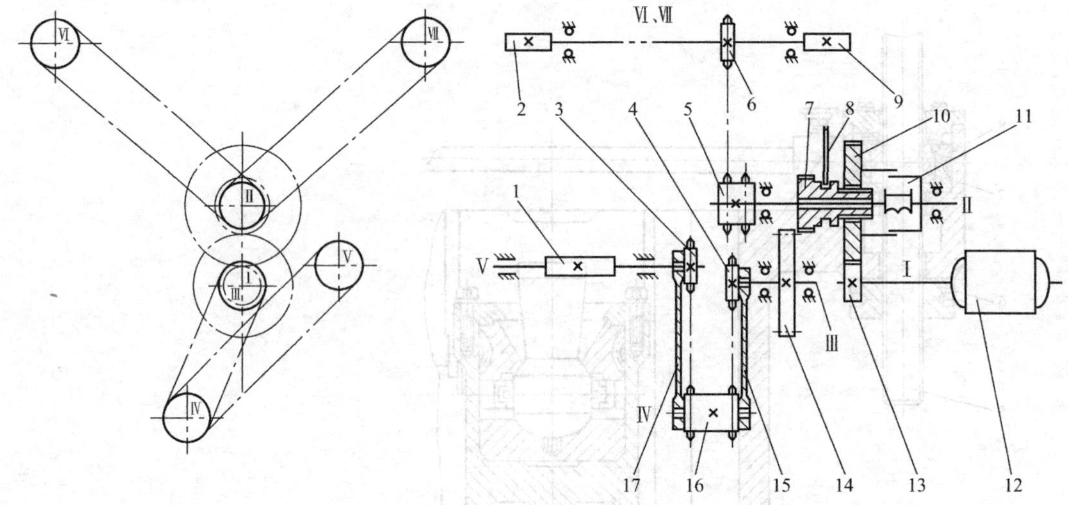

图 2-10　JA45-100 型双动拉深压力机内、外滑块调节机构的传动原理

1—内滑块调节蜗杆　2、9—外滑块调节蜗杆　3、4、6—链轮　5、16—双齿链轮　7—滑移齿轮　8—齿轮拨叉　10、13、14—齿轮　11—电磁离合器　12—电动机　15、17—支杆

表 2-1　几种双动拉深压力机的技术参数

压力机型号			J44-55C	J44-80	JA45-100	JA45-200	J45-315	JB46-315
总公称压力/kN					1630	3250	6300	6300
行程次数/（次/min）			9	8	15	8	4.5～9	10
低速行程次数/（次/min）								1
最大拉深高度/mm			280	400		315	400	390
立柱间距/mm			800	1120	950	1620	1930	3150
内滑块	公称压力/kN		550	800	1000	2000	3150	3150
	公称压力行程/mm					25	30	40
	行程/mm		560	640	420	670	850	850
	最大装模高度/mm				480	930	1120	1550
	装模高度调节量/mm				100	165	300	500
	底面尺寸	左右/mm			560	960	1000	2500
		前后/mm			560	900	1000	1300
外滑块	公称压力/kN		550	800	630	1250	3150	3150
	行程/mm			450	250	425	530	530
	最大装模高度/mm				430	825	1070	1250
	装模高度调节量/mm				100		300	500
	底面尺寸	左右/mm			850	1420	1550	3150
		前后/mm			850	1350	1600	1900
垫板尺寸		左右/mm	600	1000	950	1540	1800	3150
		前后/mm	720	1100	900	1400	1600	1900
		厚/mm			100	160	220	250
气垫压力（压紧力/顶出力）/kN					100	500/800	1000/1200	
气垫行程/mm					210	315	400	440
主电动机功率/kW			15	22	22	40	75	100

第二节 螺旋压力机

一、螺旋压力机的工作原理和分类

螺旋压力机的工作机构是螺旋副滑块机构，如图 2-11 所示。螺杆 3 的上端联接着飞轮 4，当传动机构驱使飞轮和螺杆旋转时，螺杆便相对固定在机身横梁中的螺母做上、下直线运动，连接于螺杆下端的滑块 2 即沿机身导轨做上、下直线运动。在空程向下时，由传动装置将运动部分（包括飞轮、螺杆和滑块）加速到一定的速度，积蓄向下直线运动的动能。在工作行程时，这个动能转化为工件的变形功，运动部分的速度随之减小到零。当操纵机构使飞轮、螺杆反转时，滑块便可回程向上，如此压力机便可通过模具进行各种压力加工。

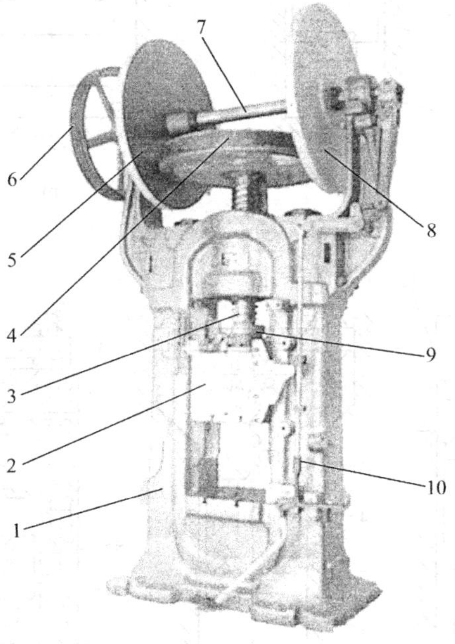

图 2-11 J53-160B 双盘摩擦压力机

1—机身 2—滑块 3—螺杆 4—飞轮 5、8—摩擦盘 6—带轮 7—传动轴 9—制动装置 10—操纵装置组件

螺旋压力机最常用的分类方法是按传动机构的类型来分，可分为摩擦式、电动式、液压式和离合器式四类，如图 2-12 所示。

摩擦式螺旋压力机（图 2-12a）通常称为摩擦压力机，它利用摩擦传动机构的主动部件（常为摩擦盘）压紧飞轮轮缘产生的摩擦力矩驱动飞轮—螺杆—滑块，用不同的摩擦盘压紧驱动飞轮来改变滑块的运动方向。在工作行程时，为避免因工作部分急剧制动而过分磨损摩擦盘，摩擦压力机传动机构的主动部件和飞轮要脱开，运动部分靠摩擦盘脱开之前积聚的动能做功，使工件变形。

液压螺旋压力机是由液压马达的转矩驱动飞轮或螺杆（图 2-12b），或者由液压缸的推力驱动螺杆或滑块（图 2-12c），使其工作部分运动的。直接传动的电动螺旋压力机（图 2-12d）

靠特制的可逆电动机的电磁力矩直接驱动电动机转子（飞轮）旋转工作，每个工作循环电动机正反起动各一次。离合器式螺旋压力机（图2-12e）的飞轮是常转的，需要冲压时，通过离合器使螺杆与飞轮连接，从而驱动螺旋副运动；冲压后离合器脱开，滑块靠回程缸带动返回上止点。

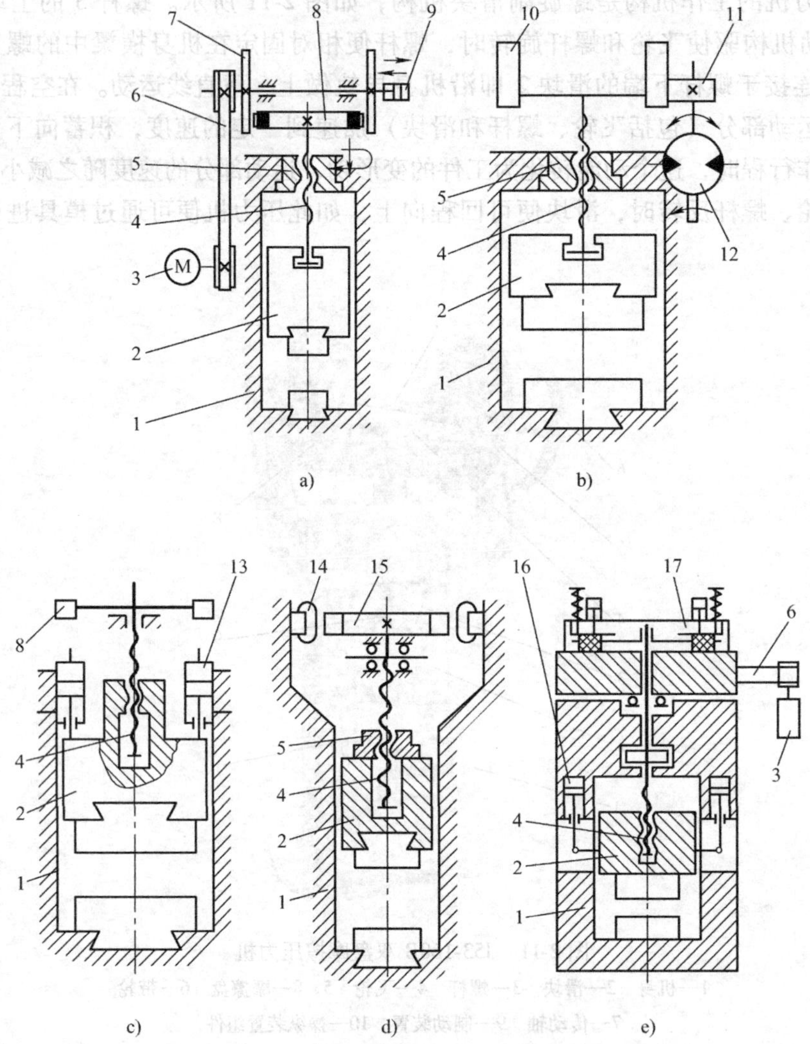

图2-12　螺旋压力机的传动类型

a）摩擦式　b）、c）液压式　d）电动式　e）离合器式

1—机架　2—滑块　3—电动机　4—螺杆　5—螺母　6—带　7—摩擦盘　8—飞轮
9—操纵气缸　10—大齿轮（飞轮）　11—小齿轮　12—液压马达　13—液压缸
14—电动机定子　15—电动机转子（飞轮）　16—回程缸　17—离合器

螺旋压力机还可按螺旋副的工作方式不同分为螺杆直线运动式、螺杆旋转运动式和螺杆螺旋运动式三大类，如图2-13所示。按螺纹数量分为单线螺纹螺杆、双线螺纹螺杆和多线螺纹螺杆式；按工艺用途分为粉末制品压力机、万能压力机、冲压用压力机、锻压用压力机等；按结构形式分为有砧座式和无砧座式等。

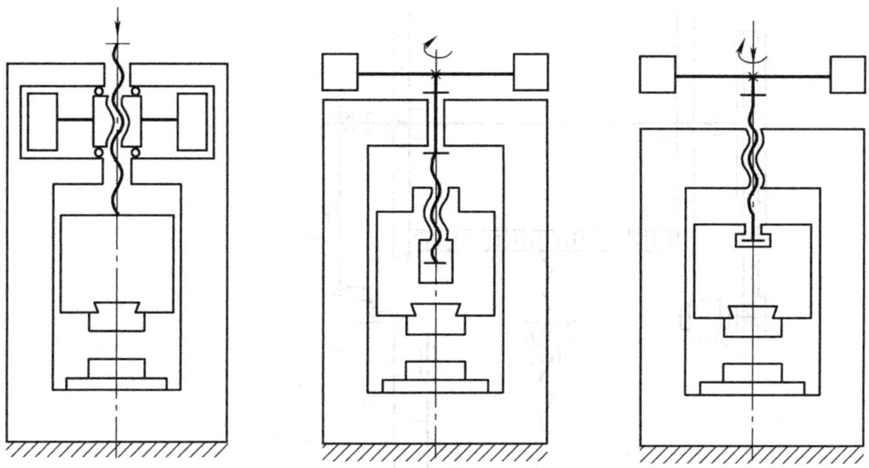

图 2-13 螺旋副的工作形式

a）螺杆直线运动 b）螺杆旋转运动 c）螺杆螺旋运动

二、摩擦压力机

摩擦压力机有多种摩擦传动机构，其中双盘式摩擦压力机因综合性能优异，在实际中应用最为广泛。双盘摩擦压力机如图 2-11 所示，机身 1 和上横梁用两根拉紧螺栓加热紧固，形成一个刚性的整体。在上横梁的左右两侧各固定一支臂，通过轴承支承着传动轴部件。传动轴 7 的两边各装有一个摩擦盘 5、8，并用平键和锁紧螺母紧固在传动轴上，可随传动轴转动，并可做一定量的水平轴向移动，以便左、右摩擦盘交替压紧飞轮 4 的轮缘。飞轮的边缘装有可以拆换的石棉铜丝摩擦带，靠其摩擦力带动飞轮正转或反转，摩擦盘与飞轮之间的单边应保持 2 ~ 3mm 的间隙。摩擦带磨损、间隙增大后，须停机松开摩擦盘两侧的锁紧螺母，移动摩擦盘进行调整。飞轮为整体式结构，用切向键与螺杆 3 的上端连接，相对固定于机身上横梁中的螺母做螺旋运动。螺杆的下端铰接安装在滑块 2 内，可自由转动。滑块为箱形，四角有导向面与机身侧立柱上的导轨相配合，其底面设有一个安装模柄用的模柄孔和两条平行设置的 T 形槽，以便用压板和螺钉固定上模。滑块上方安装有一个带式制动装置 9，用于制动螺杆。制动装置的动作由固定于机身左立柱上端的斜压板控制，因此只能在规定的位置才能制动。在上横梁和螺母的下部，安装有一个用硬质耐油橡胶制成的缓冲圈，当制动装置失灵时，制动装置 9 与缓冲圈相碰，运动部分的剩余能量被吸收，可避免设备事故。在机身右边的立柱上，设有操纵装置组件 10，用来控制双摩擦盘和传动轴的水平移动，以驱动滑块下行或回程。

双盘摩擦压力机通常采用液压 - 杠杆操纵系统，其工作原理如图 2-14 所示。操纵杆 8 是由液压缸 3 的活塞 4 来推的。当操纵手柄 5 放在水平位置时，受手柄操纵的分配阀 2 处于中间位置，分配阀的进油口 *a* 关闭，液压泵 17 输出来的液压油通过溢流阀 16 排回油箱 19。液压缸 3 的上、下部均和油箱相通，于是液压缸活塞 4 在弹簧 14 的作用下处于中间位置，此时两个摩擦盘都不与飞轮接触，滑块在制动器的作用下停在导轨的上部。

冲压时，将操纵手柄 5 压下，分配阀 2 被提升到上位，液压泵输出的液压油进入液压缸的上腔，液压缸的下腔和油箱相通。在油压的作用下，活塞 4 把操纵杆 8 拉下，通过曲杆 7

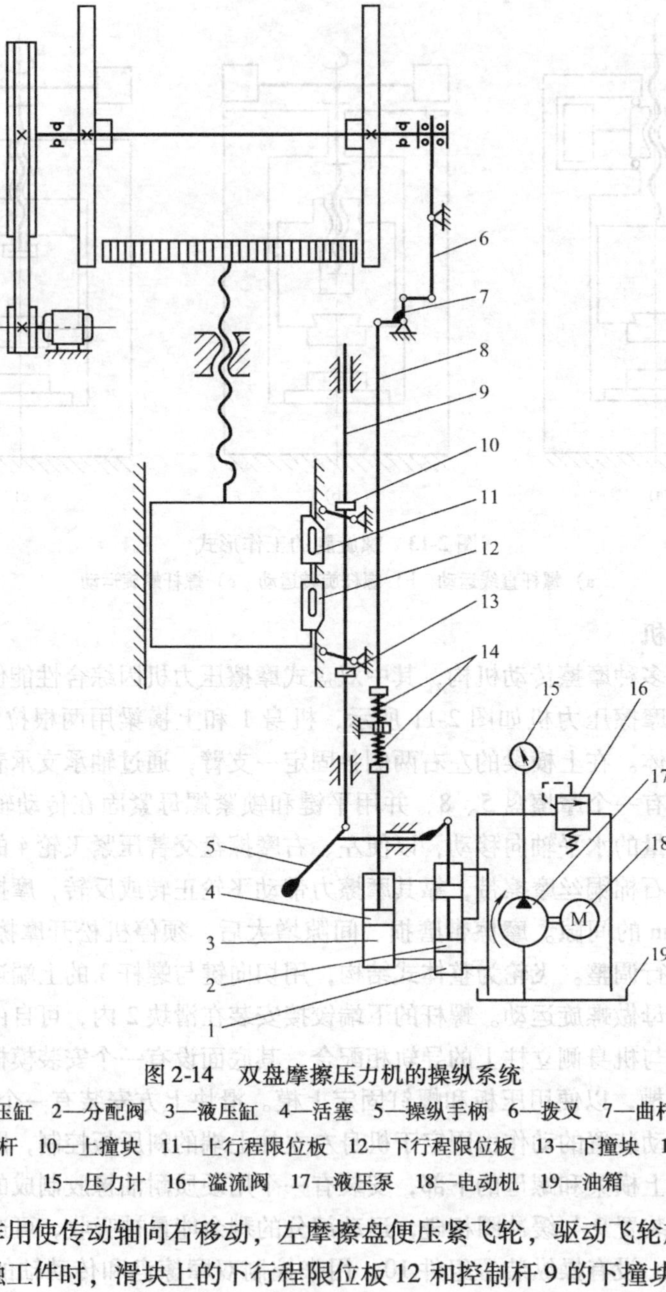

图 2-14　双盘摩擦压力机的操纵系统

1—分配阀液压缸　2—分配阀　3—液压缸　4—活塞　5—操纵手柄　6—拨叉　7—曲杆　8—操纵杆
9—控制杆　10—上撞块　11—上行程限位板　12—下行程限位板　13—下撞块　14—弹簧
15—压力计　16—溢流阀　17—液压泵　18—电动机　19—油箱

和拨叉6的杠杆作用使传动轴向右移动，左摩擦盘便压紧飞轮，驱动飞轮旋转，使滑块向下运动。在即将接触工件时，滑块上的下行程限位板12和控制杆9的下撞块13相碰，使手柄和分配阀回到中位。这时，液压缸上、下腔均与油箱19相通，操纵杆在弹簧力的作用下也处于中位，于是两个摩擦盘均与飞轮脱开而保持一定的间隙，此时运动部分便以所积蓄的能量向下进行冲压。

冲压完成后，将操纵手柄提起，分配阀被压到下位，液压油通入液压缸下腔，推动活塞向上运动将操纵杆顶起，拨叉便将传动轴向左推动，右摩擦盘压紧飞轮，驱动飞轮反转，使滑块回程向上。当滑块回程接近上止点时，固定在滑块上的上行程限位板11与控制杆9上的上撞块10相碰，迫使操纵手柄和分配阀回到中位。于是两个摩擦盘便与飞轮脱开，运动部分靠惯性继续上升，随即由制动装置进行制动，使滑块停止在预设的上止点。

滑块上的上、下行程限位板可作一定量的调节，调节上行程限位板 11 及控制制动器的斜面板位置，可改变滑块上止点的位置。下行程限位板可改变滑块向下运动的加速行程，以适应模具闭合高度变化的要求，滑块下止点随不同工艺不同模具而改变。

对于公称压力在 1 600kN 以下的小型压力机，常采用手动杠杆操纵系统，其结构与液压-杠杆操纵系统基本相同，只是将液压部分省去，将操纵手柄直接与操纵杆相连（图 2-11），这种方式操作较费力。

图 2-15 所示为 JB53-400 型双盘摩擦压力机的结构图。该压力机的机身为一长方形框架整体铸钢件，左右摩擦盘活套在不转动的横轴 4 上，分别由两个转速不同的电动机驱动旋转。因此，可以得到较好的速度特性，同时调整间隙也十分方便，可在不停机的情况下，转动手轮 1、7 予以调整。

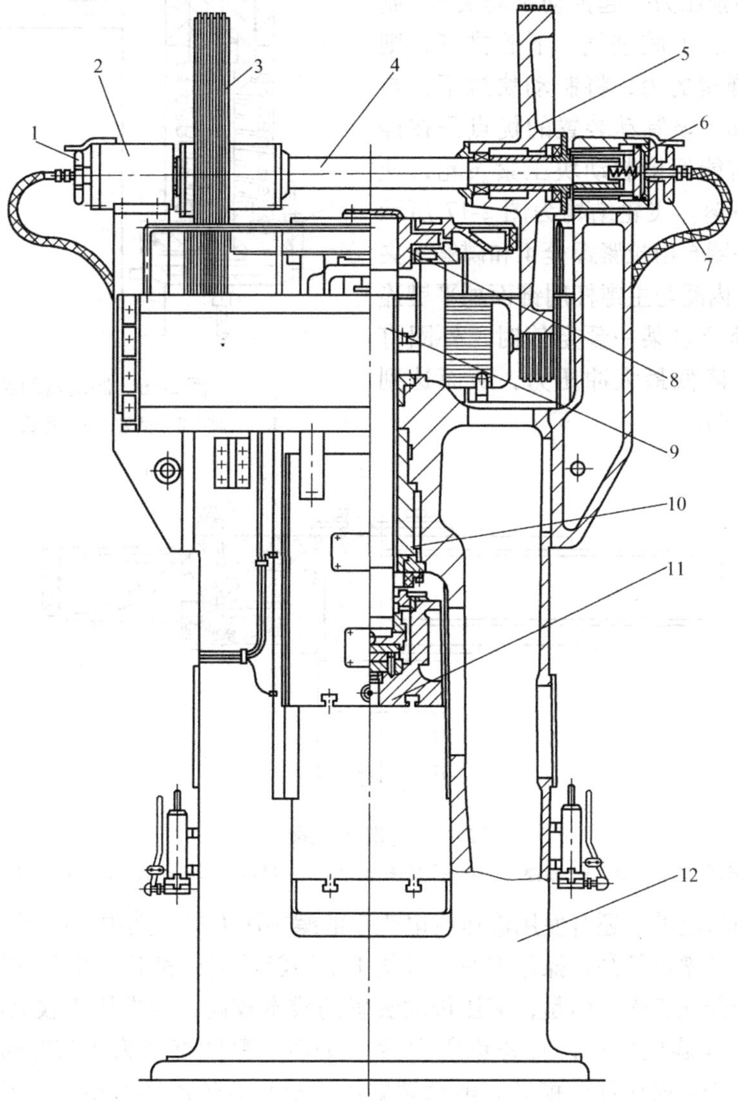

图 2-15 JB53-400 型双盘摩擦压力机

1、7—手轮 2、6—气缸 3、5、8—摩擦盘 4—横轴 9—主螺杆 10—主螺母 11—滑块 12—机身

JB53-400型摩擦压力机采用气动操纵系统，两个气缸2、6分别固定在左右两个支承座上。当向下行程开始时，右边气缸6进气，活塞经四根小推杆使摩擦盘压紧飞轮，搓动飞轮旋转，滑块加速下行；在冲压工件前的瞬间，气缸排气，靠横轴两端的弹簧复位，使摩擦盘与飞轮脱离接触，滑块靠积蓄的动能打击工件。冲压完成后，开始回程，此时左边的气缸2进气，推动左边的摩擦盘压紧飞轮，搓动飞轮反向旋转，滑块迅速提升；至某一位置后，气缸排气，摩擦盘靠弹簧与飞轮脱离接触，滑块继续自由向上滑动，至制动行程处，制动器动作，滑块减速直至停止，即完成了一次工作循环。

制动器安装于滑块的上部，其结构如图2-16所示。当气缸1下腔进气时，活塞2的推力和弹簧3的预压力一起推动制动块4，制动飞轮下端面；若上腔进气，下腔排气，则活塞克服压缩弹簧的力，将制动块拉下，与飞轮下端面脱离。该制动装置的优点是在停机停气时，弹簧能保持制动块压紧飞轮，使滑块不会自由下落。飞轮结构为图2-17所示的打滑飞轮，外圈6由拉紧螺栓4和碟簧7夹紧在内圈2上，内圈与主螺杆用锥面加平键连接。当冲压载荷超过某一预定值时，外圈打滑，消耗能量，降低最大冲压力，从而达到保护压力机的目的。

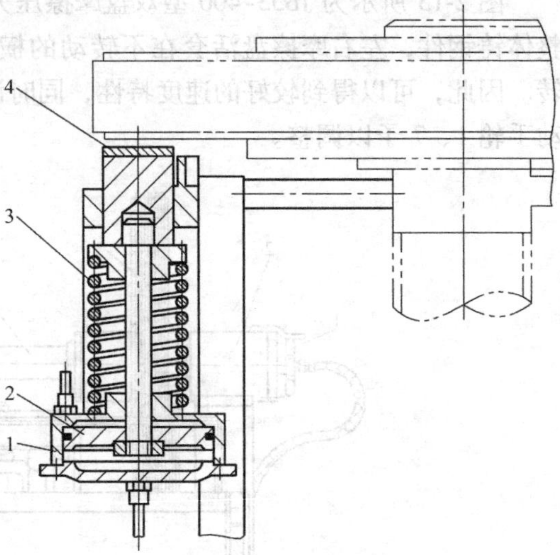

图2-16　制动器的结构

1—气缸　2—活塞　3—弹簧　4—制动块

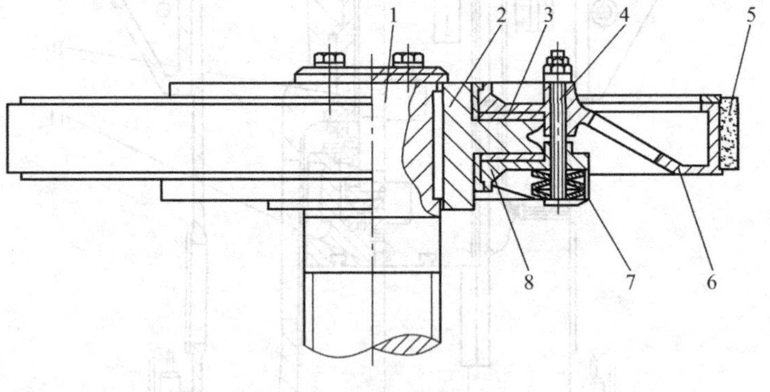

图2-17　打滑飞轮的结构

1—主螺杆　2—内圈　3—摩擦片　4—拉紧螺栓　5—摩擦材料　6—外圈　7—碟簧　8—压圈

除摩擦压力机之外，还有使用液压或电驱动的螺旋压力机。其中，液压螺旋压力机的工作速度较高，生产率也较高，操作方便，且便于采用能量预选和工作过程的数控，容易实现压力机以最佳的能耗工作。但是，液压传动装置的成本较高，通常用于较大型设备，例如，HSPRZ1180液压螺旋压力机，其公称压力达140MN，螺杆直径为1 180mm，飞轮能量为7 500kJ，主要用于金属构件的模锻。电动螺旋压力机具有传动环节少、容易制造、操作方便、冲压能量稳定等优点，与同吨位的摩擦压力机相比，其每分钟行程次数提高了2～3倍，不必经常更换磨损件，因此近年来增长较快，并在向大型化发展。

三、螺旋压力机的工艺特性

由前述螺旋压力机的工作原理可知，螺旋压力的工作特性与锻锤相同，工作时依靠冲击动能使工件变形，工作行程终了时滑块速度减小为零。另外，螺旋压力机工作时产生的工艺力通过机身形成一个封闭的力系，所以它的工艺适应性好，可以用于模锻及各类冲压工艺。因为螺旋压力机的滑块行程不是固定的，下止点可以改变，工作时压力机－模具系统沿滑块运动方向的弹性变形，可由螺杆的附加转角得到自动补偿，实际上影响不到工件的精度。因此，它特别适用于精密锻造、精整、精压、压印、校正及粉末冶金压制等冲压工艺。

螺旋压力机与模锻锤相比，无沉重而庞大的砧座，也无需蒸汽锅炉和大型空气压缩机等辅助设备；设备投资少维修方便；工作时的振动和噪声低，操作简便，劳动条件好。螺旋压力机的不足之处在于其滑块行程次数少，生产率不高；承受偏心负荷的能力较差，一般只适用于单槽模锻；使用滑块连续行程工作时操纵系统必须换向。另外，螺旋压力机还存在多余能量的问题，即当飞轮提供的能量大于实际需要的变形能时，多余的能量将转变为机器载荷，产生很大的压力，加剧机器的磨损和缩短受力零件的寿命，严重时还可能造成设备损坏。因此，选择和使用螺旋压力机时应注意这一点，应对螺旋压力机的冲压能量进行调节。

几种螺旋压力机的主要参数见表2-2。对于具有能量预选装置的螺旋压力机，可根据锻件要求选定飞轮能量；对于无能量预选装置的压力机，可采用行程开关控制滑块的行程，即控制滑块回程的大小，从而改变滑块行程和飞轮能量。对于小吨位的螺旋压力机，还可在工作台上加垫板，通过改变滑块的下止点来减少滑块行程，从而达到减小冲压动能的目的。

表2-2 几种螺旋压力机的主要参数

压力机型号	J53—160A	J53—300	JB53—400	JB57—630	HSPRZ 1180	J58—63	J58—160A
公称压力/kN	1600	3000	4000	6300	14000	630	1600
能量/kJ	10	20	36	80	5600	1.6	8
滑块行程/mm	360	400	400	350	1120	270	300
行程次数/(次/min)	17	15	20	10	3	50	35
封闭高度/mm	380	300	530	690	2000	270	320
垫板厚度/mm	120		150	180		80	100
工作台尺寸/mm	560×510	650×570	750×630	850×1090	2240×3000	450×400	520×450
导轨间距/mm	460	560	650	658	2000	350	400
电机功率/kW	11	22	15	30	1600	2	8
外形尺寸/mm	2043×1425×3695	2581×1663×4345	3020×2750×4612	5400×3200×7125	8900×9600×15000	1200×750×2675	1350×800×3350
总质量/t	8.5	13.5	17.5	40	1700	2.5	6.5
备注	摩擦式			液压式		电动式	

第三节 精密冲裁压力机

一、精密冲裁工艺对压力机的要求

精密冲裁可以直接获得剪切面表面粗糙度值达到 $Ra3.2 \sim 0.8\mu m$ 和尺寸公差达到IT8级的零件，大大提高了生产效率。如图2-18所示，精密冲裁依靠V形齿圈压板2、顶杆4和冲裁凸模 1、凹模 5 对板料施加作用力，使被冲板料 3 的剪切区材料处于三向压应力状态下进行冲裁。精密冲裁模具的冲裁间隙比普通冲裁的模具间隙小，剪切速度低且稳定。因此，提高了金属材料的塑性，保证冲裁过程中沿剪切断面无撕裂现象，从而提高了剪切表面的质量和尺寸精度。由此可见，精密冲裁的实现需要通过设备和模具的作用，使被冲材料剪切区达到塑性剪切变形的条件。精密冲裁压力机就是用于精密冲裁的专用设备，为满足精密冲裁工艺的要求，它具有以下特点。

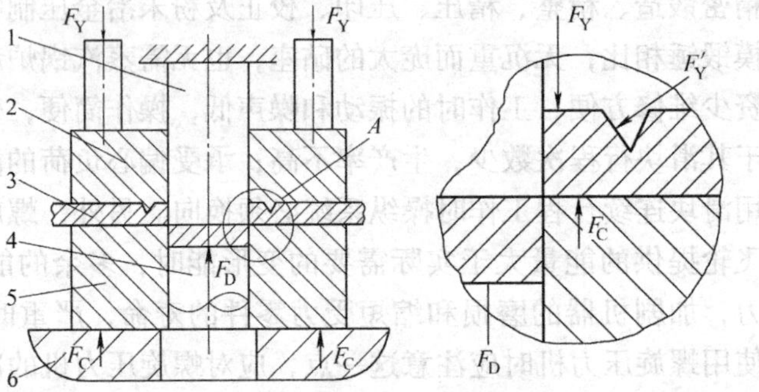

图 2-18　齿圈压板精密冲裁原理

1—凸模　2—V 形齿圈压板　3—被冲板料　4—顶杆　5—凹模　6—下模座

F_C—冲裁力　F_Y—压料力　F_D—反顶压力（顶件力）　F'_Y—齿圈产生的压料分力

(1) 能实现精密冲裁的三动要求，提供五方面作用力　精密冲裁过程为：首先由齿圈压板、凹模、凸模和反压顶杆压紧材料，接着凸模施加冲裁力进行冲裁，此时压料力和反压力应保持不变，继续夹紧板料。冲裁结束滑块回程时，压力机不同步地提供卸料力和顶件力，实现卸料和顶件。压料力和反压力能够根据具体零件精密冲裁工艺的需要在一定范围内单独调节。

(2) 冲裁速度低且可调　精密冲裁要求限制冲裁速度，冲裁速度过高会降低模具的使用寿命和剪切面的质量，而冲裁速度低将影响生产率。因此，精密冲裁压力机的冲裁速度在额定范围内可无级调节，以适应冲裁不同厚度和材质零件的需要。目前，精密冲裁的速度范围为 5 ~ 50mm/s。为提高生产率，精密冲裁压力机一般采取快速闭模和快速回程的措施来提高滑块的行程次数。精密冲裁压力机滑块理想的行程曲线如图 2-19 所示。

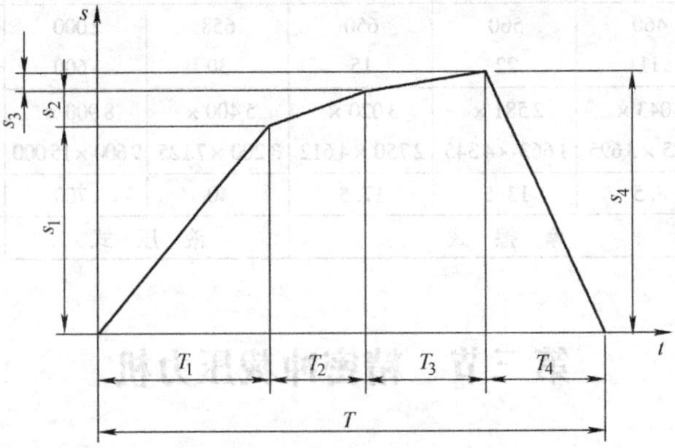

图 2-19　精密冲裁压力机滑块的理想行程曲线

s_1—工作台快速上升行程　s_2—慢速合模行程　s_3—慢速冲裁行程　s_4—快速回程

T_1、T_2、T_3、T_4—精密冲裁过程相应的各阶段时间　T—精密冲裁周期

(3) 滑块有很高的导向精度　精密冲裁模的冲裁间隙很小，一般单边间隙为料厚的0.5%。为确保精密冲裁时上、下模的精确对正，精密冲裁压力机的滑块应有精确的导向，同时导轨应有足够的接触刚度，使滑块在偏心负荷的作用下，仍能保持原来的精度，不致产生偏移。

(4) 滑块的终点位置准确　其精度为±0.01mm。因为精密冲裁模间隙很小，精密冲裁凹模多为小圆角刃口，精密冲裁时凸模不允许进入凹模的直壁段，为保证既能将工件从条料上冲断又不使凸模进入凹模，要求冲裁结束时凸模要准确处于凹模圆弧刃口的切点，以保证冲模有较长的使用寿命。

(5) 电动机功率比通用压力机大　因最大冲裁力在整个负载行程中所占的行程长度比普通冲裁大，精密冲裁的冲裁功约为普通冲裁的两倍，而精密冲裁压力机消耗的总功率约为通用压力机的5倍。

(6) 床身刚性好　床身有足够的刚度去吸收反作用力、冲击力和所有的振动，在满载时能保持结构精度。

(7) 有可靠的模具保护装置及其他辅助装置　精密冲裁压力机均已实现单机自动化，因此，需要配备完善的辅助装置，如材料的矫直、检测、自动送料、工件或废料的收集、模具的安全保护等装置。图2-20所示为精密冲裁压力机全套设备的示意图。

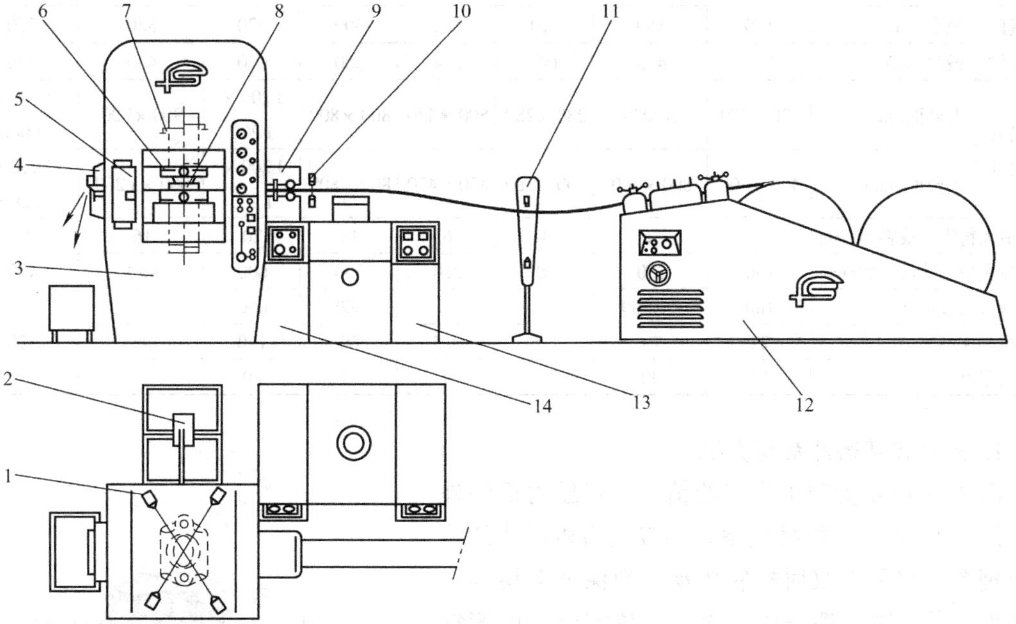

图2-20　精密冲裁压力机全套设备

1—精密冲裁件和废料光电检测器　2—取件（或气吹）装置　3—精密冲裁压力机　4—废料切刀　5—光电安全栅　6—垫板　7—模具保护装置　8—模具　9—送料装置　10—带料末端检测器　11—机械或光学的带料检测器　12—带料校直设备　13—电气设备　14—液压设备

二、精密冲裁压力机的类型和结构

精密冲裁压力机可按主传动的形式分为机械式和液压式两类，液压式也称全液压式。无论哪种类型，其压边系统和反压系统均采用液压结构，因此，容易满足压料力和反压力可调且稳定的要求。

液压式结构简单，传动平稳，造价低，应用比较普遍，但液压式的封闭高度的重复精度不如机械式。一般尺寸小厚度薄的精密冲裁件对压力机封闭高度的精度要求高，因此小型精密冲裁压力机的主传动更适合采用机械式。目前，国外生产的精密冲裁压力机总压力在3200kN以下的一般为机械式，主要用于冲裁板厚小于3mm的零件；总压力在4000kN以上的为液压式。部分国内外精密冲裁压力机的主要技术参数见表2-3。

表2-3　部分国内外精密冲裁压力机的主要技术参数

压力机型号		Y26-100	Y26-630	GKP-F25/40	GKP-F100/160	HFP240/400	HFP800/1200	HFA 630	HFA 800
总压力/kN		1000	6300	400	1600	4000	12000	100~6300	100~8000
主冲裁力/kN				250	1000	2400	8000		
压料力/kN		0~350	450~3000	30~120	100~500	1800	4500	100~3200	100~4000
反压力/kN		0~150	200~1400	5~120	20~400	800	2500	50~1300	100~2000
滑块行程/mm		最大50	70	45	61			30~100	30~100
滑块行程次数/（次/min）		最大30	5~24	36~90	18~72	28	17	最大40	最大28
冲裁速度/（mm/s）		6~14	3~8	5~15	5~15	4~18	3~12	3~24	3~24
闭模速度/（mm/s）						275	275	120	120
回程速度/（mm/s）						275	275	135	135
模具闭合高度	最小/mm	170	380	110	160	300	520	320	350
	最大/mm	235	450	180	274	380	600	400	450
模具安装尺寸	上台面/mm	420×420	ϕ1020	280×280	500×470	800×800	1200×1200	900×900	1000×1000
	下台面/mm	400×400	800×800	300×280	470×470	800×800	1200×1200	900×1260	1000×1200
允许最大精密冲裁料厚/mm		8	16	4	6	14	20	16	16
允许最大精密冲裁料宽/mm		150	380	70	210	350	600	450	450
送料最大长度/mm		180	2×200			600	600		
电动机功率/kW		22	79	2.6	9.5	60	100	95	130
机床质量/t		10	30	2.5	9	21	60		

1. 机械式精密冲裁压力机

图2-21所示为瑞士生产的精密冲裁压力机的外形，图2-22所示为机械式精密冲裁压力机滑块的传动原理图。它采用双肘杆底传动，为保证滑块的运动精度，所有轴承都采用预紧（过盈配合）的滚针轴承，滑块导轨则采用过盈配合的滚动导轨，以保证无间隙传动和无间隙导向。电动机的转速经无级变速箱、带传动、蜗杆蜗轮传动和斜齿轮传动，驱动双肘杆机构运动，使下工作台做上下往复运动。由于变速箱为无级变速，因此精密冲裁压力机可在额定范围内获得不同的冲裁速度和相应的行程次数。

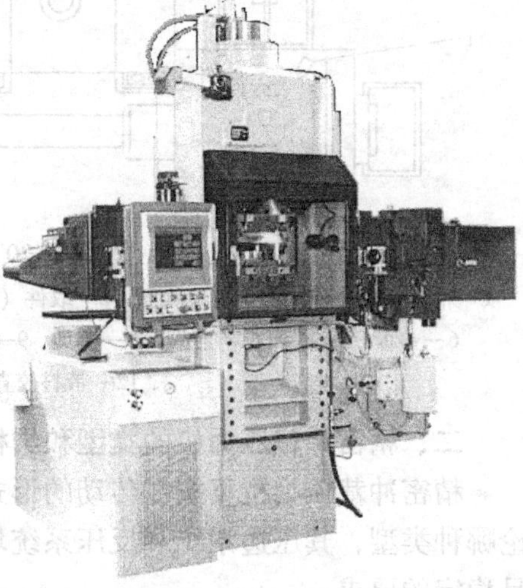
图2-21　精密冲裁压力机

如图2-22所示，电动机的运动和能量传递给曲轴A和B，并保证曲轴B与曲轴A的速度相同且旋向相反，连杆7和肘杆8将曲轴 A 和 B 的力传至肘销 C，肘杆6、8周期性地伸直和回复到原位。当肘杆6、8伸直时，肘杆6把力传递给肘杆5，肘杆5通过轴 E 与床身铰接，在肘杆6的作用下绕 E 轴摆动，使连杆4推动主滑块2沿滚柱导轨向上运动。同理，当肘杆6、8收回时，带动肘杆5、连杆4收回，主滑块便沿导轨向下运动。

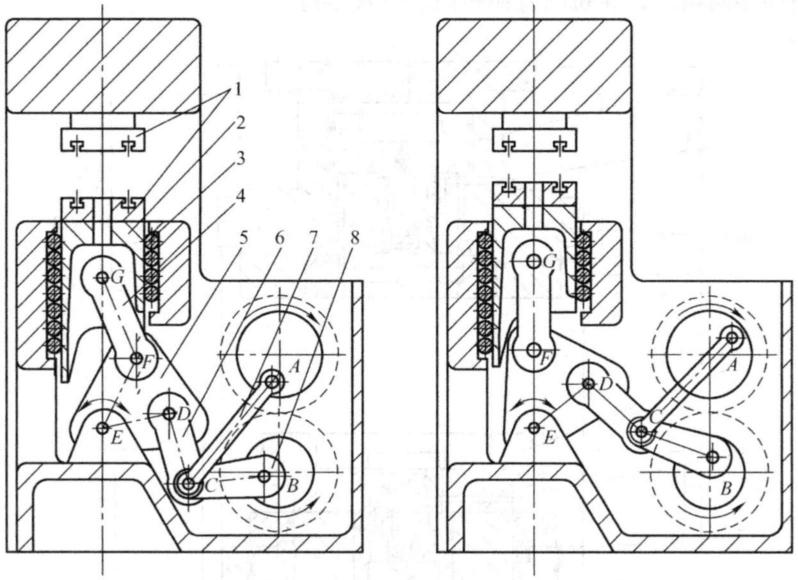

图2-22　机械式精密冲裁压力机滑块的传动原理

a）滑块处于下止点　b）滑块处于上止点

1—工作台面　2—滑块　3—滚柱导轨　4、7—连杆　5、6、8—肘杆

双肘杆传动可以获得精密冲裁工艺要求的滑块行程曲线，如图2-23所示，即快速闭合、慢速冲裁、快速回程。齿圈压板和反向顶杆的运动分别由压力机上、下机身内的液压缸和活塞驱动。

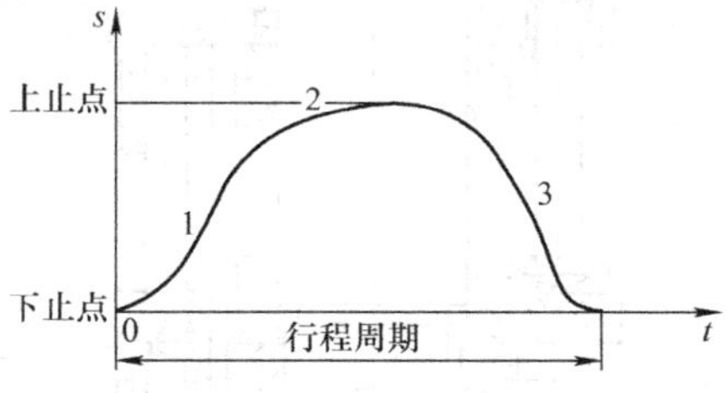

图2-23　双肘杆传动滑块行程曲线

1—快速闭合　2—慢速冲裁　3—快速回程

机械式精密冲裁压力机的优点是维修方便，行程次数较高，行程固定，重复精度高，且由于有飞轮，故电动机功率较小。但压力机工作时连杆作用于滑块的力有水平分力，影响了导向精度，行程曲线不可能按工艺要求任意改变。同时传动机构的环节较多，累积误差较大，为控制累积误差，须采用无间隙的滚针轴承，提高了制造精度和成本。

2. 液压式精密冲裁压力机

图2-24所示为Y26-630精密冲裁液压机，其冲裁动作、齿圈压板的压边动作、反压顶

杆的动作分别由冲裁活塞4、压边活塞12和反压活塞6完成。下工作台9直接装在冲裁活塞上，组成压力机的主滑块，将主缸本身作为导轨（与普通导轨不同，为台阶式内阻尼静压导轨）。这种导轨使柱塞和导轨面始终被一层高强度的油膜隔离而不接触，从理论上说，导轨可永不磨损，且油膜会在柱塞受偏心载荷时自动产生反抗柱塞偏斜的静压支承力，从而使柱塞保持很高的导向精度，导轨的寿命极高、刚性很好。

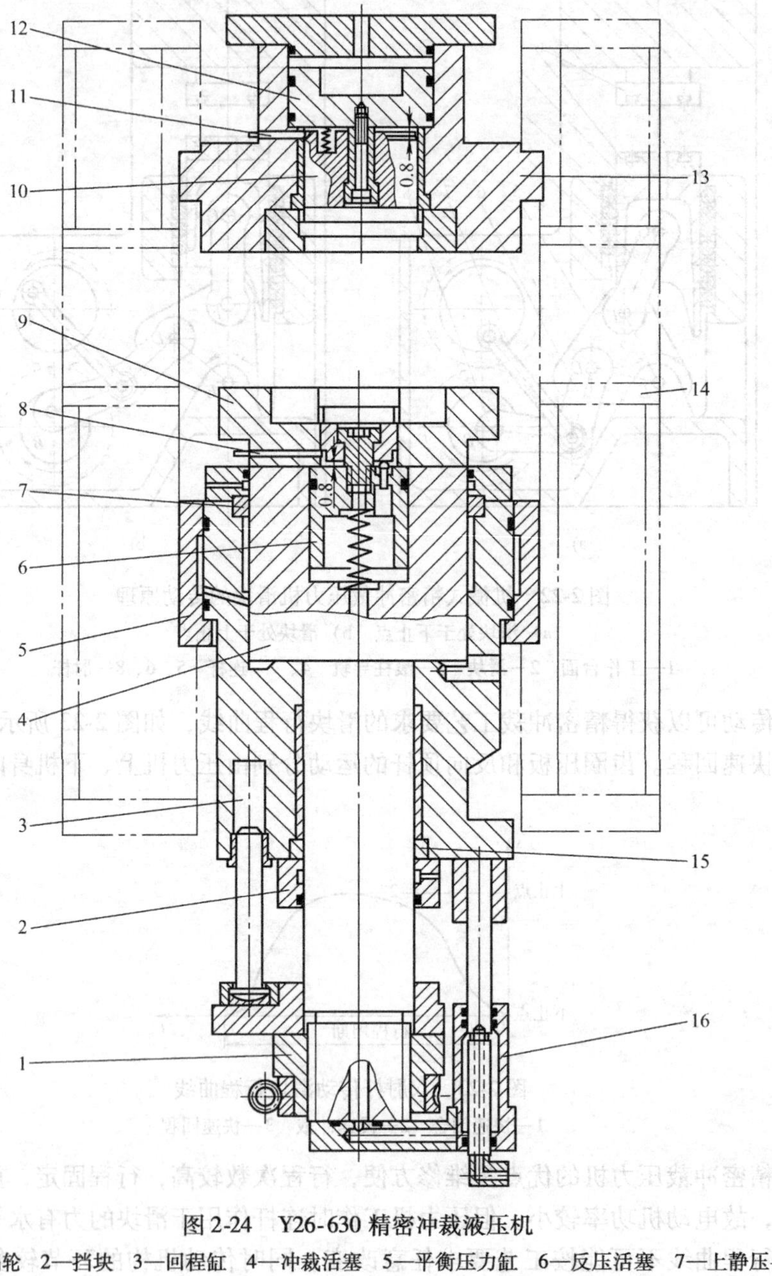

图2-24　Y26-630精密冲裁液压机

1—调节蜗轮　2—挡块　3—回程缸　4—冲裁活塞　5—平衡压力缸　6—反压活塞　7—上静压导轨　8—下保护装置　9—下工作台　10—传感活塞　11—上保护装置　12—压边活塞　13—上工作台　14—机架　15—下静压导轨　16—防转臂

Y26-630精冲液压机的冲裁活塞快速闭模是靠液压系统中的快速回路来实现的，如此可简化主缸结构，便于检修；快速回程由回程缸3实现。压力机封闭高度调节蜗轮1由液压马达驱动，调节距离用数字显示，调节精度为±0.01mm，滑块在负荷下的位置精度为0.03mm，压力机抗偏载能力达120kN·m。另外，为防止主缸因径向变形而破坏静压导轨的正常间隙，在主缸外侧增加了一平衡压力缸5，它的液压油来自主缸油腔。

液压式精密冲裁压力机主要优点是：冲裁过程中冲裁速度保持不变；在工作行程任何位置都可承受公称压力；液压活塞的作用力方向为轴线方向，不产生水平分力，有利于保证导向精度；滑块行程可任意调节，可适应不同板厚零件的要求；不会发生过载现象。其缺点是液压电动机的功率较大，液压系统维修较麻烦；对小型机而言行程次数偏低。

三、精密冲裁压力机的辅助装置

精密冲裁压力机的辅助装置包括模具保护装置、自动送料和废料切断装置、工件排出装置卷料开卷和校平装置、润滑装置，以及材料始末检测装置等。

1. 模具保护装置

精密冲裁压力机冲压时，工件或废料有时会停留在模具工作区内，可能导致冲压模具的损坏，因此必须采取保护措施。常用的模具保护监控措施有滑块运动行程保护和载荷控制压力保护两种，后者只适用于液压式精密冲裁压力机。滑块运动行程保护措施的工作原理如图2-25所示，它在精密冲裁压力机的不同部位安装有三个微动开关A、B、C，根据三个微

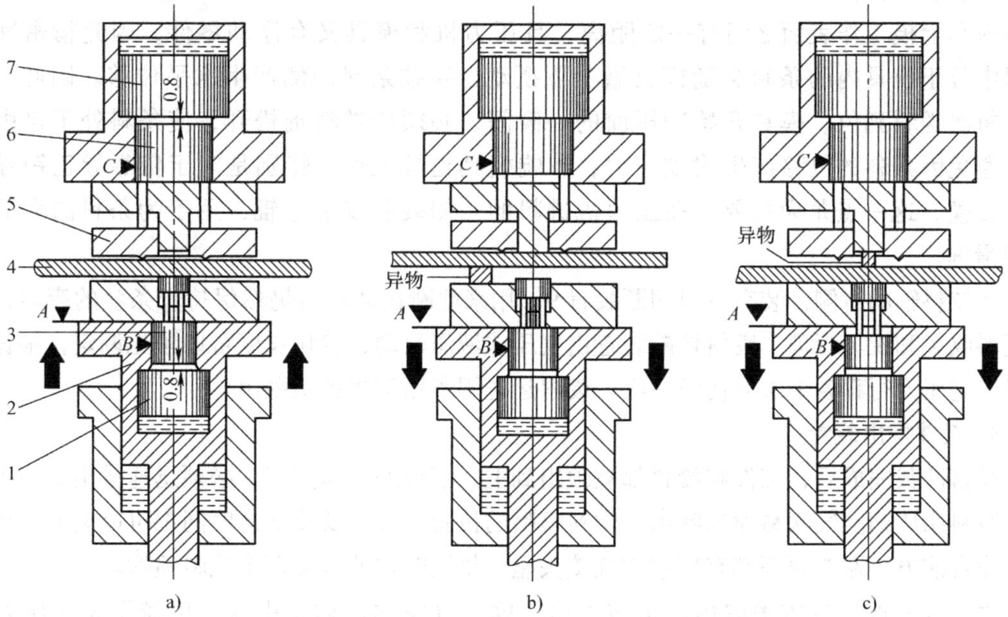

图2-25 模具保护装置工作原理图

a）微动开关B、C在A之后动作（正常工作） b）微动开关C在A之前动作（滑块回程）

c）微动开关B在A之前动作（滑块回程）

1—反压活塞 2—滑块 3—浮动反压活塞 4—被冲板料 5—齿圈压板 6—浮动压边活塞 7—压边活塞

动开关动作顺序的变化情况，来实施对模具的保护。在正常情况下，当滑块向上行程时，先使开关 A 动作，随后齿圈压板和反压顶杆被压退，浮动活塞便使开关 B、C 动作，压力机正常运转，如图 2-25a 所示。若异物或零件未被排出，停留在齿圈压板下（图 2-25b），则当滑块向上行程闭模时，齿圈压板先被压退，浮动压边活塞 6 使开关 C 先动作，滑块立即停止前进，并换向回程。如异物或零件停留在冲头下，则浮动反压活塞 3 先被压退，开关 B 先动作，滑块同样立即返回原始位置（图 2-25c），这样即可起到保护模具的作用。微动开关 B、C 的保护距离为 0.8mm，因此，即使有很微小的飞边卡住浮动活塞，保护装置都能灵敏地做出反应。在设计模具时，应考虑浮动活塞的浮动量对模具结构的影响。使用时，开关 A 触点的位置应根据模具的闭合高度和冲裁的料厚来调节，既要使开关 A 先于开关 B、C 动作，又要保证所需的保护高度范围。

2. 自动送料和废料切断装置

精密冲裁压力机上常用的自动送料装置有辊轴式和夹钳式两种，其驱动方式有气动、摆动液压缸、液压马达和电－液步进电动机等几种。气动夹钳式只适用于短步距送料，辊轴式送料步距范围大，采用电－液步进电动机驱动的辊轴送料，不仅步距范围大，而且送料精度高（可达 0.1mm）。

图 2-26 所示为瑞士法因图尔公司（Feintool）生产的精密冲裁压力机上所配备的辊轴式自动送料装置结构简图。在压力机的左右两侧分别装着一推一拉两对送料辊轴，它们可同步联动工作，也可单独工作或交替工作。送料辊 2、7 由摆动液压缸 11、15 驱动。由于条料和上模工作表面之间有一定距离，且压力机和模具又有浮动零件，因此精密冲裁过程中位于模具内的条料会随模具做上下摆动，导致条料两侧产生水平位移。因此，要求在每次送料到位、模具开始冲压前的一瞬间，必须让送料辊松开，使条料处于自由状态，避免因条料的位移产生附加应力，影响模具正常工作，特别是对于依靠导正销导正的连续模，这一点尤为重要。在压力机进料的一侧装有浸油毡辊，用于为条料的表面涂敷润滑剂。

在拉料辊的右侧，装有废料切断装置 9，用来剪断在冲裁后仍然保持长条状的废料，便于废料收集和现场管理。废料切断装置由气压或液压驱动，剪切长度可以预先调定，根据需要可选定压力行程若干次后切断一次。废料运送辊子用于将料尾抛出。

3. 工件排出装置

精密冲裁完成后，工件和废料都被顶出到上、下模的工作空间，必须迅速排出。小工件或小废料用压缩空气吹料喷嘴吹出，吹料喷嘴的位置、方向及喷吹的时间都可以调节。压力机工作台前方、左右两侧都有压缩空气接头座，供同时快速装接多个吹料喷嘴。

大工件一般用机械手取出。机械手由压缩空气驱动，动作迅速。机械手装在压力机的后侧，滑块回程时，它迅速进入模具工作空间，工件顶出后，即被机械手从压力机后侧取出。

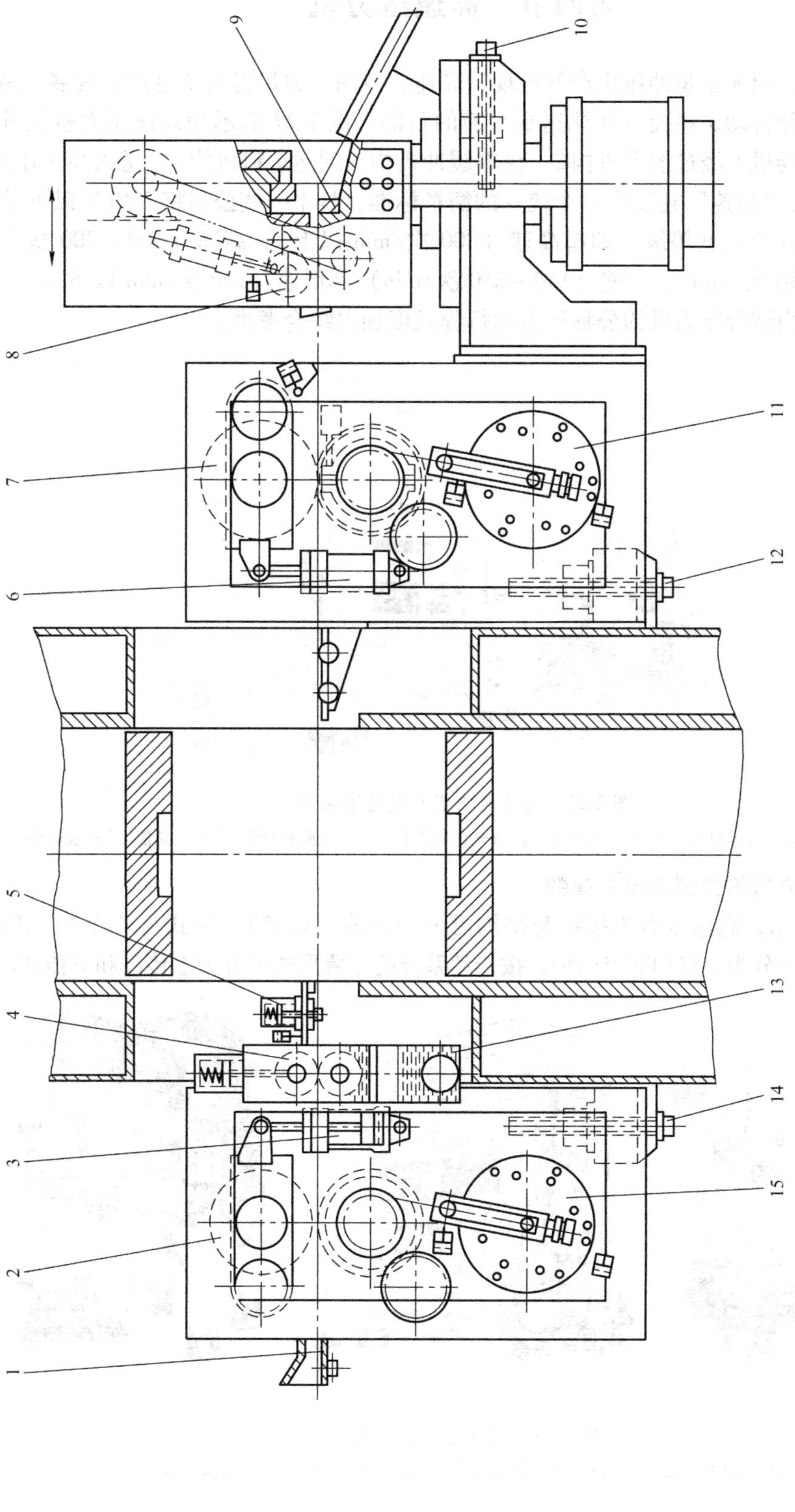

图2-26 送料、润滑及废料切除装置

1—带料导板 2、7—送料辊 3、6—送料辊夹紧气缸 4—润滑毡辊 5—可调挡板 8—废料端运送辊 9—废料切断装置
10—切断刀水平调整螺杆 11、15—摆动液压缸 12、14—调节送料高度机构 13—油箱

第四节　高速压力机

随着大批量、超大批量冲压生产的出现，高速、专用压力机得到了迅速的发展。高速压力机必须配备各种自动送料装置才能达到高速的目的。图2-27所示为高速压力机及其辅助装置，卷料从开卷机1经过校平机构2、供料缓冲机构3到达送料机构4，送入高速压力机5进行冲压。目前，“高速”还没有一个统一的衡量标准，日本一些公司将300kN以下的小型开式压力机分为五个速度等级，即超高速（800次/min以上）、高速（400～700次/min）、次高速（250～350次/min）、常速（150～250次/min）和低速（150次/min以下）。一般在衡量高速时，应当结合压力机的公称压力和行程长度加以综合考虑。

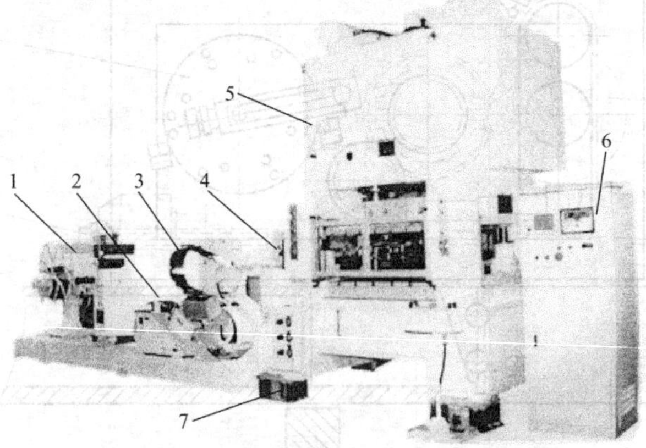

图2-27　高速压力机及其辅助装置

1—开卷机　2—校平机构　3—供料缓冲机构　4—送料机构　5—高速压力机　6—控制柜　7—减振垫

一、高速压力机的类型与技术参数

如图2-28所示，高速压力机按机身结构可分为开式（C型）、闭式（H型）和四柱式等；按连杆数目可分为单点和双点两种；按传动系统的布置形式可分为上传动和下传动两种。

图2-28　高速压力机的类型

a）开式单点高速压力机　b）闭式双点高速压力机　c）四柱式高速压力机

由于下传动结构中运动部件的质量比上传动大得多，运动时的惯性力和振动大，对提高速度不利，因此下传动式的高速压力机在逐渐减少。因高速压力机主要用于带料的级进冲压，要求有宽的工作台面，所以闭式双点的结构形式应用比较普遍。图 2-29 所示为美国明斯特(Mister) 公司生产的 Pulsar30 型 300kN 闭式双点高速压力机。

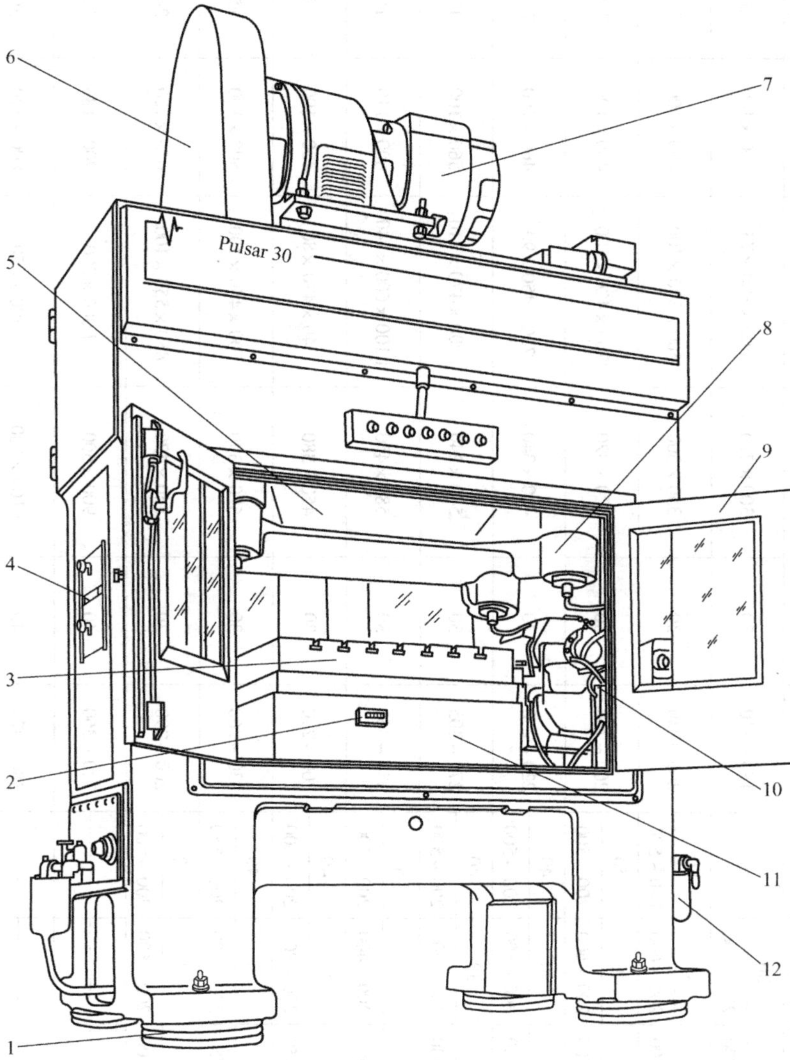

图 2-29 闭式双点高速压力机

1—减振垫 2—封闭高度指示器 3—工作台垫板 4—出料口 5—滑块 6—带罩 7—主电动机 8—滑块液体静压导柱 9—隔声门 10—送料装置 11—升降工作台 12—润滑液压泵

从工艺用途和结构特点来看，高速压力机可分为两大类。一类专门用于冲裁加工，其行程很小，行程次数很高；另一类为可进行冲裁、成形和浅拉深等加工的多用途高速压力机，其行程较大，但行程次数相应要小些。表 2-4、表 2-5 列出了国内外部分高速压力机的技术参数。

表 2-4 国产部分高速压力机的技术参数

压力机型号	公称压力/kN	滑块行程/mm 滑块行程次数/(次/min)				装模高度/mm	装模高度调节量/mm	滑块底面尺寸/(mm×mm)	工作台板尺寸/(mm×mm×mm)	落料孔尺寸/(mm×mm)	主电动机功率/kW	机床总重/t	备注
CH25	250	20 200~1000	25 200~900	30 200~800		180~210	30	300×210	600×300×75	400×100	5	2.8	开式高速压力机
CH35	350	25 200~800	30 200~700	40 200~600	50 200~500	200~230	30	350×300	600×390×100	400×100	7.5	3.9	
CH40	400	25 200~800	30 200~700	40 200~600	50 200~500	200~230	30	420×320	700×420×100	400×100	7.5	4.2	
CH50	500	20 200~750	25 200~700	30 200~600	40 200~500	220~250	30	460×340	750×450×90	460×100	7.5	6.0	
CH60	600	20 200~750	25 200~700	30 200~600	40 200~500	275~305	30	540×340	1000×470×110	560×100	10	8.0	
CH80	800	25 200~600	30 200~500	40 200~400	50 200~300	330~360	30	580×450	1100×600×140	600×110	15	13	
GH30	300	20 200~900	25 200~850	30 200~800	40 200~600	200~230	30	450×380	540×470×80	400×100	10	4.8	闭式高速压力机
GH45	450	20 200~800	25 200~750	30 200~700	40 200~550	230~260	30	620×390	700×450×100	500×100	15	7.1	
GH60	600	20 200~750	25 200~700	30 200~600	40 200~500	260~290	30	860×420	850×550×100	650×120	20	9.0	
GH80	800	30 200~500				320~360	40	900×500	1000×500	700×180	22	14	
GH125	1250	30 200~500				380~420	40	1100×600	1200×850	800×120	30	20	
H80DB	800	20 200~700	25 200~600	30 200~500	40 200~400	320~360	40	1000×500	1200×800×150	750×120	25	14	

表 2-5　国外部分高速压力机的技术参数

压力机型号	公称压力/kN	滑块行程/mm	滑块行程次数/(次/min)	装模高度/mm	装模高度调节量/mm	滑块底面尺寸/(mm×mm)	工作台板尺寸/(mm×mm)	落料孔尺寸/(mm×mm)	主电动机功率/kW	机床总质量/t	备注
A2-50	500	25～50	600	300	60		840×560				
A2-100	1 000	25～50	450	350	60		1 050×800				
A2-160	1 600	30～50	375	375	60		1 300×1 000				德国
A2-250	2 500	30～50	300	400	80		1 650×1 100				
A2-400	4 000	35～50	250	475	80		2 600×1 200				
U25L	250	20	1200	240	30	550×300	550×450		15	7.0	
PDA6	600	15	200～800	280	40		650×600		15		
PDA8	800	25, 50, 75	160～400, 100～250, 80～200	300	50		900×600		15		
BEAT-25	250	20, 25, 32	300～1 200, 300～1 100, 300～1 000	210	20	520×280	580×400	350×100	7.5		
BEAT-40	400	20, 25, 32	300～1 100, 300～1 000, 300～900	270	20	600×340	700×450	500×120	11		日本
BEAT-60	600	20, 25, 32	300～1 000, 300～850, 300～700	320	20	900×400	900×600	600×120	15		
BEAT-80	800	20, 25, 32	300～800, 300～720, 300～650	280, 360	20	940×520	1050×800	780×120	22		
Pulsar20	200	13, 19, 25, 32	2 000, 1 800, 1 600, 1 400	152～197	45	405×255	405×255	305×75	11	7.1	
Pulsar30	300	13, 19, 25, 32, 38, 51	1 500, 1 400, 1 400, 1 200, 1 100, 900	185～230	45	760×305	760×535	660×100	19	8.46	美国
Pulsar60	600	13, 19, 25, 32, 38, 51	1 300, 1 200, 1 200, 1 000, 900, 750	250～290	45	915×405	915×585	760×100	23	12.6	
Bsta180-36	180	40	100～1 400	190～246	40	270×240	480×400	400×100			
Bsta200-60	200	15	100～2 000	178～236	40	590×270	590×426	540×160			
Bsta200-70	200	15	100～2 000	178～236	40	690×270	690×426	640×160			瑞士
Bsta250-65	250	47	100～1 500	175.5～239	51	530×360	640×530	590×180			
Bsta250-75	250	47	100～1 500	175.5～239	51	630×360	730×530	690×180			

（续）

压力机型　号	公称压力/kN	滑块行程/mm	滑块行程次数/（次/min）	装模高度/mm	装模高度调节量/mm	滑块底面尺寸/（mm×mm）	工作台板尺寸/（mm×mm）	落料孔尺寸/（mm×mm）	主电动机功率/kW	机床总质量/t	备注
Bsta300-75	300	13～32	100～2000	171～239	51	630×360	740×480	710×160			瑞士
Bsta300-85	300	13～32	100～2000	171～239	51	630×360	840×480	810×160			
Bsta500-95	500	16～51	100～1120	206～294	64	830×420	940×650	910×200			
Bsta500-110	500	16～51	100～1120	206～294	64	980×420	1080×650	1060×200			
Bsta700-200	700	9～65	100～1100	222.5～290.5	40	1920×420	1890×640	（2×900）×160			
Bsta800-124	800	16～63	100～1000	240.5～340	76	1060×510	1220×910	1190×320			
Bsta800-145	800	16～63	100～1000	240.5～340	76	1270×510	1430×910	1400×250			
Bsta1250-117	1250	16～75	100～850	268～386.5	89	1060×600	1150×1070	1120×350			
Bsta1250-151	1250	16～75	100～850	268～386.5	89	1400×600	1490×1070	1460×350			
Bsta1250-181	1250	16～75	100～850	268～386.5	89	1700×600	1790×1070	1760×350			
Bsta1600-117	1600	19～75	100～825	268～385	89	1060×600	1150×1070	1120×350			
Bsta1600-151	1600	19～75	100～800	268～385	89	1400×600	1490×1070	1460×350			
Bsta1600-181	1600	19～75	100～800	268～385	89	1700×600	1790×1070	1760×350			
Bsta2500-250	2500	16～60	100～750	410～502	70	2500×860	2350×1350	2250×450			

二、高速压力机的特点及结构

高速压力机的行程次数一般为公称压力相同的通用压力机的 5～9 倍，目前一些中小型压力机的行程次数已达 1100～4000 次/min 的超高速。高速对压力机的结构和性能提出了更高的要求。

（1）传动系统一般为直传式　如图 2-30 所示，电动机 7 通过单级带传动直接带动曲轴 5 工作，因此才有可能产生高速。传动链越长，对提高行程次数越不利。

（2）曲柄滑块机构实现动平衡　曲柄的高速旋转及滑块和上模的高速往复运动会产生很大的惯性力，它和行程次数的平方成正比。在高速运转时虽然行程很小，但惯性力仍可达到滑块重量的数倍，如果不采取平衡措施，将引起强烈的振动，影响压力机受力零件和模具的寿命，而且会影响工作环境和邻近设备。因此，高速压力机都设有滑块动平衡装置。如图2-30所示，压力机采用的是一种装在曲轴上的滑块动平衡装置。平衡滑块8的运动方向与工作滑块2的运动方向相反，由于平衡滑块的质量比工作滑块的重量小，所以平衡滑块的行程应比工作滑块的行程大。

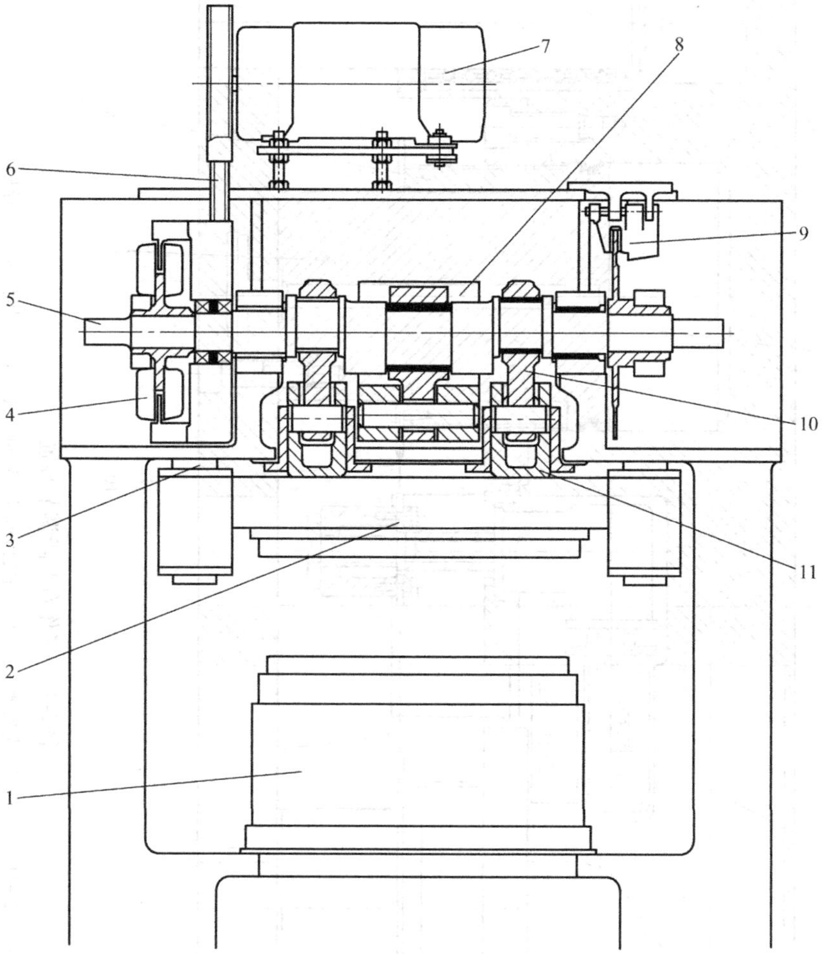

图2-30　Pulsar系列高速压力机传动系统

1—工作台　2—工作滑块　3—导柱　4—离合器　5—曲轴　6—带　7—电动机
8—平衡滑块　9—制动器　10—连杆　11—滑块活塞

（3）减轻往复运动部件的重量以减小惯性力　为减轻高速压力机运动部件的重量，采用了许多措施。例如，采用轻质合金制造滑块，可比铸铁滑块减轻约2/3的重量；封闭高度采用挂在压力机立柱上的气动马达进行调整，需要调整封闭高度时，将传动带套在滑块调节机构传动轴上，从而减轻了滑块的重量；将封闭高度调节机构设在工作台里，如Mister Pulsar系列高速压力机，其工作台的结构如图2-31所示。工作台体6利用四个液压缸5支承于工作台座13上，由四根滚动式导柱7导向，通过旋转调节螺套8来改变工作台面的上下位置，从而达到调整封闭高度的目的。调节螺套上的链轮12由一条环形滚子链11带动，使四个螺套能同步地被调节。同时，链条通过齿轮传动带动一个闭合高度指示器4，以显示封闭高度

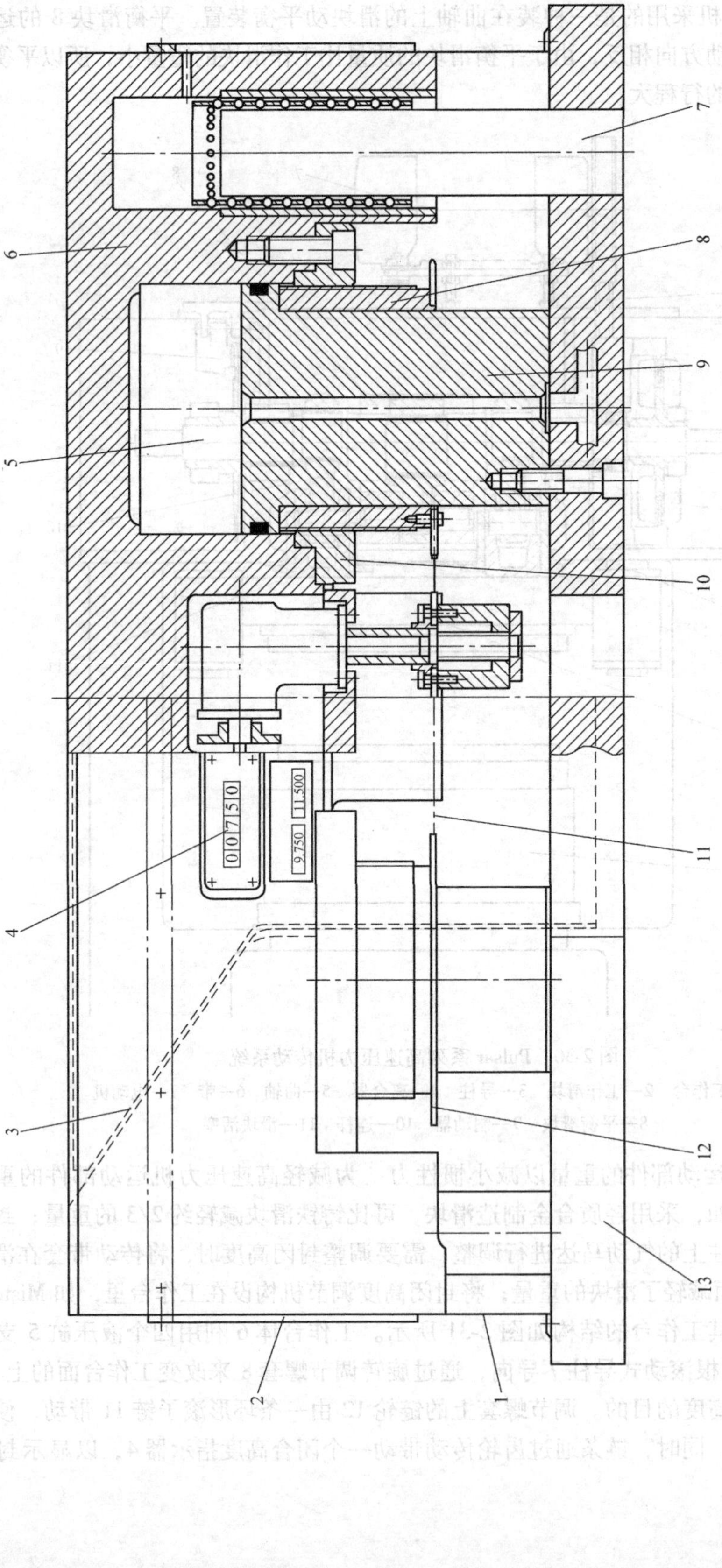

图2-31 工作台升降调节装置

1—下防护罩 2—上防护罩 3—漏料槽 4—闭合高度指示器 5—液压缸 6—工作台体 7—导柱 8—调节螺套 9—活塞 10—调节螺母 11—滚子链 12—链轮 13—工作台座

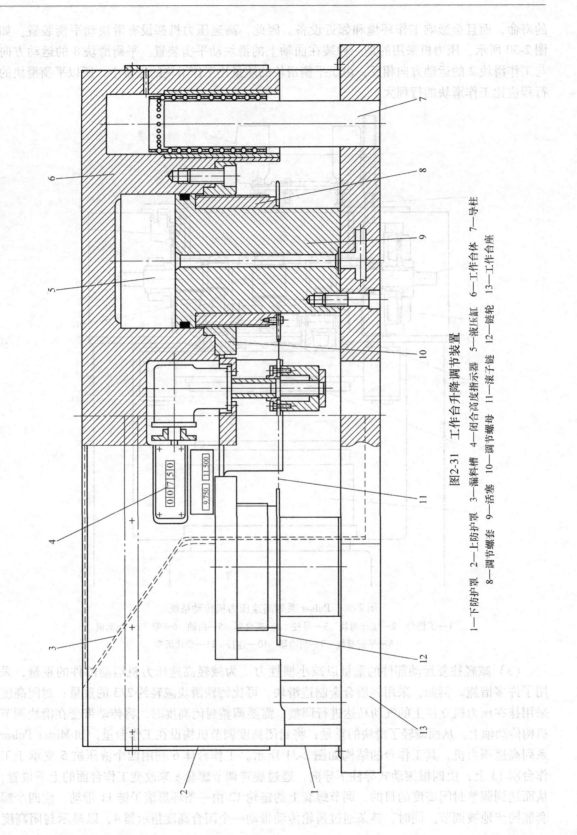

的数值。此外，工作台还具有速降功能，当液压被释放时，工作台即下降，以便调整模具、清除杂物或排除小的模具故障。重新起动时给液压缸充液并增压，工作台便可恢复到预先设置的精确位置，保证相应的封闭高度。上述措施进一步减小了往复运动部件的重量，从而改善了压力机的温升和动态稳定性。

(4) 压力机刚度高，导向精度高　高速压力机上使用的多工位级进模通常采用硬质合金制造冲裁模凸、凹模，其刃磨寿命较长，有利于提高生产效率。但硬质合金的韧性差，易崩刃断裂，所以要求压力机有相当高的刚度和精度。目前高速压力机机身一般多采用整体式铸造结构，并用四根拉紧螺杆预紧。为消除导向间隙的影响，大部分高速压力机都采用高精度的滚动导轨，如八面直角滚针导轨、柱式钢球导轨或液体静压导轨，以消除滑块的水平位移，提高冲裁精度和模具寿命。图 2-32 所示为明斯特 Pulsar 系列压力机的液体静压导轨结构。

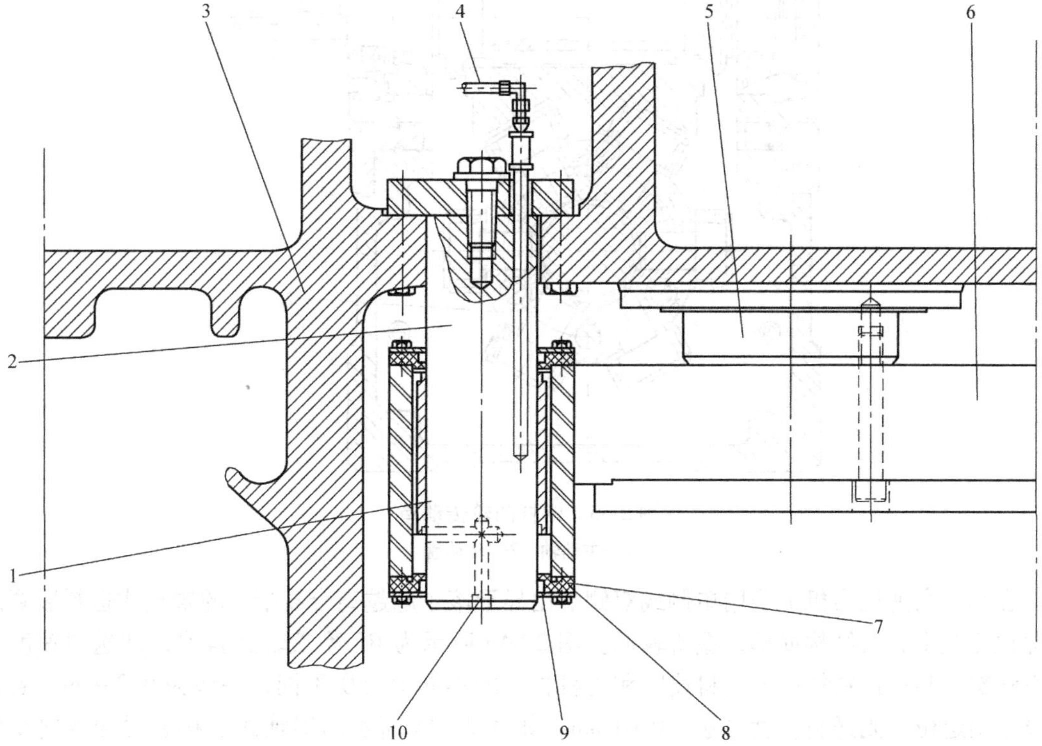

图 2-32　液体静压导轨

1—导柱衬套　2—导柱　3—床身　4—油管　5—滑块活塞　6—滑块　7—密封座　8—密封盖板　9—密封圈　10—油孔

(5) 增设减振和消声装置　高速冲压会形成强烈的振动和噪声，对安全生产和工作环境不利。为减小压力机振动对邻近设备和建筑物的影响，高速压力机底座与基础间增设了减振垫（图 2-29 件 1）。机床电气部分与床身、各重要零件与床身连接处也设置减振缓冲垫，以减小振动对这些零件和电气部分的影响。对于较大吨位或行程次数较高的压力机还应采取隔声防护措施，在冲压空间的前后方加上隔声板（图 2-29 件 9），可以使噪声降低 5 ~ 15dB。如果采用隔声室把压力机与外界隔离，可使外界噪声降低 20 ~ 25dB。

(6) 采用高精度自动送料装置　自动送料是实现高速冲压的必备条件。目前多采用由蜗杆凸轮式传动箱带动的辊轴式送料装置。图2-33所示为蜗杆凸轮传动箱的结构，主动轴为蜗杆凸轮轴，它是一个不等距蜗杆，从动轴上是一个带有六个均布滚动体的从动盘。蜗杆凸轮与从动盘上的滚动体为无侧隙的啮合，当蜗杆凸轮以等角速度转动时，便带动从动盘以正弦加速度或变正弦加速度的规律做每次60°角的周期性间歇转动。送料的起动和停止加速度均为零，没有惯性力作用，其送料精度可达±(0.02～0.03)mm，其缺点是送料步距的调节需另外增设调节组件。

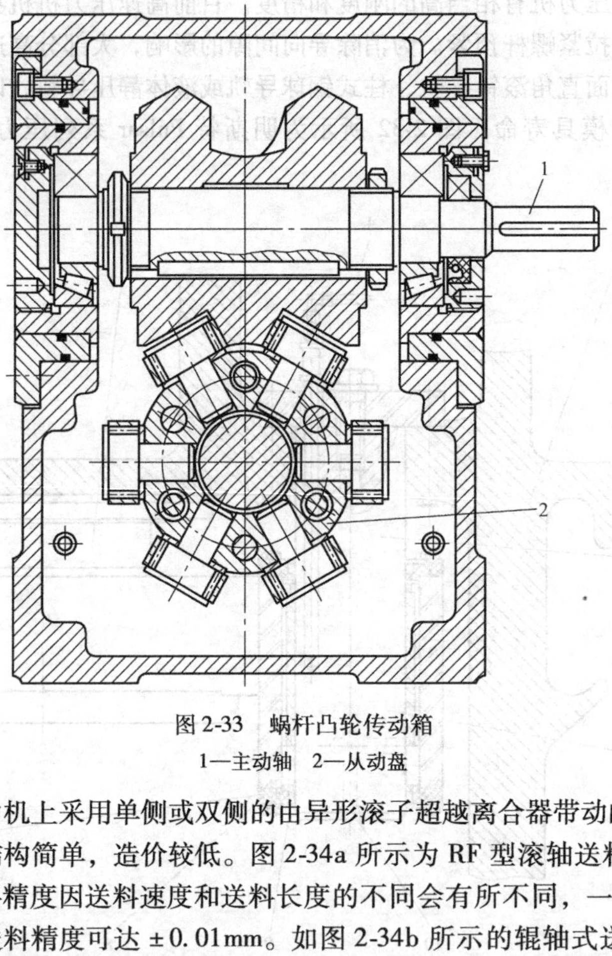

图2-33　蜗杆凸轮传动箱

1—主动轴　2—从动盘

在小型高速压力机上采用单侧或双侧的由异形滚子超越离合器带动的辊轴式送料装置的情况也比较多，其结构简单，造价较低。图2-34a所示为RF型滚轴送料器，其送料速度可达600次/min；送料精度因送料速度和送料长度的不同会有所不同，一般为0.05mm，若采用导正销定位，则送料精度可达±0.01mm。如图2-34b所示的辊轴式送料装置的送料精度较低，在300～1000次/min的行程次数下工作时，其送料精度一般为±(0.1～0.15)mm；使用时间较长后，因磨损会导致精度降低，修复比较困难。

此外，还有采用夹钳式送料装置的，其中以曲轴直接带动的机械传动式夹钳送料装置使用最多，气动和液压式夹钳送料装置在高速压力机上应用较少。

(7) 具有稳定可靠的事故监测装置，并配置强有力的制动器　在出现送料不到位、冲压区夹带废料等事故前能报警，并使压力机滑块在瞬间紧急停车，以保证设备、模具和人身安全。

(8) 有很好的润滑系统　通常采用自动强制循环润滑，充分润滑各个相对运动部分，以减少发热和磨损。

a)

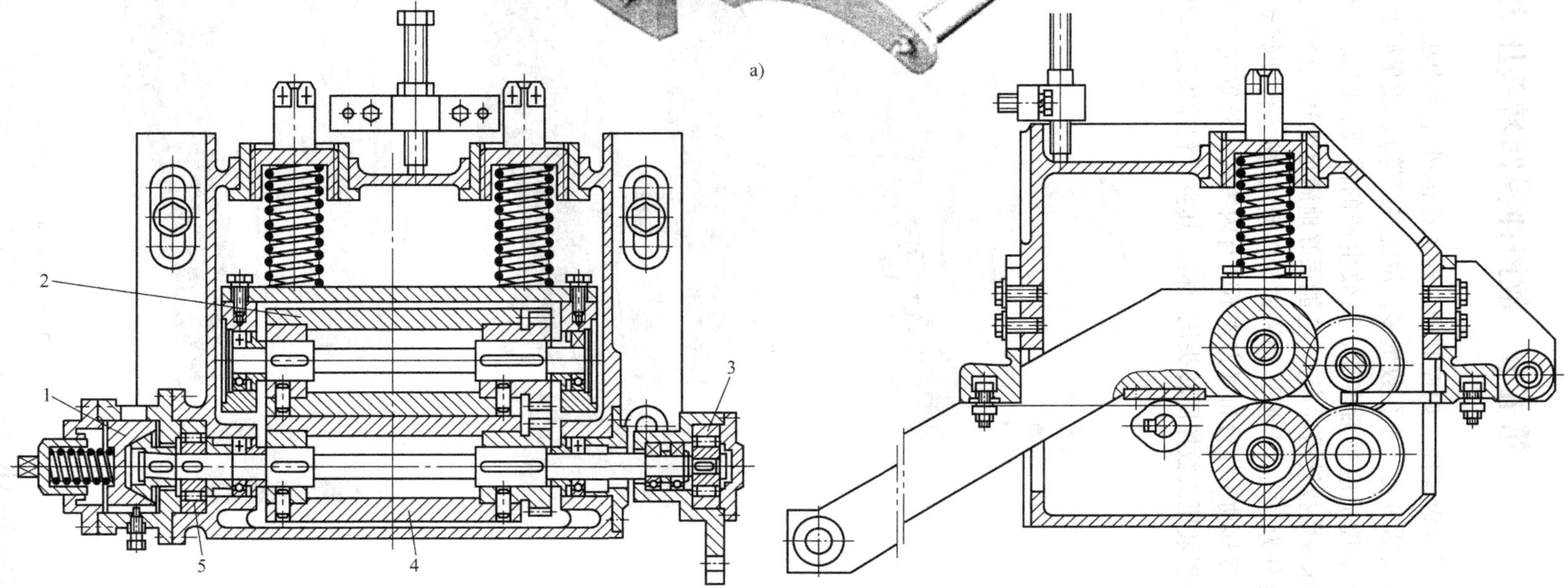

b)

图2-34　越超离合器辊轴式送料装置

a）RF型滚轴送料器　b）滚轴式送料装置的结构

1—常作用制动器　2—上辊筒　3—正向驱动超越离合器　4—下辊筒　5—反向制动超越离合器

第五节 数控冲模回转头压力机

随着对大尺寸钣金件（如控制柜、开关柜的外壳和面板等）冲压生产需求的增加，以及冲压件结构灵活多变（小孔数量多，位置多变等）、质量好和快速生产等方面的要求，传统冲压生产已不能适应灵活多变、高效生产的需要，因而出现了数控冲模回转头压力机（又称数控冲床或数控转塔冲床），它能很好地满足上述生产要求。该类机床有许多种形式，按机身结构可分为开式（C型）和闭式（O型），按主传动驱动方式可分为机械式、液压式和电伺服式，按移动工作台布置方式不同有内置式、外置式和侧置式。图2-35a所示为开式机身工作台外置液压式数控回转头压力机，其空行程速度达1 500r/min，具有六个联动数控

a)　b)　c)

图2-35　数控冲模回转头压力机

a）HIQ-3048液压式数控转塔冲床　b）MT-200电伺服数控转塔冲床　c）ET-300机械式数控转塔冲床

轴（X、Y、Z、T1、T2、C 轴）。图 2-35b 所示为闭式机身工作台内置的电伺服数控回转头压力机，图 2-35c 所示为机械传动式数控回转头压力机。

一、数控冲模回转头压力机的工作原理、特点及应用

数控冲模回转头压力机是一种高效、精密的板材单机自动冲压设备。所谓回转头是一对可以储存若干套模具的转盘，它们装在滑块与工作台之间，上转盘安装上模，下转盘安装下模，转盘中模具的布局形式如图 2-36 所示。被加工板料由夹钳夹持，可在上、下转盘之间沿 X、Y 轴方向移动，以改变冲切位置。上、下转盘可做同步转动、换模，以便冲压出不同形状的孔或轮廓，如图 2-37 所示。对于形状复杂孔、大孔及轮廓，可利用组合冲裁或分步冲裁的方法冲出，如图 2-38 所示。回转头的转位换模及板料的平移均由数控装置自动完成，因此只要装夹一次，就基本上能快速地把整块板上所有的孔及轮廓冲出，大大提高了生产效率。

模位类型	标记	26工位		36工位		40工位		38工位(选配)		尺寸范围 /mm
		标准	可变	标准	可变	标准	可变	标准	可变	
A	○	10		20		18		17		$\phi3.0\sim\phi12.7$
B	○	10	2	10	2	16		15		$\phi12.7\sim\phi31.75$
C	○	2		2		2		2		$\phi31.75\sim\phi50.8$
D	○	2		2		2	2	1	2	$\phi50.8\sim\phi88.9$
E	●							1		$\phi88.9\sim\phi114.3$

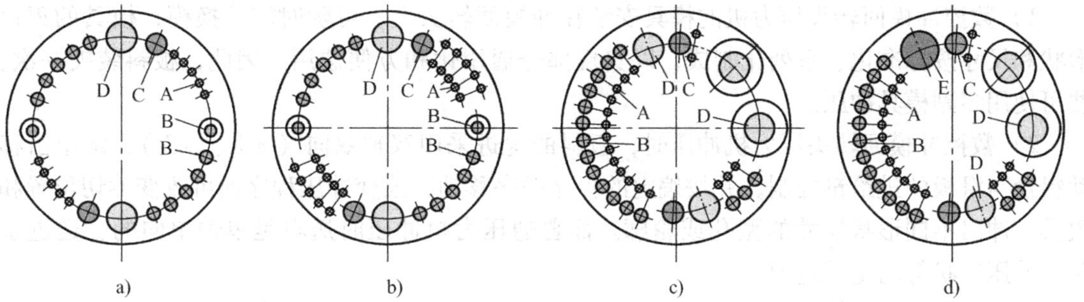

图 2-36 HIQ-3048 型数控转塔冲床的转盘布局
a）26 工位 b）36 工位 c）40 工位 d）38 工位（选配）

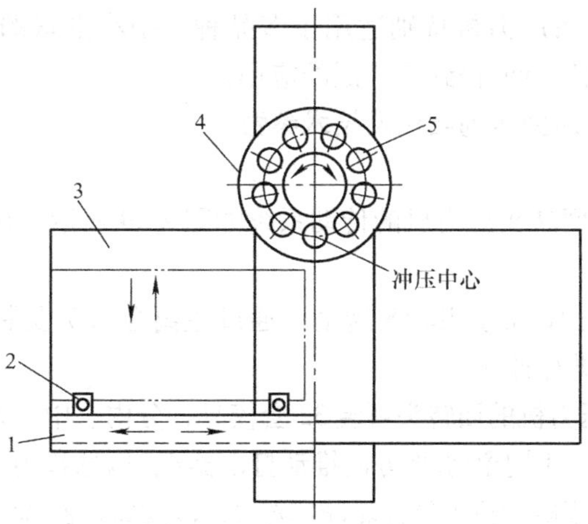

图 2-37 冲模回转头压力机的工作原理
1—溜板 2—夹钳 3—移动料台 4—冲模回转头 5—模具

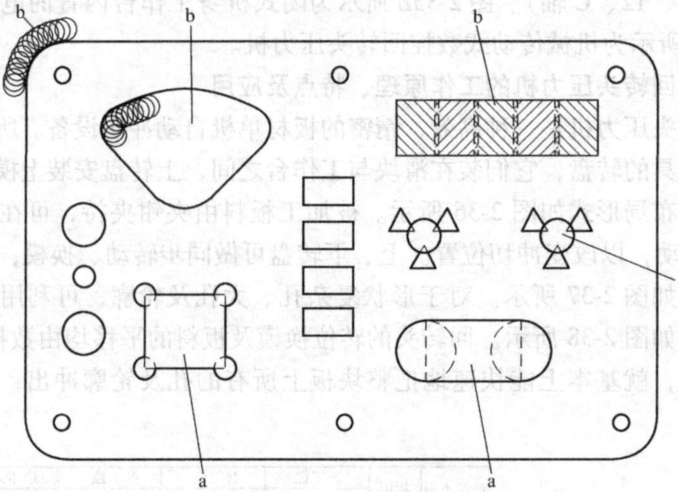

图 2-38　冲压方式
a—组合冲裁　b—分步冲裁

数控冲模回转头压力机与普通压力机在功能上主要有三点差别：

1）数控冲模回转头压力机的模具安装在冲模回转头上，可随时转位换模，模具的刃口形状和尺寸按标准化、系列化制成，以实现部分通用化和方便选用。因此，板料装夹一次，便可使用多副模具冲压。

2）数控冲模回转头压力机冲压时，板料的送进采用双轴双向（±X、±Y），定位由移动料台与滑板的进给量控制，并按编定的程序顺序移动；改变冲压程序便可改变冲切位置和模具，冲出不同形状尺寸的型孔或轮廓。而普通压力机冲压时送料是单轴单向的，送进步距、冲压形状等均是固定的。

3）数控冲模回转头压力机由于采用了数控技术，只需使用若干套简单的冲模，并按图样编制数控程序，即可实现多种制件的冲压生产，亦即使冲模通用化。而普通压力机的模具与制件一般是一一对应的。

因此，数控冲模回转头压力机特别适用于多品种、中小批量的复杂多孔板材的冲裁加工，在仪器仪表和电子电气行业得到了广泛的应用。

二、数控冲模回转头压力机的结构及技术参数

1. 传动系统

JK92-40 型数控冲模回转头压力机的传动系统如图 2-39 所示，压力机工作时必须完成三方面的动作。

（1）冲压　主电动机 10 带动飞轮 8 转动，通过主离合器 7 及制动器、偏心轴 6 和滑块 5 带动打击器 4，对板料进行冲压。

（2）模位选择　该压力机的回转头可装 32 套模具，分内、中、外三圈布置。为此装有一个三位置的打击器气缸 11，用于沿水平方向推动打击器 4，以选择内、中、外圈的冲模。圆周方向上模位的选择，由伺服电动机 1 经齿轮减速箱 2、转盘离合器 22 和传动链 3，驱动上、下转盘 19、20 同向同步旋转来进行。为使上、下转盘转位准确，保证凸、凹模对正，在转盘的圆柱面上设有 32 对锥形定位套，并用转盘定位气缸 21 推动锥销插入定位套而使转盘定位。

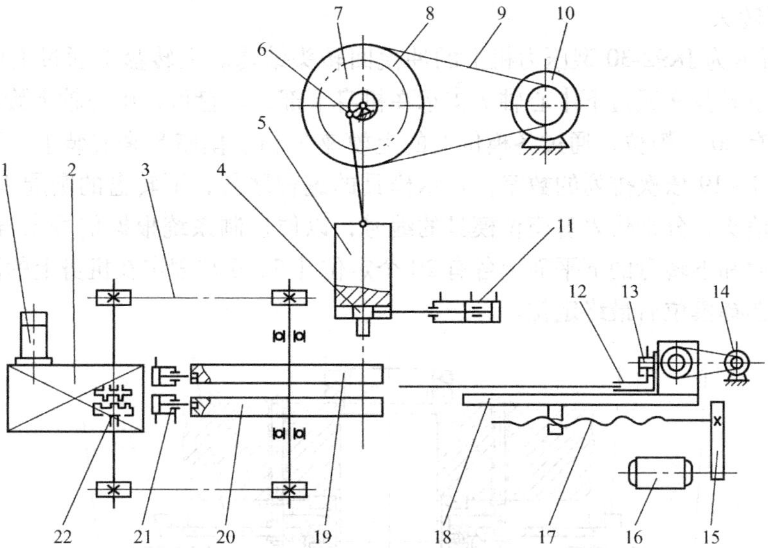

图 2-39　JK92-40 型数控冲模回转头压力机传动简图

1—回转头伺服电动机　2—减速箱　3—传动链　4—打击器　5—滑块　6—偏心轴　7—主离合器　8—飞轮　9、15—带　10—主电动机　11—打击器气缸　12—夹钳　13—夹钳气缸　14—X 轴伺服电动机　16—Y 轴伺服电动机　17—滚珠丝杠　18—移动料台　19—上转盘　20—下转盘　21—转盘定位气缸　22—转盘离合器

（3）板料进给　伺服电动机 16 通过带 15、滚珠丝杠 17 带动移动料台 18 做 Y 向运动。移动料台上装有做 X 向运动的溜板，由伺服电动机 14 通过相应的滚珠丝杠带动。溜板上装有两副夹钳 12，由夹钳气缸 13 和复位弹簧控制其夹紧和松开板料。板料平放在料台上由夹钳夹紧，便可跟随移动料台和溜板进给送料。

图 2-40 所示为 JK92-30 型数控冲模回转头压力机的外形及传动简图。其主传动是由主电动机 11 通过带传动机构、蜗杆蜗轮机构、曲柄机构和肘杆机构驱动滑块 4 上下运动，进行冲裁。模具在转盘上是单圈布置的，转盘的转动是由电液脉冲马达 12 通过两级锥齿轮和一级正齿轮的传动来驱动的，并用液动定位销 7 使转盘最终定位，保持上、下模对正。板料在 X、Y 向的进给分别由两台电液脉冲马达通过滚珠丝杠驱动夹钳溜板和移动料台来实现。

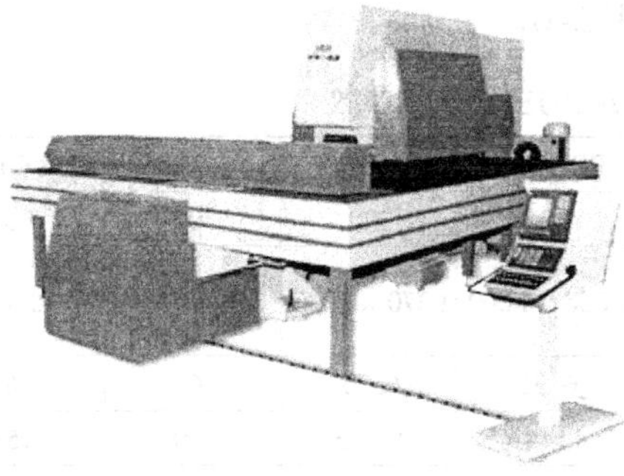

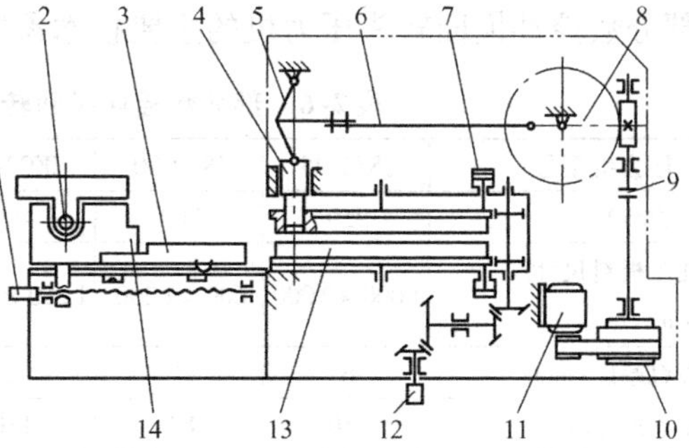

a)　　b)

图 2-40　JK92-30 型数控冲模回转头压力机

a）外形图　b）传动简图

1、12—电液脉冲马达　2—滚珠丝杠　3—移动料台　4—滑块　5—肘杆　6—连杆　7—液动定位销　8—蜗轮　9—联轴器　10—电磁离合器　11—主电动机　13—转盘　14—夹钳

2. 冲模回转头

图2-41 所示为JK92-30 型压力机上的冲模回转头结构。上转盘1通过上中心轴3悬挂在机身上部，下转盘9通过下中心轴7支承在机身下部，转盘可在中心轴上旋转。在转盘面上沿圆周布置有20个模位，通过各模位上的上模座2和下模座8来安装上、下模。上转盘的圆周上有从0~19依次排列的数字，表示模具的编程序号；下转盘的圆周表面上有20个依次排列的发信头，分别代表各模位模具的编号，以便控制系统根据信号来自动选择模具。上转盘的上平面和下转盘的下平面上各有20个定位孔5、6与固定在机身上的液动定位销配合，以使转盘选择模位后最终定位。

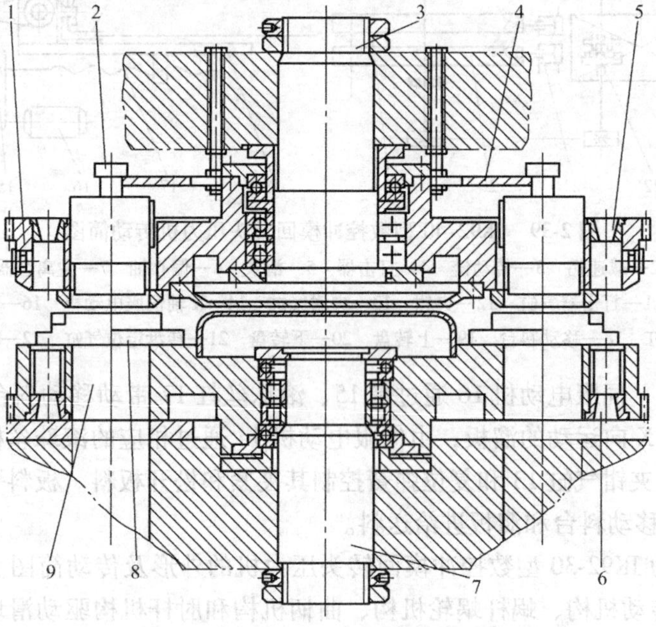

图2-41 JK92-30 型压力机的冲模回转头结构

1—上转盘 2—上模座 3—上中心轴 4—吊环 5—上定位孔 6—下定位孔 7—下中心轴 8—下模座 9—下转盘

3. 主要技术参数

部分数控冲模回转头压力机的主要技术参数见表2-6。

表2-6 部分数控冲模回转头压力机的主要技术参数

压力机型号	JK92-25	JK92-30	JK92-40	PEGA344	PEGA357	RT-75	RT-145
公称压力/kN	250	300	400	300	300	300	400
最大加工板料尺寸/（mm×mm）	1 000×2 000	600×1 200	1 250×2 500	1 000×1 000	1 270×1 830	750×1 000	1 500×2 000
最大板料厚度/mm	6	3	6	6.35	6.35	6	6
最大模具尺寸/mm	110	84	110	114.3	114.3	100	154
工位数	24	20	32	58	58	16	36/30
步冲行程次数/（次/min）	270	80	270	350	350	400	400
单冲行程次数（孔距25mm时）/（次/min）	180	—	180	220	200	200	240
孔间精度/mm	±0.15	±0.1	±0.15	±0.15	±0.1	0.1	0.1

（续）

压力机型号		JK92-25	JK92-30	JK92-40	PEGA344	PEGA357	RT-75	RT-145
主电动机功率/kN		5.5	4	5.5	5.5	5.5	—	—
机器重量/t		13	8	18	10.5	12	—	—
驱动方式	液压							
	机械	√	√	√	√	√	√	√
机身形式	开式	√	√				√	√
	闭式			√	√	√		
工作台布置	内置			√	√	√		
	外置		√					√
	侧置	√					√	
备　注		中　国			日　本		瑞　士	

第六节　数控液压折弯机

折弯是指使金属板料沿直线进行弯曲（甚至折叠），以获得具有一定夹角（或圆弧）的工件。弯曲工艺要求折弯机能实现两方面的动作，一是折弯机的滑块相对下模做垂直往复运动，以压弯板料，形成一定的弯曲角（或圆弧）；二是后挡料机构的移动（定位或退让），以保证弯曲角（或圆弧）的中心线相对板料边缘有正确的位置。数控折弯机主要对滑块下压运动和后挡料机构的移动进行数字控制，以实现按设定程序自动变换下压行程和后挡料机构的定位位置，按顺序完成一个工件的多次弯折，从而提高生产效率和弯曲件的质量。

一、滑块的垂直往复运动

折弯机大多采用液压系统驱动滑块做垂直往复直线运动，分为自由折弯和三点式折弯两种形式，如图2-42所示。两者的差别在于，自由折弯依靠控制上模压入下模的深度（即滑块运动的下止点）来使板料2获得不同的弯曲角；三点式折弯时，滑块上设有弹性垫（或液压垫）4，工件的弯曲角度取决于下凹模的深度 H（由下模的内腔与活动垫块5构成）和宽度 W。

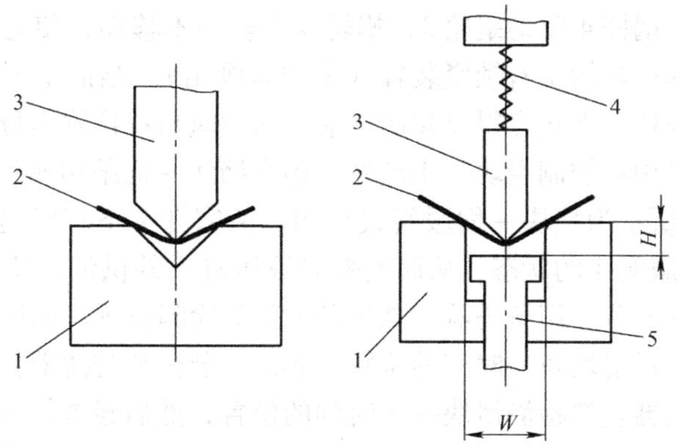

图2-42　自由折弯与三点式折弯

a）自由折弯　b）三点式折弯

1—下模　2—板料　3—上模　4—弹性垫　5—活动垫块

图2-43所示为日本TOYOKOKI公司生产的HPB-16530AT型液压数控折弯机的外形图，该机采用自由弯曲工艺，其滑块运动行程可由相应的分度盘设定，后挡料机构（双轴）及滑块机械限位装置可实现数字控制。当工作模式选择开关拨到自动操作挡时，其滑块的运动方式为：踩下脚踏开关，滑块快速下降到工作行程切换点，改用慢速下压弯曲成形；到达设定下止点后（此时脚踏开关已放开），自动返回，停于上止点。由其工作方式可知，必须对滑块下止点及运行转换点（如快速下行与工作行程间的转换）进行控制。其中，下止点位置控制最为重要，因为自由折弯时，下止点的位置会直接影响上模楔入下模的深度，此深度的微小变化将导致工件弯曲角的显著变化（通常滑块行程变化0.04mm会使弯曲角变化1°），所以下止点的控制精度要求达到±0.01mm。

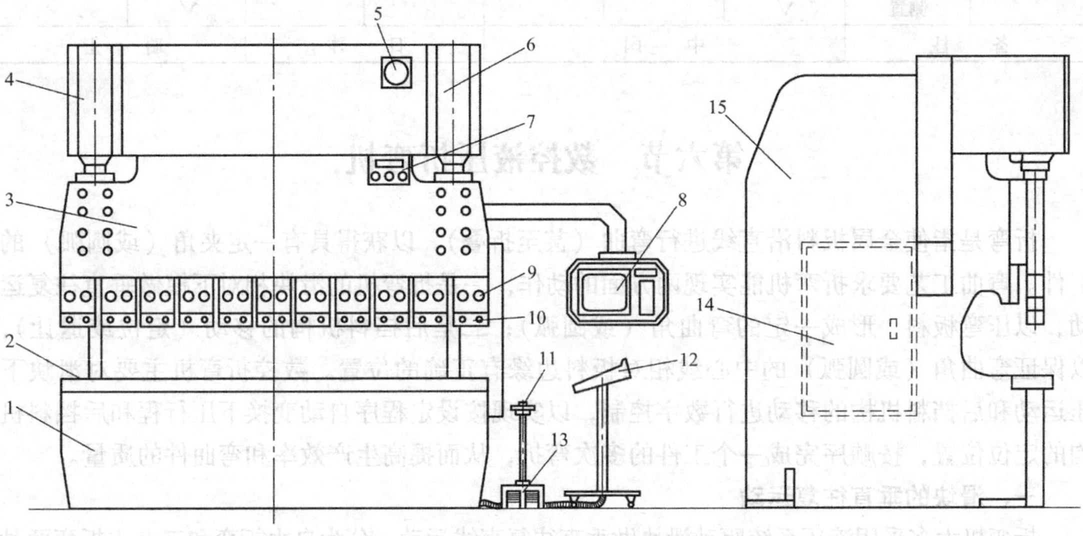

图2-43　HPB-16530AT型液压数控折弯机

1—底座　2—工作台　3—滑块　4、6—液压缸　5—压力表　7—机械限位指示器　8—NC控制器　9—上模调整座　10—上模固定座　11—紧急回程按钮　12—操作面板　13—脚踏开关　14—电气盒　15—床身

图2-44所示为HPB-16530AT型折弯机机械限位装置简图。液压活塞1及滑块的下止点由限位螺套2来限制，蜗杆4驱动蜗轮3，蜗轮3只转动不移动，使与蜗轮相配的螺套上下移动以改变其位置，蜗杆机构带有锁紧装置（图中未画出）。当活塞下行并与螺套上端面接触时，滑块和上模被限位，下止点得以控制。活塞的适时行程位置由位移传感器来检测。

除上述机械限位机构可控制滑块下止点外，还有挡块－伺服阀式和直线编码器－伺服阀式控制结构。图2-45所示为挡块－伺服阀式结构，活塞杆1下行时碰压挡块（定位螺钉）2，且经杠杆3改变伺服阀4的状态，从而改变对液压缸5的供油，使活塞杆及滑块减速并停止。挡块由电动机6调节，用编码器（或电位器）7检测位置。同样，若要对其他运动转换点进行控制，或者显示滑块每一时刻的位置，必须另装位移传感器。直线式编码器－伺服阀式结构用直线式编码器直接检测滑块每一时刻的位置，然后经数控系统和伺服阀控制工作液压缸的供油量。由于它设置了左、右两套直线式编码器，可通过控制系统随时对滑块左、右两端位置进行比较，并经左、右两个伺服阀对左、右缸活塞的运动进行精密调整，从而可将滑块的倾斜控制到极小的数值，以保证同步运动。另外，它完全没有机械接触元件，故可在折弯过程中任意调节上模楔入下模的深度。

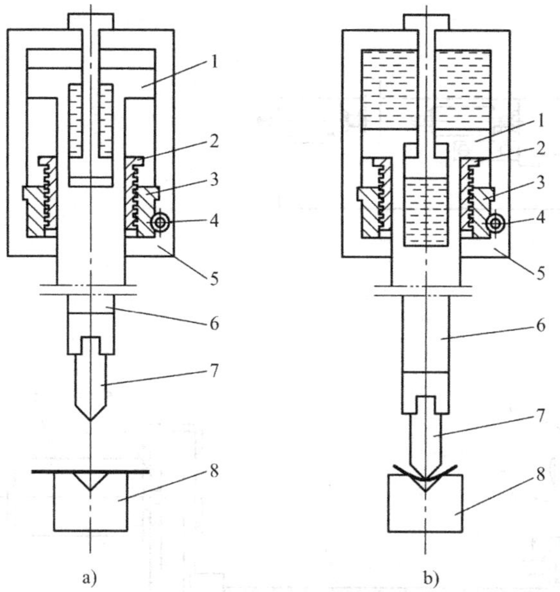

图 2-44 HPB-16530AT 型折弯机机械限位装置
a）上止点位置 b）下止点位置
1—活塞 2—螺套 3—蜗轮 4—蜗杆 5—液压缸体
6—滑块 7—上模 8—下模

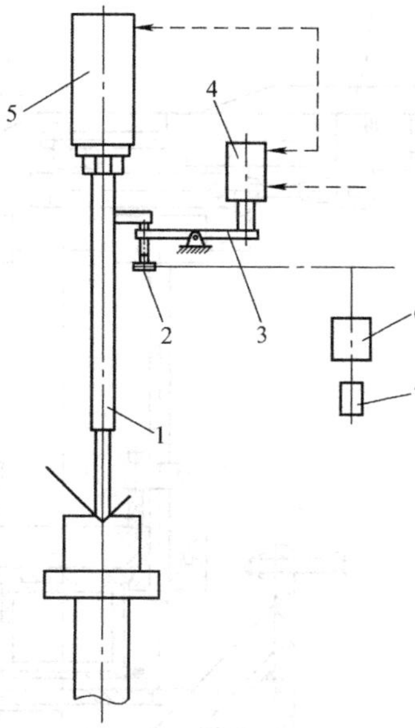

图 2-45 挡块－伺服阀式结构
1—活塞杆 2—挡块（定位螺钉） 3—杠杆
4—伺服阀 5—液压缸 6—电动机
7—编码器（或电位器）

对于采用三点式折弯（图 2-42b）的压力机，由于它的运动精度和变形不会影响工件的弯曲角，因此不必控制滑块的下止点，而应控制活动垫块的上止点。

二、后挡料机构的移动

图 2-46 所示为一种单轴数控后挡料机构，它由直流伺服电动机 4（或交流伺服电动机）驱动，其旋转运动经同步带 5 传至滚珠丝杠 6，然后经螺母 7 变为直线运动，并带动拖板 8 和挡料架 9 沿导向轴（图中未画出）前、后移动。在拖板的侧面还装有感应同步器（图中未画出），其定尺与机身相连，动尺随拖板一起运动，以检测拖板和挡料架的位移，并构成闭环位置控制系统。该机构有多个挡料架，每个挡料架上装有多个不同的挡块（1、2、3 等），它们的起落由电磁阀控制的气缸操纵。折弯时，可根据工件的要求在控制程序中灵活地预先设定各挡块的状态，以便对多弯曲角的工件进行定位。

对于较复杂的折弯工件，上述单轴数控后挡料机构不易满足要求，应采用多轴后挡料机构，图 2-47 所示为五轴数控后挡料机构。它的 X_1、X_2 轴（前后运动），Z_1、Z_2 轴（左右运动）和 R 轴（上下运动）均为数控，所以能对工件进行空间定位。在这种折弯机上还设有 I 轴（图 2-47），用于调整 V 形下模的位置。

三、数控折弯机的操作

图 2-48 所示为 HPB-16530AT 型液压数控折弯机的操作面板图，其各部分的功能及操作方法说明如下。

1. 模式选择

该折弯机有五种工作模式，可通过操作面板上的模式选择开关进行选择。5 种模式分别为单次动作、自动操作、自动画线弯曲、深度自动化、单行程。另外，“慢速回升”模式可由操作面板上的拨钮开关来选择。

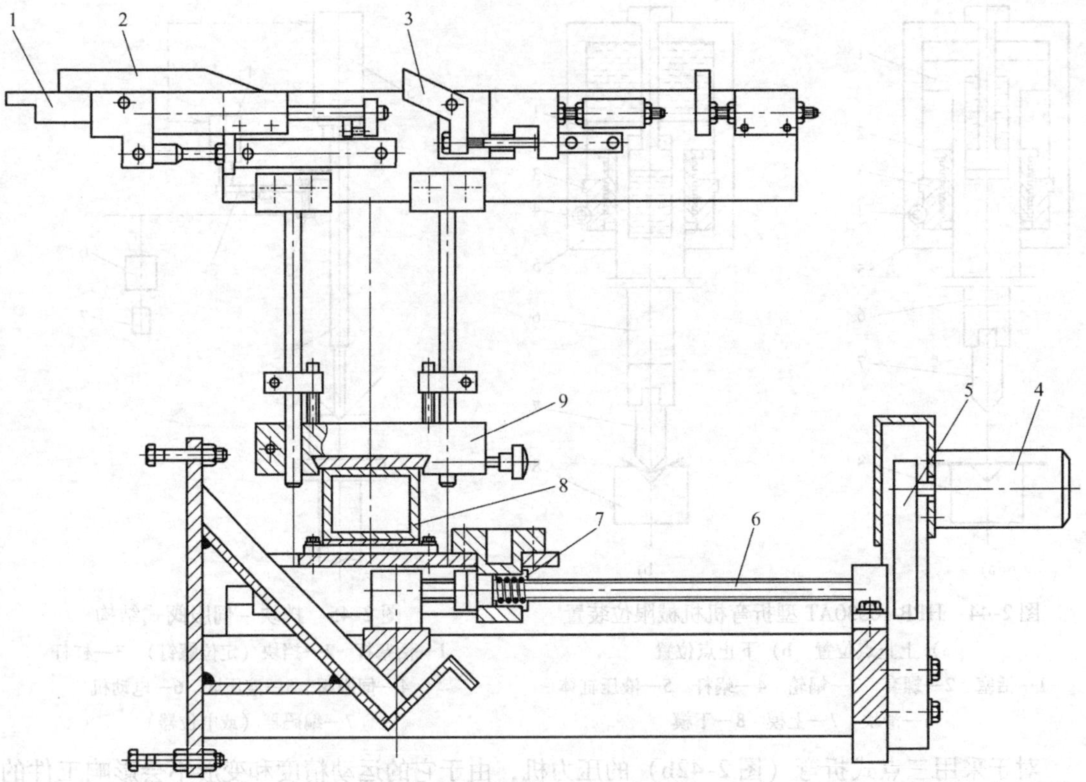

图 2-46　单轴数控后挡料机构

1、2、3—挡块　4—伺服电动机　5—同步带　6—滚珠丝杠　7—螺母　8—拖板　9—挡料架

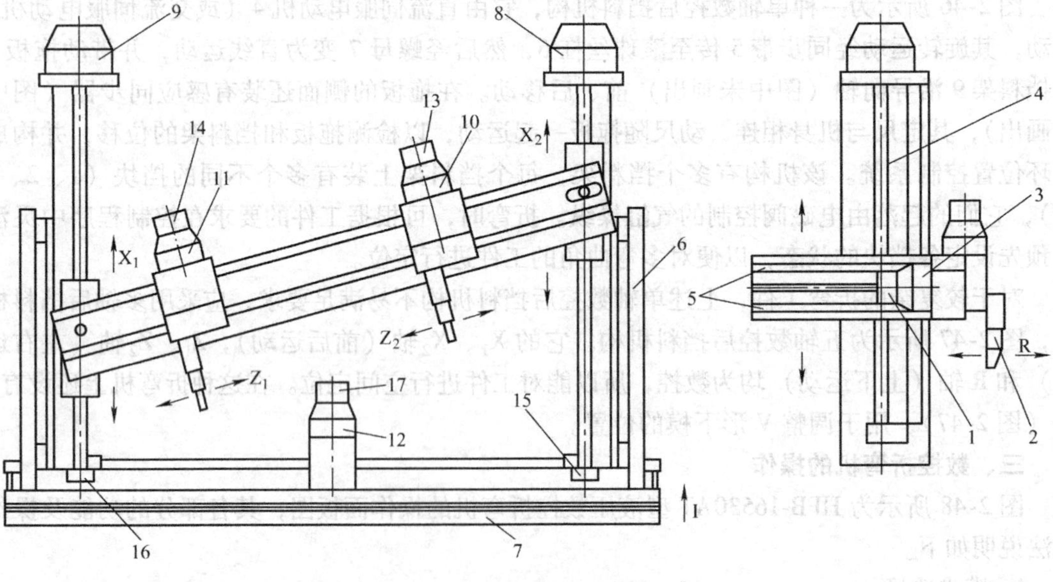

图 2-47　五轴数控后挡料机构

1、13、14、15、16、17—编码器　2—挡块　3、8、9、10、11、12—直流电动机　4—滚珠丝杠　5—导轨　6—机身侧板　7—工作台

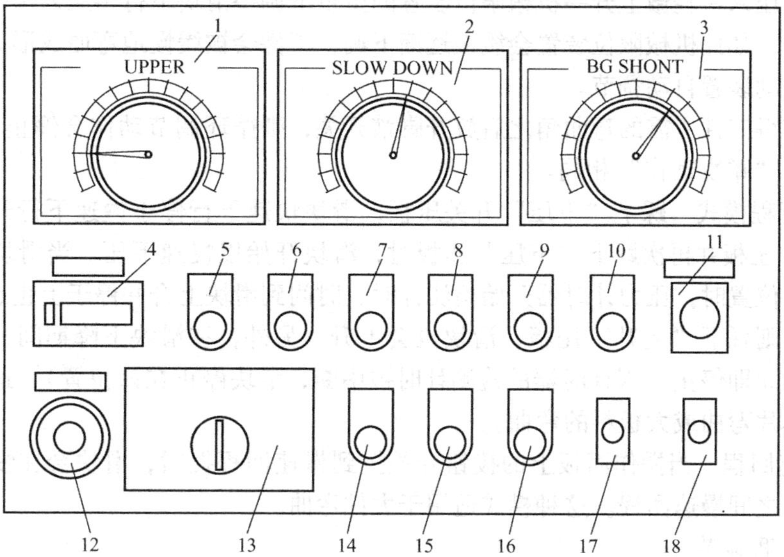

图 2-48 HPB-16530AT 型液压数控折弯机操作面板图
1—上止点位置刻度盘 2—慢速下压位置刻度盘 3—后挡料装置退让 - 下止点位置刻度盘 4—薄板件计数器 5—电源指示灯 6—操作指示灯 7—起动开关 8—上模固定座打开按钮 9—调整座打开按钮 10—伺服系统复位按钮 11—压力定时器 12—压力调节旋钮 13—模式选择开关 14—机械限位装置上移按钮 15—机械限位装置下移按钮 16—机械限位装置慢速下移按钮 17—后挡料装置 - 滑块下止点选择开关 18—慢速回升开关

（1）单次动作模式 当踩下脚踏开关“下压”压板时，滑块高速下行并停在慢速下行开始位置（即工作行程的始点）；如果再次踩下“下压”踏板然后放开，滑块开始慢速下压。若踩下脚踏开关“上升”压板，则滑块上升并停在上止点位置。在踩住“下压”或“上升”压板的任何时刻，只要放开脚踏开关的压板，滑块就会立即停止运动。这种模式主要用于试弯、单片弯曲，以及更换下模或调节调整座。

（2）自动操作模式 踩下“下压”压板时，滑块先高速下行，到达工作行程范围时变为慢速下压弯曲成形，而不会停止在慢速下行开始位置。完成压弯操作后放开脚踏开关，滑块自动上升，并停在上止点位置。滑块下压过程中无论何时放开脚踏开关，滑块都会上升，停在上止点位置，以便操作有误时能迅速取消。该模式用于成批生产。

（3）自动划线弯曲模式 与“单次动作”一样，滑块先高速下行，停于慢速下行开始位置，当再次踩下“下压”压板后，滑块以慢速下压。在滑块下行过程中放开“下压”压板，若此时滑块位置在工作行程范围内，则滑块会自动上升并停在上止点位置；若滑块位置在高速下行范围内，只有踩下“上升”压板，滑块才能上升回程。这种模式用于整排工件按画线位置弯曲的情况。

（4）深度自动化模式 该模式用于缓慢调整机械限位装置逐渐下压来获得所需工件弯曲角度的场合。当活塞端与机械限位装置接触时（图 2-44b），滑块就不能再下行。与“单次动作”相同，滑块先快速下行停于慢速下压开始位置，当再次踩下“下压”压板时，滑块以低速下压，此时机械限位装置的设定值比所需弯曲角度的位置偏上一些；在工作行程结束时放开“下压”压板，滑块会稍微上升一点然后停止。再次踩下“下压”开关压板时，滑块的下行→压入→轻微上升→机械限位装置的少量下调→滑块下行→压入……等一系列动作会自动循环，如此机械限位装置会缓慢逐渐下调，工件会被缓慢地弯曲成形。上述动作过程能够通过联动装置自动调节。

如果在获得工件所需的弯曲角之后放开脚踏开关，则循环调节动作会停止。踩“上升”压板的操作与“单次动作”相同。

(5) 单行程模式　踩下“下压”开关压板，滑块快速下行停于慢速下行开始位置，当放开“下压”压板并再次踩下“下压”压板时，滑块开始以慢速下压。当滑块慢速下行经过后挡料装置位置时，压力计时器开始检测计时，时间到滑块上升并停于上止点位置。若计时时间未到，则踩下“上升”压板，滑块也会上升。另外，在滑块下降期间，若放开脚踏开关，滑块会立即停止（因计时器的检测计时被中断，滑块停止在该位置）。这一模式主要用于试弯、单片弯曲或大板料的弯曲。

(6) 慢速回程　当操作面板上的拨钮开关拨到慢速回程挡时，滑块会在慢速下行开始位置和下止点之间慢速回程。这种模式适用于大件弯曲。

2. 滑块行程调节

滑块上止点、慢速下行开始位置（即工作行程开始点）和滑块下止点位置可通过操作面板上相应的刻度盘来调节。

标有“UPPER”的分度盘用于设置滑块的上止点位置，即“自动操作”和“紧急回程”模式中滑块上升停止的位置。设置时应考虑到工作效率，常把上止点设在下模最低点到滑块上限位置之间，便于压弯后工件的取出即可。

标有“SLOW DOWN”的分度盘用于设置工作行程的开始位置，即踩下“下压”开关，滑块从上止点高速下行，到达该位置时速度变为慢速。在“单次动作”、“自动画线弯曲”、“深度自动化”和“单行程”模式中，滑块高速下行停止在该位置，直至再次踩下“下压”开关时才进行低速下压。在“自动操作”模式中，滑块下降到该位置不停止，但速度会变为慢速。工作行程开始位置最好设在上模将要压到工件表面的位置。

标有“BG SHUNT”的分度盘用来设置后挡料装置开始向后退让的位置，同时它也用来设置滑块的下止点位置。当“下止点 - 后挡料”拨钮开关拨向“后挡料”位置时，可用它调节后挡料装置开始退让时滑块的下行位置。设置的方法如下：

1）将模式选择开关转到“单次动作”挡。

2）将“下止点 - 后挡料”开关拨向“下止点”位置。

3）将“SLOW DOWN”和“BG SHUNT”两分度表拨到“0”位置。

4）踩住“下压”开关，逐渐将下止点刻度表的数值由小调到大，滑块按调定的数值慢慢下降，直到上模和下模正好夹住板料为止。

5）将开关“下止点 - 后挡料”拨向“后挡料”位置，数控系统会自动记录下后挡料装置开始退让时滑块下行的位置。

将“下止点 - 后挡料”开关拨向“下止点”位置，踩下“下压”开关，滑块下降至“BG SHUNT”分度盘的刻度位置，无法继续下压。若用于冲裁加工，通常将下止点位置设在该刻度位置之下5mm（使用安全块限位），此时冲裁的噪声可减小到最低。如果用于弯曲，“下止点 - 后挡料”开关应拨于“后挡料”位置，滑块不会停止在“BG SHUNT”分度盘的刻度位置，而会下压到上下模闭合或是下行到机械限位装置为止。

3. 机械限位行程调整

机械限位装置（图 2-44）利用液压缸限制滑块下止点的位置，以调整工件的弯曲角度。滑块行程调节可通过点动“机械限位装置上升”按钮和“机械限位装置下降”按钮或“机械限位装置慢速下降”按钮来调整。机械限位装置的变化值显示在滑块右上方的计数器（分度值为 1/100mm）上。

4. 弯曲调节器的使用

在弯曲线较长的宽板折弯时，会出现折弯线中部位置的弯曲角度偏大的现象，这是由折弯时滑块中部的弹性变形让位造成的。为解决这一问题，折弯机在滑块与上模间设有弯曲调节座，如图 2-49 所示。每个调节座可独立调节，调节时先旋松螺栓 1，用内六角扳手插入调节器上的调节孔 2，扳动刻度盘到所需刻度，再锁紧螺栓 1 即可。当其刻度值转到 3 时，表示调节座相对于“0”点下移了 0. 3mm 的距离。弯曲调节器调节量的分布如图 2-50 所示。

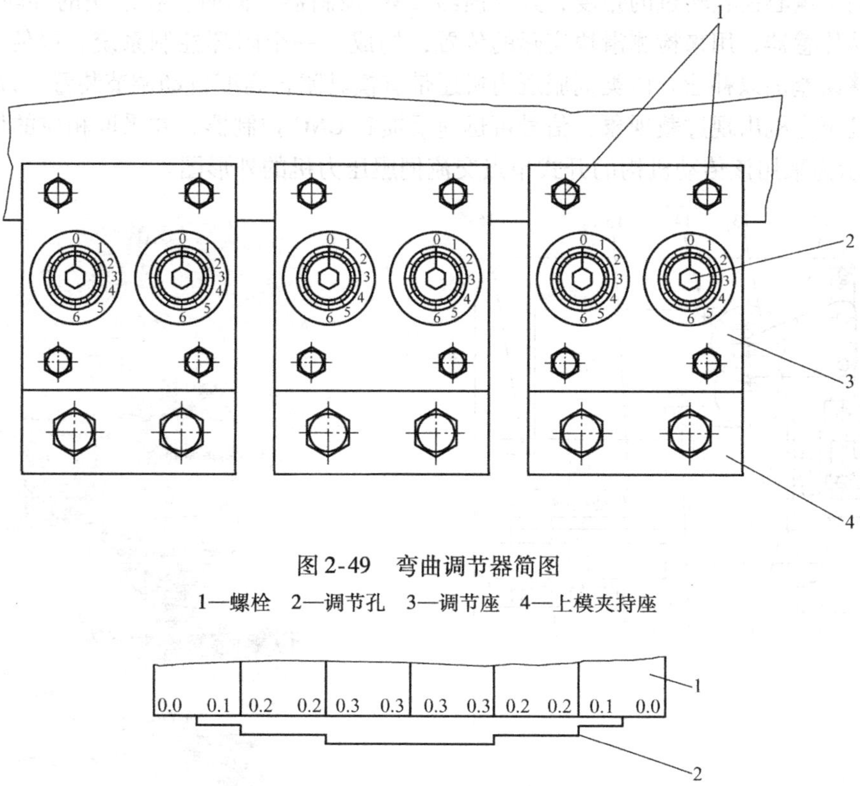

图 2-49　弯曲调节器简图

1—螺栓　2—调节孔　3—调节座　4—上模夹持座

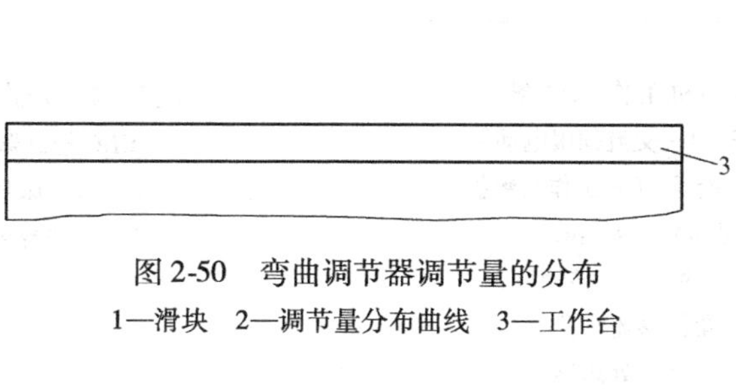

图 2-50　弯曲调节器调节量的分布

1—滑块　2—调节量分布曲线　3—工作台

第七节　伺服压力机

一、伺服压力机的工作原理

伺服压力机是由伺服电动机驱动的压力机。它与普通机械压力机的区别在于，普通机械压力机的曲柄连杆滑块机构在进行冲压生产时，曲柄做 360° 的回转运动，滑块运动行程为曲柄半径的 2 倍，而交流伺服压力机曲柄滑块机构的曲柄不一定要回转 360°，有的工作机构不再采用曲柄滑块机构，滑块的工作行程可以根据冲压工艺的需要方便地调节。其基本结构和驱动方式通常有以下几种形式：

（1）偏心齿轮 - 连杆滑块机构　图 2-51 所示为开式伺服压力机工作原理图，交流伺服电动机经过带传动和齿轮变速后，驱动偏心齿轮做 360° 回转运动或一定角度的摆动，并通过连杆机构带动滑块做上下直线往复运动。压力机在偏心齿轮轴上设置了角位移监测器，可以准确地测量偏心齿轮转过的角度，并反馈给 CNC 控制器。同时，在滑块的导轨附近设置了直线位移传感器，用来检测滑块实际的位置，构成了一个闭环控制系统，以便 CNC 系统对滑块位移误差加以补偿。该类伺服压力机还带有模具闭合高度自动调节装置，以及载荷监控器，一旦压力机出现过载现象，信号可迅速反馈到 CNC 控制器，并采取相应的保护措施。图 2-52 所示为采用该传动机构的开式单点交流伺服压力机的外形图。

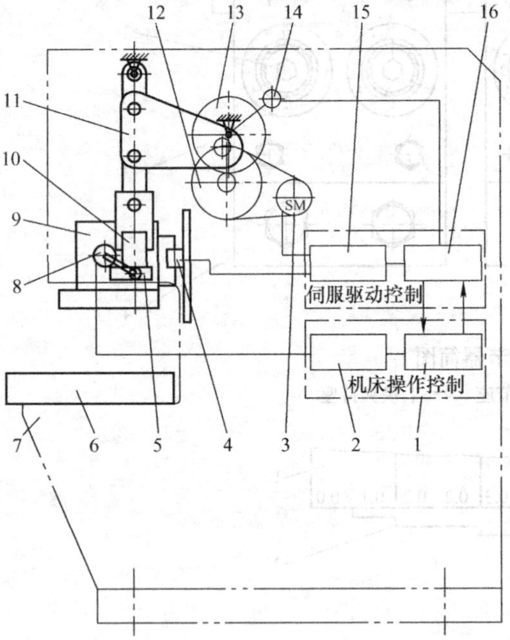

图 2-51　开式伺服压力机工作原理图

1—I/O 装置　2—操作面板　3—交流伺服电动机
4—位置监测器　5—载荷监控器　6—工作台垫板
7—床身　8—调模驱动装置　9—滑块
10—调节螺杆　11—连杆机构　12—传动齿轮
13—偏心齿轮　14—角位移监测器
15—CNC 控制器　16—信号处理器

图 2-52　开式单点交流伺服压力机

1—CNC 控制器　2—控制箱　3—滑块
4—床身　5—润滑装置
6—工作台垫板　7—操作控制盒

（2）滚珠丝杠－肘杆滑块机构　图2-53所示为闭式双点交流伺服压力机的原理图。交流伺服电动机经一级带传动后驱动滚珠丝杠，将其回转运动变换为直线运动，再经连杆驱动肘杆机构带动滑块运动，通过交流伺服电动机的正、反转运动，便可实现滑块的往复直线运动。该结构中肘杆的运动幅度可根据冲压工序对滑块行程的要求，由伺服电动机进行自动调节。因此，滑块的运动行程可以无级适时地调节，借助于CNC控制技术，可以方便地实现对滑块的行程位置、滑块的运动速度、滑块的中途停顿、误差补偿等的控制。图2-54所示为采用该传动机构的H2F200型闭式双点伺服压力机。

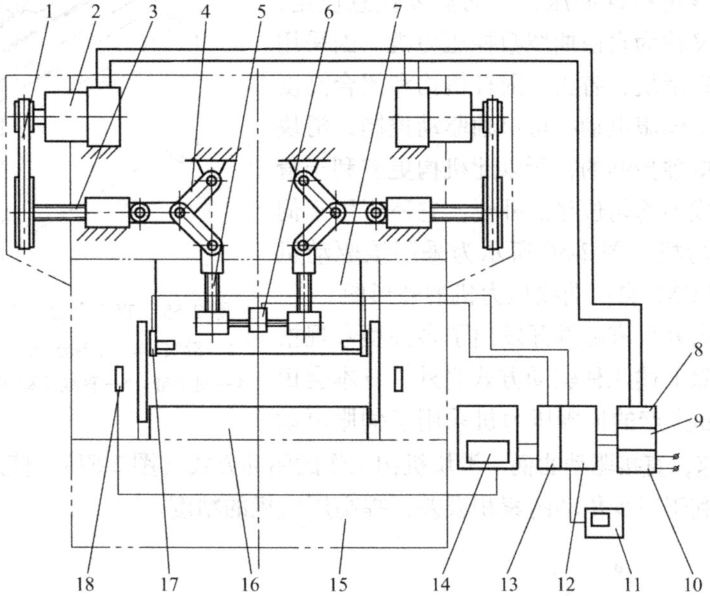

图2-53　闭式双点交流伺服压力机原理图

1—传动带　2—交流伺服电动机　3—滚珠丝杠机构　4—曲肘机构　5—闭合高度调节螺杆　6—调模驱动机构　7—滑块　8—交流伺服电动机驱动器　9—制动器　10—电源　11—数据输入器　12—NC控制器　13—调模控制器　14—操作面板　15—床身　16—工作台垫板　17—线性位移传感器　18—载荷监控传感器

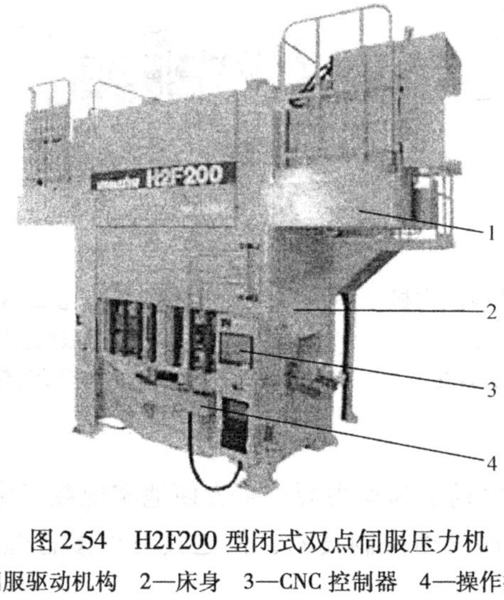

图2-54　H2F200型闭式双点伺服压力机

1—伺服驱动机构　2—床身　3—CNC控制器　4—操作控制器

(3) 滚珠丝杠－滑块机构　图 2-55 所示为直接驱动式伺服压力机原理图。交流伺服压力机经带传动后驱动滚珠丝杠，将回转运动变换为直线运动，再由滚珠丝杠直接驱动滑块运动，同样，伺服电动机的正、反转可实现滑块的上下往复运动。与滚珠丝杠－肘杆滑块机构一样，此机构也可方便地对滑块的位置、移动速度、中途停止、误差补偿等进行控制，而且滑块的运动曲线可根据冲压工艺的需要任意设定，因而这类压力机又称为自由曲线数控压力机。因采用滚珠丝杠直接驱动滑块，省去了肘杆机构和闭合高度调节机构，且两个伺服电动机可单独驱动控制，滑块的位移测点也是单独控制的，所以此机构更有利于滑块因偏心载荷造成不均匀位移的补偿，它还可用于伺服驱动的数控折弯机。图 2-56 所示为采用该驱动机构的 HCP3000 型 CNC 自由曲线压力机的外形图。

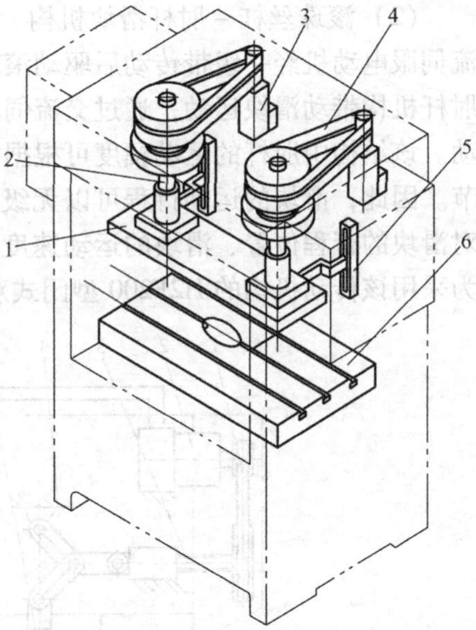

图 2-55　直接驱动式伺服压力机原理图
1—滑块　2—滚珠丝杠　3—交流伺服电动机
4—同步带　5—直线位移传感器　6—工作台板

近年来，国内外厂家相继开发出了多种型号规格的伺服压力机。除上述几种驱动方式之外，日本会田工程技术株式会社生产的伺服压力机采用了伺服电动机经一级齿轮变速，直接驱动曲柄－滑块机构工作的驱动方式（图 2-57），使压力机的传动路线大为缩短，有利于减少传动的累积误差，提高压力机的精度。

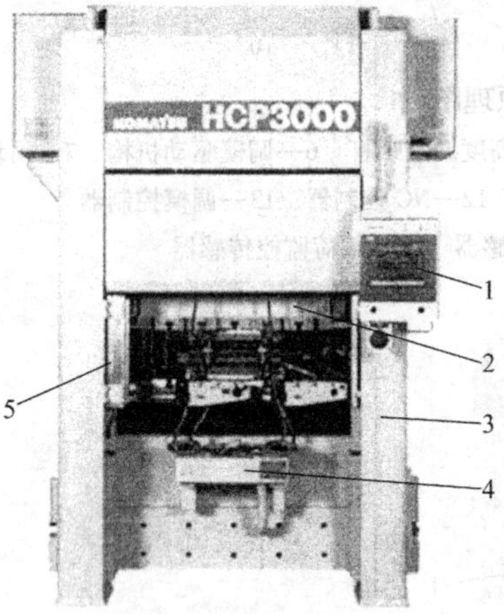

图 2-56　HCP3000 型 CNC 自由曲线压力机
1—CNC 控制器　2—滑块　3—机身
4—操作控制器　5—红外安全保护装置

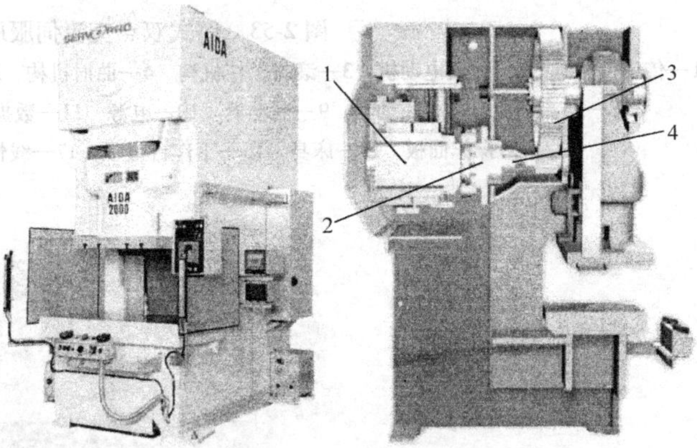

图 2-57　会田 AIDA 伺服压力机
1—伺服电动机　2—制动器
3—主传动齿轮　4—传动轴

二、伺服压力机的特点

伺服压力机以交流伺服电动机为动力源，可方便地实现数字化控制，结合计算机数字控制技术的应用和高精度的闭环反馈控制技术，使之具有许多普通机械压力机所不具备的特点，主要有：

1）伺服压力机滑块的运动行程可以方便地调节，大大减少了滑块空行程的运动时间和能量消耗。

2）CNC 技术和反馈控制技术的应用，可以实现冲压成形工序的闭环数字化编程控制，冲压过程滑块的运动位置和运动速度可以由程序预先设定，并可方便地调整。

3）用交流伺服电动机驱动，可输出很大的工作转矩，减小了曲柄压力机的飞轮储能作用，取消了离合器和制动器机构，简化了压力机的结构。

4）由于冲压过程不是仅仅依赖惯性能，还可以按冲压工序的性质设定冲压过程中滑块的运动曲线，因此有效地降低了冲压时的振动和噪声，比普通曲柄压力机产生的噪声至少降低 10dB，同时还有效地提高了模具的寿命。

5）滑块的定位与导向精度高，滑块下止点位置偏差可以控制在 $\pm 10\mu m$。

6）滚珠丝杠驱动的多点伺服压力机还可实现单点单独调控，并可实现单点单独误差补偿。

7）伺服压力机冲压时，滑块输出的冲压能量基本不受滑块位置的影响，其输出能量主要取决于交流伺服电动机的功率及控制程序的设定值。因此，可以在较大的冲压行程中保持足够的冲压力。

由于伺服压力机采用了伺服电动机驱动，因此其传动系统和控制方式与传统压力机不同。伺服压力机可根据不同的生产需要设定不同的行程长度和速度；通过伺服压力机标配的线性光栅尺，能够始终保证下止点的成形精度达到微米级，有效地提高了冲压产品的质量；可超低速运行，模具振动小，大大提高了模具的使用寿命；没有离合器、制动部分，节省了电力和润滑油，降低了运转成本。伺服压力机具有复合性、高效性、高精度、高柔性、低噪环保性等优点，它完全突破了传统压力机的概念，充分体现了锻压机床的发展趋势。目前，日本会田（AIDA）生产的 NSI-1500D 数控伺服压力机和小松（KOMATSU）生产的 HIF150 复合型伺服压力机均为第三代压力机。

三、伺服压力机的应用

伺服压力机的出现使得板料冲压成形过程控制实现了数字化、程序化、细微化和高精度，对于不同的冲压成形工序（冲裁、拉深、弯曲、级进冲压等），其冲压工艺性质和要求是不同的。伺服压力机可以最大限度地满足不同冲压工艺的要求，使冲压变形过程更加节能、环保，并有效提高模具的寿命，降低生产成本。

1. 板料冲裁

在曲柄压力机上冲裁时，滑块的行程、速度和加速度都是变化的，而且冲模的凸模在冲破板材的瞬间，因为载荷的突然减小和滑块运动方向的转变，在这一小段时间内会产生较大的噪声和振动。伺服压力机冲裁过程的控制如图 2-58 所示，将滑块的运动速度设成匀速（可根据不同阶段的需要设成不同的速度），当凸模压入板料一定深度（开始产生剪切裂纹）时，让滑块短时停顿（曲线 *bc* 段），接着进入板料剪切到切断动作的转换阶段，在冲穿板厚时再设置一小段滑块停顿的时间（曲线 *de* 段），之后滑块回程。通过这一行程曲线的设置，可使冲裁生产的噪声至少降低 10dB，达到延长模具使用寿命，减少生产成本，节能环保的目的。薄板冲裁还可采用如图 2-59a 所示的行程控制曲线，将冲裁工作阶段滑块的运动速度设置得更小，可进一步减慢板料剪切的速度，有利于提高冲裁断面质量，而非冲裁阶段滑块的运动速度可以提高，从而可以节省时间，提高效率。

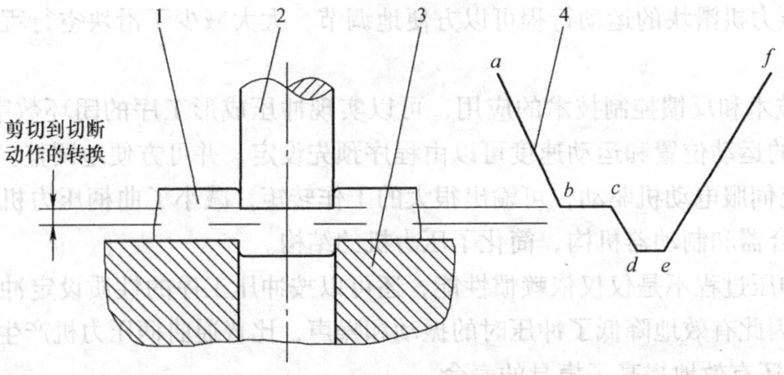

图 2-58 伺服压力机冲裁过程
1—冲裁板料 2—凸模 3—凹模 4—冲裁行程曲线

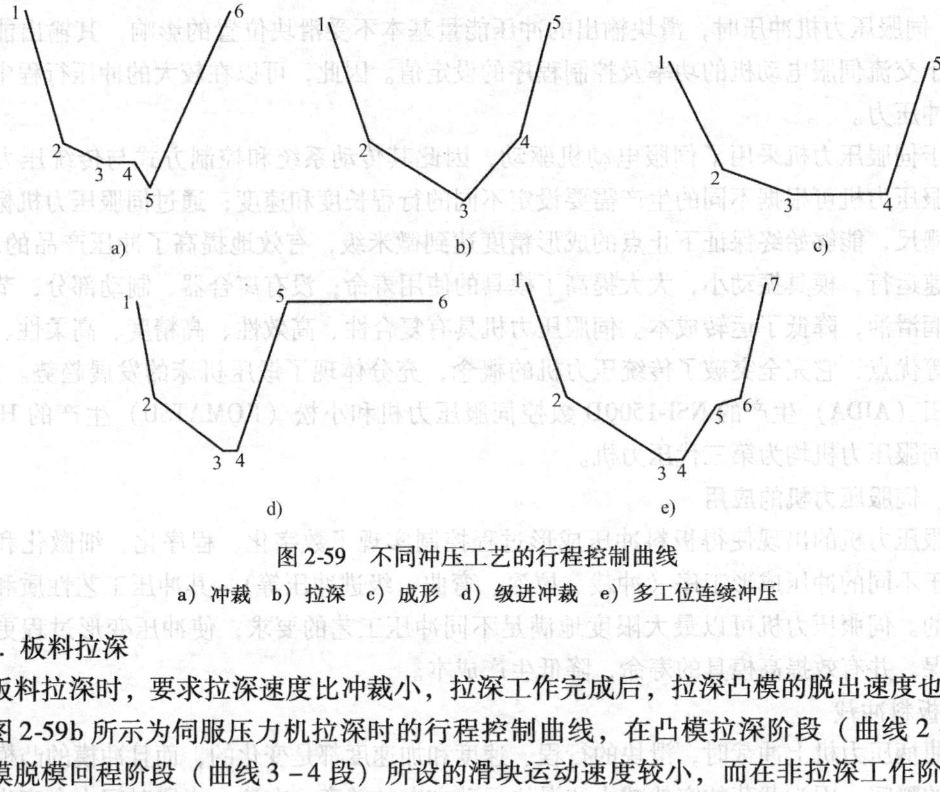

图 2-59 不同冲压工艺的行程控制曲线
a) 冲裁 b) 拉深 c) 成形 d) 级进冲裁 e) 多工位连续冲压

2. 板料拉深

板料拉深时，要求拉深速度比冲裁小，拉深工作完成后，拉深凸模的脱出速度也不能太快。图 2-59b 所示为伺服压力机拉深时的行程控制曲线，在凸模拉深阶段（曲线 2－3 段）和凸模脱模回程阶段（曲线 3－4 段）所设的滑块运动速度较小，而在非拉深工作阶段滑块的运动速度可以设置得更高些。

3. 薄板成形

薄板成形冲压工艺的性质较为复杂，既有拉深工艺的成分，又有板料胀形的成分，还有可能含有弯曲、切舌等冲压工艺性质，因此，冲压时滑块的运动速度不宜太快。图 2-59c 所示为伺服压力机进行薄板冲压成形时的行程控制曲线，滑块在到达下止点、冲压行程结束时停留一段时间（曲线 3－4 段），对冲压件起到一个保压的作用，有利于减小冲压件的回弹变形。

4. 级进冲裁

级进冲裁是生产平板状钣金结构件时常采用的冲压工艺，冲压时滑块的工作行程较小，但冲裁过程与板料的送进之间有严格的时序关系，二者应相互协调，否则将造成模具损坏或冲压事故。对于这类冲压工艺，可采用如图2-59d所示的滑块行程控制曲线，在一个冲压成形周期中，滑块回到上止点后将停留近半个周期的时间（曲线5－6段），以便自动送料装置将板料送入工作区。

5. 多工位连续冲压

多工位连续冲压所包含的冲压工艺性质不仅仅是冲裁，往往还含有弯曲、拉深、冲切、压印、成形等冲压工艺内容。随着冲压工序构成内容的不同，多工位连续冲压模具对冲压过程的控制要求存在较大的差异，不同冲压工艺性质对滑块的行程和运动速度要求各不相同，模具包含的冲压工位越多，冲压过程的控制越困难。这类模具通常用于中高速压力机，对冲压过程控制和自动送料装置的同步要求均很高。采用伺服压力机冲压时，滑块的行程和运动速度可以很方便地设定，图2-59e所示的行程控制曲线就是针对该类冲压工艺而设定的。在冲压成形阶段（曲线2－3段），滑块保持较慢的匀速运动；冲压工作结束时，滑块有一短暂的停留（曲线3－4段），有利于减小冲压产生的噪声和振动；滑块回程的同时进行卸料。为减小上模回程时对脱出的板料产生向上的附带作用，在板料脱模瞬间将滑块速度降低（曲线5－6段），之后快速回程，以便自动送料装置进行板料的送进。

采用伺服压力机冲压，不仅可以根据不同的冲压工艺性质方便地设定滑块的行程控制曲线，达到不同的控制目的，还可以大大缩短冲压成形周期，提高生产效率，降低生产成本，实现绿色环保冲压。图2-60所示为传统曲柄压力机滑块行程曲线与数控伺服压力机（自由曲线压力机）滑块行程曲线的比较。由图2-60可知，数控伺服压力机可以方便地将滑块的行程调至最佳行程，而且可以方便地设定滑块运动过程不同阶段所需的运动速度，选择上模与板料接触的理想速度（曲线bc段），可以尽可能地减小冲压时的噪声和振动，同时大大缩短了冲压成形周期。

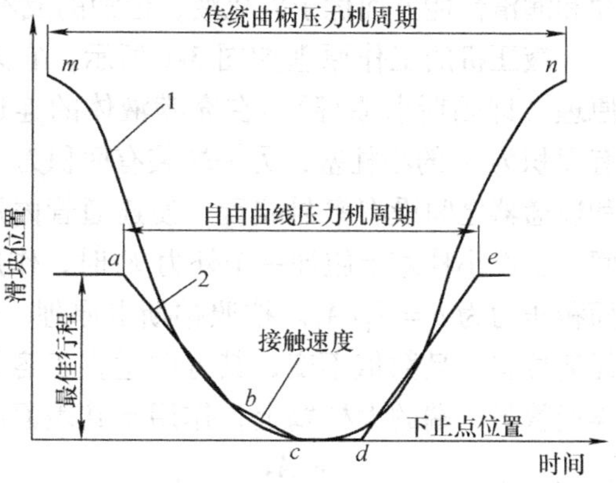

图2-60 滑块行程曲线比较

1—传统曲柄压力机的滑块行程曲线

2—自由曲线压力机的滑块行程曲线

复习思考题

2.1 双动拉深压力机有什么特点？

2.2 螺旋压力机有哪些类型？各类型螺旋压力机的工作原理有什么不同？螺旋压力机有什么工艺特性？

2.3 精密冲裁压力机是如何满足精密冲裁工艺要求的？

2.4 高速压力机有什么特点？如何衡量压力机是否高速？

2.5 数控冲模回转头压力机是如何工作的？它主要用于什么场合？

2.6 数控折弯机有什么特点？哪些部分的运动需要由数控装置来控制？

2.7 数控折弯机滑块下止点是如何准确控制的？有几种控制方式，各有何特点？

2.8 折弯机弯折长条形工件时，滑块和工作台会发生较大的变形，通常有哪几种方法可以对此进行补偿？

2.9 伺服压力机与普通机械压力机相比有何异同点？

第三章　液　压　机

第一节　液压机概述

一、液压机的工作原理

液压机是利用液体介质传递的压力能对板材施加压力作用使之变形，达到所需成形要求的压力机械。因其传递能量的介质为液体，故称为液压机。

液压机的工作介质主要有两种，采用乳化液的一般称为水压机，采用液压油的称为油压机。乳化液由2%的乳化脂和98%的软水（体积分数）混合而成，它具有较好的防腐蚀和缓蚀性能，并有一定的润滑作用。乳化液价格便宜，不燃烧，不易污染工作场地，但耗液量大，热加工用的液压机多为水压机。油压机应用的工作介质多为抗磨液压油，在防腐蚀、缓蚀和润滑性能方面优于乳化液，但油的成本高，也易污染场地。

液压机的工作原理如图3-1所示，它采用的是静压传递原理（即帕斯卡原理）。在充满液体的连通容器里，一端装有面积为A_1的小柱塞，另一端装有面积为A_2的大柱塞，柱塞和连通器之间设有密封装置，使连通管内形成一个密闭的空间。当在小柱塞上施加一个外力F_1时，作用在液体上的单位面积压力为$p=F_1/A_1$。按照帕斯卡原理，p将传递到液体的任何位置，且数值不变，其方向垂直于容器内表面。因而在连通管另一端的大柱塞上，作用于其表面的单位压力p使大柱塞产生$F_2=pA_2=\frac{F_1A_2}{A_1}$的向上推动力。

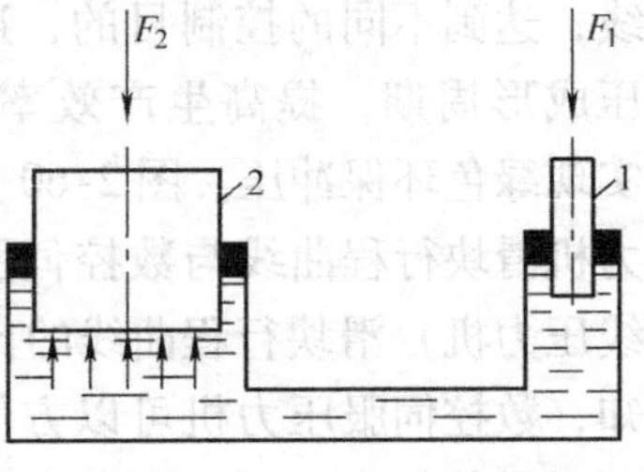

图3-1　液压机的工作原理

1—小柱塞　2—大柱塞

可见，只要在小柱塞上施加一个较小的力，便可在大柱塞上产生放大了若干倍的较大的力。例如，Y32-300型液压机的高压泵提供液压油的压力为20MPa，液压缸工作活塞的直径为440mm，则工作活塞能获得3000kN的作用力。

二、液压机的特点与应用

液压机与机械压力机比较有如下特点：

1）容易获得很大的总压力。由于液压机采用液压传动静压工作，其动力设备可以分别布置，可以多缸联合工作，因而可以制造很大吨位的液压机。例如，图3-2所示为汽车纵梁冲压成形专用液压机，它采用12缸联合工作，总压力达到40000kN。锻锤由于有振动，需要较大的砧座与地基防振措施，而曲柄压力机因受机构强度和刚度等限制，均不宜造得很大。

图3-2　汽车纵梁冲压成形专用液压机

2）容易获得大的工作行程，并能在行程的任意位置发挥全压。其额定压力与行程无关，而且可以在行程的任何位置上停止和返回。因此，适合要求工作行程较大的场合。

3）容易获得大的工作空间。因为液压机无庞大的机械传动机构，而且工作缸可以任意布置，所以工作空间较大。

4）压力与速度可以在较大范围内实现无级调节。液压机不但易对压力和速度进行无级调节，还可按工艺要求在某一行程位置进行长时间的保压，而且便于防止过载。

5）液压元件已通用化、标准化、系列化，给液压机的设计、制造和维修带来了方便，并且液压操作方便，便于实现遥控与自动化。

液压机也存在一些不足之处，具体有：

1）由于采用高压液体作为工作介质，因此对液压元件精度的要求较高，结构较复杂，机器的调整和维修比较困难，而且液压油一旦泄露，不但污染工作环境，造成浪费，而且对于热加工场所还有引起火灾的危险。

2）液体流动时存在压力损失，因而效率较低，且运动速度慢，降低了生产率，所以对于快速小型的液压机，不如曲柄压力机简单灵活。

由于液压机具有许多优点，所以它在工业生产中得到了广泛应用，尤其在锻造、冲压生产、塑料压缩成型、粉末冶金制品压制中应用普遍，对于大型件热锻、大件深拉深更显示出了其优越性。

三、液压机的分类

液压机属于锻压机械的一类，随着液压机应用范围的扩大，其类型也很多，但为了操作的方便，多为立式结构。其类型可按以下几种方法分类。

1. 按用途分类

（1）手动液压机　一般为小型液压机（图 3-3a），用于压制、压力装配等工艺。

（2）锻造液压机　如图 3-3b 所示，用于自由锻造、钢锭开坯及非铁材料与钢铁材料的模锻。

（3）冲压液压机　如图 3-3c 所示，主要用于各种板材的冲压。

（4）校正压装液压机　如图 3-3d 所示，用于零件的校形及装配。

（5）层压液压机　如图 3-3e 所示，主要用于胶合板、刨花板、纤维板及绝缘材料板等的压制。

（6）挤压液压机　如图 3-3f 所示，主要用于挤压各种非铁材料和钢铁材料的线材、管材、棒材及型材。

（7）压制液压机　如图 3-3g 所示，主要用于粉末冶金制品的压制，要求工作行程大，能提供多个工作动力；如图 3-3h 所示，常用于塑料制品等压制成型。

（8）打包、压块液压机　如图 3-3i 所示，主要用于将金属切屑等压成块及打包等。

2. 按动作方式分类

（1）上压式液压机　该类液压机的工作缸装在机身上部（图 3-4），活塞从上向下对工件加压。放料和取件操作是在固定工作台上进行的，操作方便，而且容易实现快速下行，应用最广。

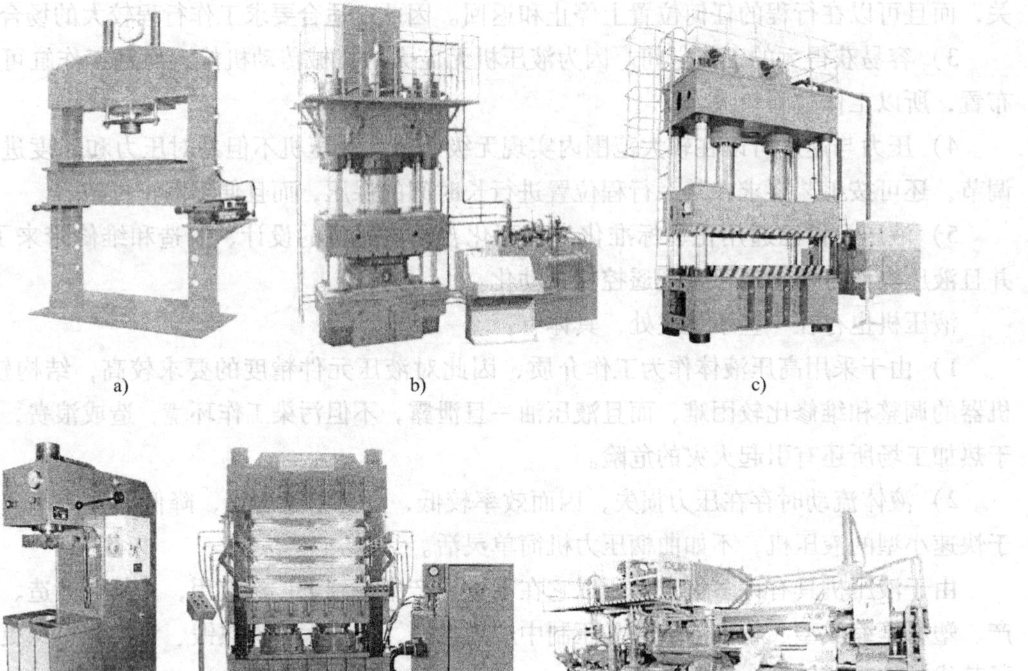

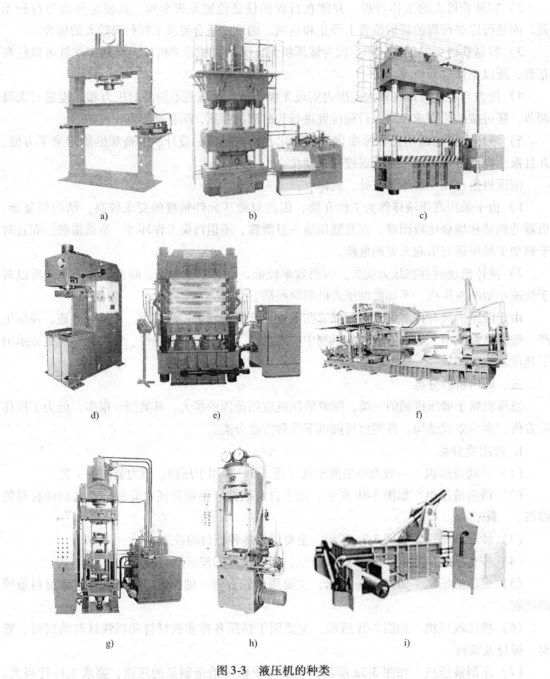

图 3-3　液压机的种类

a）框架式手动液压机　b）锻造液压机　c）冲压液压机　d）校正压装液压机　e）层压液压机　f）挤压液压机　g）粉末冶金压制液压机　h）塑料制品压制液压机　i）打包液压机

（2）下顶式液压机　该类液压机的工作缸装在机身下部（图 3-5），上横梁固定在立柱上不动，当柱塞上升时带动活动横梁上升，对工件施压。卸压时，柱塞靠自重复位。下顶式液压机的重心位置较低，稳定性好。此外，由于工作缸装在下面，因此在操作中制品可避免漏油污染。

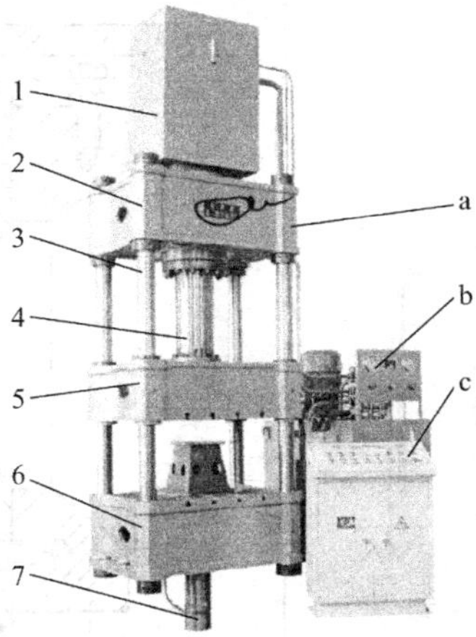

图 3-4 四柱上压式液压机

1—充液油箱及工作缸 2—上横梁 3—立柱 4—工作活塞
5—活动横梁 6—下横梁 7—顶出缸
a—本体部分 b—动力部分 c—操纵控制系统

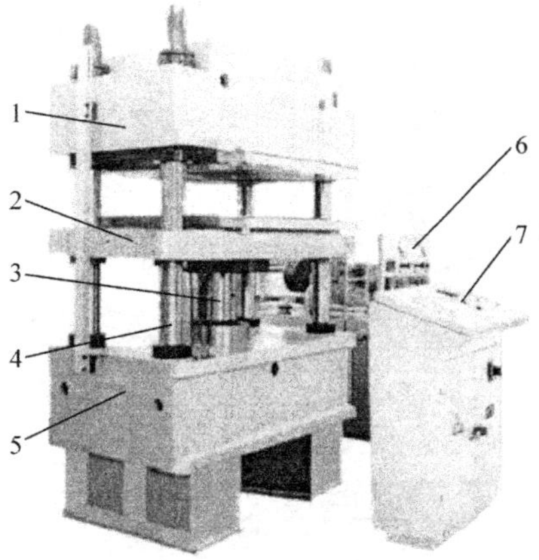

图 3-5 下顶式液压机

1—上横梁 2—活动横梁 3—工作活塞 4—立柱
5—下横梁 6—液压系统 7—控制柜

(3) 双动液压机 如图 3-6 所示，双动液压机的活动横梁由两部分组成，上半部分称为内滑块活动横梁，下半部分称为外滑块活动横梁。它们分别由不同的液压缸驱动，可分别移动，也可组合在一起移动，压力则是内、外滑块压力的总和。这种液压机有很灵活的工作方式，通常在机身的下部还配有顶出缸，可实现三动操作。因此特别适合于金属板料的拉深成形，在汽车制造业中应用广泛。

(4) 特种液压机 如角式液压机、卧式液压机、双向或多向压制液压机等。

3. 按机身结构分类

(1) 柱式液压机 液压机的上横梁与下横梁（工作台）的连接采用立柱，由锁紧螺母锁紧。压力较大的液压机多为四立柱结构，机器稳定性好，工作空间和采光也较好（图 3-4）。

(2) 整体框架式液压机 如图 3-3a、h 所示，这种液压机的机身由型钢焊接或铸造而成，一般为空心箱形结构，其抗弯性能较好；立柱部分做成矩形截面，便于安装可调导向装置。立柱也有做成“┌┐”形的，以便在内侧空间安装电气控制元件和液压元件。整体框架式机身在塑料制品和粉末冶金、中大型薄板冲压液压机中获得了广泛应用。图 3-7a 所示为框架式薄板冲压液压机的外形图；图 3-7b 所示为焊接框架式机身，机身的左右内侧装有两对可调节的导轨，活动横梁的运动精度由导轨保证，运动精度较高。

4. 按传动形式分类

(1) 泵直接传动液压机 这种液压机是每台液压机单独配备高压泵，中小型液压机多为这种传动形式。

(2) 泵蓄能器传动液压机 这种液压机的高压液体是采用集中供应的方式，这样可以节省资金，提高液压设备的利用率，但需要高压蓄能器和一套中央供压系统，以平衡低负荷和负荷高峰时对高压液体的需要。这种形式在使用多台液压机（尤其是多台大中型液压机）的情况下，比较经济合理。

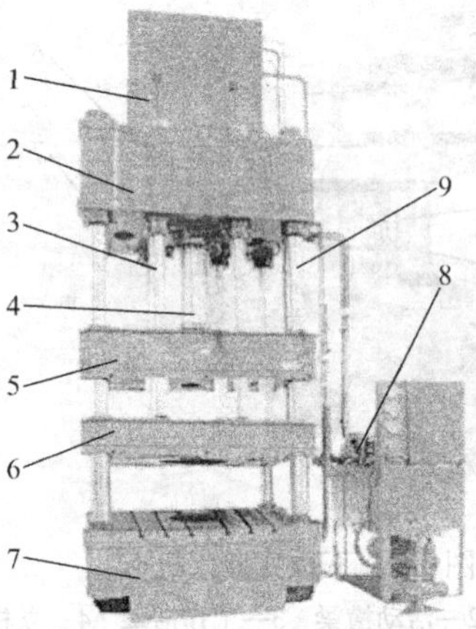

图 3-6　双动液压机

1—充液箱及液压缸　2—上横梁
3—外滑块工作活塞　4—内滑块工作活塞
5—内滑块活动横梁　6—外滑块活动横梁
7—下横梁　8—液压系统　9—立柱

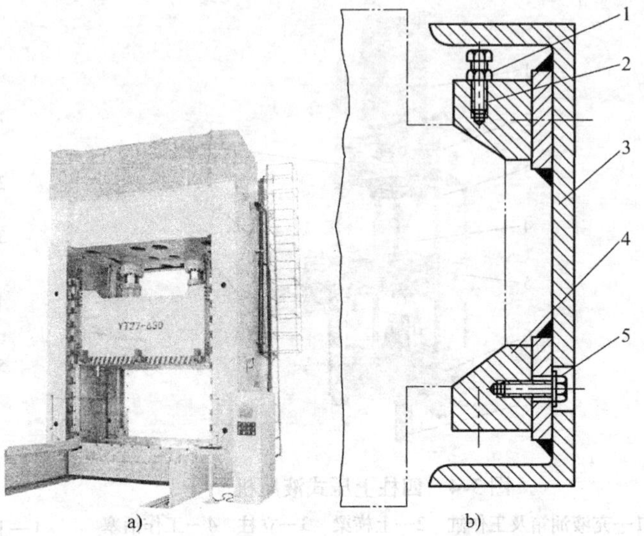

图 3-7　框架式液压机

a）框架式薄板冲压液压机　b）焊接框架式机身

1—紧固螺母　2—调节螺栓　3—框架
4—导轨　5—固定螺栓

5. 按操纵方式分类

按操纵方式分为手动液压机、半自动液压机和全自动液压机。

目前使用较多的是上压式泵直接传动半自动液压机和手动柱式或框架式液压机，对层压机一般采用下顶式液压机。

四、液压机的技术参数及型号

液压机的技术参数是根据它的工艺用途和结构特点确定的，它反映了液压机的工作能力及特点，是设计和选用液压机的重要依据。

1. 最大总压力

液压机最大总压力（吨位）是表示液压机压制能力的主要参数，一般用它来表示液压机的规格。压制能力可用下式计算，即

$$F_p = p_0 A_0$$

式中，F_p是压制能力（N）；p_0是工作液压力（Pa）；A_0是工作缸活塞有效面积（m^2）。

压制能力与最大总压力的关系是

$$F = \frac{F_p}{\eta}$$

式中，F是最大总压力（N）；η是液压机效率，一般$\eta = 0.8 \sim 0.9$。

2. 工作液压力

影响最大总压力的因素除了工作缸直径以外，还有工作液压力。工作液压力不宜过低，否则不能满足液压机最大总压力的需要；反之，若工作液压力过高，则液压机的密封难以保证，甚至会损坏液压密封元件。目前，国内塑料液压机所用的工作液压力为 16～50MPa，最常用 32MPa 左右的工作液压力。

3. 最大回程力

液压机活动横梁在回程时要克服各种阻力和运动部件的重力。液压机最大回程力为最大总压力的 20% ~50% 。

4. 升压时间

升压时间也是液压机的一个重要参数，因为压制热固性塑料时不仅需要液压机有足够的压力，而且当塑料流动性最好时，要求压力能迅速上升到所需要的值，以保证熔料充满模腔，得到满意的制品。目前，最大总压力在 5 000kN 以下的塑料液压机的升压时间均要求在 10s 以内。

其他技术参数如最大行程、活动横梁运动速度、活动横梁与工作台之间最大距离等，可参见表 3-1 ~ 表 3-3。

液压机型号的表示方法如下：

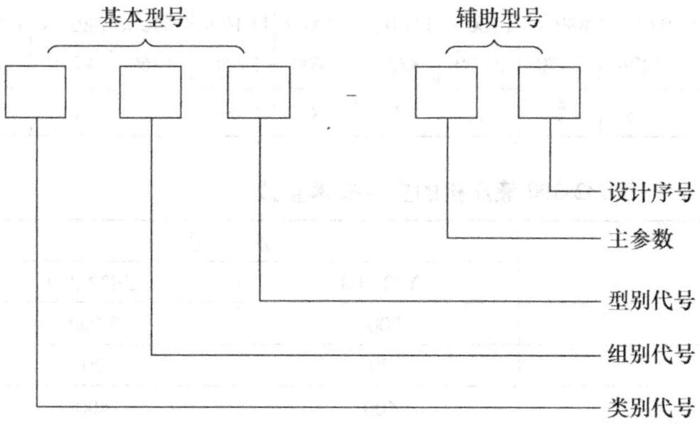

例如，Y32A-315 表示最大总压力为 3150kN，经过一次变型的四柱立式万能液压机，其中 32 表示四柱式万能液压机的组型代号。

表 3-1 部分国产塑料液压机的性能参数

液压机型号		YX (D) -45	YA71 -45	Y71 -63	YX -100	Y71 -100	Y32 -100-1	Y71 -160	SY -250	YA71 -250	Y71 -300	Y71 -500	YA71 -500
公称压力/kN		450	450	630	1 000	1 000	1 000	1 600	2 500	2 500	3 000	5 000	5 000
液体最大工作压力/MPa		32	32	32	32	32	26	32	30	30	32	32	32
最大回程力/kN		70	60	200	500	200	306	630	1 250	1 000	1 000	—	1 600
活塞最大行程/mm		250	250	350	380	380	600	500	—	600	600	600	600
活动横梁距工作台最小距离/mm		80	—	—	270	270	—	—	600	—	600	—	—
活动横梁距工作台最大距离/mm		330	750	750	650	650	845	900	1 200	1 200	1 200	1 400	1 400
最大顶出力/kN		—	120	200	200	200	184	500	340	630	500	1 000	1 000
活塞行程速度/(mm/s)	低压下行	—	—	70	23	73. 2	—	65	70	50	46	31. 5	25
	高压下行		2. 9	<15	1. 4	1. 4	23	1. 5	2. 9	2	1. 75	21	1
	低压回程			75	46	60		65	70	50	46	37	25
	高压回程		18	<16	2. 8	2. 6	50	3	5. 8	3. 7	3. 5	2. 5	2. 5

（续）

液压机型号		YX(D)-45	YA71-45	Y71-63	YX-100	Y71-100	Y32-100-1	Y71-160	SY-250	YA71-250	Y71-300	Y71-500	YA71-500
顶出速度/（mm/s）	低压顶出			90		60		85				90	
	高压顶出		10	<20		2.6	84					80	
	低压回程			140								110	
	高压回程		35	<30			134	30				11	1
电动机功率/kW		1.1	1.5	3	1.5	2.2	10	7.5		10	10	17	13.6
工作台尺寸/（mm×mm）		400×360	400×360	600×600	600×600	600×600	700×580	700×700	1000×1000	1000×1000	900×900	1000×1000	1000×1000
外形尺寸/（mm×mm×mm）		1050×610×2180	1400×740×2180	2532×1270×2645	1400×970×2478	1560×880×2470	1400×1100×3400	1950×1700×3350	2650×1000×3700	2420×1910×3660	2613×2540×3760	1800×2800×4270	2580×1910×4930
机器重量/t		1.2	1.17	3.5	1.5	2	3.5	4	8	9	8	14	14

表3-2　Y32-300与YB32-300液压机的主要技术参数

序号	项　目		型号 Y32-300	型号 YB32-300
1	公称压力/kN		3000	3000
2	液压最大工作压力/MPa		20	20
3	工作活塞最大回程压力/kN		400	400
4	顶出活塞最顶出力/kN		300	300
5	顶出活塞最大回程压力/kN		82	150
6	活动横梁距工作台面最大距离/mm		1240	1240
7	工作活塞最大行程/mm		800	800
8	顶出活塞最大行程/mm		250	250
9	工作活塞行程速度	压制/（mm/s）	4.3	6.6
		回程/（mm/s）	33	52
10	顶出活塞行程速度	顶出/（mm/s）	48	65
		回程/（mm/s）	100	138
11	立柱中心距离（前后×左右）/（mm×mm）		900×1400	900×1400
12	工作台有效尺寸（前后×左右）/（mm×mm）		1210×1140	900×1400
13	工作台距地面高度/mm		700	700
14	高压泵	工作压力/MPa	20	20
		流量/（l/min）	40	63
15	电动机	型号	JO_2-64-4	JO_2-72-6
		功率/kN	17	22
16	外形尺寸（前后×左右×高）/（mm×mm×mm）		1235×7580×5600	2000×3400×5600
17	主机重量/t		~15	
18	总重量/t		~15.6	~16

表 3-3 国内锻造液压机的主要参数

序号	项 目			1250 型	1600 型	2500 型	3150 型	6000 型	12500 型
1	公称压力/kN			12500	16000	25000	315000	60000	125000
2	压机形式			四立柱式上传动					
3	传动形式			泵蓄能器					
4	压力分级/kN			6500/ 12500	8000/ 16000	8000/ 16000/ 25000	16000/ 31500	20000/ 40000/ 60000	41800/ 83600/ 125000
5	工作介质			乳化液					
6	介质压力	高压/MPa		32					
		低压/MPa		0.6~0.8					
7	回程力/kN			1250	1300	3100	3400	6500	10800
8	净空距/mm			2680	2800	3900	4000	6000	7000
9	立柱	中心距/（mm×mm）		2200×1100	2400×1200	3400×1600	3500×1800	5200×2300	6300×3450
		直径/mm		ϕ300	ϕ330	ϕ470	ϕ520	ϕ690	ϕ890
10	工作台尺寸/（mm×mm）			3000×1500	400×1500	5000×2000	6000×2000	9000×3400	10000×4000
11	最大行程/mm			1250	1400	1800	2000	2600	3000
12	活动横梁速度/（mm/s）	空程		300	300	300	300	250	250
		加压		~150	~150	~150	~150	~75	~70
		回程		300	300	300	300	250	250
13	锻造次数	常锻	行程/mm	165	165	200	200	300	275
			次数/（次/min）	~16	~16	8~10	8~10	5~7	5~6
		精整	行程/mm	40	30	50	50	50	50
			次数/（次/min）	~60	~60	35~45	~40	~25	~20
14	最大偏心距/mm			100	120	200	200	200	250
15	工作台移动力/kN			250	350	400	1000	2250	3000
16	工作台行程/mm	左		1500	1500	2000	2000	6000	7000
		右		1500	1500	2000	2000	6000	7000
17	工作台移动速度/（mm/s）			~200	~200	~200	~200	~150	~150
18	工具提升形式					有工具提升缸		剁刀操作机	
19	设备外形尺寸/mm	地面高度		~7730	~8350	~11200	~11200	~15700	~18310
		地下深度		~3640	~4000	~5650	~5000	~7000	~6130
		平面尺寸	最宽	~9500	~12600	~14760	~17000	~38950	~7600
			最长	~15200	~15200	~26360	~21760	~49600	~52200
20	设备总重（不含泵站）/t			~130	~230	~511	~560	~1860	~2764
21	最大件重量/t			30	35	43	49	120	96
22	锻造能力	最粗最大钢锭/t		4	6	24	30	80	150
		拔长最大钢锭/t		10	12	45	50	150	300

第二节　液压机的结构

液压机的类型虽然很多，但其基本结构组成大致相同，一般均由本体部分、动力部分和操纵部分组成。现以Y32-300型万能液压机为例加以介绍（图3-8）。

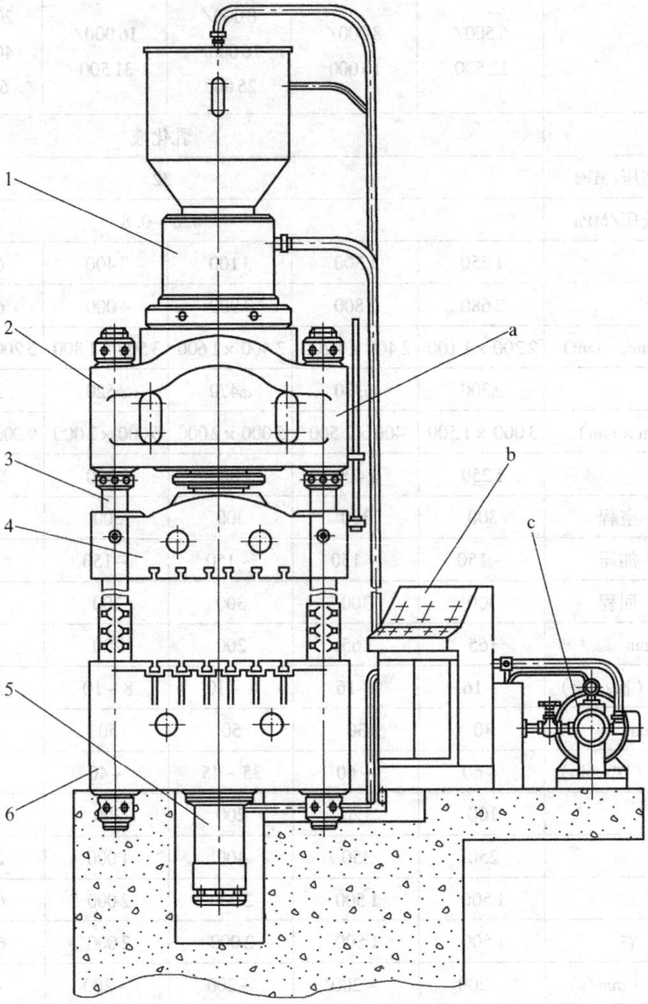

图3-8　Y32-300型万能液压机

1—工作缸　2—上横梁　3—立柱　4—活动横梁　5—顶出缸　6—下横梁

a—本体部分　b—操纵控制系统　c—动力部分

一、本体部分

设备的本体部分包括机身、工作缸与工作活塞、充液油箱、活动横梁、下横梁及顶出缸等。

1. 机身

Y32-300型液压机机身属于四立柱机身（图3-9），目前四立柱机身在液压机上应用最广。四立柱机身由上横梁、下横梁和四根立柱组成，每根立柱都通过三个螺母分别与上下横梁紧固连接在一起，组成一个坚固的框架结构。

液压机的各个部件都安装在机身上，其中上横梁的中间孔安装工作缸，下横梁的中间孔安装顶出缸。活动横梁靠四个角上的孔套装在四根立柱上，上方与工作缸的活塞相连接，由其带动上横梁上下运动。为防止活动横梁下落行程过大，导致工作活塞撞击工作缸的密封装置（图 3-10），在四根立柱上各装有一个限位套，用来限制活动横梁下行的最低位置。上、下横梁结构相似，采用铸造方法铸成箱体结构，下横梁（工作台）的台面上开有 T 形槽，供安装模具使用。

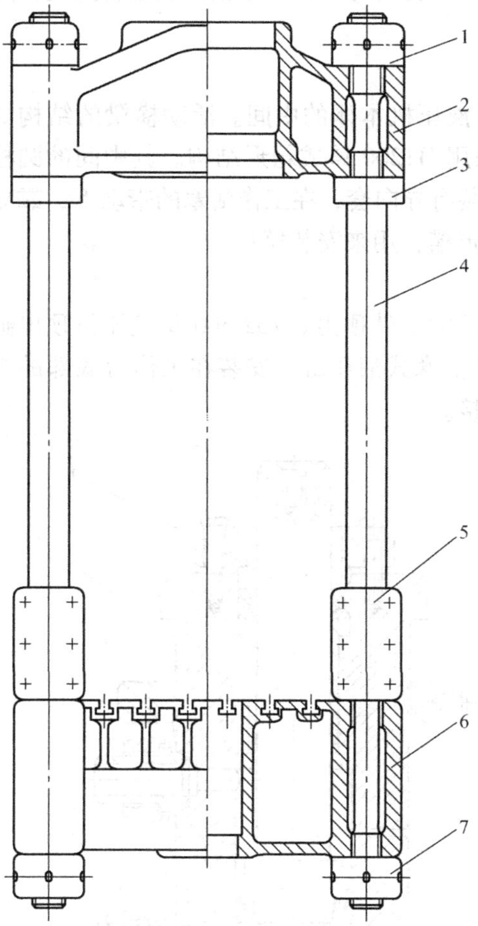

图 3-9 机身结构

1、3、7—螺母 2—上横梁 4—立柱 5—限位套 6—下横梁

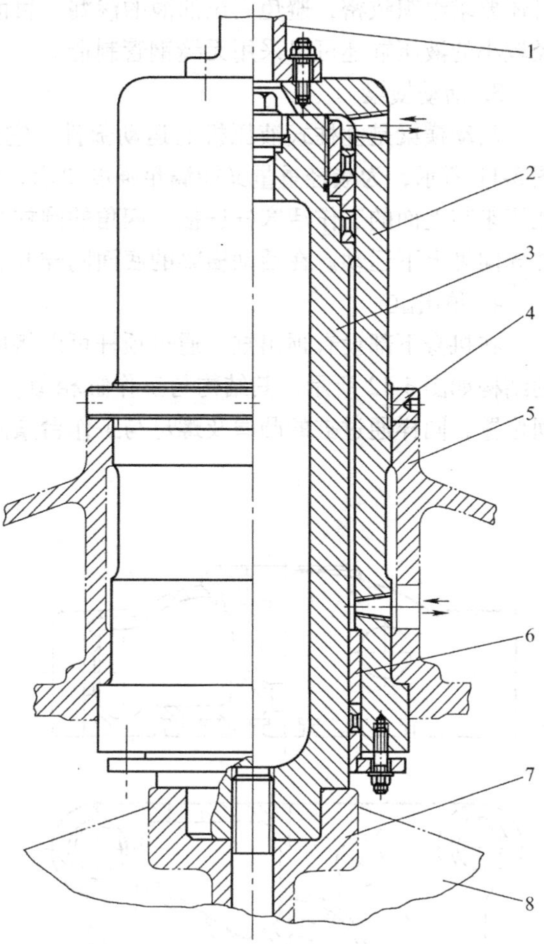

图 3-10 活塞式双作用液压缸

1—充液阀接口 2—工作缸缸筒 3—活塞杆 4—螺母 5—上横梁 6—导向套 7—凸肩 8—活动横梁

机身在液压机工作过程中承受全部工作载荷，立柱是重要的受力构件，又兼起活动横梁的运动导轨作用，所以要求机身应具有足够的刚度、强度和制造精度。

2. 工作缸

Y32-300 型液压机的工作缸采用活塞式双作用缸，如图 3-10 所示，靠缸口凸肩与螺母紧固在上横梁内。活塞上设有双向密封装置，将工作缸分成上下腔，下部缸端盖上装有导向套和密封装置，并借助法兰压紧，以保证下腔的密封；活塞杆下端与活动横梁通过螺栓刚性连接。在工作缸上部装有充液阀和充液油箱。

当液压油从缸上腔进入时，缸下腔的油液排至油箱，活塞带动活动横梁向下运动，其速度较慢，压力较大。当液压油从液压缸下腔进入时，缸上腔的油液便排入油箱，活塞向上运动，其运动速度较快，压力较小，这正好符合一般慢速压制和快速回程的工艺要求，并提高了生产率。

Y32-300 型液压机只有一个工作缸，对于大型且要求压力分级的液压机可采用多个工作缸。液压机的工作缸在液压机工作时承受很高的压力，因而必须具有足够的强度和韧性，同时还要求组织致密，避免高压油液的渗漏。目前常用的材料有铸钢、球墨铸铁或合金钢，直径较小的液压缸还可以采用无缝钢管制造。

3. 活动横梁

活动横梁是立柱式液压机的运动部件，它位于液压机本体的中间。活动横梁的结构如图 3-11 所示，为减轻重量又能满足强度要求，常采用 HT200 铸成箱形结构。其中间的圆柱孔用来与上面的工作活塞杆连接，四角的圆柱孔内装有导向套，在工作活塞的带动下，靠立柱导向做上下运动。在活动横梁的底面同样开有 T 形槽，用来安装模具。

4. 顶出缸

在机身下部设有顶出缸，通过顶杆可以将成形后的工件顶出。Y32-300 型液压机顶出缸的结构如图 3-12 所示，其结构与工作缸相似，也是活塞式液压缸，安装在工作台底部的中间位置，同样通过缸的凸肩及螺母与工作台紧固连接。

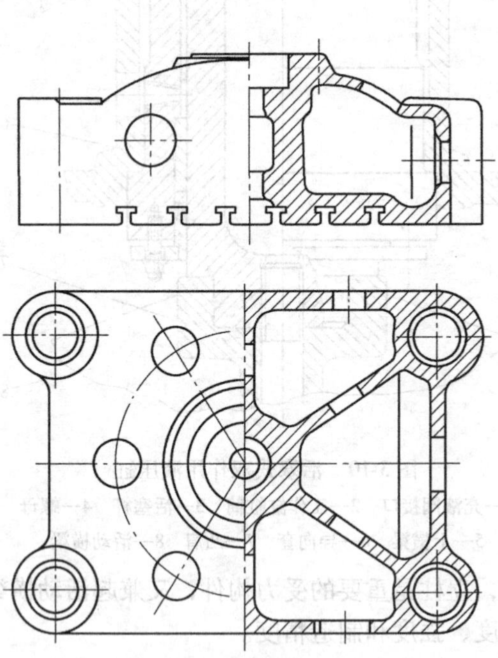

图 3-11　活动横梁

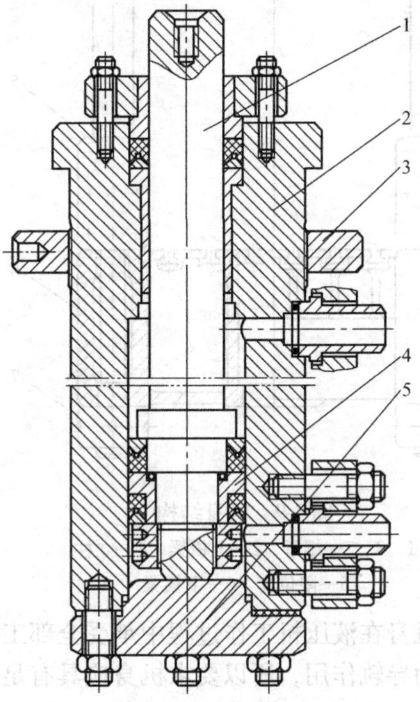

图 3-12　顶出缸

1—活塞杆　2—顶出缸筒　3—螺母　4—活塞　5—缸盖

二、动力部分——液压泵

液压机的动力部分为高压泵，它将机械能转变为液压能，向液压机的工作缸与顶出缸提供高压液体。Y32-300 型液压机使用的是卧式柱塞泵。

三、液压及操纵系统

1. Y32-300 型液压机的液压系统

图 3-13 所示为 Y32-300 型液压机的液压系统图，各元器件的作用为：

1）泵 11 为 BFW 型偏心柱塞泵，其额定压力为 20MPa，额定流量为 40（L/min）。

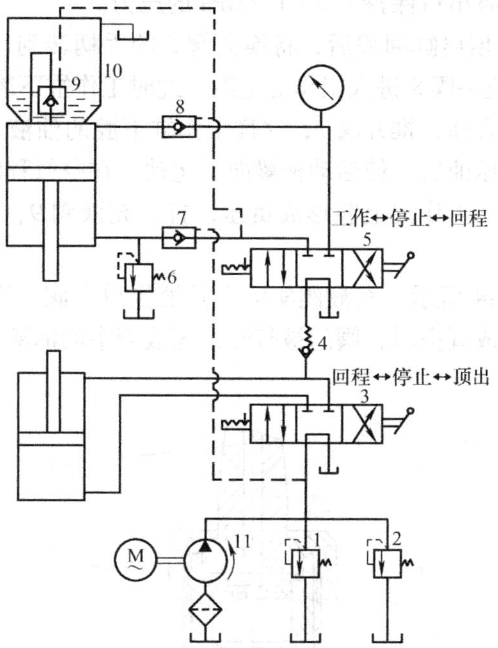

图 3-13　Y32-300 型液压机的液压系统

2）阀 1 为溢流阀，调定压力是系统的工作压力 20MPa。当压力超过限压 20MPa 时，油液通过阀 1 稳压溢流，它是液压系统的安全保护阀。

3）阀 2 为溢流阀，调定压力为 22MPa，起限制液压系统最高压力的作用。

4）阀 3 和阀 5 分别为顶出缸和工作缸的手动换向阀，两阀为串联连接。这样，当阀 3 处于停止位置时，无论阀 5 放在任何位置，液压油都可通过阀 3 和中位流回油箱卸荷。这种连接使两个缸起互锁作用，保证工作缸工作与顶出缸顶出不同时动作。

5）阀 4 为单向阀，调定压力为 1.0～1.2MPa。它不仅能保证液压油单向流动，而且当油液单向通过时，油压必须等于或大于调定的压力，所以该阀又称背压阀。

6）阀 7 为液控单向阀，它在系统中起平衡作用，防止活动横梁产生超前速度，以及使活动横梁稳定地停止在所需要的位置上。

7）阀 6 为溢流阀，它在系统控制回程时防止工作缸下腔出现超压状态。

8）阀 8 为液控单向阀，工作时起保压作用，回程时起使工作缸上腔先卸压后回程的作用。

9）充液阀 9 和充液油箱 10 在活塞靠自重下行时，依靠负压对工作缸充液，以提高空行程的运动速度。

2. Y32-300 型液压机的操纵控制

Y32-300 型液压机的动作过程为：工作活塞空行程向下运动→工作行程→保压→回程→顶出缸顶出工件，至此完成一次工作循环。在每一工作循环开始之前，顶出液压缸必须处在回程位置，因此，应先将控制顶出缸的手动换向阀 3 的手柄转到“回程”位置。

（1）顶出缸回程　当顶出缸的手动换向阀 3 转到“回程”位置时，液压泵输出的液压油通过换向阀 3 右位进入顶出缸上腔。由于单向阀 4 有背压作用，所以液压泵输出的液压油首先使顶出缸回程。顶出缸回程完毕后，泵输出的液压油便推开单向阀 4，通过工作缸换向阀 5 中位排入油箱，此时泵出口保持 1.0～1.2MPa 的压力。

（2）空行程向下　在顶出缸回程后，将换向阀 5 的手柄转到“工作”位置，液压油经阀 3 右位→阀 4→阀 5 右位→阀 8 进入工作缸上腔，此时工作缸下腔的液压油由于阀 7 关闭，不能回油，使进油路压力升高，推开阀 7，这样工作缸下腔的油液才经阀 7→阀 5 右位流回油箱。工作缸上腔通入液压油后，使活动横梁向下运动。在空行程阶段，因活动横梁等的自重作用，其运动速度较快，工作缸上腔形成负压，打开充液阀 9，充液油箱 10 中的油液自动给予补充。

充液阀的结构如图 3-14 所示，充液阀实际上是液控单向阀。当充液阀的控制油口通以液压油或充液阀的下腔形成真空时，阀门被打开，充液箱中的油液与充液阀下腔连通，否则处于关闭状态。

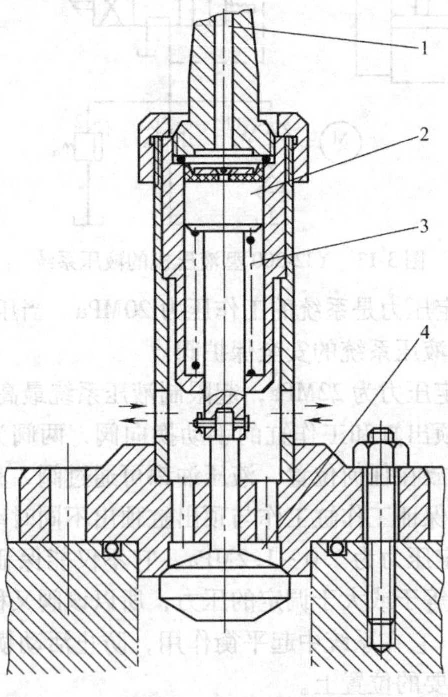

图 3-14　充液阀

1—控制油口　2—活塞　3—弹簧　4—阀门

（3）工作行程　工作行程与空行程向下运动是一样的，只是工作行程时施加于活塞上的压力要大，速度要慢。图 3-13 中换向阀 5 的手柄仍处于“工作”位置。在空行程向下运动，使活动横梁上的模具接触工件后，工作缸上腔的负压消失，充液阀自动关闭。工作缸活塞在液压油的作用下继续向下运动，对工件加压，此时油液压力可以达到原先调定的压力（由溢流阀 1 决定），下压速度由泵流量控制。

（4）保压 工作行程结束后，如果需要对工件继续施压一段时间，可把换向阀 5 的手柄转到“停止”位置，工作缸上腔的液压油被液控单向阀 8 封闭，产生保压作用，而泵输出的油液通过换向阀 5 排入油箱而卸荷。

（5）回程 将换向阀 5 的手柄转到“回程”位置，则泵输出的液压油将通入工作缸下腔，同时经控制油路打开液控单向阀 8，使工作缸上腔卸压。此时工作活塞开始时以较慢速度上升，在打开充液阀 9 的大阀门以后，活塞上腔的油液大量排入充液油箱，以实现快速回程。

（6）停止 如果要使活动横梁停止在某一位置，可将换向阀 3 及 5 的手柄转到“停止”位置，液压泵通过换向阀 3 或阀 5 卸荷，工作活塞下腔的油液被液控单向阀 7 封闭，则工作活塞（活动横梁）很稳定地停止在某一位置上。

（7）顶出缸顶出工件 当将换向阀 3 的手柄转到“顶出”位置时，泵输出的液压油通过换向阀 3 进入顶出缸的下腔，上腔回油，驱动顶出活塞上行，完成顶出工件的动作。

第三节 双动拉深液压机

一、双动拉深液压机的特点及应用

与一般液压机相比，双动拉深液压机具有以下特点：

1）活动横梁与压边滑块分别由各自的液压缸驱动和控制；工作压力、压制速度、空载快速下行和减速的行程范围可根据工艺需要进行调整，提高了工艺适应性。

2）压边滑块与活动横梁联合动作，可当做单动液压机使用。此时工作压力等于主缸与压边液压缸压力的总和，增大了液压机的工作能力，扩大了加工范围。

3）有较大的工作行程和压边行程，有利于大行程工件（如深拉深件、汽车覆盖件等）的成形。

双动拉深液压机主要用于拉深件的成形，广泛用于汽车配件、电动机电气行业的罩形件（特别是深罩形件）的成形，同时也可以用于其他的板料成形工艺，还可用于粉末冶金等需要多动力的压制成形。

二、双动拉深液压机的结构

双动拉深液压机的常见结构有两种，一种为工作滑块与压边滑块的驱动缸均装于机身上部，有较大的工作台面，通常用于较大型的液压机；另一种为工作滑块的液压缸装于机身上部，而压边滑块驱动缸装于机身下部工作台的两侧，通常用于中小型双动拉深液压机。

图 3-15 所示为 TDY35-315C 型双动拉深液压机的外形图，其工作液压缸装于机身上部，压边滑块的驱动缸则装于机身下部工作台两侧面。机身由上横梁 2、内滑块活动横梁 3、外滑块活动横梁 4、工作台（下横梁）8 及立柱等组成。工作台下部设有顶出缸，用于成形后工件的脱模顶出。活动横梁的结构、主缸与内滑块活动横梁的连接方式、工作台及顶出缸的结构等与单动立柱式液压机相同，在此不再重述。

三、双动拉深液压机的控制

图 3-16 所示为 TDY35-315C 型双动拉深液压机的液压系统，图 3-17 所示为其电气控制

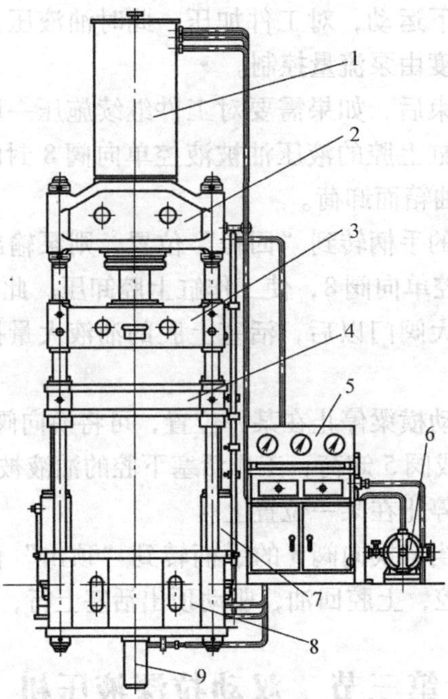

图 3-15　TDY35-315C 型双动拉深液压机

1——主缸及充液箱　2—上横梁　3—内滑块活动横梁　4—外滑块活动横梁　5—操纵控制系统　6—动力系统　7—外滑块活动横梁驱动缸　8—工作台（下横梁）　9—顶出缸

系统。该液压机具有独立的动力机构和电气系统，并采用按钮集中控制，可实现调整、手动及半自动三种操作方式的控制。其工作压力、滑块行程及速度的切换位置等均可按工艺需要调节控制，并能完成定压和定程成形两种工艺方式，在定压成形时还具有保压延时及自动回程等功能。

该液压机的动力系统由高压泵、电动机、低压控制系统及各压力阀、换向阀及单向阀等组成，它是产生和分配工作液压油，使液压机实现各种动作的机构。图 3-16 中所示各主要液压元件的作用为：

1）高压泵Ⅵ、Ⅶ为两台高压轴向柱塞泵，其额定压力为 32MPa，泵Ⅵ的额定流量为 92.5（L/min），泵Ⅶ的额定流量为 9.4（L/min），它们为液压机压制成形提供 25MPa 的工作压力。

2）低压泵Ⅴ为低压齿轮泵，其额定压力为 2.5MPa，额定流量为 25（L/min），它为低压控制系统提供其所需的 1.2～1.5MPa 的控制压力。

3）阀 7 为二位三通电液换向阀，它在压边滑块下行及差压回程时动作，改变液压油的流向。

4）阀 14 为直接作用式压力阀，此阀在液压系统中起减速排油作用。

5）阀 15 为单向节流阀，在液压系统中起泄压作用。

6）阀 17 为充液阀，当活动横梁快速下行时，泵不能及时给主缸上腔供油，从而造成负压，使充液阀的主阀吸开，充液油箱的油液将大量进入主缸上腔。

7）阀 1、2、3、4、5、21、24、26 为溢流阀，用于调定液压系统的最高压力和工作压力，起到液压系统的过电压保护作用。

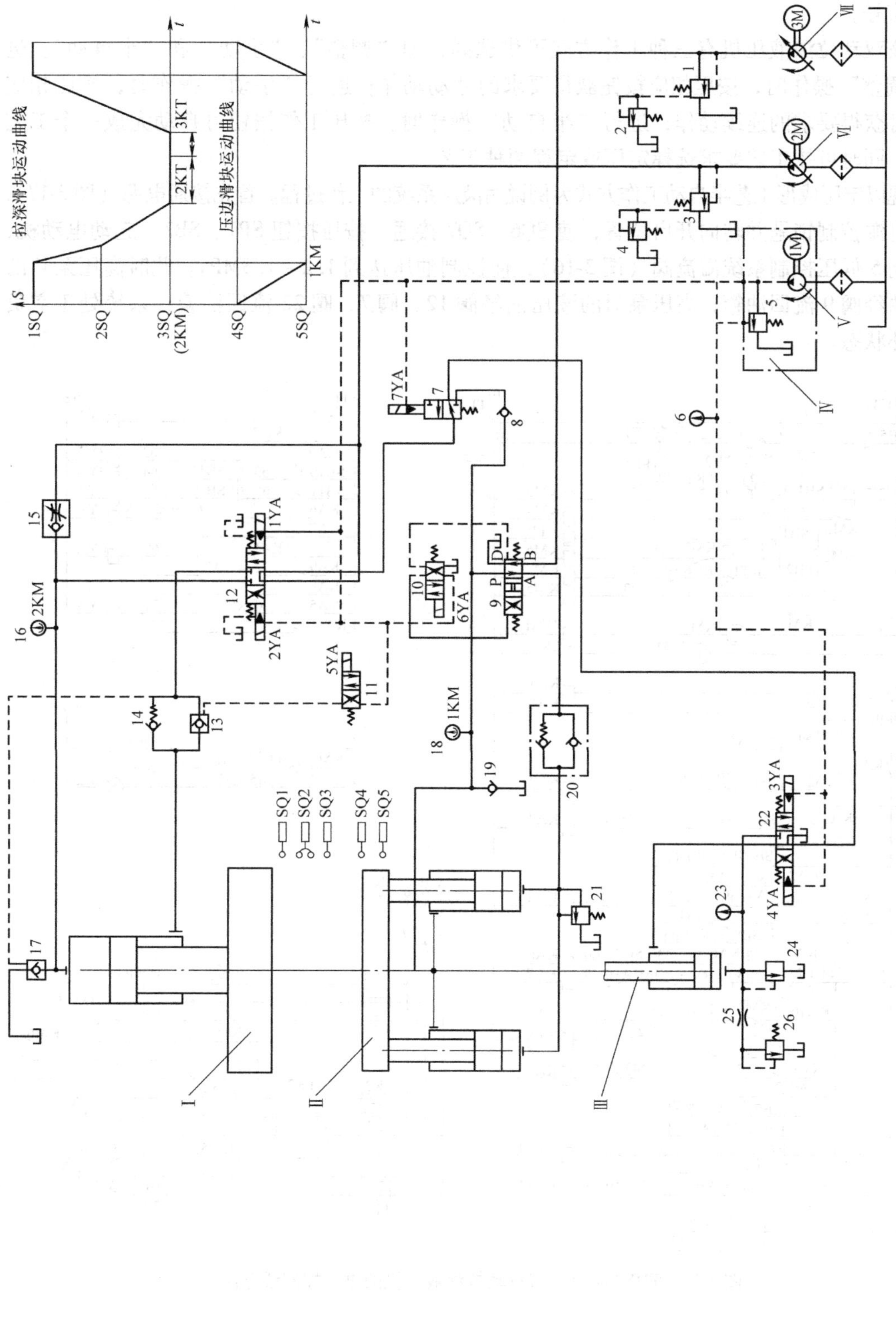

图3-16 TDY35-315C型双动拉深液压机的液压系统

Ⅰ—拉深滑块 Ⅱ—压边滑块 Ⅲ—顶出缸 Ⅳ—低压控制系统 Ⅴ—低压泵 Ⅵ、Ⅶ—高压泵

8）阀8、19为单向阀，阀13为可控单向阀，阀10、11为二位四通电磁换向阀，阀12、22为三位四通电液换向阀，阀9为三位四通液控换向阀。

9）压力表16、18为电接触式压力表，当压力达到预先调定的压力时，其触点闭合，发出电信号。

该双动拉深液压机有三种工作方式可供选择，即“调整”、“手动”和“半自动”。进行“调整”操作时，按压相应按钮获得要求的寸动动作；进行“手动”操作时，按压相应按钮可获得要求的连续动作；进行“半自动”操作时，按压工作按钮可自动完成一个工艺循环，同时可按工艺要求选择定压或定程两种工艺。

现以定压成形工艺半自动工作方式为例说明液压系统的工作过程。首先接通电源（图3-17），插入电源控制锁匙并转向开启位置，使SQ6、SQ7接通。按压按钮SB1、SB2，起动电动机，调整阀5低压控制系统溢流阀（图3-16），使控制油压达到1.2～1.5MPa。此时高压泵Ⅶ的液压油经阀9流回油箱；高压泵Ⅵ的液压油经阀12、阀7、阀22流回油箱，系统处于空负荷循环状态。

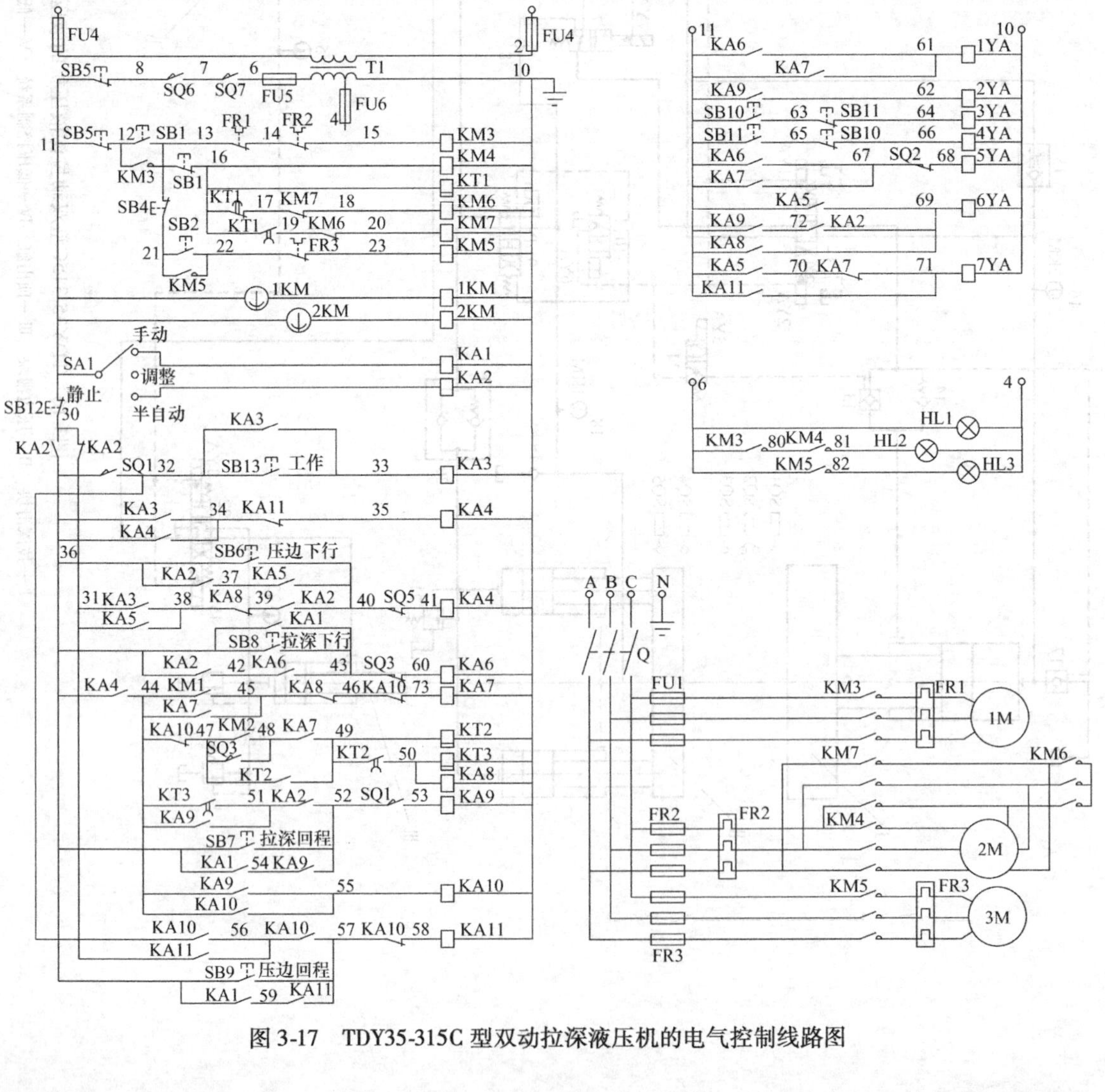

图3-17　TDY35-315C型双动拉深液压机的电气控制线路图

（1）压边滑块下行 按压按钮 SB6，电磁铁 6YA、7YA 通电，6YA 动作使阀 9 换位，高压泵Ⅶ的液压油经阀 9 进入压边缸上腔，7YA 动作使阀 7 换位，高压泵Ⅵ的液压油经阀 12、阀 7 及阀 8 和高压泵Ⅶ的液压油一起进入压边缸上腔，压边缸下腔油液经阀 20 和阀 9 流回油箱。

（2）压边滑块加压，拉深滑块快速下行 压边滑块接触工件开始加压，当压力上升至电接触式压力表 18 的调定压力（5～25MPa）时，其触点接通，使 1YA、5YA 通电，6YA 继续通电，7YA 断电。1YA 通电使阀 12 换位，高压泵Ⅵ的液压油经阀 12 进入主缸上腔，5YA 通电使阀 11 换位，控制油路的液压油经阀 11 打开可控单向阀 13，主缸下腔油液经阀 13、阀 12、阀 7、阀 22 流回油箱。使活动横梁处于无支承状态，依靠自重快速下行。主缸上腔形成负压，吸开充液阀 17，使充液箱的油液充入主缸上腔。

（3）压边滑块加压，拉深滑块工作下行 当活动横梁碰撞行程开关 SQ2 时，触点接通，1YA、6YA 继续通电，5YA 断电，使阀 13 换位切断操纵可控单向阀 13 的控制油路，关闭可控单向阀 13。此时主缸下腔油液必须克服压力阀 14 的弹簧力才能通过，故活动横梁不能靠自重下行，充液阀在弹簧力的作用下关闭，高压泵的液压油进入主缸上腔，使拉深滑块加压下行。

（4）压边滑块、拉深滑块保压 拉深滑块接触工件开始加压成形，成形结束不卸压，直到压力上升至电接触压力表 16 的调定压力（5～25MPa）时，接通触点，发出信号，1YA、6YA 断电。

（5）压边滑块继续加压，拉深滑块泄压回程 电接触压力表 16 发出信号后，1YA 断电，使系统处于空负荷状态，此时主缸上腔的高压油液经阀 15、阀 12、阀 7 及阀 22 流回油箱，拉深滑块泄压。当时间继电器达到规定时间后，常开触点闭合，2YA 通电，阀 12 换位，高压泵的液压油经阀 12、阀 13 进入主缸下腔，拉深滑块开始回程。同时继续打开充液阀 17，使主缸上腔一部分油液流回充液油箱，另一部分经阀 12、阀 7、阀 22 流回油箱。

（6）拉深滑块回程停止，压边滑块回程 当拉深滑块回程碰撞行程开关 SQ1 后，2YA 断电，拉深滑块回程停止，7YA 通电使阀 7 换位。此时，高压泵Ⅵ的液压油经阀 12、阀 7、阀 8、阀 9、阀 20 进入压边缸下腔，压边缸上腔的油液经阀 9、阀 20 与压边缸下腔连通，压边滑块为差压回程。

（7）压边滑块回程停止 当压边滑块撞压行程开关 SQ4 后，压边滑块回程停止。

至此完成了整个半自动循环过程。顶出缸的顶出和退回动作须按压顶出按钮和退回按钮来控制。

若采用定程工艺方式，可先将行程开关 SQ3 调至所需位置，拉深滑块在下行加压撞压 SQ3 后将立即自动回程。

复习思考题

3.1 液压机与机械压力机有何显著区别？它适用于何种工件的冲压生产？

3.2 液压机的主要组成部分有哪些？各部分的作用是什么？

3.3 液压机有哪些主要技术参数？在什么情况下，对升压时间有较严格的要求？

3.4 充液阀在液压机的液压系统中有何作用？

3.5 双动拉深液压机与单动液压机有何主要区别？

3.6 双动拉深液压机外滑块活动横梁的驱动方式有几种？各有何特点？

第四章　塑料挤出机

第一节　塑料挤出机概述

挤出成型是使用挤出设备生产具有相同截面形状而长度任意的塑料制品（如塑料管、棒、板及各种异型材等）的成型加工方法，绝大部分热塑性塑料和少数热固性塑料可用此方法加工。在塑料制品生产中，挤出制品的产量居首位。

一、塑料挤出成型的特点

塑料挤出成型与注射、压缩等模塑成型方法相比具有如下特点：

1）挤出生产过程是连续的，其产品截面形状相似，而长度可根据需要确定。

2）生产效率高，适用范围广。能用于 PVC、PA、PP、PE 等绝大部分塑料材料的挤出成形，可生产各种管材、棒材、板材、薄膜、单丝、电线电缆、异型材及中空制品型坯等。

3）挤出成型制品种类多、应用领域广。目前，挤出成型制品已广泛用于日用品、农业、建筑业、石油、化工、机械制造、电子、国防等领域。

二、塑料挤出成型过程和设备组成

1. 挤出成型过程

挤出成型的过程是：将塑料（粒状或粉状）加入挤出机料筒内加热熔融，使之呈粘流状态，在挤出螺杆的作用下通过挤出模具（简称挤出机头）成型出与制品截面形状相仿的塑料型坯，经进一步的冷却定型，获得具有一定几何形状和尺寸的塑料制品。

2. 挤出成型设备的组成

为满足挤出成型过程的要求，挤出设备一般由以下部分组成。

（1）挤出机（主机）　图 4-1 所示为塑料单螺杆挤出机，主要由挤出系统、传动系统、加热冷却系统和机身等组成。其中，螺杆采用组合有混炼元件的分离型螺杆，机筒采用带有加长喂料段的沟槽型机筒，使塑化效率更高，均化效果更好。

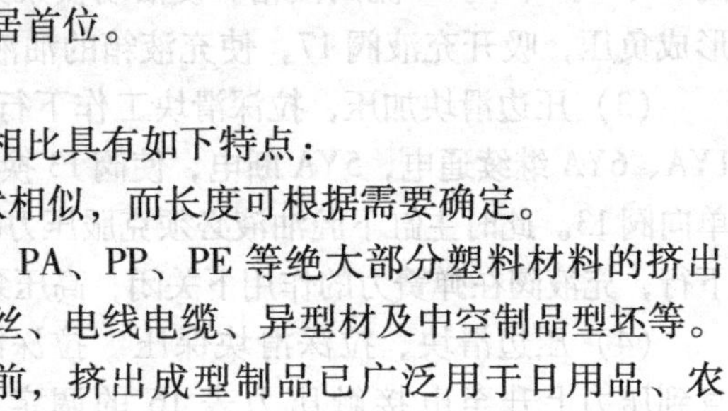

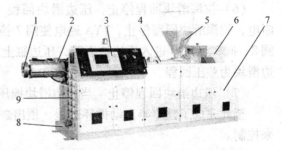

图 4-1　塑料单螺杆挤出机

1—料筒　2—加热器　3—操作面板　4—挤出系统　5—料斗　6—减速和传动系统　7—防护板（内部安装驱动装置、冷却系统）　8—机身　9—电气控制系统

1）挤出系统是挤出机的关键部分，主要由螺杆和料筒组成。塑料通过挤出系统塑化成均匀的熔体，并在挤压力的作用下，被螺杆以定量、定压、定温、连续地从机头挤出。

2）传动系统用于驱动螺杆，提供螺杆所需的转矩和转速。

3）加热冷却系统用于保障塑料塑化和挤出过程中的各部分温度达到工艺要求。

（2）辅机　塑料挤出辅机通常由机头、定型装置、冷却装置、牵引装置、切割装置和卷取装置组成。图 4-2 所示为吹塑薄膜挤出机组，其辅机包括机头、风环（冷却定型装置）、牵引装置和卷取装置，薄膜的切割由人工完成。

1）机头是挤出制品成型的重要部件，塑料熔体流经机头后可获得与所需制品相近的截面形状和尺寸。

2）定型装置用于制品的精整和定型，使制品的截面形状、尺寸更为精确，同时获得更好的表面质量。

3）冷却装置将定型后的塑料制品充分冷却，获得制品最终的形状和尺寸。

4）牵引装置为挤出制品提供一定的牵引力和牵引速度，保证挤出过程稳定地进行，并能对制品的截面尺寸进行调节和控制。

5）卷取装置用来将柔性制品（如薄膜、软管、电线电缆等）卷绕成卷。

6）切割装置可将非柔性制品切成所需的长度（或宽度）。

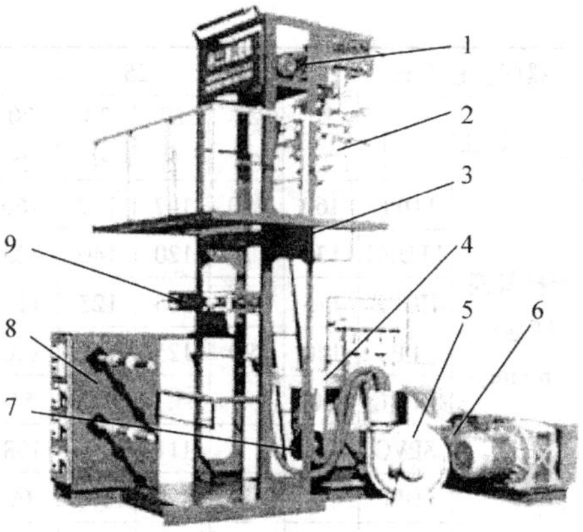

图 4-2 吹塑薄膜挤出机组

1—牵引装置 2—人字板 3—辅机机架 4—风环（冷却定型装置） 5—鼓风机 6—挤出主机 7—机头 8—卷取装置 9—电晕处理装置

（3）控制系统 挤出机的控制系统主要由电气元件、仪表和执行机构组成，其主要作用有：

1）控制挤出主、辅机的动力源（电动机），为挤出工艺提供所需的转速和功率。

2）对主、辅机的工艺参数（如温度、压力、挤出速率等）进行控制，保证成型工艺的稳定和制品质量。

3）实现整个挤出机组的自动控制，保证主、辅机协调地运行。

通常将挤出主机、辅机和控制系统三部分统称为挤出机组。通常主机在挤出机组中是最主要的部分，而主机中挤出系统又是最关键的部件；在辅机中，机头是最关键的部分。

三、挤出机的分类

随着塑料挤出成型工艺的广泛应用和发展，塑料挤出机的类型日益增多，分类方法也不尽相同。

按挤出螺杆的数量，可分为无螺杆挤出机（如柱塞式挤出机）、单螺杆挤出机、双螺杆和多螺杆挤出机。按螺杆在空间位置的不同，可分为卧式挤出机和立式挤出机。按螺杆的转速，可分为普通挤出机、高速和超高速挤出机。按挤出系统可否排气，可分为排气式挤出机和非排气式挤出机。按挤出机主要部件的结构和组合方式的不同，可分为整体式挤出机、组合式挤出机、双锥形螺杆挤出机、双阶式挤出机等。按用途不同，可分为造粒挤出机、型材挤出机、专用挤出机等。

目前，实际生产中较为常用的是卧式单螺杆非排气整体式挤出机，本章将以此为重点进行介绍。

四、单螺杆挤出机的技术参数及型号

1. 单螺杆挤出机的技术参数

体现挤出机工作性能的主要技术参数有螺杆直径 D、螺杆的长径比 L/D、螺杆转速范围、主螺杆的电动机功率、挤出机生产能力 Q、名义比功率、中心高、加热段数等。国家专业标准规定的单螺杆塑料挤出机的基本参数见表 4-1。

表 4-1 单螺杆塑料挤出机的基本

螺杆直径/mm		20		25		30		35		40		45		50		55	
长径比		20 25	28 30	20 25	28 30	20 25	28 30	20 25	28 30	20 25	28 30	20 25	28 30	20 25	28 30	20 25	28 30
螺杆最高转速/（r/min）	LDPE	160	210	147	177	160	200	120	134	120	150	130	155	132	148	127	136
	LLDPE	130	175	120	140	125	160	125	160	122	137	113	135	103	113	98	104
	HDPE	115	155	105	125	115	140	110	145	110	122	100	120	90	100	88	94
	PP	140	190	125	150	140	170	135	172	145	170	130	150	110	120	105	112
	HPVC	60		55.5		54		51		48		45		45		42	
	SPVC	120		111		108		102		96		90		90		84	
最高产量/（kg/h）	LDPE	4.4	6.5	8.8	11.7	16	22	16.7	22.7	22.7	33	33	45	45	56	56	66.7
	LLDPE	3.4	5.0	6.8	9.1	12.5	17.0	17.4	25.6	25.6	35	35	43	35	43	43	51
	HDPE	3.0	4.5	6.1	8.2	11.2	15.3	15.6	23.0	23.0	31.3	31.3	38.5	31.3	38.5	38.5	46.0
	PP	3.6	5.4	7.3	9.8	13.4	18.3	18.8	27.5	27.5	37.5	37.5	46	37.5	46.3	46.3	55
	HPVC	2		3.7		5.5		7.7		10.2		14.1		19.2		28.2	
	SPVC	2.8		5.4		8		11		14.8		20.4		27.8		40.7	
电动机功率/kW	LDPE	1.5	2.2	3	4	5.5	7.5	5.5	7.5	7.5	11	11	15	15	18.5	18.5	22
	LLDPE HDPE PP	1.5	2.2	3	4	5.5	7.5	7.5	11	11	15	15	18.5	15	18.5	18.5	22
	HPVC SPVC	0.8		1.5		2.2		3		4		5.5		7.5		11	
名义比功率/[kW/(kg/h)]	LDPE	0.34						0.33									
	LLDPE	0.44						0.43									
	HDPE	0.49						0.48									
	PP	0.41						0.40									
	HPVC	0.40						0.39									
	SPVC	0.28						0.27									
比流量/[(kg/h)/(r/min)]	LDPE	0.028	0.031	0.060	0.066	0.100	0.110	0.139	0.169	0.189	0.220	0.254	0.290	0.341	0.378	0.441	0.490
	LLDPE	0.026	0.029	0.057	0.065	0.100	0.106	0.139	0.160	0.210	0.255	0.310	0.319	0.340	0.381	0.439	0.490
	HDPE	0.027	0.029	0.058	0.065	0.098	0.109	0.142	0.159	0.209	0.256	0.313	0.321	0.348	0.385	0.438	0.489
	PP	0.026	0.028	0.058	0.065	0.096	0.108	0.139	0.160	0.190	0.221	0.288	0.307	0.341	0.386	0.441	0.491
	HPVC	0.040		0.081		0.122		0.151		0.213		0.375		0.513		0.807	
	SPVC	0.030		0.060		0.090		0.129		0.185		0.272		0.371		0.582	
机筒加热段数（推荐）				3			4	3	4	3	4	3	4	3			
机筒加热功率/kW	LDPE PP	≤3	≤4	≤3	≤4	≤5	≤6	≤5.5	≤6.5	≤6.5	≤7.5	≤8	≤9	≤9	≤11	≤10	≤13
	LLDPE HDPE	≤4	≤5	≤4	≤5	≤5	≤6	≤5.5	≤7	≤6.5	≤8	≤8	≤10	≤9	≤11	≤10	≤13
	HPVC SPVC	≤3		≤4		≤5		≤5		≤6		≤8		≤9		≤11	
中心高/mm		1000 500 350															

参数（JB/T　8061—1996）

60		65		70		80		90		100		120		150		200	
20 25	28 30	20 25	28 30	20 25	28 30	20 25	28 30	20 25	28 30	20 25	28 30	20 25	28 30	20 25	28 30	20 25	28 30
116	143	120	145	120	130	115	120	100	120	86	106	90	100	65	75	50	60
90	110	95	115	95	105	95	100	85	95	65	80	65	77	50	56		
80	97	85	105	85	94	87	90	80	90	60	75	64	72	45	50		
95	118	100	125	100	108	104	107	98	108	70	87	74	85	60	70		
39		39		36		36		33		30		27		21		15	
78		78		72		72		66		60		54		42		30	
66.7	90	90	120	112	136	140	156	156	190	172	234	235	315	410	500	625	780
51	70	70	93	86	105	107	119	119	143	130	378	178	238	314	380		
46	62	62	84	77	94	96	106	106	128	117	160	160	215	280	340		
55	75	75	100	93	113	115	128	128	154	140	192	192	255	338	410		
33.3		38.5		47.4		58		63		70		145		197		280	
48		55.6		68.5		85		92.3		115		210		288		420	
22	30	30	40	37	45	45	50	50	60	55	75	75	100	132	160	200	250
22	30	30	40	37	45	45	50	50	60	55	75	75	100	132	160		
13		15		18.5		22		24		30		55		75		100	
						0.32											
						0.42											
						0.47											
						0.39											
						0.38										0.36	
						0.26										0.24	
0.575	0.629	0.750	0.828	0.933	1.046	1.217	1.300	1.560	1.583	2.000	2.207	2.610	3.150	6.300	6.600		
0.567	0.636	0.737	0.809	0.905	1.000	1.126	1.190	1.400	1.505	2.000	2.225	2.738	3.091	6.280	6.786		
0.575	0.639	0.729	0.800	0.906	1.000	1.103	1.178	1.325	1.422	1.950	2.133	2.500	2.986	6.222	6.800		
0.579	0.636	0.750	0.800	0.930	1.046	1.106	1.196	1.306	1.426	2.000	2.207	2.595	3.000	5.633	5.857		
1.023		1.185		1.583		1.933		2.291		3.900		8.000		14.000		28.000	
0.738		0.854		1.142		1.417		1.678		2.300		4.667		8.600		18.000	
4										5			6		7		8
≤12	≤15	≤14	≤18	≤17	≤21	≤19	≤23	≤25	≤30	≤31	≤38	≤40	≤50	≤65	≤80	≤120	≤140
≤12	≤15	≤14	≤18	≤17	≤21	≤20	≤25	≤25	≤30	≤31	≤38	≤40	≤50	≤65	≤80		
≤13		≤16		≤18		≤23		≤30		≤34		≤45		≤72		≤125	
1 000 500										1 100 1 000 600							

（1）螺杆直径　指挤出螺杆的大径，用D表示，单位为mm。螺杆直径越大，则生产能力越强，它是挤出机的主要参数之一。螺杆的直径系列有20mm、25mm、30mm、35mm、40mm、45mm、50mm、55mm、60mm、65mm、70mm、80mm、90mm、100mm、120mm、150mm、165mm、200mm、250mm、300mm等。

（2）螺杆长径比　指螺杆工作部分的长度L与螺杆直径D的比值，用L/D表示，它是挤出机的重要参数之一。长径比越大，塑料熔体的塑化质量越好，挤出工艺的稳定性越好，产品质量越好。我国标准长径比为20∶1

（3）螺杆转速范围　指螺杆可获得稳定的最小和最大的转速范围，用$n_{min} \sim n_{max}$表示，单位为r/min。螺杆转速范围越大，对不同塑料材料和制品的适应性越好。

（4）主螺杆的电动机功率　用N表示，单位为kW。

（5）挤出机生产能力（产量）　用Q表示，单位为kg/h。它指加工某种塑料（如硬聚氯乙烯HPVC）时，每小时挤出的塑料量，是一个表征机器生产能力的参数。另外还有一个参数更能反映机器生产能力的大小，即比流量q(kg/h)，它指的是螺杆每转挤出的塑料量，其公式为

$$q = Q_S / n_S$$

式中，Q_S为实测生产能力（kg/h）；n_S为实测转速（r/min）。

（6）名义比功率　用$N' = N/Q_{max}$表示，单位为kW/(kg/h)。它是指每小时加工一千克塑料所需的电动机功率，是一个综合参数指标。

（7）螺杆的主要结构参数　螺杆是挤出机中最重要的零件之一，除上述介绍过的直径和长径比外，还有下面几个参数（图4-3）。

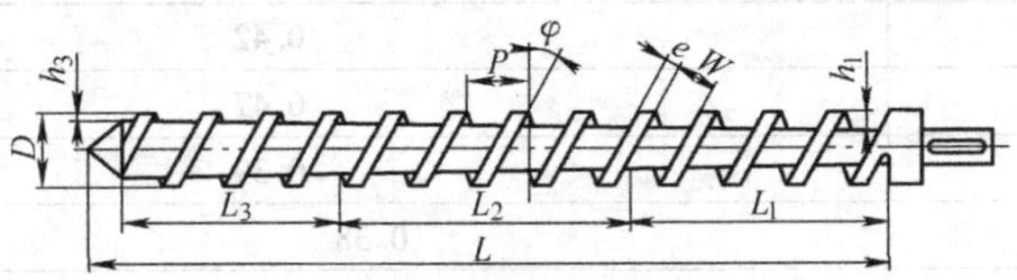

图4-3　螺杆结构参数

1）常规螺杆一般分为加料段、压缩段和均化段。加料段用L_1表示，由料斗加入的物料靠此段向前输送，并开始被压实；压缩段用L_2表示，物料在该段继续被压实，且向熔融状态转化；均化段为L_3（也称计量段），物料在此段呈粘流态，并使熔料均匀化。

2）螺槽深度通常是一个变化值。其中，加料段的螺槽深度一般为定值，用h_1表示；均化段的螺槽深度通常也为定值，用h_3表示；压缩段的螺槽深度为变化值（从加料段后端逐渐变化到均化段前端），用h_2表示，且它们之间有$h_1 > h_2 > h_3$的关系。

3）压缩比分为几何压缩比和物理压缩比。几何压缩比指螺杆加料段第一个螺槽容积与均化段最后一个螺槽容积之比，用ε表示。物理压缩比指塑料熔体的密度与塑料密度之比。设计螺杆时采用的几何压缩比应大于物理压缩比。

4）螺杆螺距的定义与普通螺纹相同，用P表示。

5）螺纹升角用ϕ表示。

6）螺纹线数用n表示。

7）螺棱宽度一般指沿轴向螺棱顶部的宽度，用e表示。

8）螺槽宽度指沿轴向螺槽顶部的宽度，用 W 表示。

2. 塑料挤出机的型号

按国家标准（GB/T 12783—2000）的规定，我国橡胶塑料机械产品的型号由产品代号、规格参数（代号）及设计代号三部分组成。其中，产品代号由基本代号和辅助代号组成，均用类、组、型别名称中有代表性的汉字拼音字母表示，二者之间用短横线“－”隔开，型号表示方法如下：

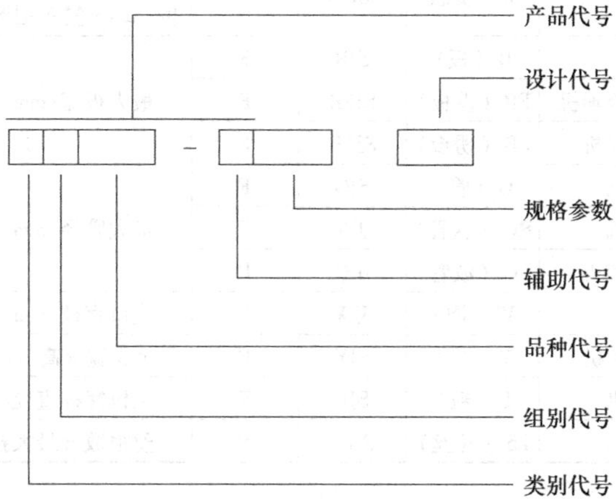

基本代号由类别代号、组别代号和品种代号三个小节顺序组成（见表4-2）。其中，品种代号由三个以下字母组成，基本品种不标注品种代号。辅助代号（见表4-3）用于表示辅机（代号为F）、机组（代号为Z）、附机（代号为U），主机不标注辅助代号。设计代号用于表示制造单位的代号或产品设计的顺序代号，也可以是两者的组合代号。使用设计代号时，在规格参数与设计代号之间加短横线“－”（当设计代号仅以一个字母表示时允许不加短横线），设计代号一般不使用字母I和O，以免与数字混淆。规格参数为设备的主参数，挤出机的主参数为螺杆直径×长径比（标准长径比不必标注）。

表4-2 塑料机械产品的基本代号

类别	组别	品种		产品代号		规格参数	备注
		产品名称	代号	基本代号	辅助代号		
塑料机械 S（塑）	挤出机 J（挤）	塑料挤出机		SJ		螺杆直径（mm）×长径比	长径比20∶1不标注
		塑料排气挤出机	P（排）	SJP			
		塑料发泡挤出机	F（发）	SJF			
		塑料喂料挤出机	W（喂）	SJW			
		双螺杆塑料挤出机	S（双）	SJS			
		双螺杆混炼挤出机	SH（双混）	SJSH			
		锥形双螺杆塑料挤出机	SZ（双锥）	SJSZ		小头螺杆直径（mm）	
		塑料鞋用挤出机	E（鞋）	SJE		工位数×挤出装置数	挤出装置数为1不标注
		多螺杆塑料挤出机		SJ		主螺杆直径（mm）×螺杆数	
		电磁动态塑化挤出机	DD（电动）	SJDD		转子直径（mm）	

表 4-3　塑料机械辅助代号

类别	组别	品种：产品名称	品种：代号	产品代号：基本代号	产品代号：辅助代号	规格参数	备注
塑料机械 S（塑）	挤出机 J（挤）	塑料挤出吹塑薄膜辅机	M（膜）	SJM	F	牵引辊筒工作面长度/mm	
		塑料挤出平吹薄膜辅机	PM（平膜）	SJPM	F		
		塑料挤出下吹薄膜辅机	XM（下膜）	SJXM	F		
		塑料挤出复合膜辅机	FM（复膜）	SJFM	F	牵引辊筒工作面长度/mm × 复膜层数	
		塑料挤出板辅机	B（板）	SJB	F	最大板宽/mm	
		塑料挤出低发泡板辅机	FB（发板）	SJFB	F		
		塑料挤出瓦楞板辅机	LB（楞板）	SJLB	F		
		塑料挤出硬管辅机	G（管）	SJG	F	最大管径/mm	
		塑料挤出软管辅机	RG（软管）	SJRG	F		
		塑料挤出波纹管辅机	BG（波管）	SJBG	F		
		塑料挤出网辅机	W（网）	SJW	F	模口直径/mm	
		塑料挤出异型材辅机	Y（异）	SJY	F	型材宽 × 高/(mm × mm)	
		塑料挤出造粒辅机	L（粒）	SJL	F	主机螺杆直径/mm	
		塑料挤出拉丝辅机	LS（拉丝）	SJLS	F	丝根数 × 最大拉伸倍数	

型号示例：SJ-150 表示螺杆直径为 ϕ150mm，长径比为 20∶1 的塑料挤出机。与 SJ-150 相配的辅机为 SJ-FM1700，表示上吹法、牵引辊筒工作长度为 1 700mm 的塑料吹塑薄膜辅机，其中 FM 为辅机代号。

第二节　挤出机的工作原理及控制参数

一、挤出机的工作原理

塑料挤出成型时，原料需经历玻璃态、高弹态、粘流态的三态变化，当熔体流经挤出机头后，进行冷却定型，使之凝固再次回到玻璃态。如图 4-4 所示，塑料自料斗进入螺杆后，在螺杆的旋转作用下，物料向前输送。在螺杆加料段，松散的固体物料（粒料或粉末）充满螺槽，随着物料的不断向前输送，固体物料被压实。当物料进入压缩段后，由于螺杆螺槽深度逐渐变浅及机头的阻力作用，塑料所受的压力逐渐升高，并被进一步压实。与此同时，在料筒外加热和由螺杆与料筒内表面对物料的强烈搅拌、混合和剪切摩擦所产生的剪切热的共同作用下，塑料的温度不断升高，部分塑料在温度达到熔点后开始熔融。随着物料的输送，继续加热，熔融的物料量逐渐增多，而未熔融物料量相应减少。在接近压缩段的末端时，全部物料都将转变为粘流态，但此时各点温度尚不均匀，经过均化段的均化作用后熔体温度变得较均匀，最后由螺杆将熔融物料定量、定压、定温地挤入机头。物料通过机头后获得一定的截面形状和尺寸，再经过冷却定型等工序，便可获得所需

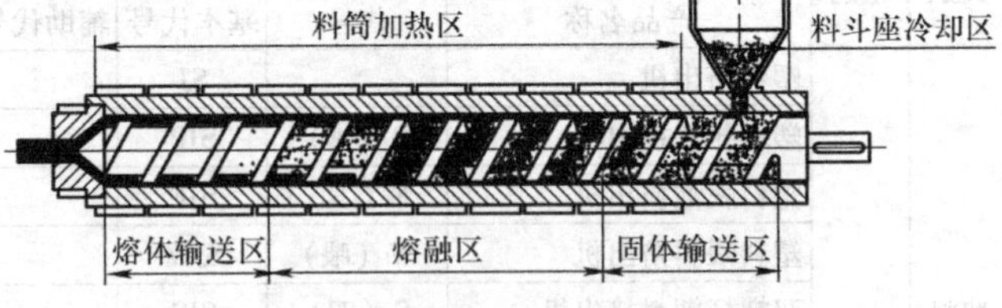

图 4-4　塑料挤出成型的基本原理

的塑料挤出制品。

通常将塑料在料筒内的塑化熔融和挤出过程分为固体输送区、熔融区和熔体输送区。每个区域塑料原料的塑化和向后端的流动规律分别遵循不同的理论模型，随着科学技术的发展及科研手段的更新，塑料挤出成型理论研究还在不断地更新和发展。目前比较公认的理论是固体输送区遵循固体输送理论、熔融区遵循熔融理论和熔体输送区遵循熔体输送理论，详细情况可参见相关资料。

二、挤出成型过程的控制参数

描述挤出成型过程的参数有温度、压力、挤出速率（或称挤出量、产量）和能量（或称功率）。

1. 温度

塑料从玻璃态（粒料或粉料）转变为粘流态，再由粘流态熔体成型为玻璃态的挤出制品要经历一个复杂的温度变化过程。以物料沿料筒挤出方向为横坐标，以温度为纵坐标，将各点的物料温度、螺杆和料筒温度值绘制成曲线，就可得到温度轮廓曲线，如图 4-5 所示。为获得高产量和高质量的挤出制品，每一种物料的挤出过程都应有一条合适的温度轮廓曲线，对于不同物料和不同制品的加工，温度轮廓曲线有所不同。物料在挤出过程中的热量主要来源于两方面，即剪切摩擦热和料筒外部加热器提供的热量，温度的调节主要依靠挤出机的加热冷却系统和控制系统。通常，为提高物料的输送能力，加料段温度不宜过高（还要对料斗座区域进行强制冷却）；而在压缩段和均化段，为促进物料熔融、均化，物料的温度可设定得较高。

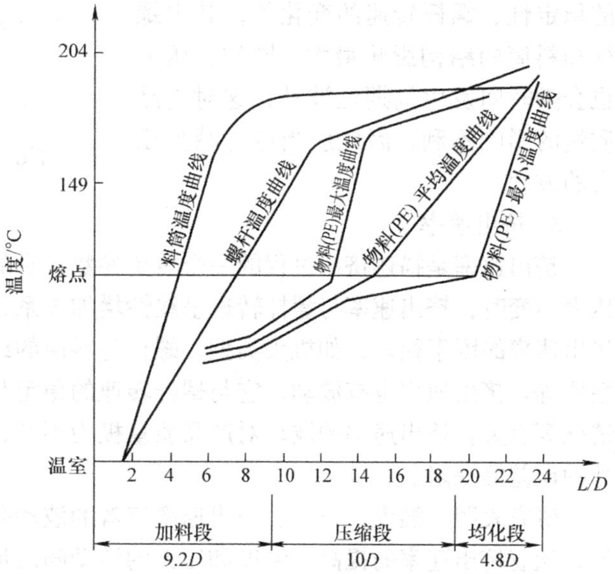

图 4-5　温度轮廓曲线

由图 4-5 可知，物料、料筒和螺杆的温度轮廓曲线是不同的，且通常实际测得的温度轮廓曲线是料筒的而非物料的温度轮廓曲线，物料的温度测量相对困难。

图 4-5 所示的温度轮廓曲线只是稳定挤出过程的宏观表现，实际在稳定挤出过程中，各测点温度相对于时间是一个周期性变化的值，该温度的波动反映了物料沿流动方向的温度变化，称为轴向温差，其波动值有时可达 ±10℃。同样，垂直于物料流动方向的截面各点之间也有温差，称为径向温差。通常，机头或螺杆头部的温度变化将直接影响挤出制品的质量，它会导致制品产生残留应力、强度不均匀、表面灰暗无光泽等缺陷。因此，应尽可能减少或消除温度的波动和截面温度的不均匀。

产生温度波动和温差的原因很多，如加热冷却系统的不稳定，螺杆转速的变化等，但以螺杆结构设计的优劣影响最大。

2. 压力

由于螺槽深度的改变，分流板、过滤网和机头等产生的流动阻力，沿料筒轴线方向物料内部会建立起不同的压力，压力的建立是物料熔融、稳定挤出成型的重要条件之一。将沿料筒轴线方向测得的各点物料压力值作为纵坐标，以料筒轴线为横坐标，可得到压力轮廓曲线，如图4-6所示。

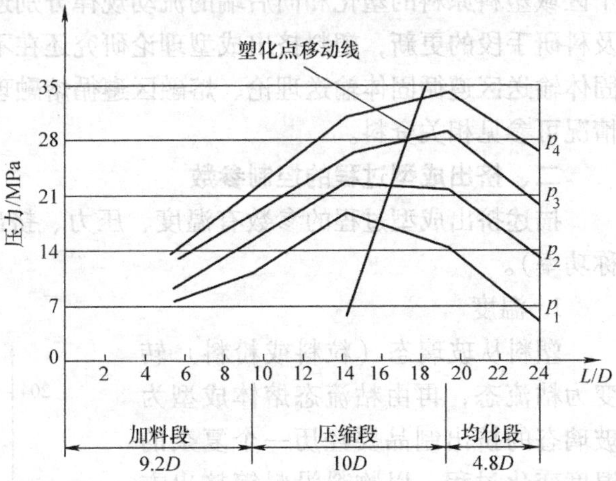

图4-6　压力轮廓曲线（机头压力 $p_1 < p_2 < p_3 < p_4$）

影响各点压力数值和压力轮廓曲线形状的因素很多，如塑料材料、机头、分流板、过滤网的变化、加热冷却系统的稳定性、螺杆转速的变化等，其中螺杆和料筒的结构影响最大。同样，压力也会随时间发生周期性波动，这对制品质量的影响不利，因此应当尽量减少压力的波动。

3. 挤出速率

挤出速率是描述挤出过程的一个重要参数，它的大小表征了设备生产率的高低。当机头压力不变时，挤出速率与螺杆转速呈线性增加关系，它常用来衡量挤出机性能的优劣。影响挤出速率的因素很多，如机头类型、螺杆与料筒的结构、螺杆转速、加热冷却系统和物料的性质等。挤出速率也有波动，它与螺杆转速的稳定与否、螺杆结构、温控系统的性能、加料情况等有关。挤出速率的波动对产品质量极为不利，它会造成制品的致密度、几何形状和尺寸的误差等缺陷。

研究表明，温度、压力、挤出速率三者的波动并不是孤立的，而是互相制约、互相影响的，随着挤出速率的提高，温度和压力的波动随之加剧，从而限制了挤出生产产量的提高。

第三节　挤出机的主要零部件

一、螺杆

挤出机的生产能力、塑化质量、熔体温度、动力消耗等主要取决于螺杆性能。

1. 评价螺杆性能的标准和设计螺杆时应考虑的因素

（1）评价螺杆性能的标准

1）塑化质量。制品质量不但与机头、辅机有关，还与螺杆的塑化质量关系密切。螺杆挤出熔体温度的不均、轴向压力波动大、径向温差大、着色剂和其他添加剂分散不均匀等，都直接影响挤出制品的质量。

2）产量。在保证塑化质量的前提下，产量越高，表明螺杆的塑化性能越好。

3）名义比功率单耗。在保证塑化质量的前提下，单耗越小螺杆性能越好。

4）适应性。指螺杆对加工不同塑料材料，匹配不同机头和不同制品的适应能力。通常适应性的增强往往伴随着塑化效率的降低。因此，螺杆的性能应兼顾适应性和塑化效率两方面。

5）制造难度。螺杆的结构必须易于加工制造，成本低。

（2）螺杆设计时应考虑的因素　螺杆设计主要应综合考虑以下因素：

1）物料特性及原料的几何形状、尺寸、温度状况。不同物料的物理特性和加工性能都有较大差别，对螺杆的结构和参数也有不同的要求。

2）机头结构形状和阻力特性。机头特性与螺杆特性要很好地匹配，才能获得满意的挤出效果。例如，若机头阻力高，则一般要配以均化段螺槽深度较浅的螺杆；而机头阻力低时，则需与均化段螺槽较深的螺杆匹配。

3）料筒结构形式和加热冷却情况。由固体输送理论可知，在加料段料筒内壁上加工出锥度和纵向沟槽并进行强力冷却，可大大提高固体输送效率。若采用这种结构形式的料筒，设计螺杆时必须在熔融段和均化段采取相应措施，使熔融速率、均化能力与加料段的输送能力相匹配。

4）螺杆转速。由于物料的熔融速率在很大程度上取决于剪切速率，而剪切速率与螺杆转速有关，故螺杆设计时必须考虑这一因素。

5）挤出机的用途。设计前应考虑挤出机是用于加工塑料挤出制品，还是用作混炼、造粒或喂料等其他用途，不同用途的挤出机螺杆在结构上会有所区别。

2. 常规全螺纹三段式螺杆的设计

所谓常规全螺纹三段式螺杆是指螺杆由加料段、压缩段和均化段组成，挤出过程完全依靠螺纹来完成的一种螺杆，它出现最早，应用也最广。这类螺杆的设计包括螺杆类型、直径、长径比、螺杆分段及各段参数、螺杆与料筒间隙等的确定。

（1）螺杆类型的确定　按螺槽深度从加料段较深向均化段较浅的过渡情况不同，常规三段式螺杆可分为渐变型和突变型螺杆两种，如图4-7所示。渐变型螺杆是指螺槽深度在较长的一段螺杆上逐渐变浅的一种螺杆结构；突变型螺杆是指螺槽深度在较短的螺杆长度上突然变浅的螺杆结构。

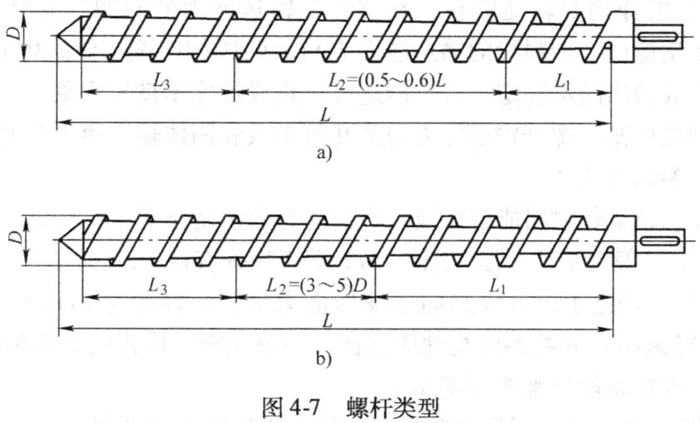

图4-7　螺杆类型

a）渐变型螺杆　b）突变型螺杆

渐变型螺杆具有较长的压缩段（约占螺杆总长的一半以上），大多用于非结晶型塑料的加工。它对大多数物料能够提供较好的热传导，对物料剪切作用较小，其混炼特性不是很好，适用于热敏性塑料的加工，也可用于部分结晶性塑料的加工。

突变型螺杆具有较短的压缩段（甚至可达 $L_2=(1\sim2)D$），能对物料产生强烈的剪切作用，适用于熔点突变、粘度低的塑料，如尼龙、聚烯烃类等，对于高粘度的塑料容易引起局部过热，所以不适用于聚氯乙烯等热敏性塑料的加工。

（2）螺杆直径的确定　螺杆直径是螺杆的一个重要参数，它能表征挤出机挤出能力的大小。螺杆直径的大小一般根据所加工制品的断面尺寸、塑料种类、所需挤出量来确定，采用大直径螺杆生产小截面制品是不经济的，所选的螺杆直径应符合系列值。表4-4列出了螺杆直径与挤出制品尺寸间的经验统计关系。我国螺杆直径已经标准化，常用的挤出螺杆直径系列见表4-1。

表4-4　螺杆直径与挤出制品尺寸间的经验统计关系　（单位：mm）

螺杆直径	30	45	65	90	120	150	200
硬管直径	3 ~ 30	10 ~ 45	20 ~ 65	30 ~ 120	5 ~ 180	80 ~ 300	120 ~ 400
挤板宽度			400 ~ 800	700 ~ 1200	1000 ~ 1400	1200 ~ 2500	

（3）螺杆长径比的确定　螺杆长径比与螺杆转速一起影响着螺杆的塑化质量，它是螺杆的重要参数之一。长径比加大后，螺杆的长度增加，塑料在料筒中停留的时间长，塑化更充分、均匀，提高了制品的质量。在此前提下，可以提高螺杆转速，以提高挤出量，增强挤出机的适用性，扩大加工范围。当加大 L/D 时，螺杆的 L_3 段增长，压力流和漏流会减少，挤出量增加。但加大 L/D 后，螺杆、料筒的加工和装配难度会增加，且螺杆太长容易变形，造成与料筒的配合间隙不均，有时会使螺杆刮磨料筒，影响挤出机的寿命；另外，挤出机占地面积会增大，成本增高。因此，应力求在较小的长径比下，获得高产量和高质量，目前常用的长径比范围为20~30。

（4）螺杆分段及各段参数的确定　由挤出过程可知，物料在加料段、压缩段、均化段中的工作状态是不同的，对螺杆各段的功能要求也不同。因此，每段几何参数的选择，应按各段的功能作用及整根螺杆各段间的关系来确定。

1）加料段。它的作用是输送物料，其核心是输送能力的问题。无论是熔体控制型螺杆，还是加料控制型螺杆，加料段的输送能力应与后两段相匹配，使熔体充满均化段螺槽，过多或过少都会造成挤出的不稳定，有可能造成过热或塑化不良等现象。

由固体输送理论可知，螺杆输送能力与其几何参数和固体输送角 θ 有关，而影响 θ 的因素通常与螺杆几何参数有关。

① 螺纹升角 ϕ。从固体物料能获得最大输送能力的角度出发，$\phi=30°$ 时为最佳，但实际上为了加工的方便，一般取螺纹升程（螺距）Ph 等于螺杆直径 D，此时螺纹升角 $=17°42'$。

② 螺槽深度 h_1。理论上，h_1 大则固体输送能力就大。在确定 h_1 时要考虑螺杆的强度（因螺杆加料段根径最小）和物料的物理压缩比。一般先确定均化段螺槽深度 h_3，再由螺杆的几何压缩比来计算加料段的螺槽深度 h_1。

③ 加料段长度 L_1 的确定。根据经验数据，加料段长度 L_1 占螺杆有效工作长度 L 的百分比为

非结晶型塑料：$L_1=(0.1\sim0.25)L$

结晶型塑料：$L_1=(0.3\sim0.65)L$

2）压缩段。其作用是进一步压实和熔融物料，故该段螺杆各参数的确定应以此为目的。压缩段螺杆参数中有两个重要概念，一个是螺杆根径变化的渐变度，另一个是压缩比。

螺杆根径的渐变度用 A 表示，即

$$A = \frac{h_1 - h_3}{L_2} \tag{4-1}$$

式中，A 是渐变度；h_1、h_3 分别为加料段和均化段的螺槽深度；L_2 是压缩段的长度。

由熔融理论可知，渐变度起着加速熔融的作用，应当使渐变度与固体的熔融速率相适应。如果渐变度大，而熔融速率低，螺槽就有被堵塞的可能；反之，均化段螺槽就有可能不完全充满熔体，这两种情况都会导致产量（挤出速率）的波动。但熔融速率一般事先未知，故难以直接确定渐变度，设计时仍多采用压缩比的概念。

压缩比 ε 的表达式为

$$\varepsilon = \frac{(D - h_1)h_1}{(D - h_3)h_3} \tag{4-2}$$

压缩比的作用与渐变度相同，它将物料压缩、排除气体、建立必要的压力，使物料加速熔融。压缩比分为几何压缩比（指螺杆）和物理压缩比（指塑料），设计螺杆时，几何压缩比应大于物料的物理压缩比。这是因为在确定几何压缩比时，除应考虑塑料熔融前后的密度变化之外，还应考虑在压力作用下熔料的可压缩性和塑料的回流等因素。物理压缩比与物料的性质有关，表 4-5 列出了常用塑料挤出螺杆的几何压缩比。

表 4-5　常用塑料挤出螺杆的几何压缩比

塑料名称	压缩比	塑料名称	压缩比
HPVC（粒）	2.5（2~3）	ABS	1.8（1.6~2.5）
HPVC（粉）	3~4（2~5）	POM	4（2.0~4）
SPVC（粒）	3.2~3.5（3~4）	PC	2.5~3
SPVC（粉）	3~5	PPO	2（2~3.5）
PE	3~4	PSU（片）	2~3
PP	3.7~4（2.5~4）	PSU（膜）	3.7~4
PS	2~2.5（2.0~4）	PSU（管、型材）	3.3~3.6
PMMA	3	PA6	3.5
CA	1.7~2	PA66	3.7
PET、PBT	3.5~3.7	PA11	2.8（2.6~4.7）
PCTFE	2.5~3.3（2~4）	PA1010	3
FEP	3.6	PH	2.5~4

压缩段的长度 L_2 目前国内多根据经验确定，它与塑料的性质有关。

对于非结晶型塑料：$L_2 = (0.5 \sim 0.6)L$

对于结晶型塑料：$L_2 = (3 \sim 5)D$

3）均化段。其作用是将来自于压缩段的已熔融塑料定压、定量、定温地挤入机头。均化段有两个重要参数，即螺槽深度 h_3 和均化段长度 L_3。影响螺槽深度 h_3 和长度 L_3 的因素较多，目前主要以经验方法确定。

螺槽深度的经验公式为

$$h_3=(0.025\sim0.06)D$$

式中，D是螺杆直径。

对于螺杆直径较小者，加工粘度低，热稳定性较好的塑料，或者机头压力大者，取小值；反之取大值。

螺槽长度的经验公式为

$$L_3=(0.2\sim0.25)L$$

对于热敏性塑料（如PVC），L_3应取得短些；对于高速挤出，L/D要取得大些，相应L_3取大些，以适应其定量、定压挤出和进一步均化的要求。

（5）螺杆与料筒间隙δ_0的确定　因为熔体的漏流随着δ_0^3的增大而增加，所以δ_0太大会影响挤出量。实践表明，当δ_0因磨损等原因增大至均化段螺槽深度h_3的15%时，该螺杆将报废。

对于不同的物料，应选择不同的δ_0值。例如，由于PVC对温度敏感，δ_0小会使剪切作用增强，易造成过热分解，故宜选得大些；对于低粘度的非热敏性塑料，应当选尽量小的间隙，以增强剪切作用，减少漏流。当然当δ_0太小时，螺杆磨损会加剧，也不利于正常工作。我国对挤出机系列推荐的δ_0值见表4-6。通常螺杆直径大、物料粘度大时，取大值；螺杆直径小、物料粘度小时，可取较小值。

表4-6　螺杆与料筒的间隙（JB/T　8061—1996）　　　（单位：mm）

螺杆直径	20	25	30	35	40	45	50	55	60
最小间隙	0.08	0.09	0.10	0.11	0.13	0.15	0.15	0.16	0.16
最大间隙	0.18	0.20	0.22	0.24	0.27	0.30	0.30	0.32	0.32

螺杆直径	65	70	80	90	100	120	150	200	
最小间隙	0.18		0.20	0.22		0.25	0.26	0.29	
最大间隙	0.35		0.38	0.40		0.43	0.46	0.51	

（6）螺杆其他参数的确定　螺杆螺纹的线数有单线、双线或多线。多线螺纹的螺杆塑化质量较好，多用于挤出软管和薄膜，但物料在多线螺纹中不易均匀充满，易造成熔体压力的波动。所以，一般挤出机大都采用单线螺纹的螺杆。

对于螺纹棱部宽度e，通常取$e=(0.08\sim0.12)D$。e太小会使漏流增加，导致产量降低，特别是低粘度熔体更是如此；e太大将增加螺棱上的动力消耗，并且有局部过热的危险。

（7）螺杆头部结构和螺纹断面形状　当塑料熔体从螺旋槽进入机头流道时，其料流形态急剧改变，即由螺旋带状的流动变为直线运动。为了得到较好的挤出质量，要求物料尽可能平稳地从螺杆头部进入机头，同时要避免物料局部受热时间过长（滞料）而产生热分解等现象，这与螺杆头部形状、螺杆末端螺纹形状、机头体中的流道及分流板的设计有关。目前国内外常用的螺杆头部结构形式如图4-8所示，较钝的螺杆头会因物料在螺杆头前端停滞而有过热分解的危险，即使稍有曲面和锥面的螺杆头，通常也难以防止过热分解现象。为此，对于这类的螺杆头，一般要求装配分流板（图4-8a～f）。图4-8g所示为斜切截锥体式螺杆头，其端部有一个椭圆平面，当螺杆转动时，它能对料流进行搅动，物料不易因滞流而产生分解。图 4-8h 所示为光滑鱼雷头结构，其与料筒的间隙通常小于前面的螺槽深度 h_3，而大于螺杆与料筒的间隙 δ_0，有时鱼雷头表面还开有轴向沟槽。它有良好的混合剪切作用，能增加流体压力和消除波动现象，常用来挤出粘度较大、导热性不良的塑料。图 4-8i 所示是一种锥部带螺纹的螺杆头，它能使物料借助螺纹的作用而运动，主要用于电线和电缆的挤出。

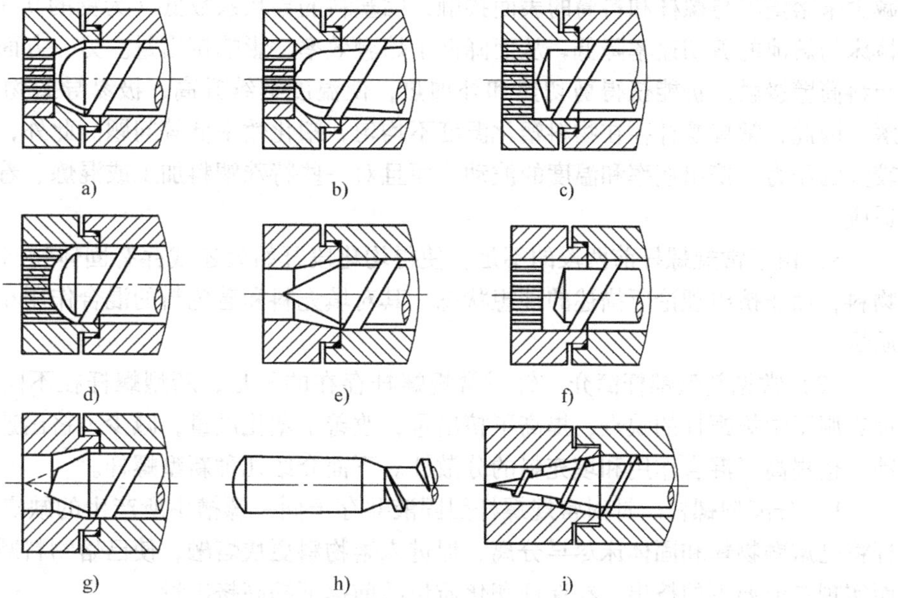

图 4-8　螺杆头部的结构

a）球形　b）锥球形　c）圆锥形　d）球缺形　e）尖锥形　f）偏锥形　g）斜切截锥形　h）鱼雷头形　i）锥螺纹形

常见螺杆螺纹的断面形状有矩形和锯齿形两种，如图 4-9 所示。前者在螺槽根部有一个很小的过渡圆角半径，其螺槽容积较大，适用于加料段；后者能改善塑料流动状态，有利于搅拌塑化，减少物料的滞留，适用于压缩段和均化段。

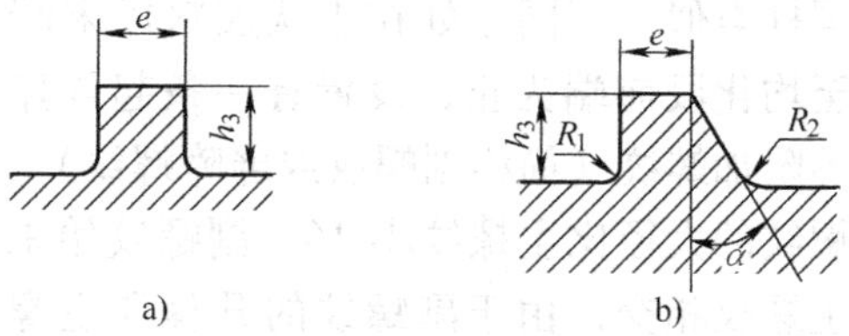

图 4-9　螺纹断面形状

a）矩形断面　b）锯齿形断面

3. 螺杆材料

由于螺杆是在高温、大转矩、强烈摩擦并有一定腐蚀性的环境下工作，因此必须选用耐高温、高强度、耐磨损、耐腐蚀的优质钢材制造，且所选材料还应具有切削性能好，热处理残留应力小，热变形小等特点。常用的螺杆材料有 45 钢、40Cr、渗氮钢 38CrMoAl 等。45 钢价格便宜，加工性好，但耐磨、耐腐蚀性能差；40Cr 的性能优于 45 钢，但两者通常需要在表面镀铬，以提高其耐磨和耐腐蚀能力。38CrMoAl 的综合性能较优异，应用较广泛，其渗氮处理的渗氮层深度应达 0.4～0.6mm，螺杆外表面硬度应达 700～940HV，脆性不大于 2 级。此外，螺杆材料还可选用其他合金结构钢，如 42CrMo 等，或者在常用材料的螺纹上加（喷涂、堆焊）耐磨合金，也可采用镀硬铬等技术处理。

4. 新型螺杆

新型螺杆是相对于常规三段式全螺纹螺杆而言的，是指在常规螺杆的基础上不断改进而获得的螺杆。

(1) 常规全螺纹三段式螺杆（普通螺杆）的不足　常规螺杆使用过程中存在一些不足。

1) 常规螺杆加料段的固体输送能力差，物料压力的建立主要依赖于机头的阻力，而提高机头阻力，将降低挤出机的生产能力。加料段压力的形成缓慢，致使固体床熔融点推迟。

2) 常规螺杆压缩段螺槽内的物料同时有固体床和熔池存在，熔融塑料将固体床包裹，减少未熔塑料与螺杆和料筒的表面接触，因塑料的导热系数低（为钢的 0.3% ~1%），且固体床与熔池的剪切速率降低，从而降低了熔融效率，影响挤出量。另一方面，已熔物料继续与料筒壁接触，仍能获得剪切热和外加热，使温度继续升高，极易导致物料的局部过热分解。因此，常规螺杆存在物料塑化温度不均匀，塑化效率低等问题。此外，常规螺杆还存在较大的压力、挤出速率和温度的波动；而且对一些特殊塑料加工或混炼、着色也不能很好地适应。

3) 由于常规螺杆前两段的不足，使得均化段开始处还残存有固体物料，需进一步熔融物料，而非挤出理论所描述的理想状态，其对填充料和着色料的混合作用小，影响了挤出的质量。

(2) 常见新型螺杆简介　针对常规螺杆存在的不足，新型螺杆在不同方面、不同程度地克服了常规螺杆的缺点，提高了挤出量，改善了塑化质量，减少了挤出速率和压力等的波动，也提高了混合作用和填充料的分散性。下面介绍几种新型螺杆。

1) 分离型螺杆。针对常规螺杆因固液共存于同一螺槽中所产生的缺点，采用分离型螺杆将已熔融物料和固体床尽早分离，促进未熔物料更快熔融，使已熔物料减少剪切作用，从而实现较低温下的挤出，在保证塑化质量的前提下提高挤出量。

① 分离型螺杆的基本结构。图 4-10 为分离型螺杆的结构，其加料段和均化段与常规螺杆类似，不同之处在于从加料段末端开始至均化段前端为止，设置有一条起屏障作用的附加螺纹（简称副螺纹或屏障螺纹）。附加螺纹的大径比主螺纹小 $2G$，副螺纹始末端与主螺纹相交，由于副螺纹的升程和主螺纹不同，因此在副螺纹的后缘与主螺纹推进面之间形成了液相槽，其宽度由窄逐渐变宽，最后与均化段螺槽相连接。副螺纹推进面与主螺纹的后缘之间的空间称为固相槽，其宽度由宽逐渐变窄，固相槽与加料段螺槽相通。固相槽和液相槽的深度都是从加料段末端的螺槽深度 h_1 逐渐变化到均化段螺槽深度 h_3。副螺纹大径与料筒内壁形成的径向间隙 Δ 只允许熔料通过，而未熔固体颗粒不能通过。

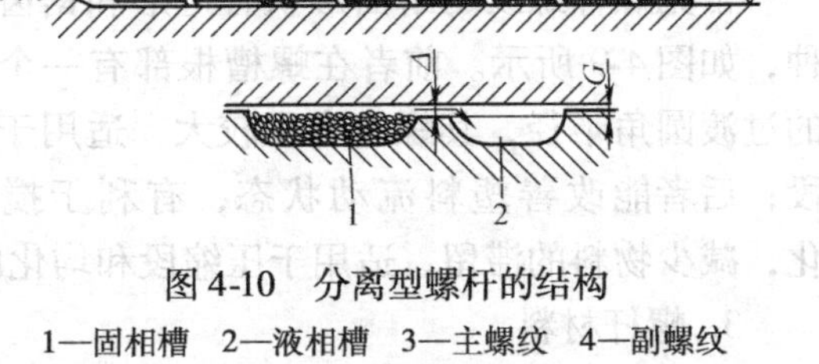

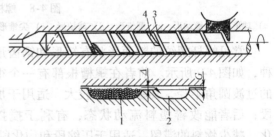

图 4-10　分离型螺杆的结构

1—固相槽　2—液相槽　3—主螺纹　4—副螺纹

② 分离型螺杆的工作原理。如图 4-11 所示，加料段螺槽中物料的温度较低，尚未出现熔融现象（图 4-11a）；当物料到达加料段末端时，在料筒表面和螺棱推进面处开始出现熔膜（图 4-11b），但此时还未完全形成熔池；当物料继续前进并形成熔池时（图 4-11c），开始设置附加螺纹，固体床迫使熔池中的熔料越过副螺纹顶端的间隙 Δ 进入液相槽。在此之后，沿着固相槽，固体床与料筒壁上的熔膜进行热交换，形成的熔料不断越过间隙 Δ 流向液相槽（图 4-11d ~ g）。这一过程固相槽的深度和宽度逐渐缩小，而液相槽的宽度变宽、深

度变浅，副螺纹结束时，全部变为液相槽（图4-11h）。可见，固体床在熔融过程中与四个表面（料筒内壁、螺槽两侧面和螺槽底面）接触，在剪切和外加热的作用下，熔融速度加快。由于熔体及时被分离，固体床不会产生破碎，而且熔料越过间隙 Δ 时还会受到一定的剪切作用而进一步熔融塑化，即使有微小的颗粒尚未熔融，进入液相槽后也容易与熔料进行热交换而熔融。同时，熔料在液相槽中可以进一步受到剪切作用而均化。

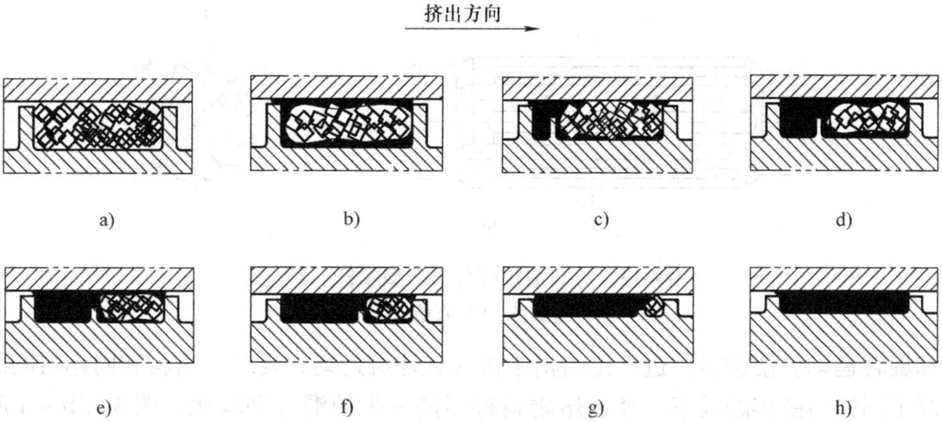

图4-11　分离型螺杆的工作原理

③ 分离型螺杆的工作特性。设计合理的分离型螺杆具有以下特性：

a. 挤出物均匀。挤出物均匀性的提高是由于分离型螺杆没有固体床破碎现象，并且固、液相槽分开，熔料的流动不受固相的影响，减少了均化段熔料流动的倒流。

b. 生产能力高、功率消耗少。分离型螺杆的熔融速率比常规螺杆快得多，且由于均化段 h_3 比常规螺杆深，在相同转速下，其生产能力高，单耗少。

c. 排气性能好。由于固体床不破碎，因此不会出现固体床碎片被熔体包围的现象，固体床中气体可从料斗中顺利排出。

d. 挤出速率和温度波动均较小，塑化质量好。由于分离型螺杆的料筒内较少出现不规则的压力波动，螺杆受力均匀，而且主螺纹的侧面经常保持有熔料，润滑效果好，因此塑化质量好。

由于分离型螺杆具有上述优点，故在国内外得到了广泛应用。

2）屏障型螺杆。它是在螺杆的某处设置屏障段，使未熔固体颗粒不能通过，并促使固体料熔融的一种新型螺杆，它是由分离型螺杆演变而来的。通常屏障段都设置在靠近螺杆的头部，故又常称为屏蔽头。图4-12所示为分离型螺杆与屏障型螺杆的对比。

① 屏障型螺杆的基本结构。它是在一段外径等于螺杆直径的圆柱体上交替开出数量相等的进、出料槽，如图4-12b所示。按螺杆转动的方向，进入料槽前面的凸棱比螺杆大径小一个径向间隙 G，G 称为屏障间隙，这是每一对进、出料槽的唯一通道，这条凸棱称为屏障棱。屏障段有时可与螺杆分体加工，两者用螺纹联接，以方便替换，从而得到最佳的匹配方案。

② 屏障型螺杆的工作原理。如图4-13a所示，当物料从压缩段进入均化段后，含有未熔固体颗粒的熔体在流到屏障型混炼段时，被分成若干股料流进入混炼段的进料槽，熔料和粒度小于屏障间隙 G 的固体料越过屏障棱进入出料槽。塑化不良的小粒料越过间隙 G 时受到了剪切作用，大量的机械能转变为热能，使物料熔融。另外，进、出料槽中的物料同时做轴

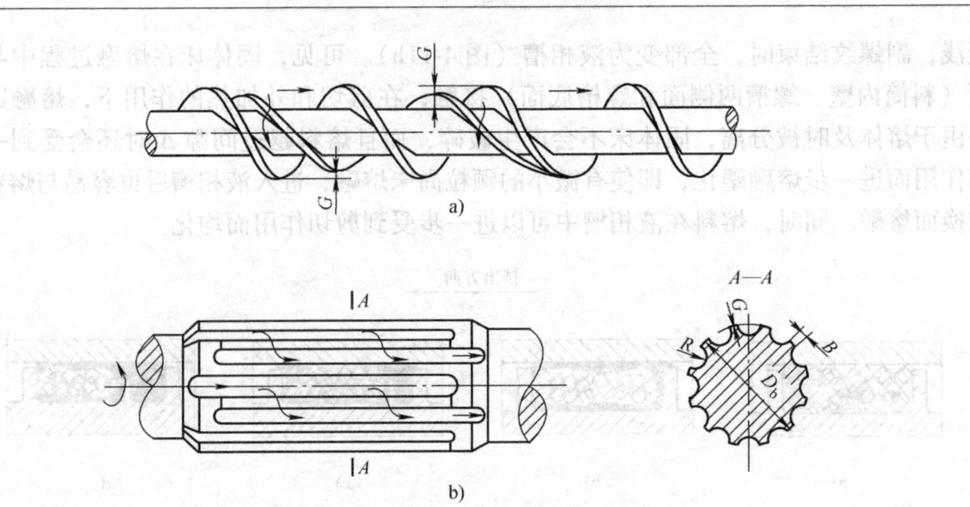

图 4-12　分离型螺杆与屏障型螺杆的对比
a）分离型螺杆　b）直槽屏障型螺杆

向运动和旋转运动，使物料在进、出料槽中做涡状环流运动，促进了熔料和固体料间的热交换，提高了固体料的熔融效率，使已熔物料得到进一步的混合和均化。图 4-13b ~ d 所示为不同结构形式的屏障型螺杆结构。

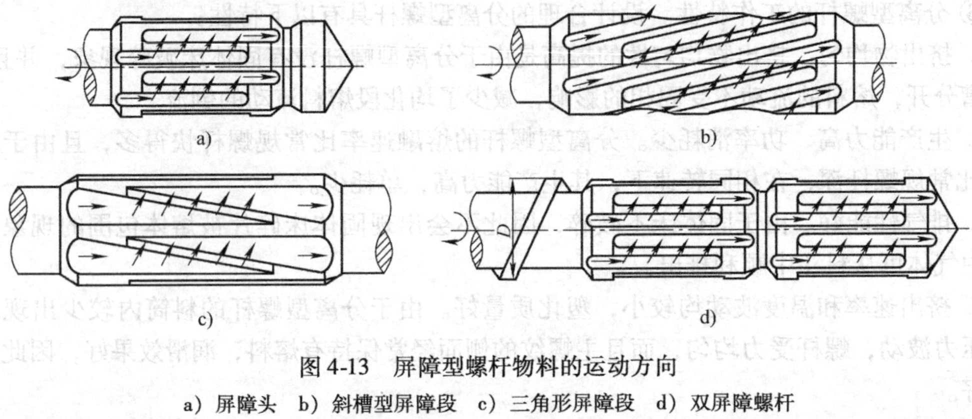

图 4-13　屏障型螺杆物料的运动方向
a）屏障头　b）斜槽型屏障段　c）三角形屏障段　d）双屏障螺杆

3）分流型螺杆。它是在常规螺杆的某一段上设置分流元件（如凸起的销钉、沟槽或孔道等），将螺槽内的料流反复分割，以改变物料的流动状态，促进熔融，增强混炼和均化效果的一种新型螺杆。图 4-14 所示螺杆是在常规螺杆的压缩段或均化段设置销钉的一种螺杆，称为销钉螺杆。图 4-15 所示螺杆是在螺杆的均化段设置斜孔起分流作用的一种孔道型分流螺杆，国外称为 DIS 螺杆。

这类螺杆与分离型和屏障型螺杆的工作原理有所不同，它利用设置在螺杆上的销钉或孔道将含有固体颗粒的熔料流分成许多小料流，然后又混合在一起，经过以上的反复过程达到使物料塑化均匀的目的，所以称为分流型螺杆。

孔道型分流螺杆的结构如图 4-15a 所示，在该段的圆周上设置有若干个进料槽和出料槽，进料槽具有与螺杆的螺纹线相同的螺旋角，其进、出料槽间按一定规律以小孔通道连接，物料到达该段时被进料槽分成若干股，各股料分别通过各自的小孔通道进入出料槽，由出料槽流出的各股料流在合并室（混炼区）汇合。另外，孔道型分流螺杆在分流道中有换位作用（图4-15b），原来在进料槽中的小股料流外层（靠近料筒壁，用实线箭头表示）经过分流孔之后，在出料槽中变为内层，而原来内层的物料，在出料槽中变为外层（如虚线箭头表示）。各条分流通道都是如此，这有助于物料的分散混合作用。

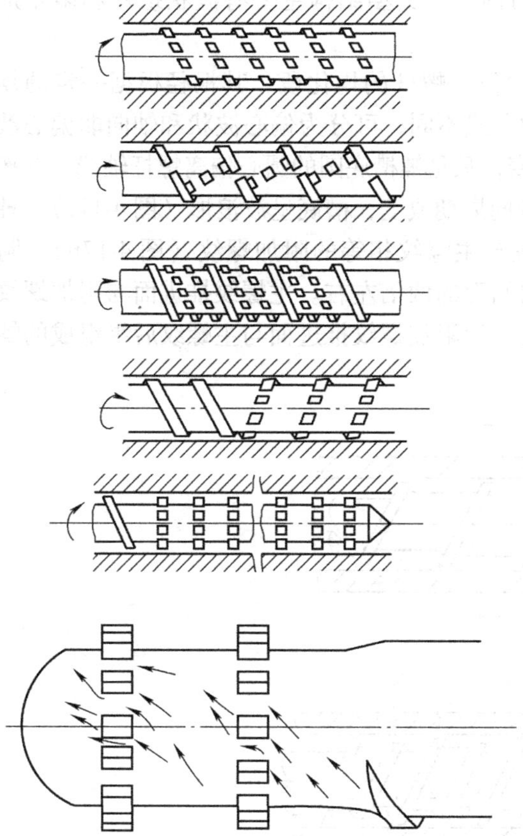

图4-14　销钉螺杆和销钉的分流作用

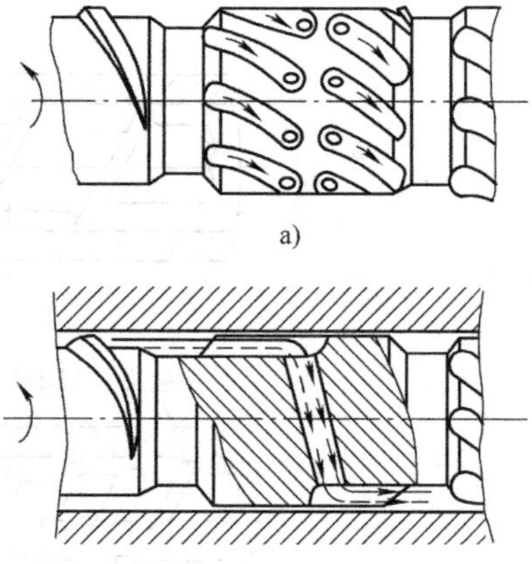

图4-15　孔道型分流螺杆

a）孔道型分流螺杆的结构　b）物料在流道中的流动

图4-16所示为模腔传递混合器（简称CTM）螺杆的结构图，螺杆的头部增设了一段开有许多半球形凹槽的混炼段，长度为(3~4)D，相应地在料筒头部也设置了一段带有半球形凹槽的料筒，且两者的半球形凹槽正好互相交错，互不重叠。熔融物料进入模腔传递混合器后，随着螺杆的转动，连续的熔体被切断并依次在螺杆和料筒上的半球形凹槽之间传递，这一过程的重复次数成指数关系增加。模腔传递混合器螺杆具有非常良好的分散混炼能力，尤其对加工添加剂含量高的塑料非常有利。

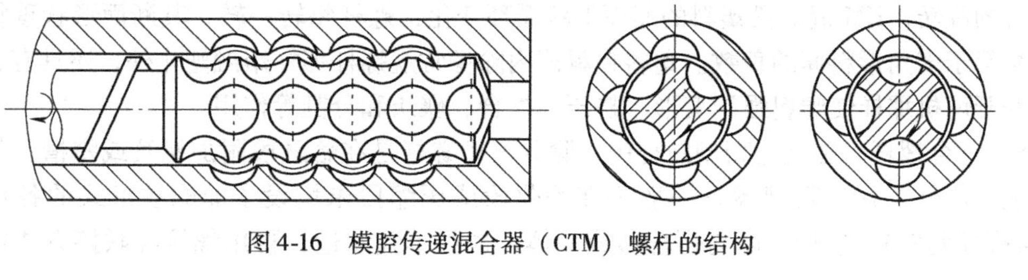

图4-16　模腔传递混合器（CTM）螺杆的结构

分流型螺杆与常规螺杆相比具有以下优点：混炼效果好；易于得到低温且温度均匀的熔体；生产能力（挤出量）高，一般能提高30%。特别是DIS螺杆，其温度波动小、混炼效果和混色效果好、填充料分散性好、生产出的制品内应力小、精度高。

4）变流道型螺杆。这类螺杆的结构特点是通过改变塑料在螺杆中的流道截面形状或截面积大小，以促进物料塑化和增强混炼效果。目前，其典型结构主要有波状螺杆和多角形（HM型）螺杆。

图4-17所示为波状螺杆的结构图，波状结构位于螺杆的均化段，其根径根据一定的规律做波状变化。波状螺杆按形成波状流动变化的方式不同，可分为偏心波状和轴向非偏心波状螺杆。偏心波状螺杆的螺纹升程和外径保持不变，只是螺槽底圆的圆心偏离螺杆轴线，并按螺旋形移动，因此螺槽深度沿螺杆轴向以 $2D$ 的轴向周期改变，槽底呈波浪形（图4-17a）。轴向非偏心波状螺杆在主螺纹中间设置了一条升程与主螺纹相等的附加螺纹（图4-17b），附加螺纹与料筒内壁之间的径向间隙是主螺纹径向间隙的两倍左右。主螺纹推进面与附加螺纹后缘组成的螺槽深度在一定周期内由深逐渐变浅，而附加螺纹推进面与主螺纹后缘组成的螺槽深度则是由浅逐渐变深的。

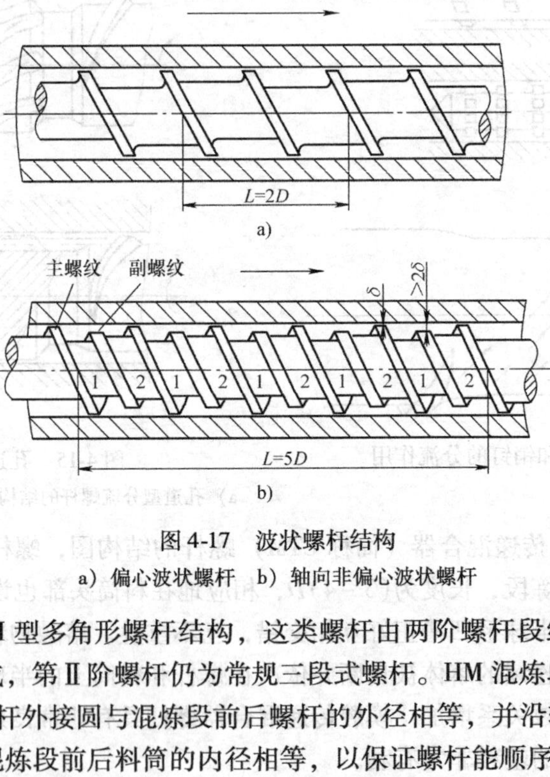

图4-17　波状螺杆结构
a）偏心波状螺杆　b）轴向非偏心波状螺杆

图4-18所示为HM型多角形螺杆结构，这类螺杆由两阶螺杆段组成，第Ⅰ阶螺杆由加料段和HM混炼段组成，第Ⅱ阶螺杆仍为常规三段式螺杆。HM混炼段的断面呈多角形（如四角形或六角形），螺杆外接圆与混炼段前后螺杆的外径相等，并沿轴向扭转成一定的螺纹升角；料筒内接圆与混炼段前后料筒的内径相等，以保证螺杆能顺序地从料筒前端抽出。随着螺杆的旋转，HM混炼段塑料的断面形状循环变化，螺杆每转一转，其断面形状重复变化的次数等于多角形料筒的角数。塑料在料筒内除像常规螺杆那样熔融塑化外，还具有类似密炼机和开炼机那样使塑料强制变形、挤压、捏合、碾压和分割等作用。

5）组合螺杆。在上述新型螺杆中，除分离型螺杆是在熔融段附加螺纹或螺槽，与原螺杆做成一体外，其他新型螺杆一般都在均化段或压缩段末增设了非螺纹形式的各种区段（或称螺杆元件）。它们可以与螺杆做成一体，也可单独制造，再用螺纹等联接方式加到螺

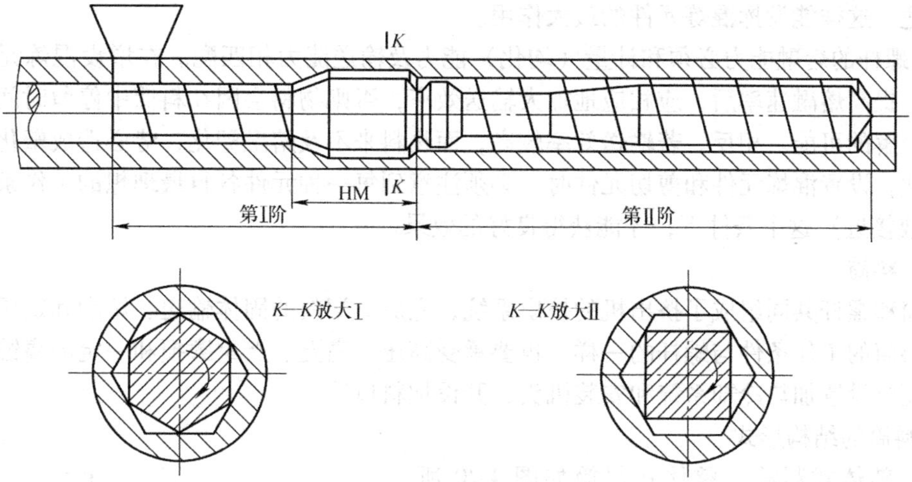

图 4-18　HM 型多角形螺杆结构

杆本体上，不同的螺杆元件可根据其功能的不同，分为输送元件、压缩元件、剪切元件、混炼元件、均化元件等，如图 4-19 所示。

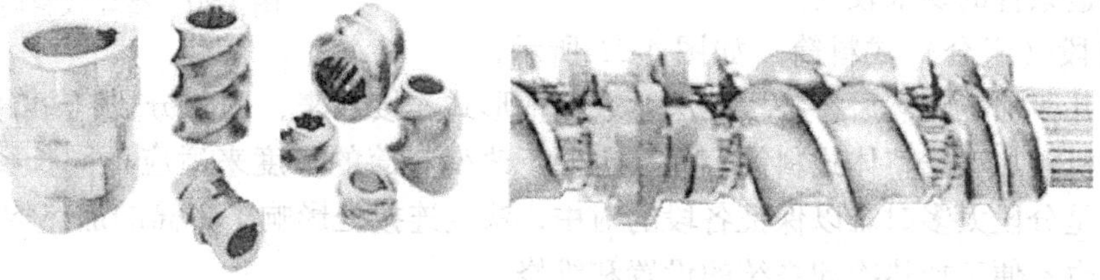

a)　　b)

图 4-19　组合螺杆结构

a）组合螺杆元件　b）组合螺杆

组合螺杆可由不同功能的螺杆元件组合而成，它是一种可以根据不同工艺要求，选择不同功能的螺杆元件组合而成的螺杆（图 4-19b）。改变螺杆元件的数目和组合顺序，可以得到各种特性的螺杆，突破了常规全螺纹三段式螺杆的局限，不再是三段螺杆。它最大的特点是适应性强，专用性也强，易于获得最佳的工作条件，在一定程度上解决了“万能”和“专用”之间的矛盾。组合螺杆的应用越来越广泛，但其设计较复杂，在直径较小的螺杆上很难采用。

（3）新型螺杆的设计和选择中应注意的问题　不管新型螺杆的结构如何，其改进的出发点都是提高挤出产量和质量两方面。因此，评价新型螺杆的标准和设计时应考虑的因素与常规螺杆是相同的。为了合理地选用和设计新型螺杆，应注意以下几点：

1）要明确各种新型螺杆的工作原理及适用场合。不同的新型螺杆有不同的作用和适用范围。例如，销钉螺杆和 DIS 螺杆以混炼为主，适用于增强混炼作用，以获得均匀的熔体；屏障型螺杆以剪切塑化作用为主，适用于塑化物料（但不适用于热敏性塑料的加工）。

2）正确选择混炼和剪切元件的理想位置。混炼元件和剪切元件多数设置在均化段（或占一部分压缩段），而不宜太靠近加料段。因为过早地设置这些元件会阻碍固体物料的输送，增大料流阻力，减少出料量。一般来说，混炼元件设置在固相分布函数 $f(z)=X/W=0.3$ 附近比较合适，这样能发挥混炼元件的最大作用。

3）螺杆的熔融能力必须和计量（均化）能力及输送能力相匹配。在增设混炼元件和剪切元件，提高熔融速率后，应相应地加大输送效率，否则物料会因在料筒中停留时间过长而有过热分解的可能。相反，若输送效率较高，而物料来不及熔融塑化，势必造成塑化不良现象。因此，设置混炼元件和剪切元件时，必须注意到每一种元件各自最理想的工作条件，只有在（或接近）这个条件下，才能获得良好的效果。

二、料筒

料筒和螺杆共同组成了挤出机的挤出系统，完成对塑料的固体输送、熔融和定压定量的挤出。料筒的工作条件与螺杆的一样，也要承受高压、高温、严重磨损和一定的腐蚀，而且料筒上还要设置加热冷却系统和安装机头，开设加料口等。

1. 料筒的结构形式

（1）整体式料筒　整体式料筒如图 4-20 所示，这种结构容易保证较高的制造精度和装配精度，也可以简化装配工作，便于设置外加热器和装拆，而且热量沿轴向分布比较均匀，但这种料筒对加工制造条件的要求较高。

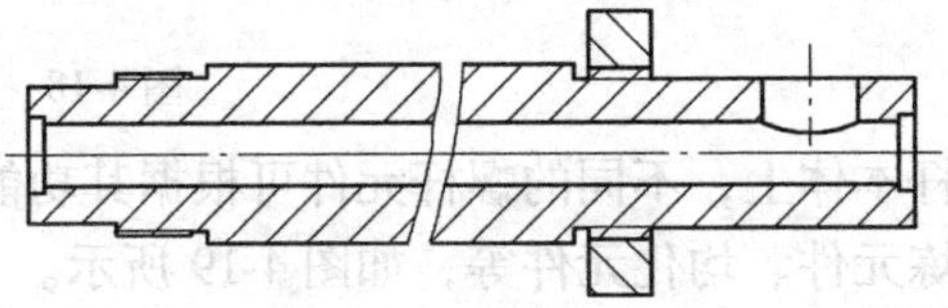

图 4-20　整体式料筒

（2）分段（组合）式料筒　如图 4-21 所示，将料筒分成几段加工，然后将各段用法兰或其他形式连接起来，即为分段（组合）式料筒。这种料筒的机械加工比整体式料筒容易，也便于改变料筒的长度来适应不同长径比的螺杆。其主要缺点是分段太多时难以保证各段的对中，法兰连接处影响了料筒的加热均匀性，增加了热损失，也不便于加热冷却系统的设置和维修。

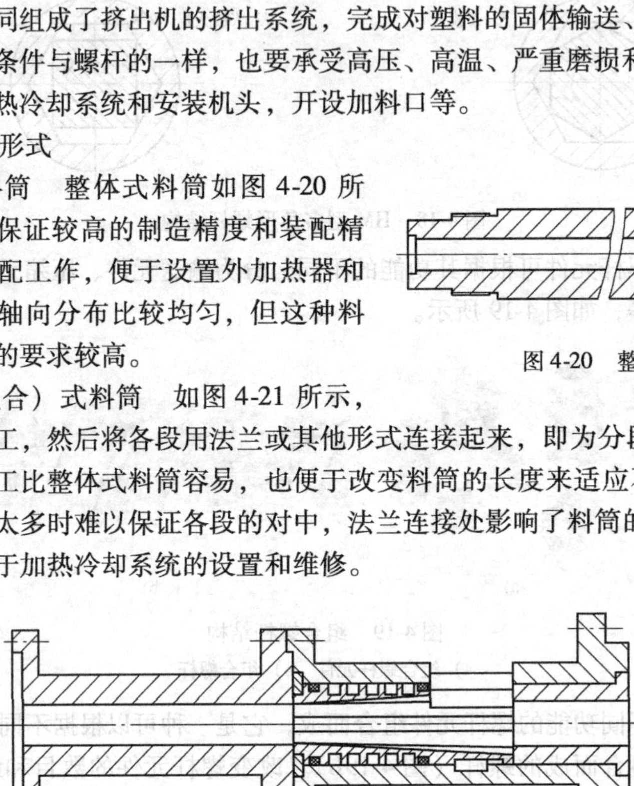

图 4-21　分段（组合）式料筒

分段式料筒多用于在实验、科研等场合使用的挤出机和排气式挤出机，因为它便于改变料筒长度，便于设置排气装置。

（3）双金属料筒　双金属料筒的结构主要有两种形式，一种是衬套式料筒，另一种是在料筒内表面上浇铸一层合金，简称浇铸式料筒。

1）衬套式料筒。如图 4-22 所示，衬套式料筒一般用于大中型挤出机，衬套可制成整体式或分段组合式，分段式衬套的制造方便一些，当衬套磨损后可以方便地更换，提高了料筒的使用寿命。料筒的材料一般为碳素钢或铸钢，而衬套的材料一般采用合金无缝钢管。衬套式料筒存在因材料不同而受热后膨胀不一致，以及衬套与料筒的配合间隙影响传热等缺点。

2）浇铸式料筒。它是在料筒内表面上，采用离心浇铸的方法浇铸一层大约 2mm 厚的合金，然后加工或研磨到所需的尺寸。其特点是合金与料筒内表面基体结合紧密，且沿料筒轴

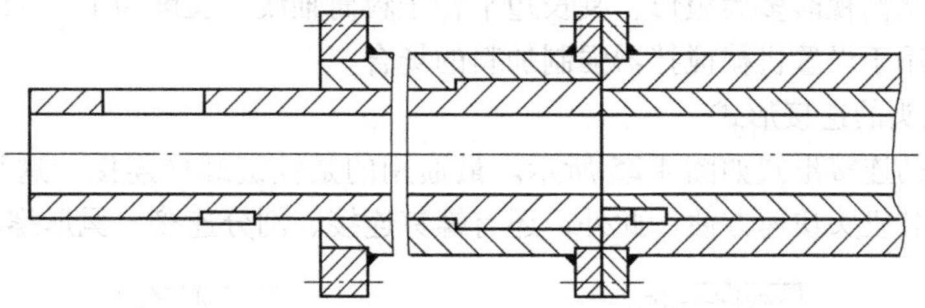

图 4-22 衬套式料筒

向的结合比较均匀，既无剥落的倾向，也不会开裂，而且有较高的耐磨性和较好的耐腐蚀性，使用寿命长。

（4）料筒的新型结构 从固体输送理论可知，为提高固体输送率，须增加料筒表面的摩擦因数。新型料筒在靠近加料段的内表面轴向开槽，或加工成锥度并开槽（图 4-23）；或者增大加料口附近料筒的横截面积；还可在加料口附近的加料段，对料筒设置冷却装置，使被输送物料的温度保持在软化点或熔点以下，避免出现熔膜，以保持物料的固体摩擦性质。新型料筒的结构主要是依据这些条件进行改进的，其结构设计可参考有关资料。

2. 加料口的结构与位置

加料口的结构必须与物料的形状相适应，应使物料能从料斗或加料器中自由高效地加入料筒而不产生架桥中断现象。

加料口的结构形式很多，如图 4-24 所示。图 4-24a 所示形状主要用于带状料，不宜用于粒料或粉料；图 4-24b、d、f 所示为常用的加料口，其中图 4-24b 的右侧壁有一倾斜角度（一般为 7°～15°或更大些），图 4-24d、f 的左侧壁设计成垂直面，并向中心线偏移 1/4 内径；图 4-24c、e 所示结构在简易挤出机上用得较多。实践证明，图 4-24d、f 的加料口形式不论对粉料、粒料还是带状料都能很好地适应，因此用得最广。

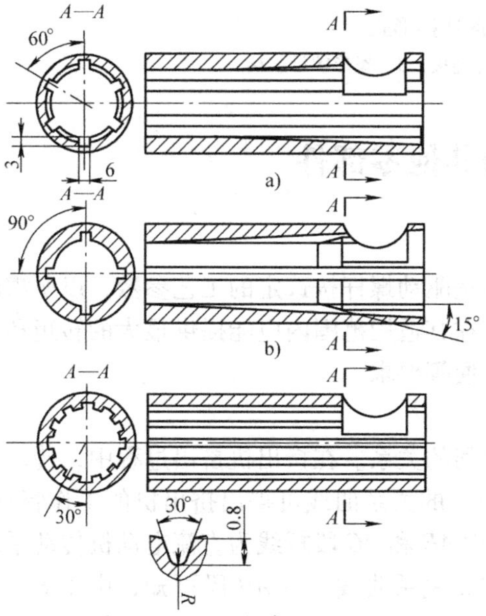

图 4-23 料筒的新型结构

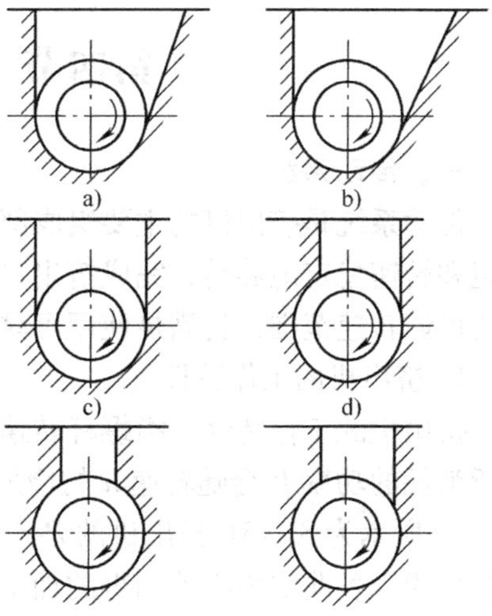

图 4-24 加料口的断面形状

加料口的形状俯视时多为矩形，其长边平行于料筒轴线，长度为 1.3～1.8 倍螺杆直径。圆形加料口主要用于设置机械搅拌器强制加料的场合。

3. 料筒与机头的连接形式

机头与料筒的连接形式如图 4-25 所示。最通用的是铰链螺栓连接，这种连接方式虽然结构复杂，但拆装机头快速方便。此外，还有螺钉连接、剖分连接、冕形螺母连接等。

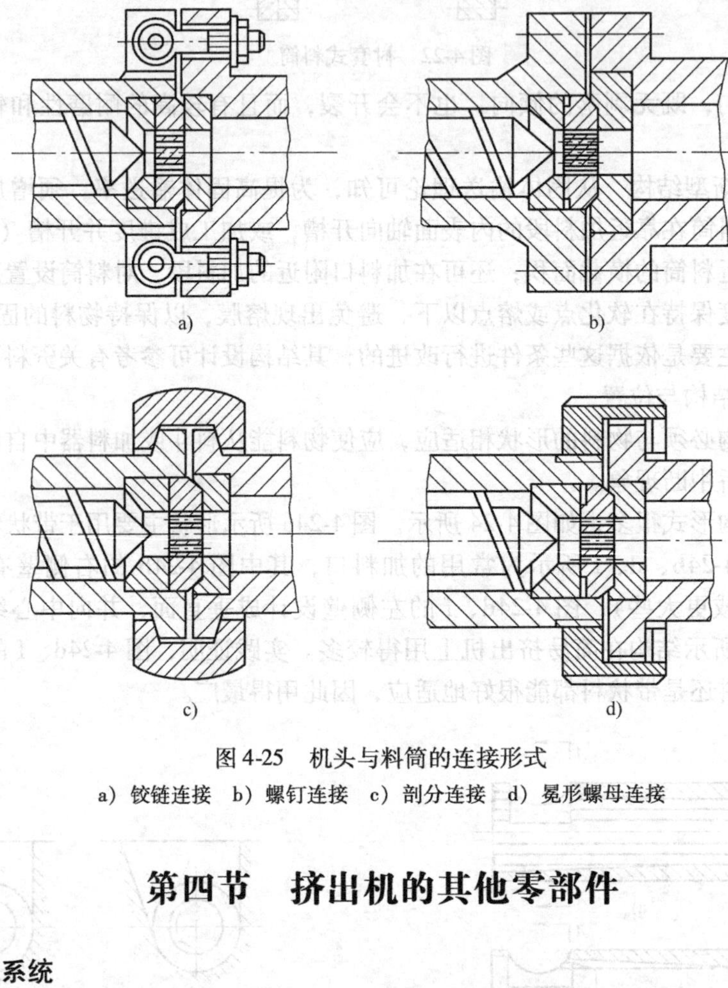

图 4-25　机头与料筒的连接形式

a）铰链连接　b）螺钉连接　c）剖分连接　d）冕形螺母连接

第四节　挤出机的其他零部件

一、传动系统

传动系统是挤出机的主要组成部分，它的作用是驱动螺杆按选定的工艺参数，以所需的转矩和转速稳定地旋转，完成挤出过程。传动系统在其适用范围内应能提供最大的转矩和一定的可调转速范围，且满足使用可靠，操作维修方便等要求。

1. 挤出机的工作特性

挤出机的工作特性是指螺杆转速与驱动功率之间的关系。在挤出机挤出过程中，传动系统所消耗的功率 P 会随转速 n 的增加而提高，用 P-n 的关系曲线可得出挤出机的工作特性。图 4-26 所示为 SJ-45B 挤出机的 P-n 关系曲线，图中 AB 和 BC 段折线为直流电动机传动系统的特性线，各曲线为实验测得的加工不同物料的 P-n 关系曲线。由 AB 段可知，由于 P 与 n 呈线性关系，直线的斜率就表示螺杆的转矩 M_t。在调速过程中，随着转速的提高，M_t保持不变，这种调速称为恒转矩调速。BC 段为近似水平线，它表示在调速过程中，随着转速 n

的提高，电动机的驱动功率 P 保持不变，称为恒功率调速。挤出机在加工不同物料时的 P-n 关系曲线与电动机恒转矩调速特性曲线很接近（图 4-26），但加工某些热稳定性差、粘度高的塑料（如 HPVC）时，一般转速 n 应较低；加工低粘度或热稳定性较好的塑料（如 PE）时，转速 n 可以较高。显然在相同转速 n 的情况下，前者消耗的功率比后者大，即硬塑料（HPVC）的特性曲线高于软塑料（PE）的特性曲线。

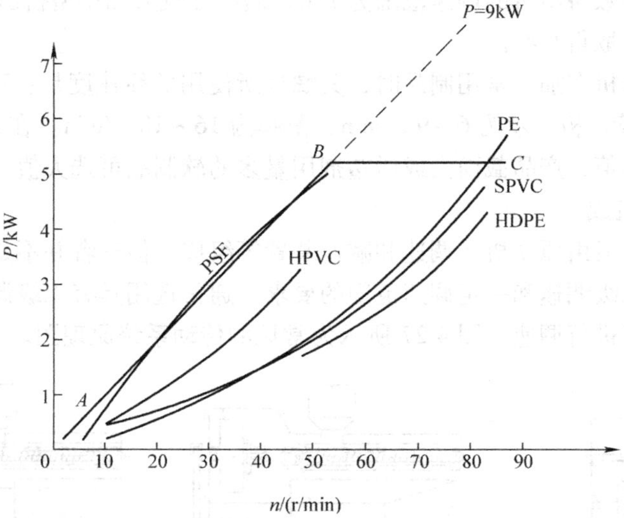

图 4-26 SJ-45B 挤出机工作特性曲线

可见，挤出机传动系统的工作特性应满足适用范围和转速范围的要求，应与挤出机的工作特性相匹配，即在设计的转速范围内，每一个转速下，传动系统可能提供的功率 P 都必须大于驱动螺杆所需要的功率，且两者的差值应尽可能小，以得到最高的效率。一般挤出机传动系统的原动机多选用无级恒转矩调速电动机（如可控硅控制的直流电动机、交流换向器电动机等），也可以采用交流感应电动机，并配置机械无级调速的变速器。

2. 挤出机驱动功率和转速范围的确定

（1）挤出机驱动功率的确定　挤出机螺杆驱动功率的影响因素很多，难以精确有效地确定挤出机驱动功率值，实际应用中采用经验公式来进行驱动功率的估算。其公式为

$$P = KD^2 n \tag{4-3}$$

式中，P 是挤出机的驱动功率（kW）；D 是螺杆直径（mm）；n 为螺杆转速（r/min）；K 是系数，它可根据实验和统计分析获得。目前对 $D \leqslant 90$mm 的挤出机，一般 $K \approx 0.00354$；对于 $D > 90$mm 的挤出机，$K \approx 0.008$。

除可用式（4-3）估算外，还可以用类比法或根据我国标准中推荐的数据确定驱动功率。我国挤出机系列所推荐的驱动功率见表 4-7。

表 4-7 我国挤出机系列所推荐的驱动功率

螺杆直径 D/mm	20	25	30	35	40	45	50	55	60
驱动功率 P/kW	1.5~2.2	3~4	5.5~7.5	7.5~11	11~15	15~18.5		18.5~22	22~30

螺杆直径 D/mm	65	70	80	90	100	120	150	200
驱动功率 P/kW	30~40	37~45	45~50	50~60	55~75	75~100	132~160	200~250

（2）挤出机螺杆的转速范围及其确定　对挤出机螺杆的转速有两方面要求，一是为了使生产中挤出质量及与辅机配合一致，要求能无级调速；二是针对挤出机应适应不同物料和制品的加工，要求转速有一定的调速范围，转速范围是指螺杆最低转速与最高转速的比值。

转速范围直接影响挤出机所能加工的物料和制品的种类、生产率、功率消耗、制品质量、设备成本、操作方便与否等。因此，转速范围要选多大，应根据加工工艺要求及设备的使用场合而定。大多数挤出机的调速范围为1:6，通用性较大和小型挤出机可取1:10，专用挤出机的转速范围可取得小些。

目前国内的挤出机在加工常用制品时，其螺杆所使用的线速度是：HPVC管、板、丝为3～6m/min，SPVC管、板、丝为6～9m/min，薄膜为16～18m/min。在确定螺杆线速度时，螺杆直径大的可选小值，产品截面大或增塑剂用量多的软制品可选大值。

3. 传动系统的组成

常用传动系统一般由原动机、调速和减速装置等组成，但三者并不是截然分开的。为满足挤出机螺杆具有无级调速和一定调速范围的要求，通常选用具有无级调速功能的原动机或通过机械无级变速器进行调速，图4-27所示为常见的传动系统原理图。

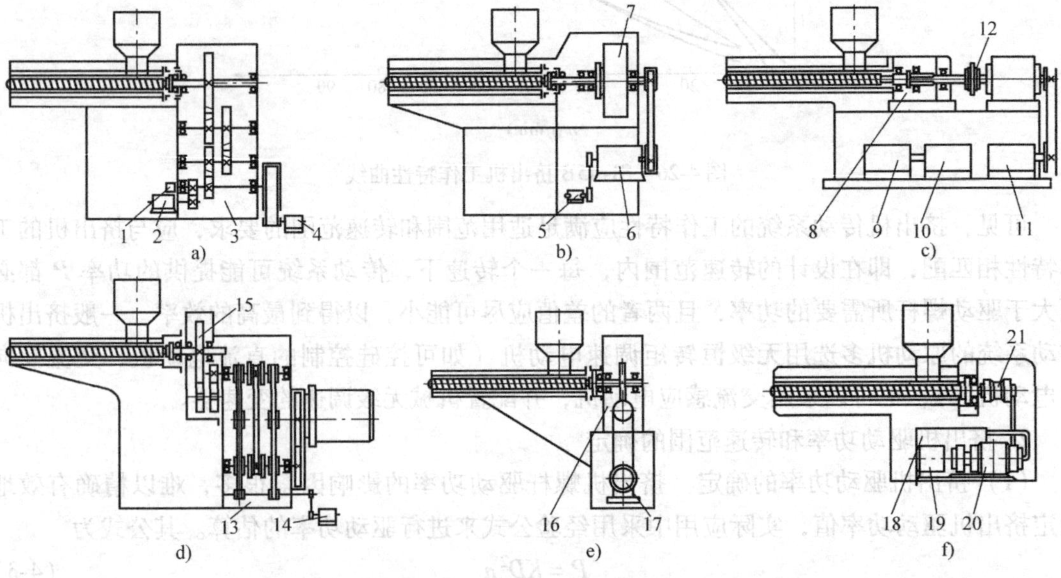

图4-27　常见传动系统原理图

1、20—液压泵　2、5—测速电动机　3、15—减速器　4、17—三相整流子电动机　6、11—直流电动机　7—摆线针轮减速器　8—轴承箱　9、19—交流电动机　10—直流发电机　12—联轴器　13—齿链式无级变速器　14—调速电动机　16—蜗轮蜗杆减速器　18—油箱　21—液压马达

二、加热与冷却装置

由挤出过程可知，温度是挤出成型过程得以顺利进行的必要条件之一，加热冷却系统就是为保证挤出过程所需的温度而设置的。

1. 加热装置

加热装置的作用是按挤出工艺的要求，为熔融物料提供所需的热能。如前所述，塑化物料的热来源于料筒外部加热装置供给的热能，以及塑料和螺杆、料筒之间相对运动所产生的摩擦剪切热。这两部分热量所占的比例与螺杆、料筒结构、工艺条件和物料性质有关，也与挤出过程的不同阶段有关（如起动阶段、稳定运行阶段）。

挤出机料筒的加热方法通常有液体加热、蒸汽加热和电加热三种，其中，电加热用得最多。电加热又分为电阻加热和感应加热，其中电阻加热常用器件有电阻加热圈和铸铝加热器等。电阻加热圈由电阻丝、云母片（绝缘材料）和金属圈包皮组成。如图 4-28 所示，铸铝加热器由电阻丝和氧化镁粉（绝缘材料）及铸铝壳体组成，与电阻加热圈相比，既保持了体积小、装设方便和加热温度高的优点，又降低了成本。此外，由于电阻丝装于加热金属管的氧化镁粉中，有防氧化、防潮、防爆等性能，因而其使用寿命长，传热效果好。

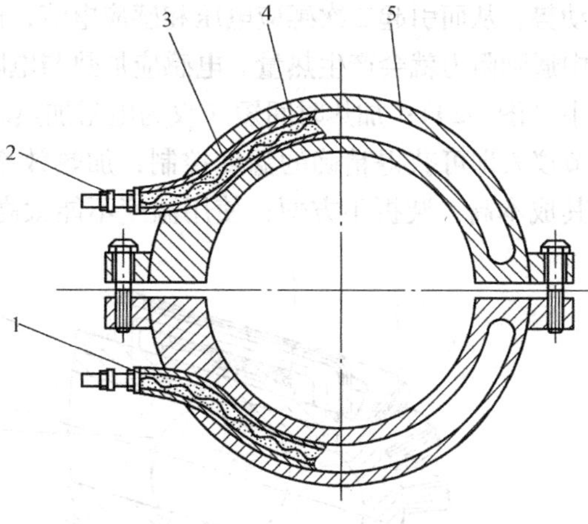

图 4-28 铸铝加热器

1—钢管 2—接线头 3—电阻丝 4—氧化镁粉 5—铸铝

由于电阻加热器采用电阻丝加热料筒后再把热传到塑料上，而料筒又是一个具有一定厚度的筒体，因此，在料筒的径向上会形成较大的温度梯度，如图 4-29 所示，且传热时间也较长。

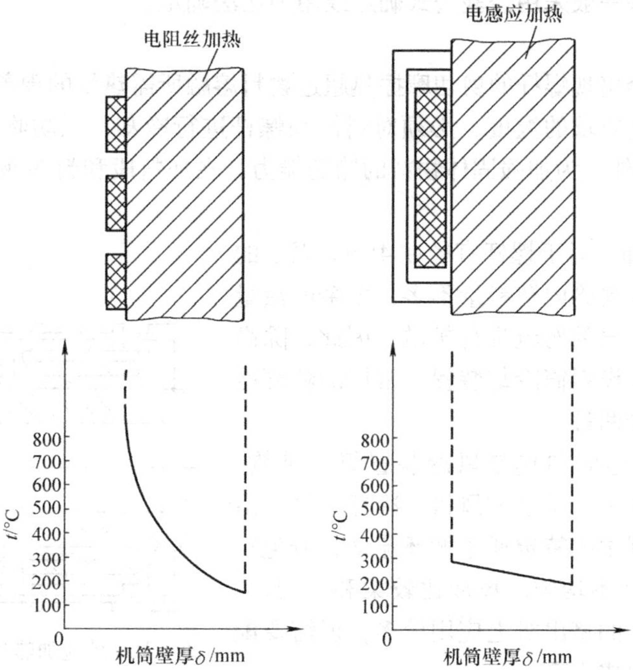

图 4-29 电阻加热和感应加热料筒时的温度梯度

感应加热是通过电磁感应在料筒内产生电涡流而使料筒发热，来加热料筒中塑料的一种加热方法，其结构原理如图 4-30 所示。当交流电源通入主线圈后，就产生了如图 4-30 所示方向的磁力线，并且在硅钢片和料筒之间形成了一个封闭的磁环。由于硅钢片具有很高的磁导率，因此磁力线能以最小的阻力通过，而作为封闭回路一部分的料筒的磁阻要大得多。磁力线在封闭回路中具有与交流电源相同的频率，当磁通发生变化时，就会在封闭回路中产生感应电动势，从而引起二次感应电压和感应电流，即图4-30所示的环形电流（涡流）4，涡流在料筒中遇到阻力就会产生热量。电感应加热与电阻丝加热相比具有如下优点：加热均匀，温度梯度小（图4-29）；加热时间短（仅为电阻加热时间的1/6）；由于没有热滞，因此用简单的位式调节仪表即可获得精确的温度控制；加热效率高，热损失小，节能达30%左右；寿命长等。但其成本高；装拆不方便；使用温度不能太高，否则会使感应线圈的绝缘层损坏。

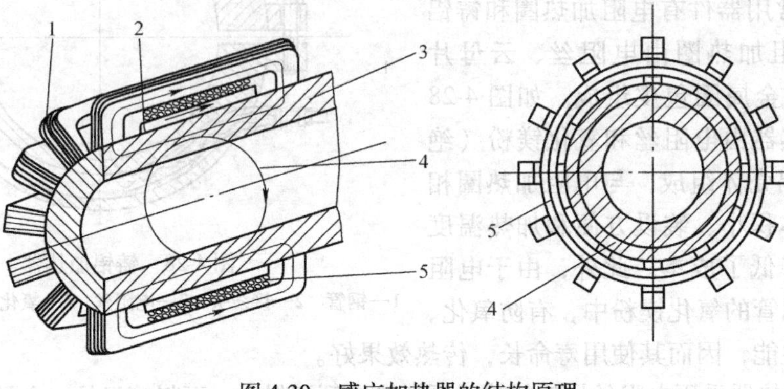

图4-30　感应加热器的结构原理

1—硅钢片　2—冷却剂　3—料筒　4—涡流（料筒上）　5—线圈

挤出机加热功率一般采用经验公式确定或用类比法确定。

2. 冷却装置

挤出过程中常会出现螺杆的剪切摩擦热超过物料熔融所需热量的现象，为了保证塑料挤出过程中能达到工艺要求的温度，必须对料筒和螺杆进行冷却，以防物料过热分解（特别是热敏性塑料）。另外，为加强固体物料的输送能力，在加料段和料斗座等部位也需要设置冷却系统。

（1）料筒的冷却　对于螺杆直径在45mm以下的小型挤出机，由于其料筒内塑料量不多，多余的热量可通过料筒与周围空气的对流进行扩散，因此，除高速挤出机外，一般未设料筒冷却装置。常用的料筒冷却方法有风冷和水冷两种。

图4-31所示为感应加热与风冷装置组合结构。每一冷却段均要配置一个单独的风机，冷却空气流沿料筒的表面或冷却器中的特定通道循环流动，避免空气无规则流动使冷却不均匀。风冷比较柔和、均匀、干净，在国内外生产的挤出机上应用较多，但需要配置鼓风机等设备，故成本高。

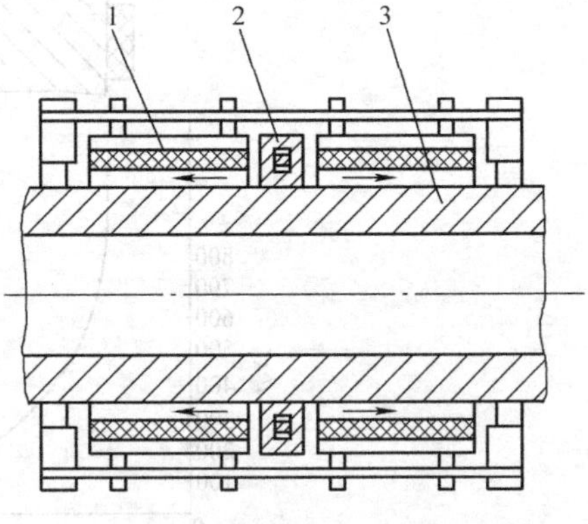

图4-31　感应加热与风冷装置组合结构

1—线圈　2—风环　3—料筒

水冷却装置如图4-32所示。图4-32a所示为目前常用的结构，其料筒的表面车削有螺旋沟槽，然后缠上冷却水管进行冷却；图4-32b所示是将加热棒和冷却水管一起铸在同一个铸铝加热器中的结构；图4-32c所示是将冷却水套设置在感应加热器内部的结构。水的冷却速度快，冷却效率高，易造成急冷，故通常采用普通自来水冷却，所用的附属设备也较为简单，但水管易因出现结垢和锈蚀而降低冷却效果，甚至造成堵塞、损坏等。

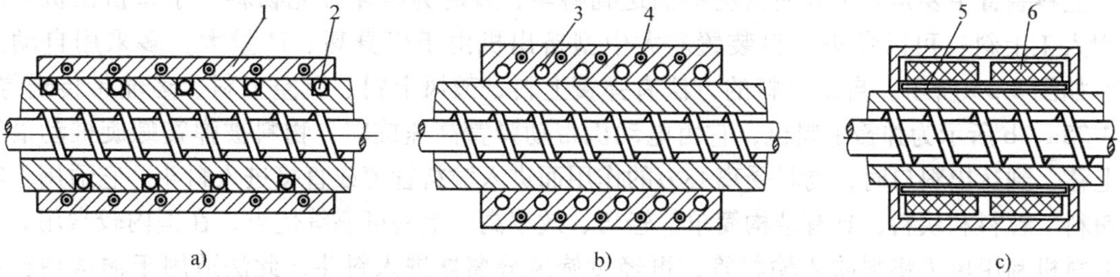

图 4-32　常用水冷却装置的结构

a）料筒表面开槽冷却　b）铸铝加热器中同时设置加热管和冷却水管　c）感应加热器内部设置水冷却套

1—铸铝加热器　2、4—冷却水管　3—加热管　5—冷却水套　6—感应加热器

（2）料斗座的冷却　加料段的塑料温度不能太高，否则易引起物料在加料口形成“架桥”现象，导致螺杆的固体输送率降低。另外，还必须防止料筒侧的热量向推力轴承和减速箱传递。因此，必须对料斗座进行冷却以保证挤出机正常工作。料斗座一般采用水冷却。

（3）螺杆的冷却　螺杆与物料摩擦产生的剪切热会使螺杆温度逐渐升高，特别是均化段的散热条件差，易使塑料温度超过热分解温度。为防止塑料在均化段因过热而分解，同时为了提高加料段物料的输送效率，对螺杆要进行水冷却，其芯部冷却通道要一直延伸至均化段，如图 4-33 所示。

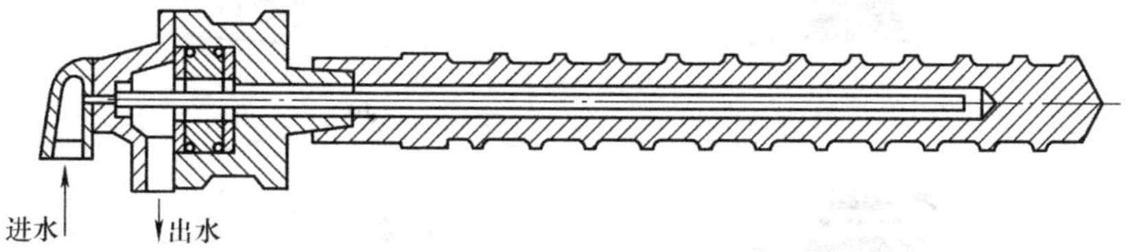

图 4-33　螺杆的冷却装置

三、加料装置

加料装置一般由料斗和上料装置两部分组成。料斗装于挤出机的加料座上，分为普通料斗和烘干式料斗两种，如图 4-34 所示。为避免灰尘和杂物落入料斗，料斗均带有防尘盖，形状有圆锥形、矩形和正方形等，其侧面均开有视镜孔，以便观察料位变化情况，底部设有料闸门，以便关闭加料口或调节加料量的大小。

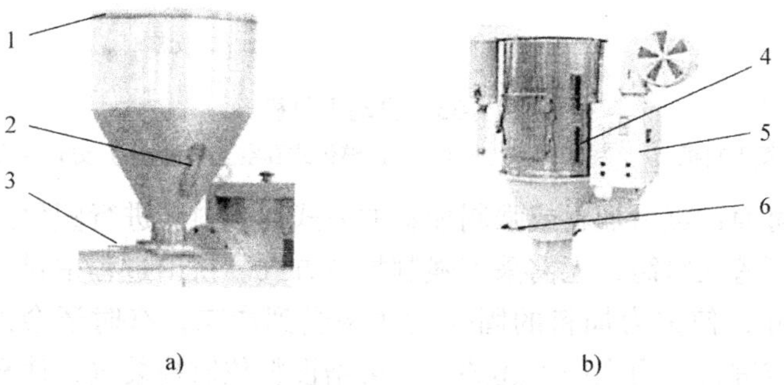

图 4-34　料斗

a）普通料斗　b）烘干式料斗

1—防尘盖　2、4—视镜孔　3、6—料闸门　5—烘干控制器

上料装置主要是为了方便将物料输送到料斗，及时为料斗补充物料。小型挤出机一般采用人工上料，可以免去上料装置。大中型挤出机由于机身高、产量大，多采用自动上料，如图4-35所示。自动上料的方法有弹簧上料、鼓风上料、真空上料、运输带传送等。图4-35a、b所示为弹簧上料机，它由电动机带动弹簧高速旋转，物料被弹簧螺旋推动沿管道上移，到达出料口时，物料受离心力的作用而进入输料管道或直接进入料斗。它适用于输送粉料、粒料和块料，具有结构简单、轻巧、效率高、上料可靠等优点，在国内较常用。鼓风上料机利用风力将料吹入输料管，再经过旋风分离器进入料斗，此法适用于输送颗粒物料，不适于输送粉料。图4-35c、d所示为真空上料机，它是利用真空泵将送料管道及料斗内的空气抽出，形成负压而自动将物料吸入料斗，使用时送料管道入口必须埋入物料内，使送料管道及料斗形成相对密闭的空间，以抽成真空产生负压。真空上料机的上料速度快、噪声小、使用方便，在塑料挤出和注射成型中已广泛使用。

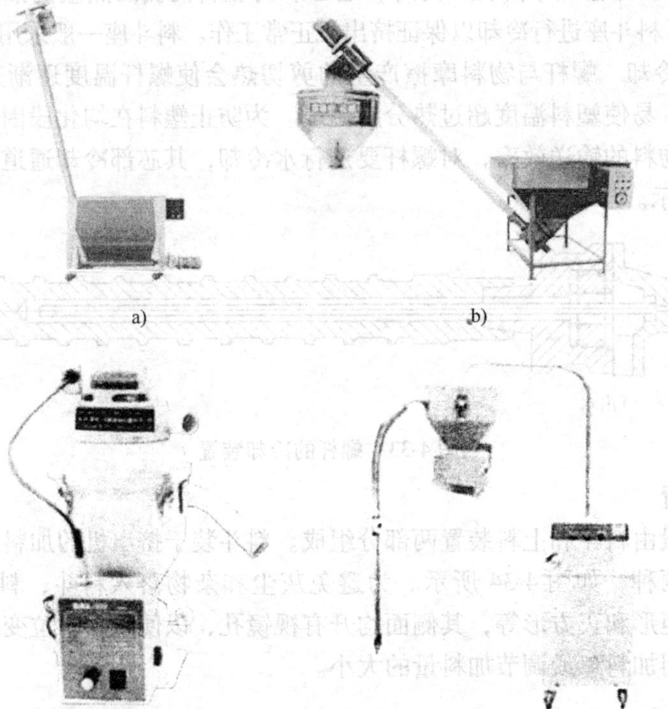

a)　b)　c)　d)

图4-35　自动上料机

a）粒料弹簧上料机　b）粉末弹簧上料机　c）整体式真空上料机　d）分体式真空上料机

料斗中的物料可通过重力加料或强制加料的方式加入料筒进行塑化。对于粒料，通常只需依靠物料自重即可落入料筒，无需采用强制加料方式。挤出过程中料斗物料高度的变化会引起轻微的重力变化，使重力加料的固体输送率受到影响，有时还会产生“架桥”现象，影响挤出过程的稳定进行。为克服上述缺点，可增设料位监控装置，使料位保持在一个范围内变动，图4-36所示为料位控制装置。一旦料位超过上限，加料器会自动停止上料；当料位低于下限时，加料器会自动上料。

对于粉料或带有长纤维或蓬松填料的物料，往往在加料口上方易出现“架桥”现象，使加料不顺畅，甚至出现断料。为此，常在料斗中设置搅拌器和螺旋桨叶进行强制加料，将物料强制压填入料筒。图 4-37 所示为螺旋强制加料装置，其加料螺旋由挤出机螺杆通过链传动和齿轮传动来驱动，使加料器的螺旋转速与挤出机螺杆的转速相适应，因而加料量可适应挤出量的变化，能保证加料的均匀性。该装置还设有过载保护装置，当加料口堵塞时，加料螺杆会上升，不会将塑料原料强行挤入加料口，从而避免了加料器的损坏。

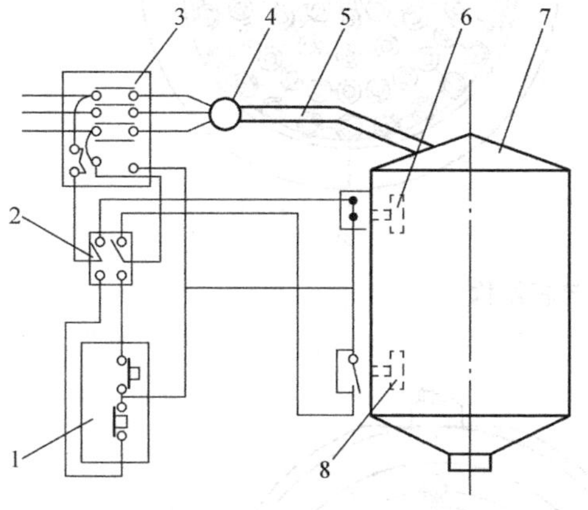

图 4-36　料位控制装置

1—手动开关　2—切换开关　3—电磁开关　4—旋转加料器　5—送料管　6—上限料位计　7—料斗　8—下限料开关

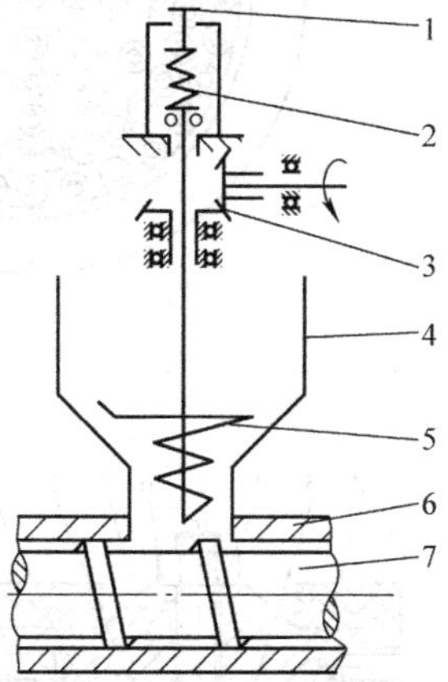

图 4-37　螺旋强制加料装置

1—手轮　2—弹簧　3—锥齿轮　4—料斗　5—加料螺旋　6—料筒　7—螺杆

四、分流板与过滤网

机头和螺杆头之间有一过渡区，物料流过这一区域时，其流动形式要发生变化，为适应这一变化，该过渡区通常设置有分流板和过滤网。分流板和过滤网的作用是使料流由螺旋运动变为直线运动；阻止未熔物料和杂质进入机头；增加料流压力，使制品更加密实。目前常用的平板式分流板结构如图 4-38 所示，其导流孔直径 D 与螺杆直径相等，厚度 H 一般为 15 ~ 20mm，材质通常为不锈钢，结构简单、制造方便。分流板孔眼的分布原则是使流过分流板的物料流速均匀，因此，孔眼分布常见的有两种方式，一是分流板中间的孔分布较疏，边缘的孔分布较密（图 4-38a）；二是分流板边缘的孔径较大，中间的孔径较小（图 4-38b）。另外，分流板对过滤网还可起到支承作用。在挤出 HPVC 等粘度大而热稳定性差的塑料时，一般不用过滤网；在制品要求较高（如生产电缆、薄膜、医用管等）或需要较高的挤出压力时须设置过滤网。

通常调换过滤网和分流板需要停机后手工更换，但这会影响生产。为了提高生产率和保证制品质量，目前在挤出机上采用分流板和过滤网不停机的更换系统。图 4-39 所示为滑动式换网器，这类换网器的形式较多，它的滑动板 6 上有多组分流板和过滤网，且由液压缸推动滑动板在本体上滑动（图中未示出）。在更换过滤网时，滑动板借助液压缸的推力挤压通过熔料的流道，使新的滤网组换入熔料流道，这一动作过程可在一秒钟之内完成，挤出机不必停机。

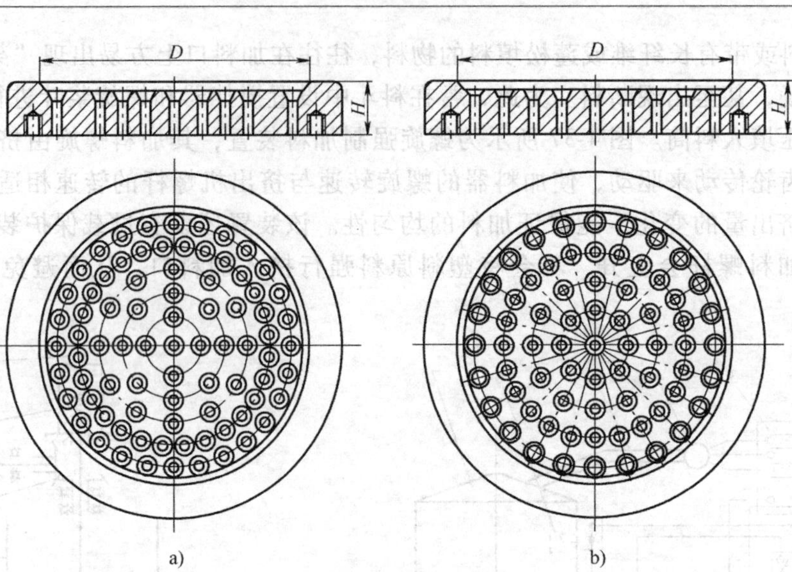

图 4-38　分流板结构

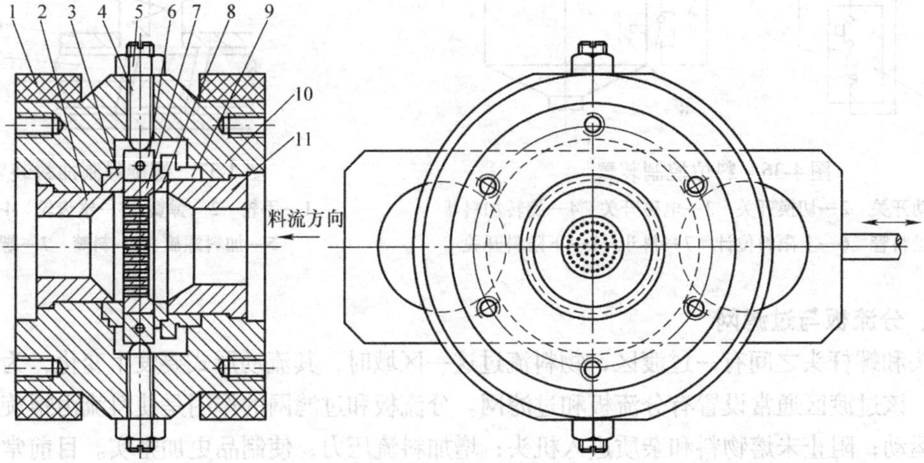

图 4-39　滑动式换网器

1—加热器　2—分流板密封套筒　3、9—止推环　4—调节螺钉　5—紧固螺母　6—滑动板　7—分流板　8—密封环衬垫　10—本体　11—分流板前密封套筒

第五节　挤出机的控制

一、温度的测量与控制

温度是挤出过程最主要的参数之一，它直接影响挤出成型的全过程。温度的控制一般包含测量、调节操作、目标控制等环节，构成完整的闭环控制系统，使被控对象的温度维持在一定数值。

1. 温度的测量

挤出机的温度测量元件常用热电偶。热电偶一般安装在机头和料筒各温度控制段的中部，使物料或料筒直接接触测温元件。热电偶的输出端与温控仪表连接，当因某种原因使物料或料筒（测点）温度发生变化时，热电偶会将温度变化值以电压的形式输出到温控仪表，以便进行温度的比较控制。温控仪表常见的有动圈式示温仪、电位差式自动平衡示温仪、数字式温控仪等。

2. 温度的控制

温度控制的方法有很多种，如位式调节（又称开关控制）、时间比例控制和比例积分微分控制（又称 PID 控制）。

目前挤出机常用的温度自动控制系统是温度定值控制。其原理是由热电偶测得控制对象的温度 T（或温度偏差 $\Delta T'$），将其转换成热电势 V（或电动势差 $\Delta V'$）信号，并输入温度控制仪，与给定值 T_0 进行比较，根据偏差值 $\Delta T = T - T_0$ 的大小和极性，由温度调节仪控制加热器和冷却器的动作，从而控制料筒温度和物料温度，并使之保持在给定值附近（允许范围内）。温度定值控制方法主要有以下三种。

（1）位式调节　这种控制方式较普遍采用 XCT-101、XCT-111、XCT-121 型动圈式温控仪，它能实现温度显示和温度控制功能。当热电偶测得的温度 T 等于设定温度 T_0 时（此时仪表指针与设定指针上下对齐），继电器能立即切断加热器电源，停止加热（并可起动冷却系统），但由于控制对象（料筒）存在较大的热惯性，因此料筒温度仍会继续上升。同样，当测得温度 T 低于给定温度 T_0 时，仪表虽然接通了加热器电源，但由于热惯性，温度还会下降，然后才能回升。因此，料筒实际温度会在设定值附近上下波动（图 4-40），其波动程度与料筒的热惯性大小、加热冷却方式及热电偶的安装位置等有关，该类温度控制法的精度通常在 ±5℃ 范围内。

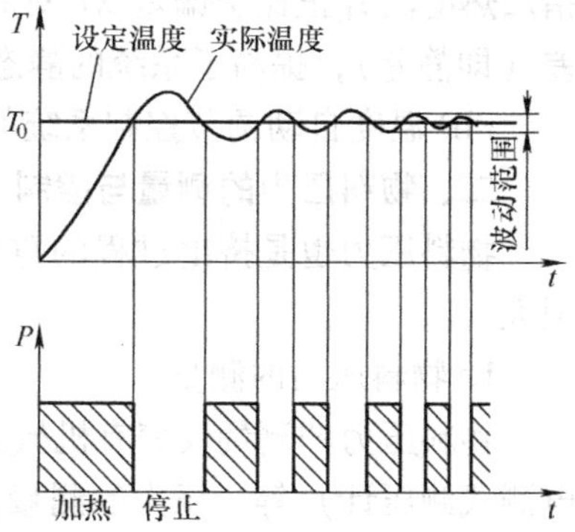

图 4-40　位式控制工作曲线图

（2）时间比例控制　这种控制所用的温控仪是按时间比例原则设计的，如 XCT-131 型动圈式温控仪。其设定温度附近有一比例带，当指示温度接近给定温度 T_0（即已进入比例带）时，仪表使继电器出现周期性接通、断开、再接通、再断开的间歇动作，而且指针越接近设定温度指针，接通时间 t_1 越短，断开时间 t_2 越长，因而受该仪表控制的加热器功率 P 的平均值 P_{av} 与温度偏差 $\Delta T = T - T_0$ 成比例。图 4-41 所示为 XCT-131 型动圈式温控仪的工作状态示意图，当测定温度接近设定温度时，它能自动地减少平均加热功率 P_{av}。与位式控制相比，其温度波动要小得多；但它不能单独使用，要把 XCT-131 与 XCT-101 结合起来使用，现有 XCT-141 型温控仪能达到较高的控制精度。

（3）比例积分微分调节（PID）　XCT-191 型动圈式温控仪含有 ZK 型可控硅电压调整器及温度自动控制系统，可以实现 PID 调节。XCT-191 型温控仪可在设定温度值 T_0 附近（约占全量程的 5%）根据热电偶测出的指示温度 T 与设定温度 T_0 偏差的大小，输出不同的电流 I_L。仪表将 I_L 作为偏差 ΔT 的 P · I · D 函数，再由 I_L 控制电压调整器 ZK，并由 ZK 发出相应的触发信号去控制加热器电路中晶闸管导通角（开放角）的大小，这样便可连续地控制加热器中电流（加热功率）的大小。该电流和温度偏差 ΔT 之间也存在着 P · I · D 的函数关系。

比例作用是指加热电流 I_L 和温度偏差 ΔT 存在着线性比例关系，偏差 ΔT 越小，加热器电流也越小。微分作用是指加热电流 I_L 正比于温度偏差 ΔT 对时间 t 的微分，即偏差 ΔT 出

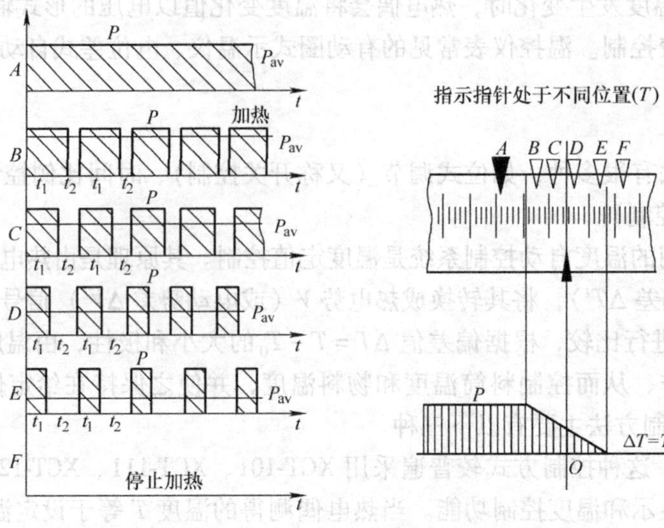

图 4-41　XCT-131 型动圈式温控仪的工作状态示意图

现得越快，加热电流相应的变化量也越大，这就提高了系统抗外界干扰的能力。积分作用是指加热电流 I_L 正比于偏差 ΔT 对时间的积分，即使偏差很小，在一定时间后总能消除这个偏差（即静差），提高了系统的静态精度。

PID 温度自动调节控制系统的控制精度高，温度可控制在 ±1℃以内。

二、物料压力的测量与控制

物料压力也是挤出过程的重要参数之一，它对挤出机的性能、产品的质量和产量影响很大。

1. 物料压力的测量

物料压力的测量仪表有机械式测压表、液压式测压表、气动测压表、电气测压表（称电测式测压计）等。压力的测量是将测压计（或称压力传感器）装入测量部位，使测压计感受压力的部位与熔体直接接触，当挤出机工作时，熔料的压力便可在测压计上反映出来（以电量的形式输出），测压计的输出信号由二次仪表接收显示或经放大后显示出读数。

2. 物料压力的控制

压力可以通过改变物料输送过程中的过流截面面积（改变流道阻力）进行调节。图 4-42a 所示为最简单的压力调节方式，它由螺栓来调节过流截面，但其调节范围小、精度低，且不利于物料流动。图 4-42b 所示为调节阀结构，其形状呈流线型，对物料的流动影响小，以上两种方法均属于径向调节。图 4-42c 所示为轴向调节间隙的压力调节装置，它依靠改变阀与螺杆头之间的间隙来实现压力的调节。调节机构的控制方法有手动调节和自动调节两种。

三、转速的控制

挤出机螺杆转速的控制是挤出机控制的重要环节。由于螺杆转速的工作稳定性直接影响挤出量，若螺杆转速因外界干扰而发生波动，则直接引起挤出量的波动，因此挤出机一般都采用闭环控制系统。图 4-43 所示为螺杆驱动电动机的转速控制系统框图。当在输入端给定一个输入量（要求在某一转速下运行）时，通过调节器控制可控硅触发电路，使其按相应触发延迟角触发可控硅，可获得相应电压，使直流电动机按预先给定的输入量（转速）运行。电动机的输出转速称为输出量；将输出量 n 用测速发电机测出（电压 U），并以负反馈

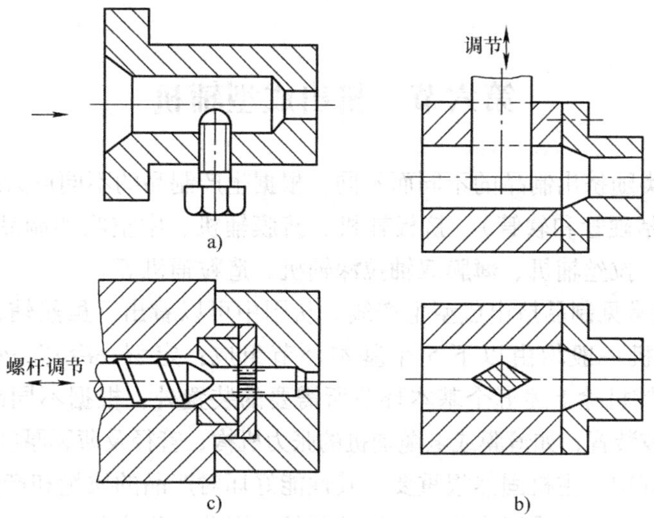

图 4-42　各种压力调节装置

a）螺栓调节　b）调节阀调节　c）螺杆调节

的形式反馈到输入端，与给定输入量（电压 U_0）相比较，所得 $\Delta U = U - U_0$ 称为偏差。当偏差不等于零时，可经过调节器再次改变触发延迟角，进而使电动机调整输出转速，以消除偏差。这种将输出量反馈到输入端的控制系统称为闭环控制系统，当有外界干扰时，它能自动进行补偿修正，使转速稳定在预先给定的转速下。

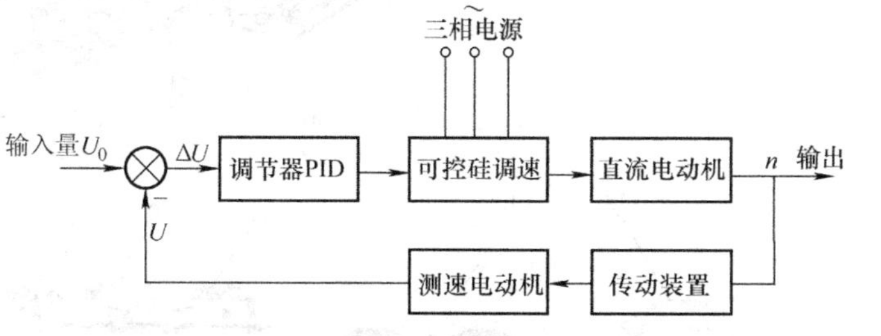

图 4-43　螺杆驱动电动机的转速控制系统框图

四、过载保护和其他安全防护

为了使挤出机在出现过载时其设备（特别是螺杆和电动机）不致损坏，挤出机上设置有过载保护和安全保护装置。挤出机过载保护装置有电气保护装置和机械保护装置两种方式。前者在电气控制系统中设置了过电流继电器，当挤出机过载时，过电流继电器动作，使电源切断，从而保护电动机和螺杆。后者大多采用保护销（或安全键），保护销通常设置在电动机的输出轴上，如图 4-44 所示，当螺杆过载时，保护销就被剪断，使电动机与螺杆间的传动关系脱离，从而保护了螺杆。保护销的尺寸须经过强度计算，否则难起保护作用。

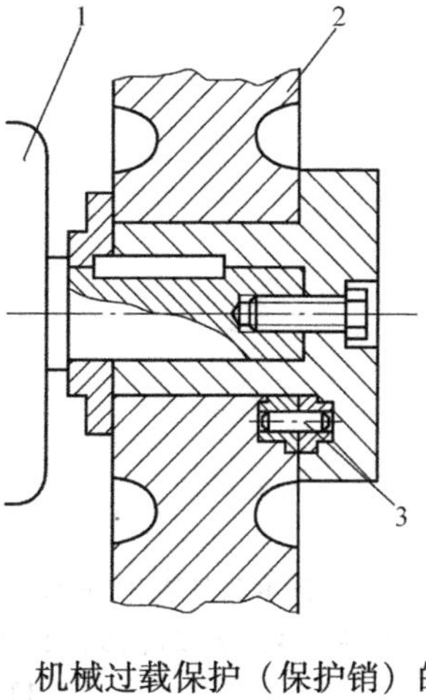

图 4-44　机械过载保护（保护销）的安装

1—电动机　2—带轮　3—过载保护销

第六节　挤出成型辅机

挤出辅机的种类随挤出制品的不同而不同，根据生产制品的不同可大致分为吹塑薄膜辅机、挤管辅机（包括硬管和软管）、挤板辅机、挤膜辅机、中空吹塑制品辅机、涂层辅机、电缆电线包覆辅机、拉丝辅机、薄膜双轴拉深辅机、造粒辅机等。

图 4-45 所示为常见制品挤出成型生产线。从图中可以看出，虽然辅机的种类繁多，组成复杂，但各种辅机一般均由以下 5 个基本环节组成：定型—冷却—牵引—切割—卷取(堆放)。挤出成型辅机除上述五个基本环节所需要的装置外，根据不同制品的需要，还可能设置有其他机构或装置，如薄膜或电缆辅机的张力机构、管径及薄膜厚度自动控制装置等。

在挤出成型过程中，主机固然很重要，其性能好坏对产品的质量和产量有很大影响，但若机头和辅机不能匹配，也难以生产出合格的制品。因此，机头和辅机是挤出机组的重要组成部分，以下主要对辅机进行介绍。

辅机的作用是将由机头挤出且已初具形状和尺寸的高温熔体在定型装置中进一步定型、

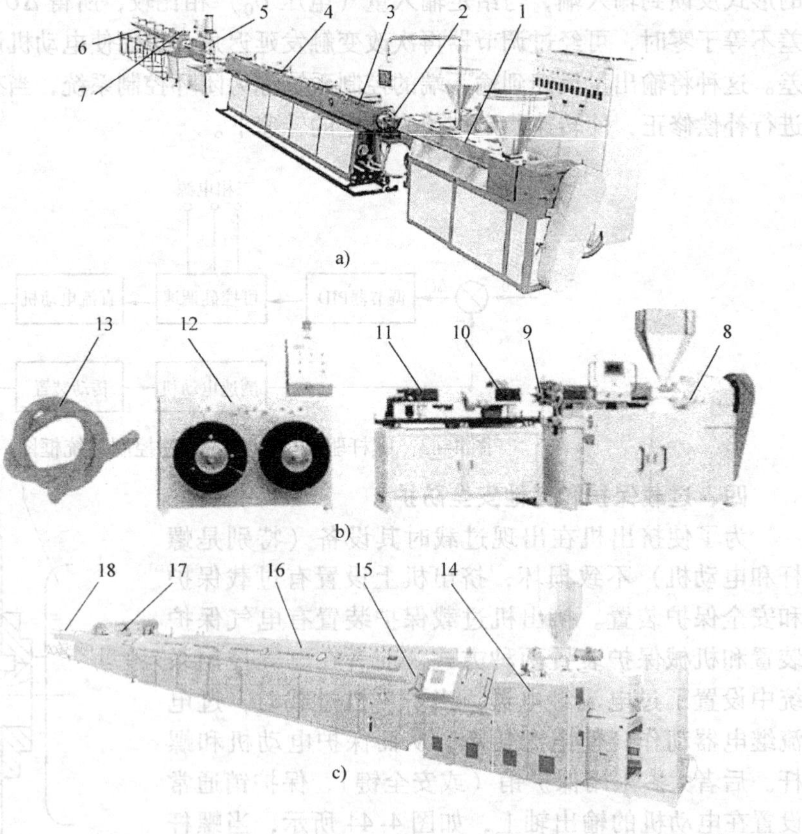

图 4-45　常见制品

a）PP-R 管材挤出生产线（硬管）　b）PE（PVC）单壁波纹管挤出生产线（软管）　c）PVC 异型材生产线

1、8、14、19、24、29、35—挤出主机　2、9、15、20、25、34—机头　3—定型装置　4、22、33—冷却装置　13—波纹管制品　16、26—定型与冷却装置　17、27—牵引与切断装置　21—三辊冷却，使之由高弹态转变为玻璃态，并将制品牵引出成型区，按产品规格要求进行切割或卷取，以便进行后续包装、运输与销售。

塑料高温熔体通过机头之后，熔体的进一步成型主要由辅机来完成，期间它要经历物态的变化过程。机头挤出的是粘流态的熔体，成型后为玻璃态的制品，同时要发生形状和尺寸的变化，这些变化是通过辅机所提供的温度、力、速度和各种动作来完成的，辅机性能的优劣及其与主机的匹配情况，将直接影响产品的质量。例如，辅机冷却能力不足，将限制生产率的提高和影响产品质量；温度控制不当，会使制品产生内应力、翘曲变形，使表面质量降低；定型装置设计不合理，则制品难以达到所需的形状和尺寸精度；牵引装置的牵引速度和牵引力也对制品质量影响很大。总之，辅机对挤出成型加工起着重要作用，要予以足够的重视。

一、吹塑薄膜辅机

塑料薄膜是最常见的一种塑料制品，它可以用挤出法、压延法、流延法生产，而挤出法又可分挤出吹塑法和狭缝机头直接挤出法两种。下面介绍挤出吹塑法所用的辅机。

采用挤出吹塑法生产的薄膜（片），其厚度通常为0.01～0.3mm，展开宽度最大可达20m。可用挤出吹塑法生产薄膜的塑料种类有聚氯乙烯、聚乙烯、聚丙烯、聚酰胺等。

上吹法吹膜机组如图4-46所示。熔融物料自机头的环形缝隙挤出呈圆管状的膜管，从

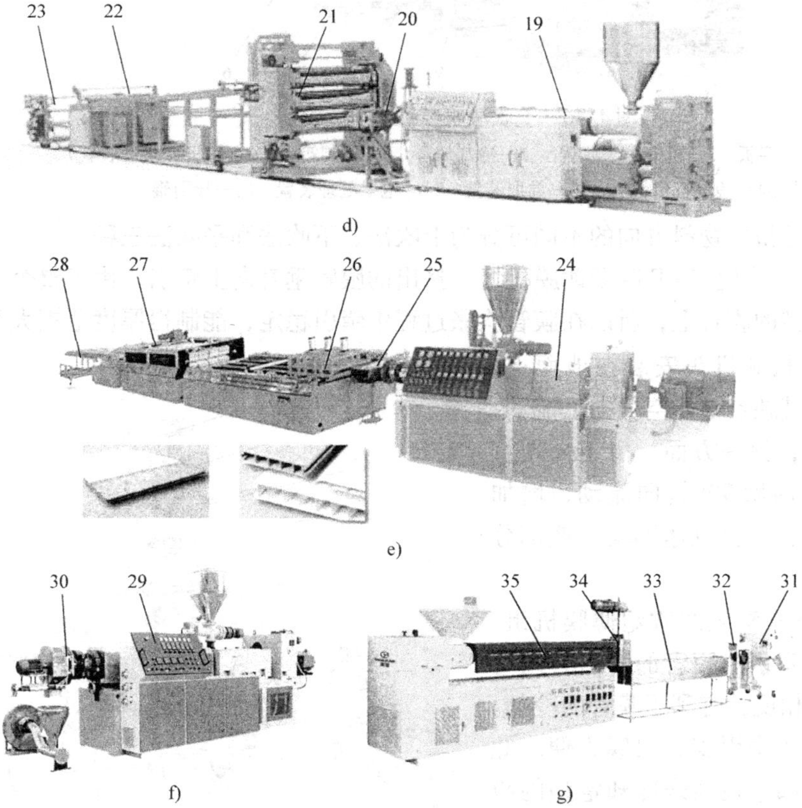

挤出成型生产线

d）片材挤出生产线　e）门板挤出生产线　f）PVC热切造粒生产线　g）冷切造粒生产线

5、11、32—牵引装置　6、18、28—堆放装置　7—切割装置　10—波纹成型装置　12—导引与卷取装置

压光机（定型）　23—卷取装置　30—机头及切粒装置　31—切粒装置

机头下面的进气口吹入一定量的压缩空气（气压控制在 20~30kPa)，使之横向吹胀。同时，借助牵引辊 1 连续地进行纵向牵伸，并经冷却风环 5 吹出的空气冷却定型。充分冷却后的膜管被人字板 2 压叠成双折薄膜，通过牵引辊 1 以恒定的线速度进入卷取装置 10，由卷取装置卷取。牵引辊同时也是压辊，它使膜管内的空气保持恒定，保证薄膜的宽度不变。

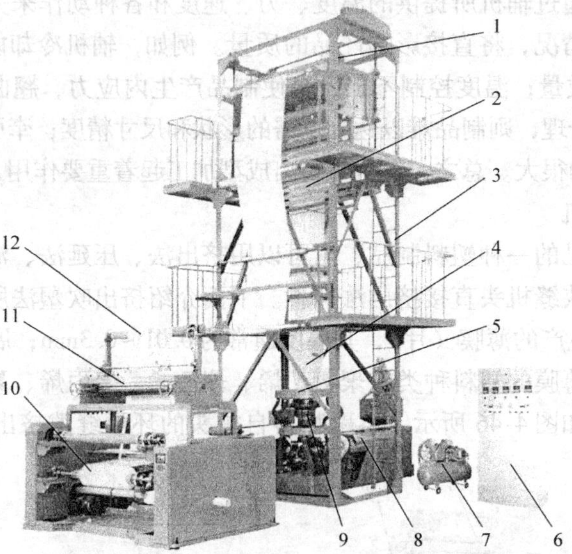

图 4-46　上吹法吹膜机组

1—牵引辊　2—人字板　3—机架　4—膜管　5—冷却风环　6—控制箱　7—空压机（供气装置）
8—挤出主机　9—挤出机头　10—卷取装置　11—电晕处理装置　12—导引辊

吹塑薄膜工艺根据挤出物料方向的不同可分为上吹法、下吹法和平吹法三种。

图 4-46 所示为上吹法生产 PE 吹塑薄膜机组，挤出的膜管垂直向上牵引。由于整个膜管都连在上部已冷却定型的膜管上，所以在膜管吹胀过程中牵引稳定，能制得厚度范围大和宽幅的薄膜，而且挤出机和机头安装在地面上，操作维修都较方便。其缺点是热空气向上流动，对薄膜管的冷却不利；另一方面，由于采用直角机头，物料在机头内做 90°转向流动，增加了料流阻力，容易引起物料流速不均，使部分料流因停滞而分解。

图 4-47 所示为下吹法生产吹塑薄膜机组，挤出的膜管垂直向下牵引。膜管的牵引方向与机头的热空气流方向相反，有利于膜管的冷却。吹塑的薄膜靠自重进入牵引辊，引膜方便。此法的缺点是整个膜管都连在尚未冷却定型的膜管上，在生产较厚的薄膜或牵引速度较快时容易拉裂膜管；对于密度较大的塑料（如聚氯乙烯），牵引更难控制，而且机器必须安装在较高的操纵台上，操作、维修不方便。此法主要

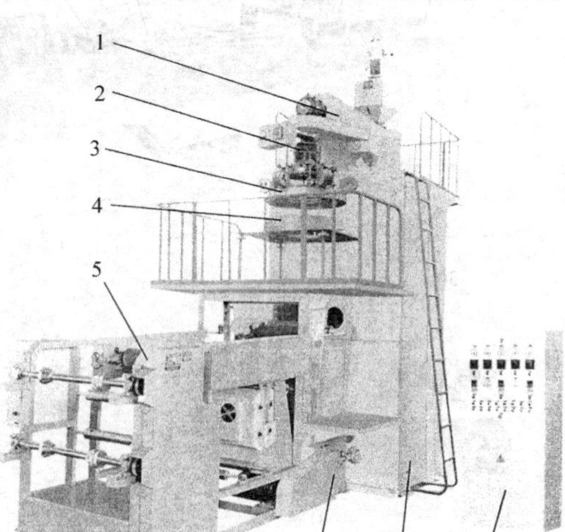

图 4-47　下吹法生产吹塑薄膜机组

1—挤出主机　2—机头　3—冷却风环　4—膜管稳定器
5—卷取装置　6—牵引装置　7—机架　8—控制箱

用于吹塑粘度低的塑料或透明度高而需急剧冷却（水冷）的聚丙烯、聚酰胺、聚偏二氯乙烯等塑料薄膜。

图4-48所示为平吹法吹膜机组，它使用出料方向与挤出机轴向相同的直向机头，膜管水平方向牵引。此法所采用的机头及辅机结构简单，设备安装和操作都很方便，对厂房高度要求不高，但机器占地面积大。由于热气流向上，冷气流向下，膜管上下部分冷却不均匀，膜管因自重下垂，因此厚度不易均匀。通常幅度在600mm以下的吹塑薄膜可用此法生产。

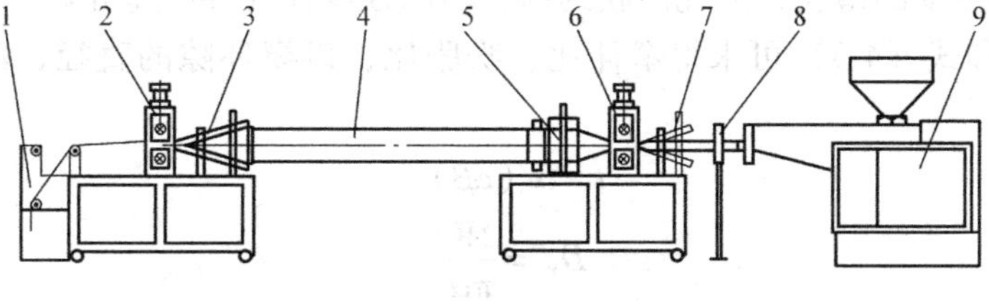

a)

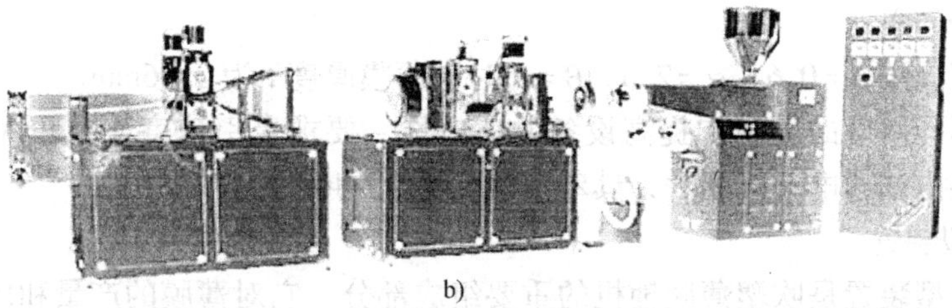
b)

图4-48 平吹法吹膜机组

a）平吹薄膜机组安装图 b）SJ45-SM600PVC平吹热收缩薄膜机组

1—卷取装置 2、6—牵引装置 3、7—人字板 4—膜管 5、8—风环 9—挤出主机

由此可知，吹塑辅机除机头（口模）外，还包括吹胀和牵伸装置、冷却定型装置、人字板、牵引装置、卷取装置、切割装置等。

1. 机头

吹塑薄膜机头结构的形式有很多种，常见的有芯棒式机头、螺旋机头、十字形机头、旋转式机头和复合膜机头等，机头结构可参考挤出机头设计相关资料。

2. 吹胀和牵伸装置

吹胀比和牵伸比是吹膜成型时的两个重要参数，吹胀比和牵伸比选择得是否合理对薄膜纵向和横向力学性能、壁厚均匀性等均有较大影响。

（1）吹胀比 指吹胀后的膜管直径与机头口模直径之比，用α表示，即

$$\alpha=\frac{D_P}{D_K} \tag{4-4}$$

式中，α是薄膜吹胀比；D_P是吹胀后膜管直径；D_K是机头口模直径。

在吹胀过程中，吹胀比α实际上是薄膜横向拉伸倍数，通常吹胀比控制在2.5~3。吹胀比太大，薄膜易产生摆动，难以控制其厚度的均匀性；吹胀比太小，则薄膜横向拉伸不足，壁厚不均匀，力学性能差。生产中吹胀比应保持恒定，通常通过调节压缩空气的压力进行控制。

（2）牵伸比 牵引辊的牵引速度和机头口模处物料的挤出速度之比称为牵伸比，用β

表示，即

$$\beta = \frac{v_D}{v_Q} \tag{4-5}$$

式中，β 是薄膜的牵伸比；v_D是薄膜的牵引速度；v_Q是机头口模处物料的挤出速度（m/s）。

通常牵伸比取4～6，牵伸比太大薄膜易拉断，且厚度控制较困难。为了保证薄膜纵、横向强度的一致，吹胀比和牵伸比最好取相同值。但实际生产中常用同一机头，采用不同牵伸速度来获得不同厚度的薄膜，因此薄膜的纵、横向强度往往存在差异。

由式（4-4）和式（4-5）可求得牵伸比、吹胀比、口模环隙的直径、薄膜厚度和宽度之间的关系

$$t = \delta/(\alpha\beta) \tag{4-6}$$

$$D_K = \frac{2W}{\pi\alpha} \tag{4-7}$$

式中，t 是薄膜的厚度（mm）；W 是薄膜折径（mm），即管状薄膜折叠后的宽度，$W = \pi D_P/2$；δ 是口模缝隙（mm）。

例　当口模缝隙 $\delta = 0.6$，$\alpha = 2.5$，$\beta = 4$ 时，薄膜厚度 t 为0.06mm。

为了得到不同厚度的薄膜和提高设备的适应性，要求牵引速度能在较大范围内无级调速，一般牵引辊由调速电动机驱动，其牵引速度为2～40m/min。

3. 冷却定型装置

薄膜冷却定型装置是吹塑薄膜辅机的重要组成部分，它对薄膜的产量和质量有很大的影响。目前冷却定型装置的种类较多，按冷却部位不同，可分为外冷、内冷和双面冷（强力冷却），即对膜管外表面、内表面或内外表面同时进行冷却；按冷却介质不同，可分为空气冷却和水冷。

图4-49所示为吹塑薄膜生产过程中采用风环外冷的情况。冷却介质（空气）通过与鼓风机相连的风环4以一定的速度和角度吹向刚从机头挤出的塑料膜管，当高温的塑料薄膜与冷却介质接触时，薄膜的大量热量传递给冷却介质并被带走，从而使膜管得到冷却，薄膜的温度下降。

（1）普通风环的结构　图4-50所示为普通风环的结构，它由上、下两部分组成。风环体3与风环盖1用螺纹连接，旋转风环盖可以改变出风口的间隙，从而改变出风量的大小。风环体3通常有三个进风口，压缩空气从进风口沿风环的切线方向同时进入。风环中设有几层挡风板，使进入的气流经过缓冲稳压后以均匀的风压、风量和风速吹向膜管，以保证薄膜的厚度均匀。风环的吹出角一般取45°～60°。

（2）风环的安装　普通风环安装在机头之上，并且必须与机头同心，以使冷却空气能等距离地吹向膜管外壁。风环可直接与机头口模相连接（连接时，要与机头口模绝热，以防止机头热量传给冷却空气），或者与之保持适当的距离（一般为30～100mm），其数值依物料的加工性能而定。风环内径为口模直径的1.5～2倍，风环的出口间隙一般为1～4mm，且大小可以连续调节。如果风环吹出的风速太高，或者风环与口模的距离（径向距离）太近，会使膜管受冲击而抖动，影响薄膜质量，此时可重新调整风环出口间隙、径向距离等参数。

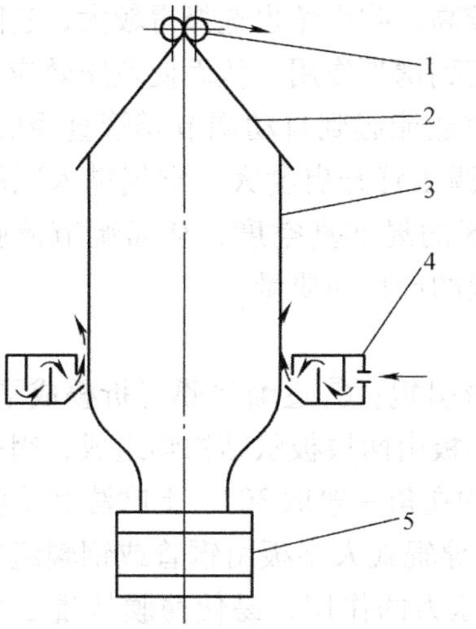

图 4-49　吹塑薄膜风环冷却示意图

1—牵引辊　2—人字板　3—膜管　4—风环　5—机头

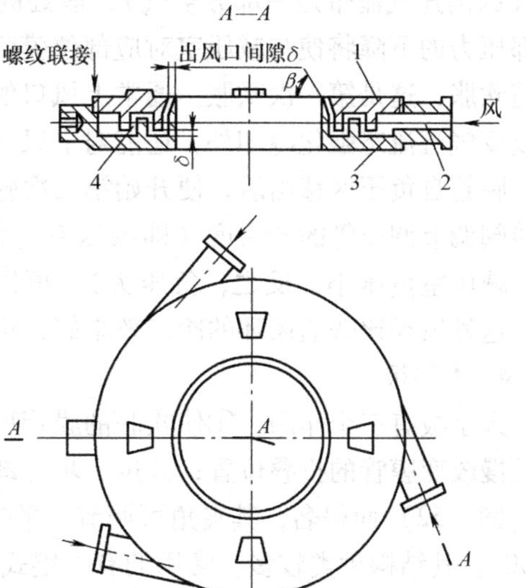

图 4-50　普通风环

1—风环盖　2—进风口　3—风环体　4—风室

（3）双风口减压风环　它是减压风环的一种，如图 4-51 所示。它有两个出风口，风环中部设置了隔板，分上、下两个风室，并在上、下风室间设置了减压室 2，减压室与数根调压管接通，通过转阀可与大气相通。为了使出风均匀，上、下出风口前设置了多孔板，且上、下出风口分别由两个风机单独送风，出风口可分别调节。该风环的工作原理是：当冷却空气自下风口 6 吹向膜管后，很快就转为平行膜管的气流向上流动，于是在膜管与减压室的环形空间中形成了一股高速气流，从而使得环形室间（上出风口之下的位置）出现负压效

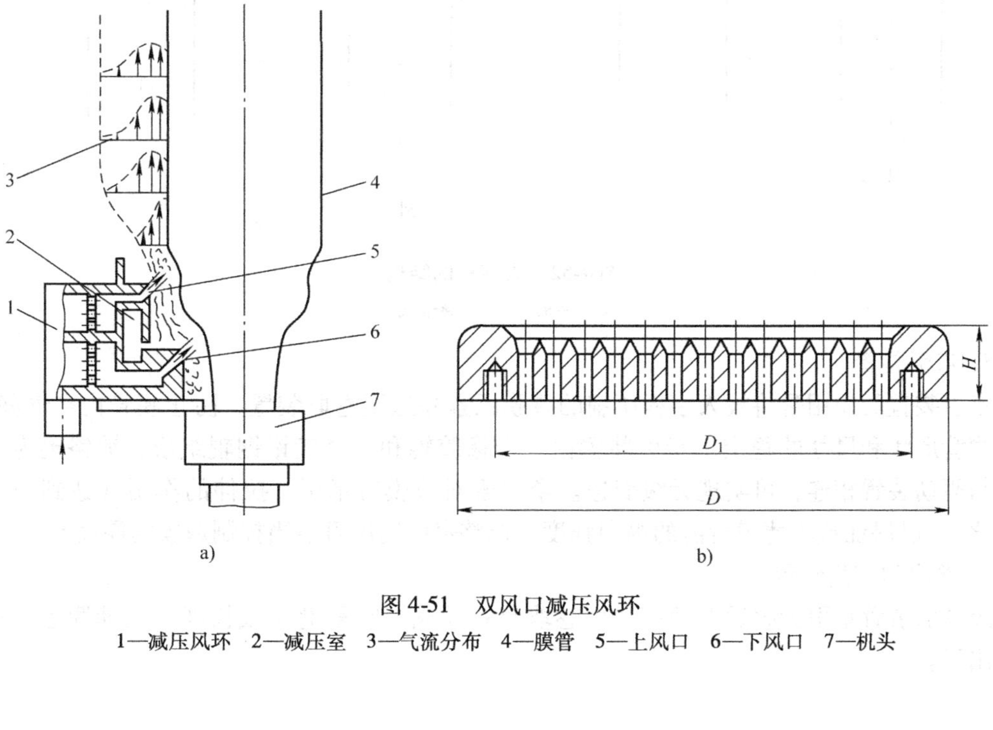

图 4-51　双风口减压风环

1—减压风环　2—减压室　3—气流分布　4—膜管　5—上风口　6—下风口　7—机头

应（因高速气流带走一部分空气），该处的压力将依气流的流动状况而有不同程度的下降。局部压力的下降将使与减压室对应部位膜管的内外压差增大，于是膜管在离开口模不远处被提前吹胀，这是第一次吹胀。通常上风口的气流速度较高，吹出角也选择得较大，它除了可以改变气流流态强化冷却外，还能对下风口的空气流起到携带作用，从而使负压效应更加明显。膜管自负压区移出后，便开始第二次膨胀。负压室还能起到自动调节膜管直径的作用，用转阀调节调压管的开启度（即减压室与大气相通的调压管开启度大，空气进入减压室量大，减压室负压小；反之，负压大），可以控制负压区的局部真空度，从而调节薄膜的厚度。这种风环比普通风环的冷却效果好，可以提高薄膜的产量和质量。

4. 人字板

人字板有三个作用：①使吹胀的膜管稳定地导入牵引辊；②逐渐将膜管折叠成平面状，并缓慢改变膜管的折叠位置；③进一步冷却薄膜。人字板由两块板状结构物组成，因呈人字形（图 4-52）而得名，其夹角可调节。平吹法人字板的夹角一般取 30°，上吹法和下吹法约为 50°，其结构种类较多，常用的有导辊式和夹板式。导辊式人字板由铜管或钢辊组成，它对膜管的摩擦阻力小，且散热快，但由于膜管内气体压力的作用，易使薄膜从辊子之间胀出，引起薄膜的起皱，且其折叠效果差。水冷夹板式人字板可以避免上述缺点，而且冷却效果好。所谓水冷夹板式人字板就是两夹板通入循环冷却水，利用夹板对薄膜进行冷却的一种人字板。

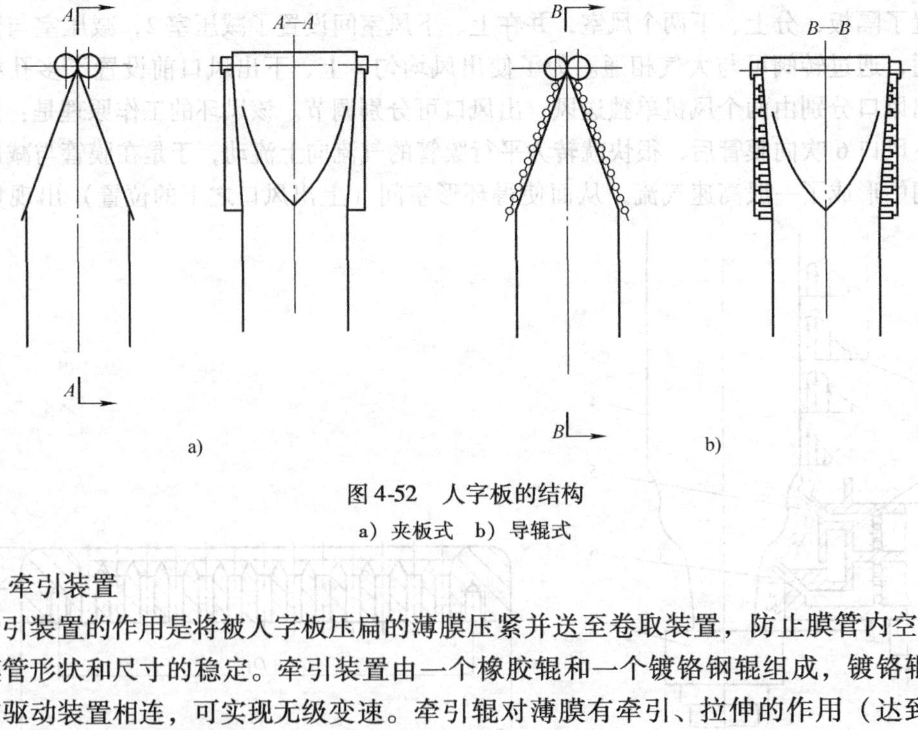

图 4-52　人字板的结构

a）夹板式　b）导辊式

5. 牵引装置

牵引装置的作用是将被人字板压扁的薄膜压紧并送至卷取装置，防止膜管内空气漏出，保证膜管形状和尺寸的稳定。牵引装置由一个橡胶辊和一个镀铬钢辊组成，镀铬辊为主动辊，与驱动装置相连，可实现无级变速。牵引辊对薄膜有牵引、拉伸的作用（达到一定的牵伸比），以保证塑料薄膜所需的纵向强度，调整牵引速度可适当控制薄膜的厚度 t。

6. 卷取和切割装置

经牵引装置牵引折叠后的薄膜，由卷取装置卷成一定重量（或长度）的薄膜卷，最后包装出厂。

（1）卷取装置　卷取装置应能将薄膜卷取成卷，并使成卷的薄膜平整无皱纹，卷边整齐，并应保证卷轴上的薄膜松紧适中，以防止薄膜拉伸变形。另外，要求卷取装置能提供合适的卷取速度，卷取速度不随膜管直径的变化而变化，并与牵引速度相匹配。因此，卷取装置必须能在10:1 的速度范围内以恒定张力卷取薄膜。

卷取装置的结构形式通常有表面卷取和中心卷取两种。图4-53 所示的表面卷取装置由电动机驱动带轮4，通过带（或链）带动主动辊转动。卷取辊靠在主动辊上，依靠两者之间的摩擦力驱动卷取辊转动，将薄膜卷在卷取辊上，其卷取线速度取决于主动辊的圆周速度，而不受膜卷直径变化的影响，卷取张力取决于主动辊与膜卷之间摩擦力的大小。由于主动辊位于卷取辊的下方，因此卷取张力实际上会受到膜卷重量的影响。

中心卷取装置的卷取辊由传动系统直接驱动，它可卷取各种厚度的薄膜，薄膜厚度的变化对卷取影响不大，并可在高速下实现自动换卷。但由于卷取过程中膜卷直径 d 会逐渐增大，当牵引速度保持不变时，要维持卷取张力不变，就必须使卷取辊的转速随 d 的增大而降低，即保持卷取线速度不变。图4-54 所示为中心卷取装置，其链轮1 空套在卷取辊轴6 上，由传动系统直接驱动。链轮左右两侧各安装了一个摩擦片，依靠金属压板3 压紧，调节弹簧4 即可改变摩擦片与链轮1、金属压板3 之间的摩擦力，以驱动卷取辊转动。该结构经弹簧调整固定摩擦力之后，能保持卷取张力基本不变，使卷取辊实现卷取或打滑而自动调节卷取速度，以适应恒定的牵引速度和卷取张力。

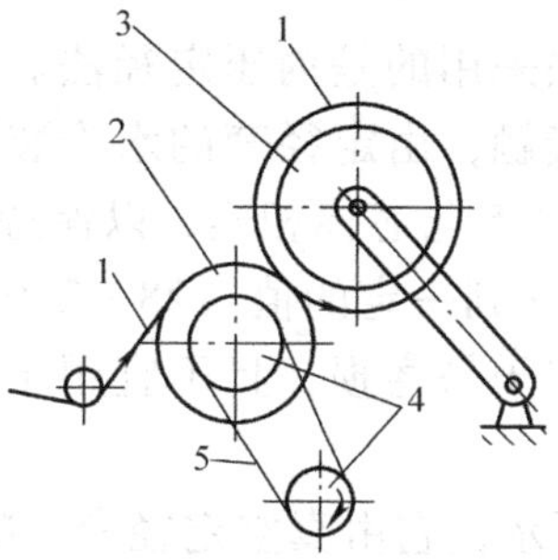

图4-53　表面卷取装置

1—薄膜　2—主动辊　3—卷取辊　4—带轮　5—带

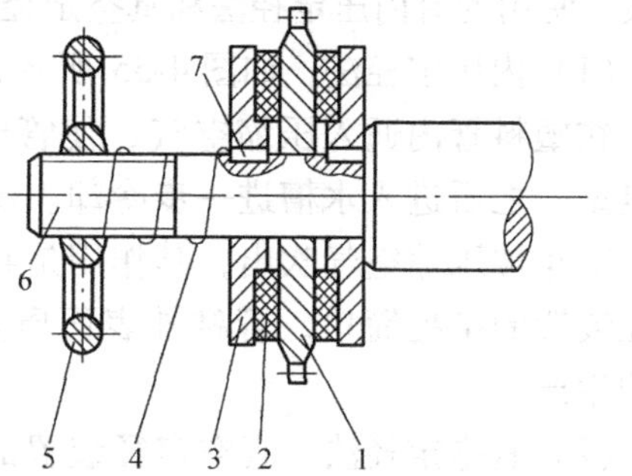

图4-54　中心卷取装置

1—链轮　2—摩擦片　3—金属压板　4—弹簧
5—手轮　6—卷取辊轴　7—键

（2）切割装置　采用人工上卷时，薄膜一般用剪刀手动切割，但在高速、自动化水平较高的卷取装置中，必须设置自动切割装置，且切割装置的动作应准确可靠，切断部分要有利于上卷。常见的自动切割装置有电热切割法（即用电阻丝加热将薄膜熔断）和飞刀切割法等。

二、挤管辅机

塑料管材是挤出成型生产的主要产品，通常分为软质管材和硬质管材两类，管材的直径从几毫米到500mm，甚至更大。塑料管材常用的塑料种类有聚氯乙烯、聚乙烯、聚丙烯、ABS、聚酰胺、聚四氟乙烯等。

塑料硬管的挤出工艺流程如图4-55 所示。塑化后的塑料熔体经过机头的环形缝隙呈管状挤出，进入定型装置（又称定径套）冷却定型，再经冷却水槽进一步冷却，由牵引装置牵引匀速前进，达到一定长度后切割成相应规格的管材。

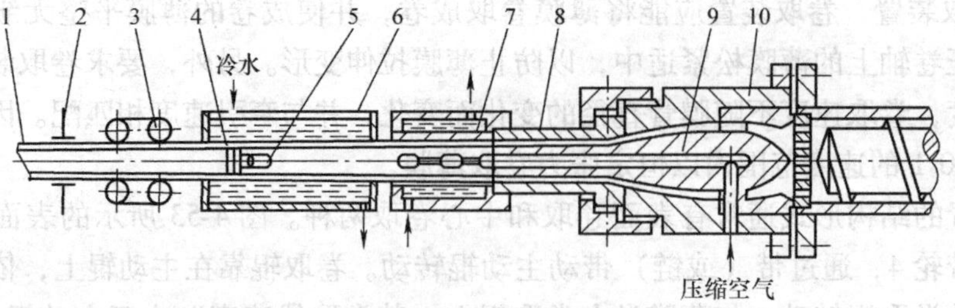

图4-55　塑料硬管的挤出工艺流程

1—塑料管　2—夹紧切割装置　3—牵引装置　4—塞子　5—链子

6—冷却水槽　7—定径套　8—口模　9—芯棒　10—机头体

塑料挤出软管与硬管的工艺流程有所不同，它一般不设置定径套，而靠通入管内的压缩空气维持一定的形状；冷却方式可采用自然冷却或喷淋冷却，并可依靠运输带或自重达到牵引的目的，由收卷装置卷绕至一定量（质量或长度）后切断（图4-45）。

1. 定型装置

物料从机头挤出时仍处于熔融状态，具有较高的温度（大约为180℃），为保证管材的几何形状、尺寸精度和表面粗糙度值达到产品要求，必须立即进行定型和冷却，定型装置的作用就在于此。

按管材定径方法的不同可分为外径定径法和内径定径法两种，其中外径定径法又有多种方式，常用的有内压定径法和真空定径法。

（1）内压定径法　如图4-55所示，管材的定型方法采用的是内压定径法。管材挤出时，在塑料管内通入压缩空气，使管壁与定径套内壁接触，由定径套的水冷装置进行冷却定型，之后进入水槽进一步冷却。图中塞子4依靠链子5与芯棒相连，以保持正确的位置，防止被压缩空气吹出，其作用是封气，使管内气压达到一定的值（28～280kPa）。该定径装置的结构简单，管材外表面质量好，其缺点是塞子易磨损，且不宜用于小直径管材的生产。

（2）真空定径法　真空定径装置的结构如图4-56所示，它由真空定径套、冷却水槽、真空泵、电动机及管道等组成。挤出成型时将真空定径套抽成真空，利用真空吸附作用使管材外壁和真空定径套内壁紧密接触并冷却定型。这种定径套上开有许多抽真空孔，孔径为0.5～0.7mm，并在第一真空段前面设有一冷却段，以防止挤出物粘在定径套壁上，真空度一般控制在$(0.4 \sim 0.7) \times 10^5$Pa。其定径效果较内压定径法好，管材外表面光滑，且易于操作，生产稳定，管材内应力小；但当管径较大时，靠抽真空产生的吸力难以控制圆度，须配置更大的抽真空设备和牵引装置。

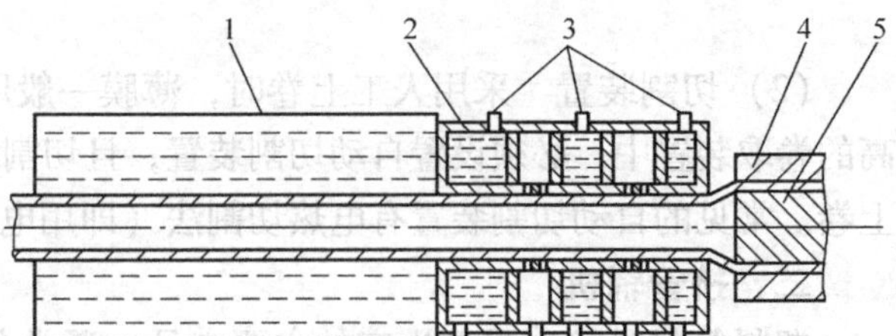

图4-56　真空定径法

1—冷却水槽　2—真空定径套　3—排水孔　4—口模

5—芯模　6—进水孔　7—抽真空孔

2. 冷却装置

管材离开冷却定型装置后并未完全冷却至室温，需要用冷却装置进一步冷却管材，以防管材变形，常用的冷却方法有水槽冷却和喷淋水箱冷却两种（图 4-57）。水槽冷却一般分 2 ~ 4 段，长 2 ~ 3m，冷却水从最后一段水槽通入，使水流方向与管材运动方向相反。其冷却效果较为缓和，减少了管材内应力，但水槽冷却易因管材的浮力作用而使管材产生弯曲变形。喷淋冷却的喷淋水管可有 3 ~ 6 根，均布在管材周围，靠近定径套的一端喷水孔较密，以加强喷淋冷却效果。近年来设计了一种高效的喷雾冷却箱，它在喷淋冷却装置的基础上，用喷雾头代替喷淋水头，通过压缩空气把水从喷雾头中喷出，形成的水雾接触管材表面而受热蒸发，带走大量的热量，因此冷却效率大为提高。

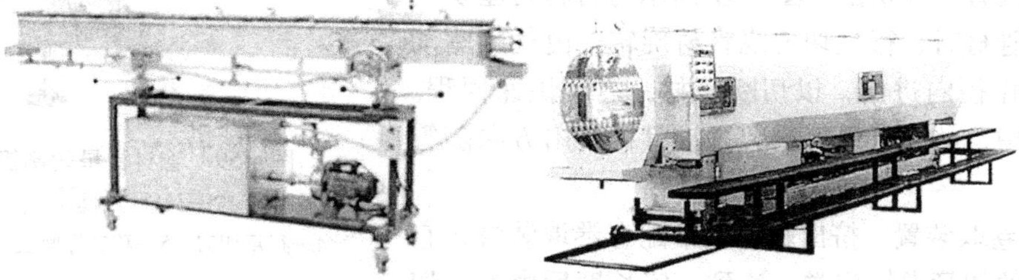

a)　　b)

图 4-57　管材冷却装置

a）冷却水槽　b）喷淋冷却水箱

3. 牵引装置

它的作用是为冷却定型的管材提供一定的牵引力和牵引速度，并通过调节牵引速度来调节管材的壁厚。牵引速度快，管材受到拉伸而使壁厚变薄；反之，管壁变厚。因此，牵引速度必须能在一定范围内无级调速，其速比一般为 1∶10；牵引力也必须可调，以防止薄壁管材受力变形。牵引装置一般有滚轮式、履带式、橡胶带式几种，图 4-58 所示为常见的管材牵引装置外形图。

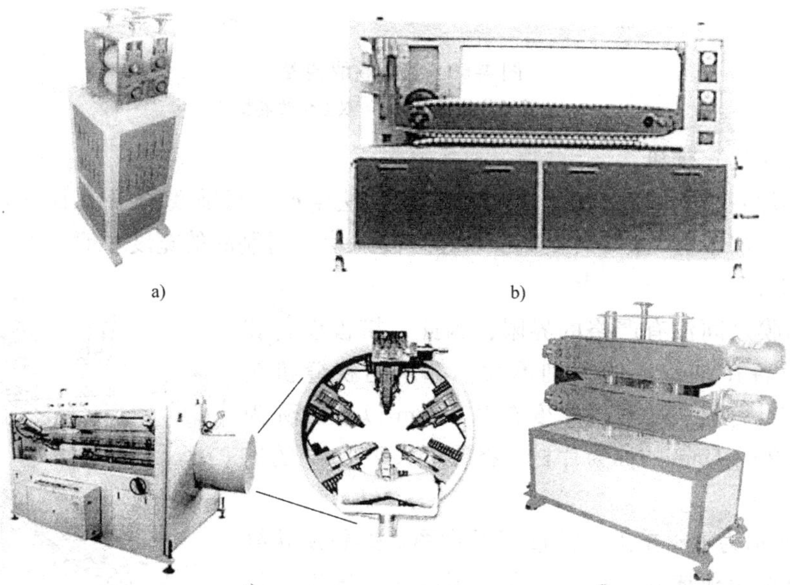

a)　　b)

c)　　d)

图 4-58　管材牵引装置

a）滚轮式牵引机　b）单履带式牵引机　c）多履带式牵引机　d）橡胶带式牵引机

4. 其他装置

（1）切割装置　挤出硬管时，管材在挤到一定长度后必须通过切割装置切断，硬管切断有手动切割和自动切割两种方式。自动切割装置一般配有管材夹持器，在切割过程中，切割机随管材牵引方向同步移动，直至切割完成。切割机又有圆盘式和行星式两种，其中圆盘式适用于较小直径的管材，而行星式适用于大直径管材的切割。图4-59所示为管材行星切割机。切割管材时，行星切刀绕管材旋转，由气缸驱动行星切刀作径向进给，以切断管材，之后快速回程。切割过程中，整个行星切割装置沿管材挤出方向随管材移动。

图4-59　管材行星切割机
1—控制箱　2—行星切割装置　3—气缸　4—行星切刀　5—移动导轨及支架

（2）卷取装置　挤出软管通常配有卷取装置，它将成型后的软管卷绕成卷，达到一定长度后由人工切断，包装出厂。常用的卷取装置又分单工位和双工位收卷机，其结构如图4-60所示。

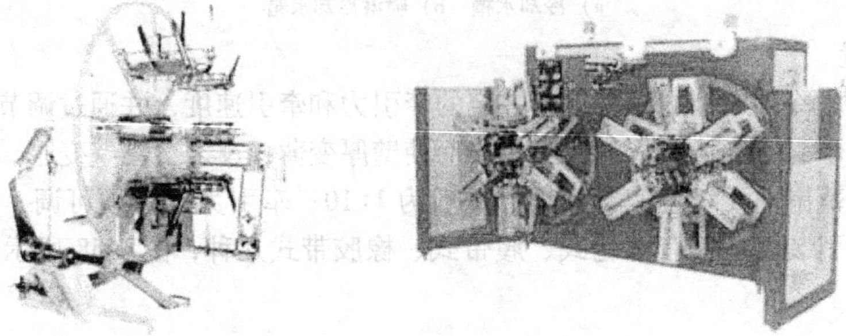
a)　　b)

图4-60　管材卷取装置
a）单工位收卷机　b）双工位收卷机

三、挤板（片）辅机

塑料板（片）材可用挤出法、压制法、压延法生产。目前我国用挤出法生产的塑料板材有PVC、PS、ABS、PC、PA、PE、PP等。板（片）材制品的宽度一般为1～1.5m，最大宽度可达3～4m。

由于板和膜之间没有严格的界限，因此，挤板设备和挤膜（片）设备在结构上的差别不大，都采用狭缝机头（图4-61）挤出熔料。通常把厚度在0.25mm以下的称为膜，厚度为0.25～1mm的称为片材，将厚度大于1mm的称为板材。

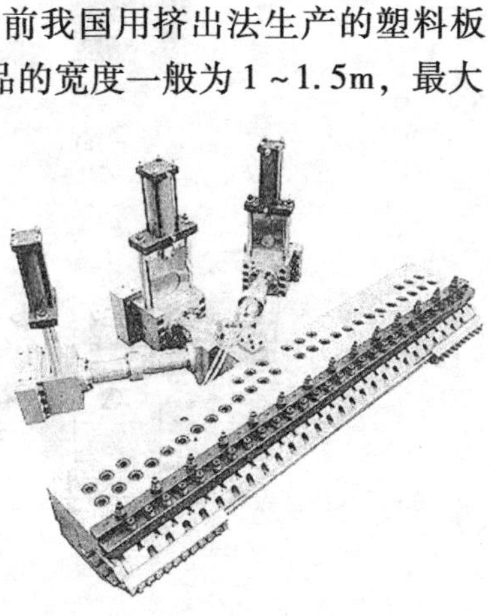
图4-61　复合板材狭缝挤出机头

图4-62所示为板材挤出工艺过程示意图。熔料从狭缝机头中挤出成型为板坯后，直接进入三辊压光机压光（压光辊内部通水冷却）和冷却定型，再由导辊进一步冷却，然后采用切边装置切边，使板料宽度符合规格要求，之后

经二辊牵引机向前移动，由切割装置切成所需长度规格的板材，最后由堆放装置把产品堆集起来。

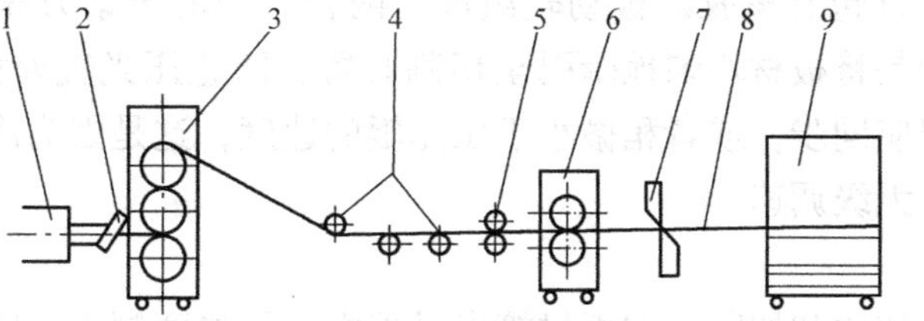

图4-62　板材挤出工艺过程
1—挤出机　2—狭缝机头　3—三辊压光机　4—导辊　5—切边装置
6—二辊牵引机　7—切割装置　8—塑料板　9—堆放装置

挤板辅机通常包括压光机、导辊、切边装置、牵引装置、切割装置和堆放装置等。

1. 压光机

自狭缝机头挤出的板坯温度较高，需要立即进入三辊压光机压光并逐渐冷却。三辊压光机的第一、二辊共同对挤出板坯施加压力，将板坯压成所需厚度，并保证其厚度均匀、表面平整；第二辊除有上述作用外，还起着板材压光作用，以降低表面粗糙度值，并使板材冷却定型；第三辊主要起压光和冷却作用。三辊压光机对板料还起到一定的牵引作用，并可调整板材各点的速度，使之均匀，保证板材的平直度。压光机辊筒多采用高交换率夹套结构。配以自动控温热水交换器，其控温精度高，辊面温度均匀。辊筒工作面镀硬铬并经超精镜面加工。

三辊压光机的驱动方式通常有链传动、齿轮传动和蜗轮蜗杆传动三种，且三辊的速度要保持同步。图4-63所示三辊压光机的辊筒用调速电动机直接驱动，辊速可单独调节，也可按设定方式联动调节各辊速度。为了适应不同挤出量和机头狭缝尺寸，压光辊的线速度一般要在较大范围内可调。三辊压光机的三辊可以有多种排列方式，其中以图4-63b所示的竖排式居多。

三辊压光机与机头的距离应尽可能小，一般取5～10cm，这样可以减少板材内应力，减少收缩。若离得太远，机头与辊筒之间的挤出板坯容易下垂，特别是厚度较大时易起皱，同时易散热冷却，对压光不利。

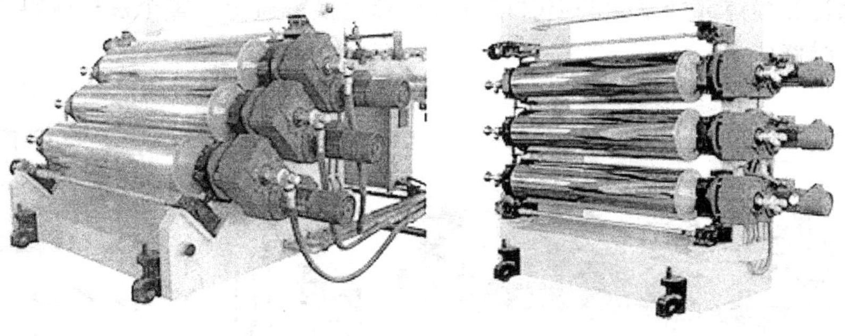

a)　　b)

图4-63　三辊压光机
a）斜排式　b）竖排式

2. 牵引装置

从压光辊出来的板材在导辊的导引下进入牵引装置，牵引装置一般由一个主动辊（钢辊位于下方）和一个外包有橡胶的被动辊组成，两辊之间的压紧力靠弹簧提供，其大小可调。牵引装置的作用是将板材均匀地牵引至切割装置，防止压光辊处积料，并将板材压平。其牵引速度与压光辊应同步，或者稍微小于压光辊的速度，这是因为冷却时板材会有少量的收缩。牵引速度应能无级调速。

3. 切割装置

板材的切割包括切边和切断。在板材挤出过程中，板材两侧边的厚度会出现不均匀、不整齐的现象，需要切边使之满足幅宽的要求。切边装置通常有圆锯片和圆盘剪切刀两种。对于厚度大的硬板多用圆锯片切边，切边时噪声较大，锯屑飞扬，切断口有飞边，效率低，能耗大；对于厚度小的软板（片）通常用圆盘剪切刀切边，其切裁速度快，效率高，无噪声和飞屑，工人劳动条件好。长度方向的切断也有两种方法，一种是将圆锯片切刀倾斜一个角度放置，按输送速度和切刀进给速度的合成速度切断；另一种是采用剪床进行切断。

4. 堆放装置

堆放装置的作用是将切断后的板材自动堆集叠放整齐，以方便包装和运输，同时减少操作人员的劳动强度。

第七节　双螺杆挤出机

一、双螺杆挤出机概述

双螺杆挤出机因其挤出系统中并排设有两根螺杆而得名，它是在单螺杆挤出机的基础上发展起来的。虽然单螺杆挤出机有许多优点，但随着塑料种类的增多和新型塑料材料加工要求的不断提高，单螺杆挤出机已难以满足加工要求。双螺杆挤出机在一定程度上克服了单螺杆挤出机的不足，到20世纪60年代后期，出现了混炼、排气、脱水、造粒、粉料直接成型，以及使用玻璃纤维等填料的专用双螺杆挤出机，并在近年得到了广泛使用和快速发展。

如图4-64所示的双螺杆挤出机采用剖分式料筒结构，其特点是机筒可按需要方便地打开；螺杆和机筒内衬套可随意组合；螺杆和机筒均可采用“积木式”设计，以满足不同物料的输送、塑化、混合、剪切、排气、建压及挤出等工艺要求，达到一机多用、一机多能的目的；且当螺杆和筒体元件发生磨损时可进行局部更换，避免了整个螺杆或料筒的报废，从而大大降低了维修成本。

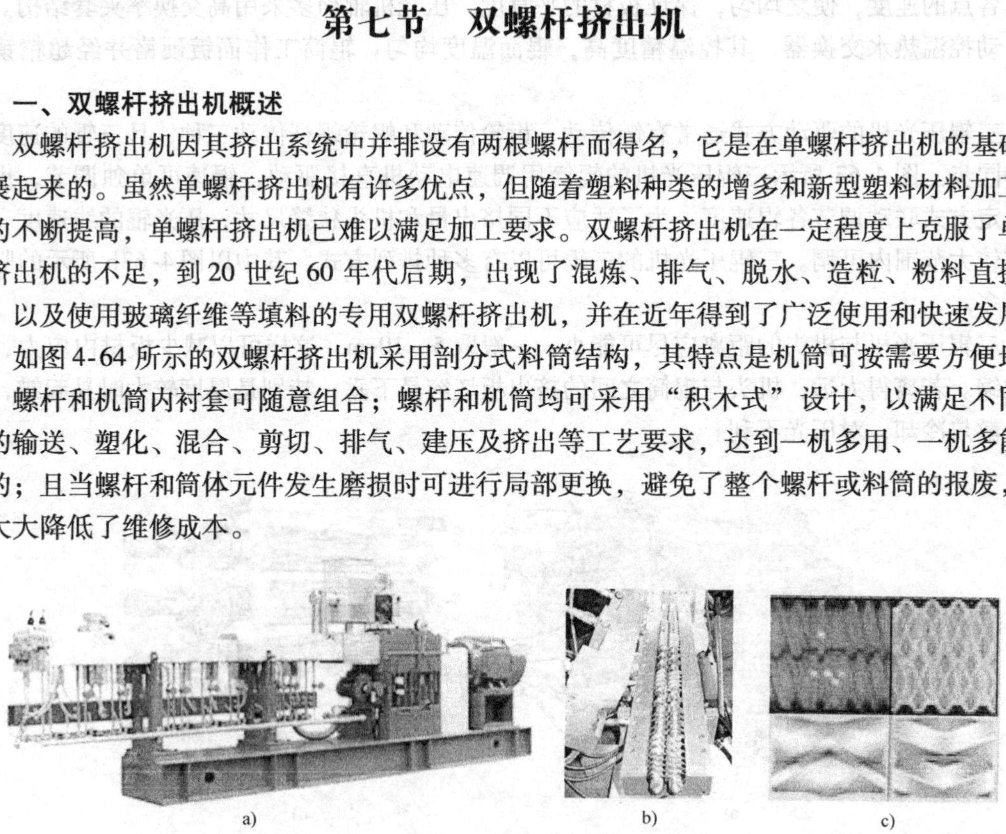

a)　　b)　　c)

图4-64　双螺杆挤出机

a）双螺杆挤出机的外形　b）挤压系统　c）双螺杆的局部结构

1. 单螺杆挤出机的缺点

单螺杆挤出机由于其螺杆和整个挤出机设计简单、制造容易、价格便宜，因而在塑料加工中得到了广泛应用。但其具有如下局限性：

1）单螺杆挤出机的输送作用主要靠摩擦力，这使其加料性能受到限制，粉料、玻璃纤维、无机填料等难以加工。

2）单螺杆排气挤出机物料在排气区的表面更新作用较小，因而排气效果较差。

3）单螺杆挤出机物料在料筒中停留的时间长，且各部分停留时间不相等，对于一些挤出工艺要求，如聚合物的着色、热固性塑料的粉料挤出、涂料的混合等工艺，单螺杆挤出机达不到要求。

2. 双螺杆挤出机的特点

采用双螺杆挤出机可解决上述问题，与单螺杆挤出机相比，双螺杆挤出机有以下几个特点：

1）加料容易，产量高。双螺杆挤出时，原料是依靠双螺杆的旋转挤压作用进行强制输送的，故可加入具有很高或很低粘度，以及与金属表面之间摩擦因数范围很宽的物料，如带状料、糊状料、粉料及玻璃纤维等，且玻璃纤维还可在不同部位加入。双螺杆挤出机特别适于加工聚氯乙烯粉料，可由粉料直接挤出管材，省去了造粒工序。其产量与原料及螺杆有关，螺杆直径为ϕ50mm和ϕ65mm的锥形双螺杆挤出机的产量分别为100~150kg/h和200~280kg/h，是具有相同螺杆直径的单螺杆挤出机产量的2倍。

2）物料在双螺杆挤压系统中停留的时间短。适于对停留时间较长就会固化或凝聚的物料进行着色和混料，如热固性塑料粉末涂层材料的挤出。

3）具有优异的排气性能。由于双螺杆挤出机啮合部分的有效混合，以及排气部分的自洁功能，使得物料在排气段能获得完全的表面更新。

4）具有优异的混合、塑化效果。由于两根螺杆相互作用，物料在挤出过程中的运动比单螺杆挤出时复杂，物料受到纵横向的混合剪切作用。

5）双螺杆挤出机螺杆具有良好的自洁功能，特别是在加工热稳定性差的塑料和共混料时更显示出了其优越性。

6）低的比功率消耗。在相同产量的情况下，双螺杆挤出机的能耗比单螺杆挤出机少50%。

由于双螺杆挤出机的多样性和复杂性，设计与选用时应考虑下列问题：①两根螺杆的相对位置是啮合还是非啮合；②工作时，两根螺杆是同向旋转还是异向旋转；③螺杆的基本形状是圆柱形还是锥形；④实现压缩比的途径与单螺杆挤出机是否相同；⑤螺杆采用整体式还是组合式的结构等。

3. 双螺杆挤出机的应用

双螺杆挤出机的喂料特性好，生产效率高，且比单螺杆挤出机有更好的混炼、排气、反应和自洁功能，在原料生产领域获得了广泛的应用，具体有：

1）玻纤增强、阻燃料的造粒，如PA6、PA66、PET、PBT、PP、PC增强阻燃等。

2）高填充料造粒，如PE、PP填充75%的$CaCO_3$。

3）热敏性物料造粒，如PVC、XLPE电缆料造粒。

4）浓色母粒，如填充50%的色粉。

5）防静电母粒、合金、着色、低填充共混造粒。

6）热固性塑料的混炼挤出，如酚醛树脂、环氧树脂、粉末涂料等的混炼挤出。

7）热熔胶、PU 反应挤出造粒，如 EVA 热熔胶、聚氨酯等。

8）K 树脂、SBS 脱挥造粒等。

9）各种型材的挤出。

二、双螺杆挤出机的类型

近年来，国外双螺杆挤出机已经有了很大的发展，各种形式的双螺杆挤出机已系列化和商品化，生产的厂商也较多。双螺杆挤出机大致可按如下方法分类：

1）按双螺杆轴线的相对位置不同，可分为平行双螺杆挤出机和锥形双螺杆挤出机。

2）按双螺杆啮合程度的不同，有非啮合型、部分啮合型和全啮合型之分，如图 4-65 所示。

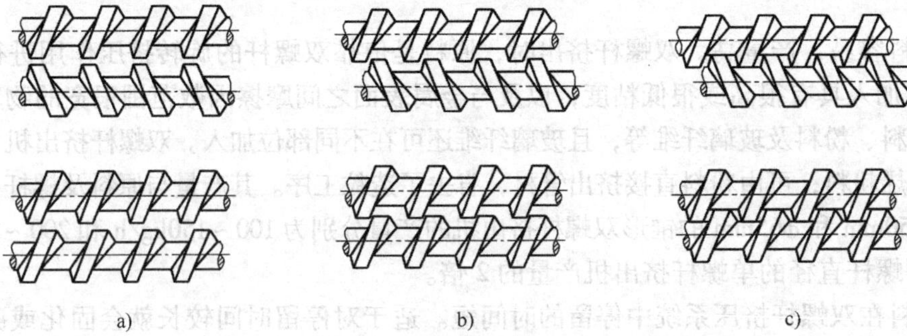

图 4-65 双螺杆的相对位置

a）非啮合型 b）部分啮合型 c）全啮合型

3）按双螺杆旋转方向的不同，有同向和异向之分。在异向中，又有向内、向外之分，如图 4-66 所示。

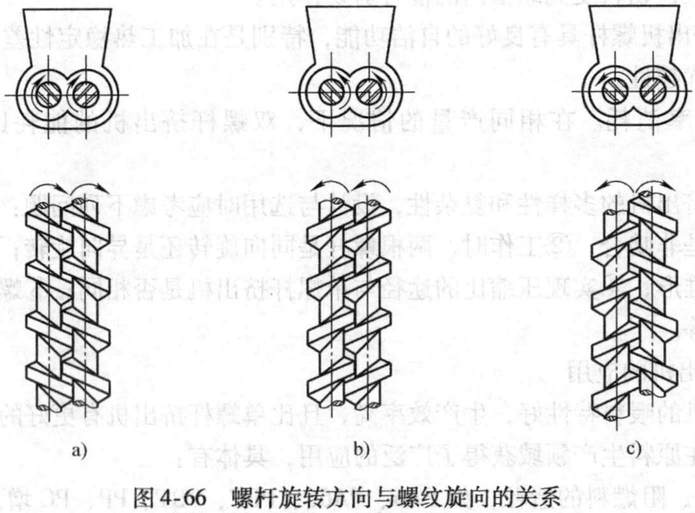

图 4-66 螺杆旋转方向与螺纹旋向的关系

a）同向左旋螺杆 b）同向右旋螺杆 c）异向旋转

4）按螺杆旋转速度的不同，有高速和低速之分。

5）按螺杆与机筒结构的不同，有整体和组合之分。

6）按挤出机主要用途的不同，可分为配料双螺杆挤出机与型材挤出双螺杆挤出机。

在双螺杆挤出机的基础上，为了更容易加工热稳定性差的共混料，有的厂家又开发出了多螺杆挤出机，如行星挤出机等。

三、双螺杆挤出机的结构

双螺杆挤出机由挤压系统、传动系统、加热冷却系统、控制系统、加料装置和安全保护系统等组成。除挤压系统外，其余部分与单螺杆挤出机基本相似，因此，以下主要介绍双螺杆挤出机的挤压系统。

双螺杆挤出机的挤压系统由两根螺杆和料筒组成，其螺杆可按啮合或非啮合方式布置，结构可为整体式或组合式，螺杆工作时可同向或异向旋转。目前，应用较广泛的是同向平行双螺杆挤出机、异向旋转平行双螺杆挤出机、锥形双螺杆挤出机等。

1. 同向平行双螺杆挤出机

该类挤出机的两根螺杆工作时的旋转方向相同（图4-66a、b），挤出过程中物料被一根螺杆带向啮合区的下方，然后被另一根螺杆带回上方，并沿螺槽向前强制输送。因此，物料在螺槽中呈“∞”形方式前进，这一过程与单螺杆挤出机相同，也是依靠物料与料筒的摩擦力来输送，其输送能力与物料和机筒、物料和螺杆的摩擦因数有很大关系。但其输送效率比单螺杆挤出机要高得多，因为双螺杆挤出机在啮合区中，一根螺杆的螺棱有阻止另一根螺杆上的物料打滑的趋势。

在同向旋转双螺杆挤出机中，螺杆就像悬浮在熔体中一样，没有使螺杆向两边推开的横压力（即无压延效应），螺杆的对中性好，螺杆转速可比异向旋转双螺杆挤出机高得多，可获得更高的产量。其螺杆的螺纹结构形式有单线螺纹、双线螺纹和三线螺纹等。

（1）单线螺纹　它主要用于啮合型的同向双螺杆挤出机，通常用来加工硬聚氯乙烯。

（2）双线螺纹　它一般用于同向啮合型双螺杆挤出机，螺杆有较深的螺槽，单位长度上的自由体积较大，在相同的螺杆转速下物料的平均剪切热较低，混合作用较柔和。与三线螺纹的螺杆相比，在同等剪切应力和转矩下工作时，其螺杆转速可以更高。它常用于混料，特别适合加工粉料、低密度、难加料的物料和不需要高剪切应力或对剪切作用敏感的物料。

（3）三线螺纹　其螺槽深度较浅，在相同的螺杆转速下，物料受到的剪切作用比双线螺纹高，主要用于需要高剪切作用物料的加工。

2. 异向旋转平行双螺杆挤出机

该类挤出机在工作时，两根螺杆的旋转方向相反（图4-66c）。挤出时，物料被送到由螺杆与料筒形成的楔形区后受到局部预压，之后进入双螺杆的啮合区，受到强烈的挤压，螺杆每转一转，物料在啮合区沿轴向推进一个螺杆导程。其输送量正比于角位移，而与物料和机筒、物料和螺杆的摩擦因数无关，因此输送效率很高，能实现强制送料。但当物料进入螺杆啮合区的间隙后，将产生很大的横向压力将螺杆推向斜上方，这加重了螺杆和料筒的磨损，为减小磨损，通常可以加大螺杆与料筒间的间隙或适当降低螺杆的转速，从而降低了挤出的生产率。

异向旋转平行式双螺杆挤出机两根螺杆的旋向必须是相反的，即一根螺杆的螺纹为左旋，则另一根必是右旋，两根螺杆的啮合状态可分为啮合型和非啮合型两种。

啮合型异向旋转双螺杆挤出机工作时，其螺杆对物料的剪切作用强、塑化均匀，适合PVC料的挤出成型，可用于造粒或型材的挤出生产。

非啮合异向旋转双螺杆挤出机对物料的输送能力与单螺杆挤出机相似，螺杆无自洁能力，主要用于混料。它的加料稳定性和排气段表面的更新效率比单螺杆挤出机好，但比啮合型双螺杆挤出机差；其正向输送特性小于单螺杆挤出机，但回混性优于单螺杆挤出机。故此类挤出机主要用于混料、排气、化学反应等场合，不适用于塑料型材的挤出成型。

3. 锥形双螺杆挤出机

锥形双螺杆挤出机的结构形式如图4-67所示，两根锥形螺杆在料筒中互相啮合、异向旋转，其中一根螺棱顶部与另一根螺槽底部间有一合理的间隙。由于是异向旋转，物料沿螺旋槽前进的道路被另一根螺杆堵死，物料只能在螺纹的推动下，通过螺棱的间隙沿轴向前进。当物料通过两根螺杆之间的径向间隙时，犹如通过两辊的辊隙，受到的搅拌和剪切作用十分强烈，因而塑化效率高且塑化均匀，特别适宜加工PVC塑料。

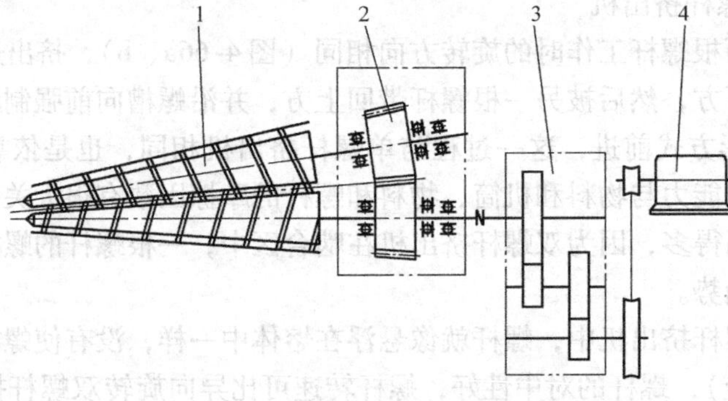

图4-67　锥形双螺杆挤出机的结构形式
1—锥形螺杆　2—传动齿轮　3—变速箱　4—电动机

锥形双螺杆挤出机螺杆的压缩比不仅取决于螺槽的变化（由深到浅），还取决于螺杆外径的变化（由大到小）。因而，其压缩比可以相当大，物料在料筒中的塑化将更加充分和均匀，从而保证了制品的质量，而且可以通过提高转速来提高挤出机的挤出量。

四、双螺杆挤出机的发展

双螺杆挤出机自20世纪30年代问世以来，无论在结构、啮合原理、试验研究方面，还是在应用上都得到了飞速发展。目前，双螺杆挤出机的挤出量、螺杆转速、长径比、螺杆直径和螺杆所能承受的转矩均得到了较大幅度的提高，并附加了真空排气装置、螺杆温控装置、定量加料装置等附属装置。新型组合式双螺杆挤出机可按塑化、挤出的功能单元（如输送单元、剪切单元、混合单元、压缩单元和捏合单元等）自由组合出各种特定性能的螺杆，极大地改善了双螺杆挤出机的性能，扩大其应用范围。双螺杆挤出机今后的发展方向主要表现在如下几方面。

1. 高速、高效、节能

近年来，高速、高效、节能一直是国际塑料机械研究与改进的重要方向。高速和高产量可使投资者以较低的投入获得高额的回报。但是，螺杆转速高速化会带来一系列问题。例如，物料在螺杆内停留时间短，容易引起物料混炼塑化不均；过高剪切可能造成物料急剧升温和热分解；需要高性能辅机和精密控制系统与之配套；存在挤出稳定性问题、螺杆与机筒的磨损问题和减速传动箱的设计问题等。因此，双螺杆挤出机高速化所面临问题的解决，是双螺杆挤出机供应商技术创新的重要方向之一。

德国贝尔斯托夫（Berstorff）公司推出的新型双螺杆挤出机 ZEUTX 系列，与其他产品相比具有优异的螺杆直径/生产率比。螺杆最高设计转速达 1 200r/min，其转矩大，挤出产能为 100 ~ 3 500kg/h；可同时进行物料的混炼、反应、排气等工序；机筒和螺杆采用了模块式设计，能满足各种特殊工艺要求，具备优异的加工工艺灵活性。它还配有 ZSEF 型侧边喂料器，固体颗粒的输送率高，切粒机可匹配不同的产率和材料加工。

2. 多功能化

在功能方面，双螺杆挤出机已不再局限于高分子材料的成型和混炼，其用途已拓展到食品、饲料、炸药、建材、包装、纸浆和陶瓷等领域。此外，将混炼造粒与挤出成型工序合二为一的“一步法直接挤出工艺”也得到了一定的应用。

3. 大型化和精密化

实现挤出成型设备的大型化可以降低生产成本，对于大型双螺杆挤出造粒机组、吹膜机组、管材机组更是如此。我国大型挤出设备长期以来一直依赖进口，一定程度上制约了大型塑料挤出制品加工能力的提高，大型双螺杆挤出机组的国产化研究是我国塑料机械行业今后努力的方向。

双螺杆挤出机的精密化是近年来的一个重要发展方向，精密化可以提高产品的含金量，多层复合共挤薄膜的生产就是典型的例子。熔体齿轮泵是实现精密挤出的重要部件，加强该部件的开发研究意义重大。

复习思考题

4.1　挤出成型方法的特点及适用情况如何？

4.2　什么是挤出机组与挤出机？它们各由哪些部分组成？请简述各部分的功用。

4.3　如何确认挤出机的型号？

4.4　什么是常规全螺纹三段螺杆？它有哪些主要参数？如何确定这些参数？

4.5　分析常规螺杆存在的主要问题。

4.6　新型螺杆与常规螺杆的区别有哪些？

4.7　在料筒结构设计中，可以从哪些方面考虑提高固体输送率？为什么？

4.8　试述各种加料装置的特点和适用场合。

4.9　为什么在挤出机中既设加热装置又设冷却装置？各设在什么部位？为什么？

4.10　比较电阻加热和感应加热的原理和优缺点。

4.11　在挤出机中安装分流板的目的是什么？

4.12　对挤出机的传动系统有什么要求？常见的传动系统有哪几种形式？

4.13　在吹膜过程中如何恰当地控制牵伸比和吹胀比？

4.14　简述吹塑薄膜辅机主要装置的作用和工作原理。

4.15　双螺杆挤出机有哪些类型？各有何特点？

4.16　双螺杆挤出机与单螺杆挤出机相比有何优势？其应用范围如何？

第五章　塑料注射机

第一节　塑料注射机概述

一、注射机的工作原理

塑料注射成型机（简称塑料注射机，俗称注塑机）是塑料成型加工的主要设备。其工作原理是将固态（玻璃态）的塑料原料经塑化装置塑化为熔融态（粘流态），在注射液压缸的压力作用下，将熔体注射入密闭的模腔内，经保压、冷却定型后，开模顶出而获得塑料制品。

注射机主要用于热塑性塑料的注射成型。近年来由于注射工艺和设备技术的发展，注射机已成功地用于部分热固性塑料的注射成型，随着塑料材料和成型技术等方面的发展，其应用范围进一步扩大，出现了许多新的注射成型工艺和注射成型机。塑料注射成型的优点有：①能够一次成型出形状复杂、尺寸精确、表面质量很高的制品；②生产率高，适应性强；③工艺稳定、易于控制，便于实现自动化等。因此，注射成型工艺和注射机得到了广泛应用。

二、注射机的基本结构

塑料注射成型时，其工作循环包括塑料的塑化、合模、注射保压、冷却、开模、顶出制品等基本过程，注射机应能完成上述动作过程并对其参数加以控制。因此，注射机通常由注射装置、合模装置、液压传动系统和电气控制系统等组成，如图 5-1 所示。其组成部分必须具备下列基本功能：

1）实现塑料原料的塑化、计量并将熔料以一定的速度和压力射出。

2）实现成型模具的开启、闭合、锁紧和制品的顶出。

3）实现成型过程中所需能量的转换与传递。

4）实现工作循环及工艺条件的设定与控制。

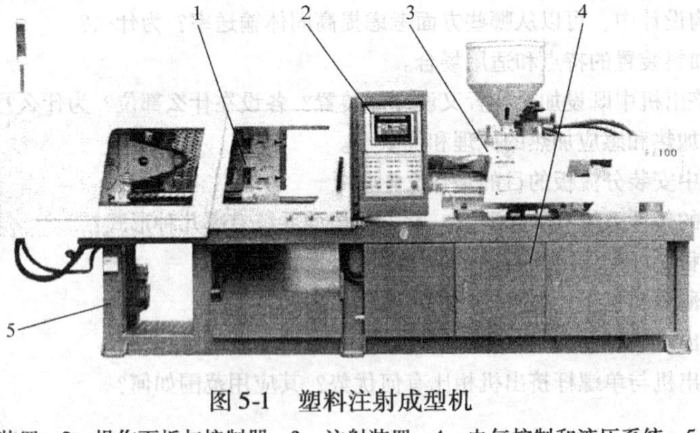

图 5-1　塑料注射成型机

1—合模装置　2—操作面板与控制器　3—注射装置　4—电气控制和液压系统　5—机身

三、注射机的类型与特点

随着塑料注射成型工艺的发展和应用范围的不断扩大，注射机的类型也不断增多，对注射机的分类尚无统一的方法和标准，实际中通常可按机器主要部件的排列方式、设备的加工能力或设备的用途进行分类。

1. 按机器主要部件的排列方式分类

该分类法主要根据注射装置的螺杆（或柱塞）轴线与合模装置的模板运动轴线的排列方式不同进行分类。

（1）卧式注射机　卧式注射机注射装置的螺杆轴线与合模装置的运动轴线呈水平直线排列，如图 5-2a 所示。其特点是机身低，对厂房高度要求低，安装稳定性好，便于操作和维修；制品顶出后可以利用自重自动落下，容易实现全自动操作；但设备占地面积大。因其优点卧式注射机应用广泛，对大、中、小型都适用，是目前国内外注射机的最基本形式。

（2）立式注射机　立式注射机的注射装置轴线与合模装置的模板运动轴线呈垂直排列，如图 5-2b 所示。其特点是占地面积小，模具拆装方便，成型制品的嵌件易于安放。但制品顶出后常需要人工取出制品，不易实现自动化；因机身较高，设备的稳定性较差，加料及维修不便。因此，该结构主要用于注射量在 $60cm^3$ 以下的小型注射机。

（3）角式注射机　角式注射机的注射装置轴线与合模装置运动轴线相互排列成垂直（L 型），如图 5-2c 所示。其优缺点介于立、卧两种注射机结构之间，在大、中、小型注射机中均有应用。因其注料口在模具分型面的侧面，因此特别适用于成型中心不允许留有浇口痕迹、外形尺寸较大的制品。图 5-2d 所示为转盘角式注射机，在转盘上可同时安装两副注射模

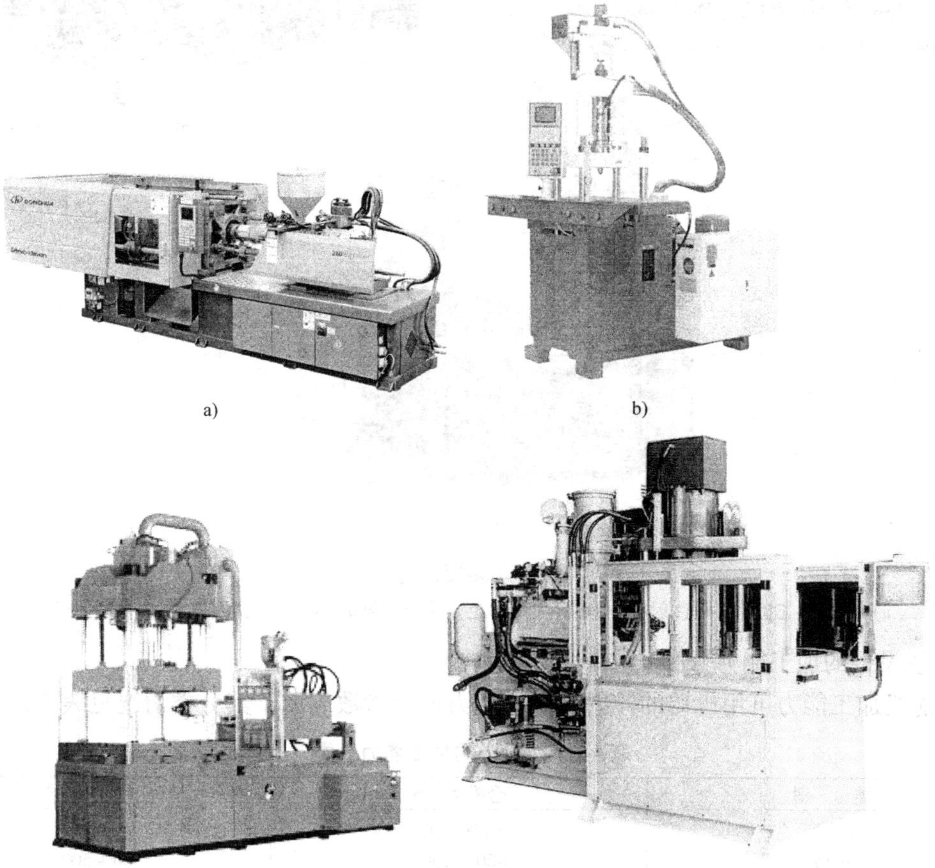

图 5-2　塑料注射机的类型

a）卧式注射机　b）立式注射机　c）角式注射机　d）转盘角式注射机

(一个共用的上模，两个相同的下模)，当一副模具注射成型后，打开上模，将制品顶出并与另一下模换位，由人工完成取件和放置嵌件等操作，进行下一注射成型周期。这类注射机一般用于需要较长人工操作时间的制品（如鞋类等）生产。

(4) 多模注射机　多模注射机是一种多工位操作的特殊注射机。它的注射装置和合模装置的结构形式与前几种注射机相似，但合模装置有多个，按多种形式排列，如图 5-3 所示。图 5-3a 所示多模注射机的多个模具工位围绕同一回转轴均匀排列，工作时，模具与某一注射装置的喷嘴接触，注射保压后随转台的转动离开，在另一工位上冷却定型（同时，另一副模具转入注射工位），之后转到下一注射工位，进行第二色料的注射，依次完成注射后，转到开模工位取出制品。如图 5-3b 所示的多模注射机有六个合模装置，围绕着注射装置水平分布在圆周上，可依次注射成型不同形状和尺寸的制品。图 5-3c 所示为双色六工位鞋底注射机。该类注射机的优点是充分发挥了注射装置的塑化能力，提高了生产效率，故特别适合于冷却时间长，或者辅助时间长的制品的大批量生产，如旅游鞋的生产、注射中空吹塑制品等。其缺点是合模系统复杂而庞大，同步控制要求高而复杂。

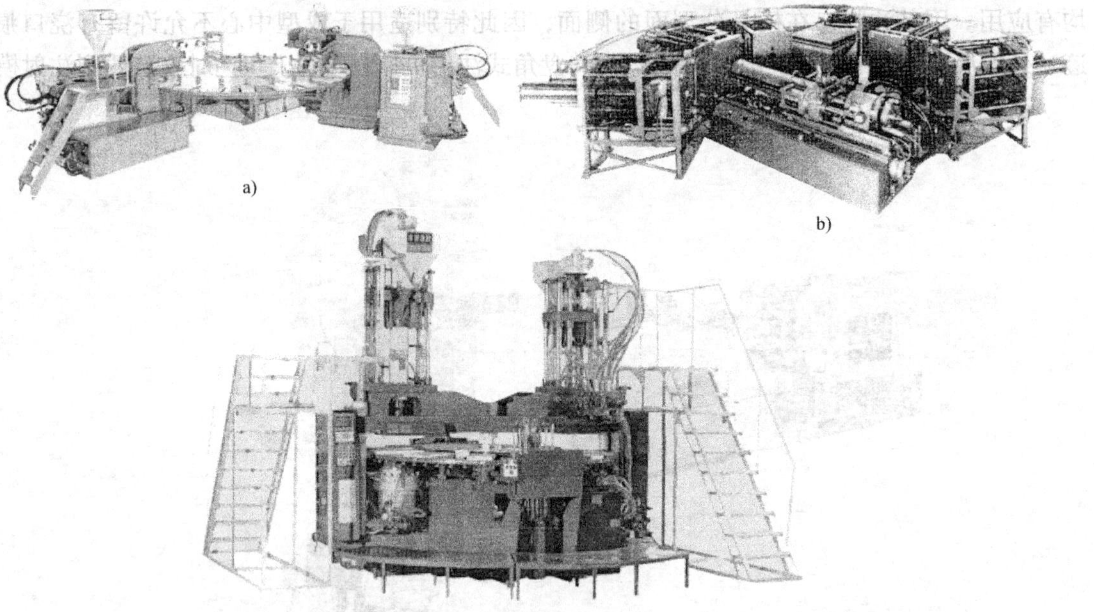

图 5-3　多模注射机

a) 卧式（三色）多模注射机　b) 卧式（单色）多模注射机　c) 立式（双色）多模注射机

2. 按设备的加工能力分类

注射机加工能力可用机器的注射量和合模力两个参数表示，其分类情况见表 5-1。

表 5-1　按设备的加工能力分类

类　别	合模力/kN	注射量/cm^3
超小型	<200 ~ 400	<30
小型	400 ~ 2000	60 ~ 500
中型	3000 ~ 6000	500 ~ 2000
大型	8000 ~ 20000	>2000
超大型（巨型）	>20000	

3. 按设备的用途分类

注射成型应用的范围很广，为满足各种注射工艺和提高设备效能，注射机有各种类型。按其用途不同可分为热塑性塑料通用型（也称普通型）、热固性塑料注射机、发泡注射机、高速注射机、精密塑料注射机、多色注射机、反应注射机等。

四、注射成型工艺过程

注射机的种类虽然很多，但其注射成型工艺过程基本是相同的。注射成型的一个工作循环通常包含塑料预塑、合模、注射、保压、制品冷却定型、开模、顶出制品等工序。其工作过程循环框图如图5-4所示，各主要工序分述如下（图5-5）。

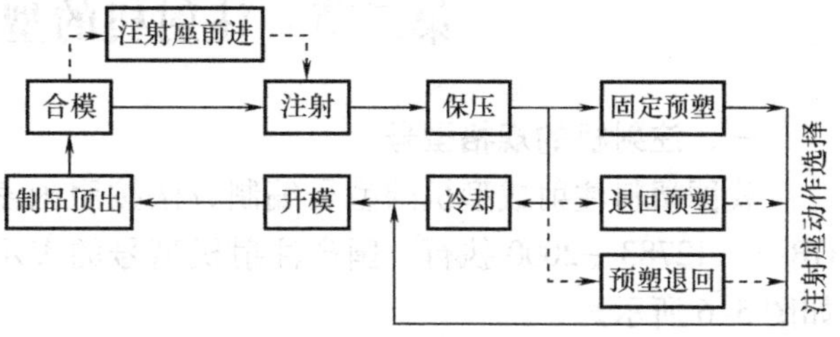

图5-4　注射成型工艺过程循环框图

1. 合模

预塑完成后，合模装置动作，模具闭合。注射座前移，使喷嘴紧贴模具浇口套（固定加料时，注射座不移动），为注射动作做好准备，如图5-5a所示。

2. 注射、保压

完成合模动作后，注射液压缸工作，使螺杆按设定压力和速度推进，将熔料注入模腔内，当熔料充满后，螺杆对熔料保持压力一段时间，以防模腔内的熔料倒流，并向模腔补充因制品冷却收缩所需的塑料，如图5-5b所示。

3. 冷却、预塑

当内浇口冻结保压结束后，制品进行冷却时，螺杆就可开始预塑，为下一次注射做好准备。随着螺杆的转动，落入料筒加料口的塑料被不断向前输送，在输送过程中，塑料原料被压实，同时在料筒外加热和螺杆摩擦剪切热的作用下，塑料的温度不断升高，被逐渐塑化成粘流态向螺杆头部聚集，并建立起一定的压力。当螺杆头部的压力大于注射液压缸活塞的后退阻力（背压）时，螺杆开始边转动边后退，料筒前端的熔料逐渐增多。当螺杆退到注射量设定位置时，计量装置的行程开关发出信号，螺杆停止转动和后退，完成一次塑化计量过程，如图5-5c所示。

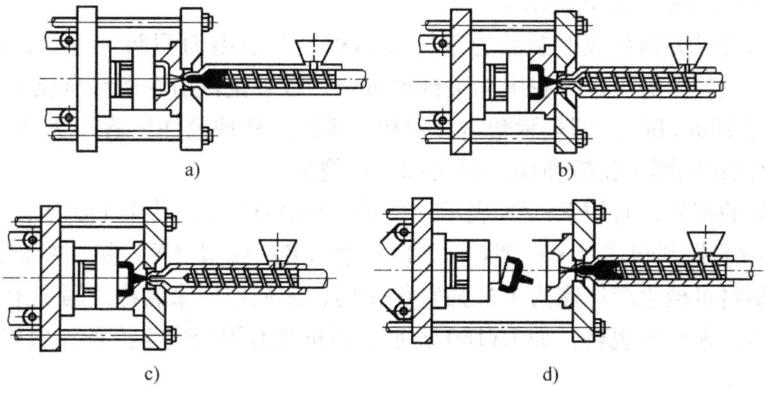

图5-5　注射成型工艺过程

a）合模　b）注射、保压　c）预塑、冷却　d）开模、顶出制品

4. 开模、顶出制品

制品冷却定型后，打开模具，顶出机构顶出制品，如图 5-5d 所示。

从注射成型工作过程循环框图可知，注射成型过程并非按动作顺序依次排列，在时间顺序上预塑动作与制品冷却时间存在重叠。

第二节　注射机的型号与基本参数

一、注射机的规格型号

我国塑料注射成型机的型号编制方法按照国家标准 GB/T 12783—2000 执行，国产注射机型号的表示方法如图 5-6 所示。

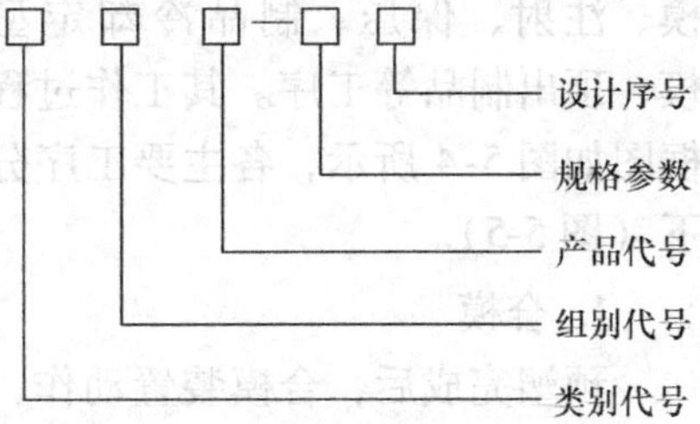

图 5-6　国产注射机型号的表示方法

型号中的第一项代表塑料机械类型，以大写印刷体汉语拼音字母“S”（塑）表示。第二项代表注射成型组，以大写印刷体汉语拼音字母“Z”（注）表示。第三项为产品代号，如双色注射机以“S”（双）表示，混合多色注射机以“H”（混）表示，热固性塑料注射机以“G”（固）表示，立式注射机以“L”（立），角式注射机以“J”（角）表示。第四项代表设备规格参数（以合模力表示时，单位为 kN；以理论注射容积表示时，单位为“cm^3”或“g”），其值用阿拉伯数字表示。第五项为设计序号，表示产品改进设计的顺序，按字母 A、B、C……的顺序选用，但字母 I 和 O 不使用，首次设计的新产品不标注设计序号。

注射机产品型号的表示方法各国不尽相同，国内也没有完全统一，除上述表示方法外，还有以下几种表示法。

1. 合模力表示法

合模力表示法是以注射机合模装置的合模力（kN）表示设备规格。此法表示的数值不会因其他条件的改变而变动，能直观地体现出注射机允许成型制品的最大投影面积。但是，随着注射成型加工领域的扩大，对设备的合模力与注射量的匹配关系需要拓宽，仅用合模力一项指标表示设备规格不够全面，国际上常采用注射容积与合模力共同表示法。

2. 注射容积与合模力共同表示法

注射容积与合模力是从成型制品的重量（体积）与成型面积两个主要方面表示设备的加工能力，因此比较全面合理。我国相关标准规定，以理论注射容积和合模力共同表示设备规格。例如，SZ-200/1 000，即表示塑料注射机（SZ），其理论注射容积为 $200cm^3$，合模力为 1 000kN。此法在国际上比较通用，故又称国际规格。

此外，常见的型号还有用 XS-ZY 表示。例如 XS-ZY-125A，其中 125 指设备的注射容积为 $125cm^3$，XS-ZY 指预塑式（Y）塑料（S）注射（Z）成型（X）机，A 指设备经过第一次改型。有的塑料机械生产厂家为了加强宣传作用，往往用厂家名称缩写加上注射容积或合模力数值来表示注射机的规格，如 LY180 表示利源机械有限公司生产的注射机，180 指注射机的合模力为 180t。

表 5-2 摘列了部分国产塑料注射机的型号与技术参数，仅供参考。

二、注射机的基本参数

注射机的规格和性能常用一些主要参数表示，具体有注射量、注射压力、注射速率、塑化能力、合模力、移模速度、合模速度和开模速度、合模部分的基本尺寸、空循环时间等。其中，注射量和合模力的大小反映了注射机加工能力的大小，通常用来表示注射机的规格型号。注射机的上述主要参数是进行模具设计和选用注射机的重要依据。

1. 注射量

注射量是表征注射机生产塑料制品能力的重要参数，它是指注射机的螺杆或柱塞做一次最大行程对空注射时所能达到的注射量。注射量的表示方法有两种，一种是以熔料的容积表示，单位为 cm^3，与原料的密度无关，比较方便，国产注射机多用此方法表示；另一种是以聚苯乙烯熔料的重量表示，单位为 g，以便于比较。注射部分的基本参数见表 5-3。

2. 注射压力

注射压力是指螺杆或柱塞施加于料筒中塑料熔体单位面积上的力。它用来克服熔料从料筒流经喷嘴、浇道和充满模腔时的流动阻力，使制品具有一定的致密度。

注射压力不仅是熔料充模的必要条件，同时也直接影响制品的成型质量，合理选择注射压力很重要。注射压力过高，制品可能产生飞边和脱模困难，制品内应力大，脱模后易变形；注射压力过低，则熔料不易充满模腔。注射压力的选择应综合考虑塑料的性能、制品的形状、壁厚、精度要求、浇注系统类型和模具结构等因素，通常凭经验进行粗选，再依据生产实际情况进行调整、修正。

对于塑料流动性好、形状简单、壁厚大的制品注射成型，其注射压力通常为 70～80MPa；当塑料的粘度较低、制品形状和精度要求一般时，其注射压力为 100～120MPa；当塑料具有高、中等粘度，制品形状较为复杂，有一定的精度要求时，注射压力约为 140～170MPa；当塑料具有较高的粘度，壁厚薄、长流程，制品壁厚不均和精度要求严格时，注射压力约为 180～220MPa。加工精密塑料制品时，注射压力可能达到 250～360MPa，个别甚至达到 400MPa 以上。

此外，为满足不同塑料和各种制品结构的加工要求，一般注射机都配有不同直径的螺杆和料筒，这样不仅可以通过调节供油压力改变注射压力，还可用更换螺杆和料筒的办法来改变注射压力。

3. 注射速率

为了将熔料及时充满模腔，得到密度均匀和高精度的制品，必须在短时间内使熔料快速充满模腔。用来表示熔料充模快慢特性的参数有注射速率、注射速度和注射时间。注射速率低，熔料充模慢，制品易产生熔接痕、密度不均、内应力大等缺陷。使用高注射速率，可减少模腔内的熔料温差，使熔料容易充满复杂模腔，可避免注射成型缺陷，获得精密制品；高速注射还可降低成型温度，减少塑料过热分解和缩短成型周期，节约能耗。但过高的注射速率，会使熔料易形成喷射状态，对制品表面质量不利，熔料流经浇口易出现摩擦过热分解和模具排气不良等现象，进而影响制品质量。因此，对注射速率的要求，不仅速率要高，而且要能实现注射过程的分级注射控制，以满足不同树脂和制品的加工要求。

注射速率是指单位时间内注射出熔料的容积，注射速度是指螺杆或柱塞的移动速度，注射时间是指完成一次注射所需要的时间。三者之间存在一定的换算关系。

目前，注射机所采用的注射速率普通注射可达 90～150cm^3/s，高速注射时可达 150～

表 5-2 部分国产塑料注射

注射机型号	螺杆直径/mm			螺杆长径比（L/D）			最大理论注射容积/cm3			注射量/g			最大注射压力/MPa			理论注射速率/(cm³/s)			塑化能力/(kg/h)			螺杆行程/mm	螺杆扭力/N·m	螺杆转速/(r/min)
	A	B	C	A	B	C	A	B	C	A	B	C	A	B	C	A	B	C	A	B	C			
LY80	35	40		20	20		131	169		116	150		230	176		92	120		44	64		135	600	10～230
LY100	40	45		21	21		201	256		180	227		196	155		94	118		64	82		160	650	
LY140	45	50		21	21		256	314		227	280		171	161		136	168		77	109		160	900	10～220
LY180	50	55	60	20	20	20	383	466	551	342	416	491	176	146	122	145	178	210	99	127	160	195	1300	
LY240	55	60	65	22	20	19	573	678	799	511	605	712	213	179	153	134	160	187	108	136	173	240	2000	10～170
LY300	65	70	75	22	20	19	915	1058	1218	816	944	1086	202	174	152	190	220	255	163	204	245	275	2200	10～160
LY380	70	75	80	21	20	19	1135	1307	1482	1012	1165	1322	185	161	142	257	295	336	191	230	273	295	3000	10～150
LY460	75	85	90	23	20	19	1616	2075	2322	1440	1850	2070	223	174	155	285	366	410	230	300	368	367	4000	
LY550	80	90	100	23	20	18	1959	2480	3062	1861	2356	2908	217	171	139	369	467	576	273	368	492	390	4500	10～160
LY650	90	100	110	22	20	18	2766	3415	4132	2828	3244	3925	210	170	141	467	577	698	368	492	635	435	5700	10～155
LY800	100	110	120	22	20	18	3925	4750	5650	3729	4513	5368	205	169	142	648	784	933	492	635	816	500	7600	10～150
LY1000H	110	120		22	20		5224	6217		4963	5906		181	152		804	956		375	544		550	9500	10～120
LY1300H	120	130		22	20		6782	7960		6443	7562		182	155		929	1090		544	767		600	11800	10～110
LY1700H	130	145		22	20		8623	10728		8192	10192		179	144		1004	1248		767	911		650	15700	
LY2000H	145	160		22	20		12543	15273		11906	14509		180	148		1212	1476		728	880		760	20500	10～100
LY2500H	160	180		23	20		17483	22128		16609	21021		179	142		1263	2059		880	1130		870	27000	
FL-50G	28	31	35	21	19	17				60	72	92	190	155	120	65	80	102	26	38.9	54	110		0～230
FL-80G	31	35	40	22	19	17				88	114	146	200	155	120	67	85	111	29	41.4	47	135		0～175
FL-120G	40	45	50	20	18	16				180	227	283	210	165	135	100	128	159	50	63	83	162		0～180
FL-160G	45	50	55	21	19	17				255	312	370	190	155	125	107	132	160	68	84.6	128	180		0～198
FL-200G	50	55	60	21	19	17				350	426	509	180	150	125	136	165	196	71	91.8	115	202		5～145
FL-250G	60	67	75	21	19	17				596	740	936	180	145	115	213	265	332	133	191	266	238		3～167
FL-330G	67	75	83	21	19	17				825	1030	1276	195	155	130	240	300	367	137	191	248	265		3～120
TTI-95G	30	35	40	23	20	18	103	140	182	108	147	191	217	159	122	67	91	119				145		197
TTI-165G	43	50	56	23	20	18	290	393	493	305	413	517	206	152	121	103	140	175				200		154 179
TTI-285G	52	60	68	23	20	18	552	735	944	580	771	991	206	155	121	152	202	260				260		112 156

机型号及技术参数

喷嘴孔径/mm	喷嘴球头半径/mm	喷嘴推力/kN	注射座行程/mm	最大锁模力/kN	最大开模行程/mm	模具厚度/mm	模板最大开距/mm	拉杆间距（水平×垂直）/mm×mm	模板尺寸（宽×高）/mm×mm	顶出力/kN	顶出行程/mm	顶杆数量	液压泵电动机功率/kW	液压泵最大流量/(l/min)	加热功率/kW	加热段数	顶杆孔径/mm	定位圈直径/mm	机器尺寸(长×宽×高)/m×m×m	提供厂家
ϕ3	R10	57	250	800	280	150～350	630	350×350	510×510	28	100	1or5	11	65	6.5	3+N	46+23	100	3.8×0.9×1.7	张家港利源机械
ϕ3	R10	57	300	1000	335	150～350	685	352×352	530×530	28	90	1or5	11	65	10	3	46+23	100	4×1×1.78	
ϕ3.5	R10	57	300	1400	400	175～400	800	400×400	615×615	28	100	1or5	15	85	11.9		46+23	125	4.2×1.2×1.8	
ϕ4	R10	57	350	1800	420	200～460	880	465×465	705×705	44	150	1or5	22	110	13	3+N	55+28	150	5.3×1.2×2	
ϕ5	R10	58	350	2400	500	220～520	1025	560×560	820×820	44	150	1or5	22	136	17	4+N	55+28	150	6.35×1.2×2	
ϕ7	R15	96	350	3000	590	230～580	1170	630×630	910×910	70	170	1or13	30	160	21.8		60+28	150	7.5×1.7×2.2	
ϕ7	R15	96	450	3800	685	250～680	1365	700×700	1000×1000	70	170	1or13	37	200	23.5	5	80+32	150	8.05×1.8×2.3	
ϕ8	R15	150	530	4600	800	300～810	1610	780×780	1120×1120	121	200	1or13	45	240	29.8		80+32	200	9×2.1×2.3	
ϕ8	R15	151	570	5500	900	350～900	1800	900×900	1290×1290	185	200	1or17	60	325	35.5	6	80+32	200	9.7×2.6×2.7	
ϕ10	R18	151	630	6500	1000	400～1000	2000	950×950	1375×1375	185	250	1or17	75	400	40.5		80+32	200	11.7×2.75×2.95	
ϕ10	R18	197	670	8000	1200	500～1200	2400	1200×1200	1660×1660	247	250	1or21	100	540	47.5		100+42	250	12.5×3.05×3.1	
ϕ12	R20	246	750	10000	1500	550～1300	2800	1300×1300	1850×1850	309	300	21	110	475	58.6	7	100+42	250	13×3.1×3.1	
ϕ12	R20	246	850	13000	1700	600～1400	3100	1450×1450	2050×2050	309	350	29	127	550	69.1		100+42	250	13.5×3.1×3.15	
ϕ13	R20	246	940	17000	1900	700～1600	3500	1600×1600	2250×2150	496	350	29	135	585	82.2	8	100+42	250	14.3×3.2×3.2	
ϕ13	R20	286	1050	20000	2050	800～1800	3850	1750×1600	2450×2300	496	400	33	165	710	99.6		120+52	250	15.7×3.5×3.2	
ϕ13	R20	286	1160	25000	2200	800～2000	4200	1900×1700	2700×2500	727	400	33	220	950	122		120+52	250	17.2×3.7×3.5	
ϕ2.5	R10	35		500	220	150～300	520	300×234		20	50	1	11		5.5	3	32	80	3.32×0.9×1.6	浙江宁波利广机械
ϕ3	R10			800	300	125～310	610	350×310		22	65	1	11		6.5			100	3.7×1×1.74	
ϕ3	R10			1200	340	150～360	700	410×370		28	80	1	15		7.2		34+23		4.2×1.05×1.76	
ϕ4	R10	56		1600	400	160～400	800	450×385		44	100	1+4	19		11	4		120	4.8×1.06×1.78	
ϕ4	R10			2000	400	200～480	880	490×420		44	100	1+4	22		13				5.1×1.2×1.82	
ϕ5	R10	87		2500	540	200～560	1100	570×500		70	130	1+4	30		20			150	6.1×1.3×2.1	
ϕ5	R15	90		3300	670	250～670	1340	680×600		85	130	1+4	37		24	5			7.5×1.5×2.1	
ϕ3	R10		225	950	320	100～350	670	390×355		36	85	1	7.5	58		3+N	33	100		东华机械
ϕ4	R10		300	1650	400	155～465	865	480×410		45	100	1+4	15	79			43+23			
ϕ5	R10		385	2850	520	200～640	1160	590×520		62	130	1+4	22	117			48+23	150		

表 5-3　注射部分的基本参数

理论注射容积系列/cm^3	实际注射量（PS）/g	塑化能力（PS）/（g/s）	注射速度（PS）/（g/s）	注射压力/MPa	理论注射容积系列/cm^3	实际注射量（PS）/g	塑化能力（PS）/（g/s）	注射速度（PS）/（g/s）	注射压力/MPa
16	14	2.2	20		1250	1115	42.5	350	
25	22	3.3	30		1600	1425	50.0	400	
40	36	5.0	40		2000	1785	58.3	450	>140
63	56	6.1	55	>150	2500	2230	66.7	500	
100	89	9.7	75		3200	2855	76.3	600	
160	143	11.7	90		4000	3570	88.9	700	
200	179	13.9	100		5000	4460	100.0	800	
250	223	16.1	110		6300	5620	116.7	900	
320	286	18.9	120		8000	7140	133.3	1000	
400	357	22.2	140		10000	8925	144.4	1100	>130
500	446	26.4	170	>140	16000	14280	175.0	1500	
630	562	29.2	210		25000	22310	222.2	2200	
800	714	33.3	250		32000	28559	261.1	2713	
1000	890	37.5	300		40000	35700	305.6	3300	

注：本表内容摘自 JB/T　7267—1994，新标准 JB/T　7267—2004 规定该部分由厂家自定，本表仅供参考。

$200cm^3/s$，甚至更高。而注射机的注射速度范围一般在 8～12cm/s，高速注射为 15～20cm/s。对于各种塑料制品的普通注射成型，其注射时间通常不大于 10s。近年来注射机的注射速度有不断提高的趋势，特别是在低发泡塑料制品成型和精密塑料制品成型时，高的注射速度是获得优质制品的先决条件。为达到高的注射速度，精密注射用注射机往往增设液压储能器来加大注射速度，以弥补液压系统高速注射能力的不足。注射机注射量与注射时间的关系见表 5-4，仅供参考。

表 5-4　注射量与注射时间的关系

注射量/g	50	100	250	500	1000	2000	4000	6000	10000
注射时间/s	0.8	1	1.25	1.5	1.75	2.25	3.0	3.75	5.0

4. 塑化能力

塑化能力又称塑化效率或塑化容量。它是指单位时间内注射装置所能塑化的塑料量，常用单位为 kg/h。它受螺杆直径、螺杆长径比、螺杆转速等因素的影响。螺杆的塑化能力应该在规定的时间内，保证提供足够量的塑化均匀的熔料。塑化能力、注射量、成型周期三者的关系为

$$Q=\frac{3.6G}{t} \tag{5-1}$$

式中，Q 是塑化能力（kg/h）；G 是注射量（聚苯乙烯，g）；t 是成型周期（s）。

在生产中，为保证塑料既能达到完全塑化状态，又能充满模腔，选定注射能力和注射量均应比实际需要量大 20% 左右。

5. 合模力

合模力是指注射机的合模装置对模具所能施加的最大夹紧力。熔料是在高压下注射入模腔的，虽然在流经喷嘴、模具的浇道时有部分压力损失，但仍具有相当大的压力，该压力通常称为模腔压力。模腔压力由注射压力传递而来，其大小取决于注射压力，以及熔料粘度、制品形状、浇注系统形式、注射机喷嘴结构等。

模腔压力有顶开模具的趋势，为保证注射成型过程模具不致被顶开而产生溢料，必须有足够的合模力。合模力大小的选择主要取决于模腔压力和制品的最大成型面积。由于模腔压力的影响因素较多，实际中主要按经验数据选取。对于 PE、PP、PS 等壁厚均匀、容易成型的日用容器类制品，模腔的平均压力可取 25MPa；对于薄壁类制品，模腔的平均压力可取 30MPa；对于 ABS、PMMA 等高粘度树脂和有精度要求的制品，模腔平均压力可取 35MPa；对于高粘度树脂、加工精度要求高、充模难的制品，模腔平均压力可取 40MPa。最大成型面积是指制品在模具分型面上的最大投影面积。

当模腔压力和最大成型面积确定后，就可以计算合模力。其公式为

$$F = Cp_{av}A \tag{5-2}$$

式中，F 是合模力（N）；p_{av}是模腔平均压力（Pa）；A 是最大成型面积（m^2）；C 是安全系数，一般取 1.1～1.2。

合模力是注射机生产能力的另一个重要参数，所以注射机的规格常用合模力的大小表示。我国注射机合模部分的基本参数见表 5-5。

表 5-5 我国注射机合模部分的基本参数

<table>
<tr><td>合模力系列/kN</td><td>160</td><td>200</td><td>250</td><td>320</td><td>400</td><td>500</td><td>630</td><td>800</td><td>1 000</td><td>1 250</td><td>1 600</td><td>2 000</td></tr>
<tr><td>拉杆有效间距/mm</td><td>≥200</td><td colspan="2">≥224</td><td colspan="2">≥250</td><td colspan="2">≥280</td><td colspan="2">≥315</td><td>≥355</td><td>≥400</td><td>≥450</td></tr>
<tr><td>动模板行程/mm</td><td colspan="2">≥200</td><td colspan="2">≥220</td><td colspan="2">≥240</td><td colspan="2">≥270</td><td>≥300</td><td>≥350</td><td>≥400</td><td>≥450</td></tr>
<tr><td>最大模厚/mm</td><td colspan="2">200</td><td colspan="2">220</td><td colspan="2">240</td><td colspan="2">270</td><td>300</td><td>350</td><td>400</td><td>450</td></tr>
<tr><td>最小模厚/mm</td><td colspan="2">110</td><td colspan="2">130</td><td colspan="2">150</td><td colspan="2">170</td><td>200</td><td>230</td><td>260</td><td>290</td></tr>
<tr><td>启闭模时间/s</td><td colspan="3">≤1.4</td><td colspan="3">≤1.8</td><td colspan="3">≤2.8</td><td colspan="2">≤4.2</td><td>≤5.2</td></tr>
<tr><td>启闭模速度/（m/min）</td><td colspan="12">≥24</td></tr>
<tr><td>合模力系列/kN</td><td>2 500</td><td>3 200</td><td>4 000</td><td>5 000</td><td>6 300</td><td>8 000</td><td>10 000</td><td>12 500</td><td>16 000</td><td>20 000</td><td>25 000</td><td>32 000</td></tr>
<tr><td>拉杆有效间距/mm</td><td>≥500</td><td>≥560</td><td>≥630</td><td>≥710</td><td>≥800</td><td>≥900</td><td>≥1 000</td><td>≥1 120</td><td>≥1 250</td><td>≥1 400</td><td>≥1 600</td><td>≥1 800</td></tr>
<tr><td>动模板行程/mm</td><td>≥500</td><td>≥550</td><td>≥650</td><td>≥750</td><td>≥850</td><td>≥950</td><td>≥1 050</td><td>≥1 150</td><td>≥1 250</td><td>≥1 400</td><td>≥1 550</td><td>≥1700</td></tr>
<tr><td>最大模厚/mm</td><td>500</td><td>550</td><td>650</td><td>750</td><td>850</td><td>950</td><td>1 050</td><td>1 150</td><td>1 250</td><td>1 400</td><td>1 550</td><td>1 700</td></tr>
<tr><td>最小模厚/mm</td><td>320</td><td>350</td><td>400</td><td>450</td><td>500</td><td>550</td><td>600</td><td>650</td><td>750</td><td>850</td><td>950</td><td>1 050</td></tr>
<tr><td>启闭模时间/s</td><td colspan="12">—</td></tr>
<tr><td>启闭模速度/（m/min）</td><td colspan="12">>24</td></tr>
</table>

6. 合模速度和开模速度

模板移动速度是反映设备工作效率的参数，它直接影响成型周期的长短，原则上应尽可

能提高移模速度。为使模具开模（包括顶出制品）、合模起动和终止阶段平稳，减小惯性力的不良影响，要求模板慢速移动；而为了提高生产率，则要求空行程时模板快速移动。因此，在一个成型周期中，要求模板的移动速度是变化的，即模板合模过程从快到慢，开模顶出过程由慢到快再转慢。我国专业标准规定的移模速度≥24m/min，国外注射机一般为 30 ~ 35m/min，高速机约为 45 ~ 50m/min，最高的速度已接近 70m/min。慢速移模速度一般要求为 0.24 ~ 3m/min。

7. 合模部分的基本尺寸

合模部分与模具使用范围相关的尺寸有模板尺寸、拉杆间距、模板间最大开距、动模板行程、模具的最小厚度与最大厚度、定位圈尺寸等。

（1）模板尺寸及拉杆间距　模具是安装在模板上的，模板尺寸（$H \times V$）和拉杆间距（$H_0 \times V_0$）限制了装模方向和模具尺寸（长×宽）。图 5-7 所示为模具与模板、拉杆间距的尺寸关系，由图可得

$$H = D + 2b + 2d + 2\Delta_1 + 2\Delta_2 \tag{5-3}$$

$$H_0 = D + 2b + 2\Delta_1 \tag{5-4}$$

式中，D 是由机器最大成型面积计算的直径；b 是由模具强度与结构决定的安全裕量；d 是拉杆（导向部分）直径；Δ_1 是拉杆内侧余量，中小型机一般应大于 5cm，大型机应大于 10cm；Δ_2 是拉杆外侧余量。

（2）模板间最大开距　模板间最大开距是指定模板与动模板分开时能达到的最大距离（包括调模行程在内），该参数关系到设备所能加工制品的高度（图 5-8）。为使成型制品方便地取出，模板间最大开距一般为制品最大高度的 3 ~ 4 倍，即

$$L = (3 \sim 4)h \tag{5-5}$$

式中，L 是模板间最大开距；h 是制品最大高度。

为适应不同模具的闭合高度，一般注射机都设有调节模板间距的调模装置，特别是带有曲肘式合模装置的注射机，必须设置专门的调模装置。

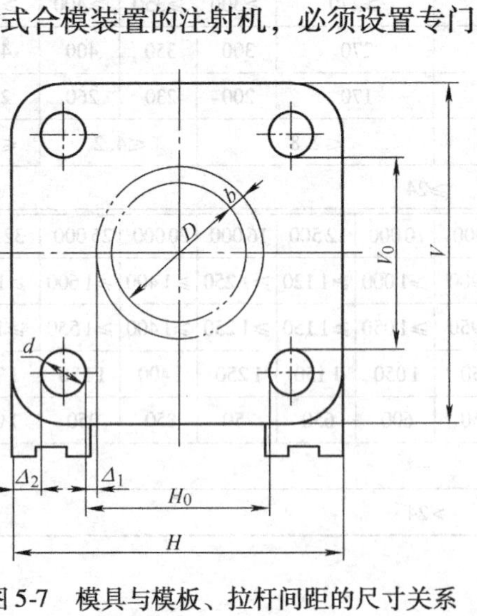

图 5-7　模具与模板、拉杆间距的尺寸关系

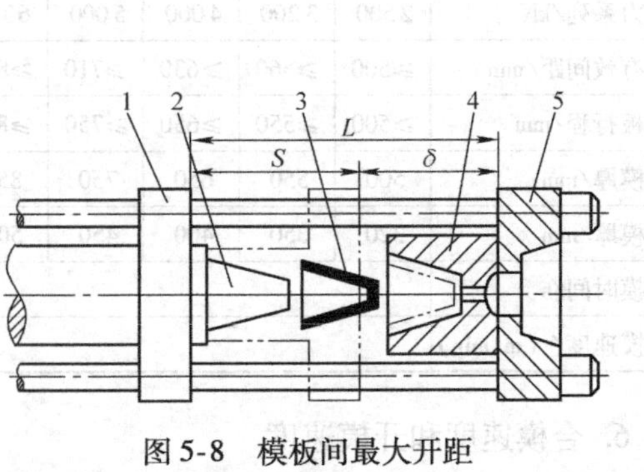

图 5-8　模板间最大开距

1—动模板　2—动模　3—制品　4—定模　5—定模板

（3）动模板行程　动模板最大行程关系到设备所能生产制品的最大高度 h，为便于取出制品，一般应使动模板行程 $S>2h$（图 5-8）。

根据合模装置的结构不同，动模板行程的大小是不同的。在机械－液压联合作用的合模装置（即曲肘式合模装置）中，注射机动模板的行程一般是固定不变的；而在全液压合模装置中，注射机动模板行程在合模液压缸活塞的移动全程范围内可调，它能提供的开模行程与所使用的模具厚度有关，即开模行程等于模板间最大开距减去模具厚度。为减少动模板移动过程中的功率消耗，在满足取件方便这一条件的前提下，应尽量使用较短的行程。

（4）模具的最小厚度与最大厚度　模具的最小厚度 δ_{min} 与模具的最大厚度 δ_{max} 分别指动模板移动到使模具闭合，并达到规定锁模力时，动模板与定模板间的最小距离与最大距离（图 5-8）。如果模具厚度小于 δ_{min}，则装模时须加垫板，否则不能达到规定的合模力；如果模具厚度大于 δ_{max}，则无法使用。δ_{max} 与 δ_{min} 的差值即调模装置的最大调节量。

此外，合模装置中还附设有顶出装置。顶出行程的大小关系到制品成型后能否顺利取出。设计模具时，应根据实际情况校核设备的顶出行程是否满足要求。

8. 空循环时间

空循环时间是指注射机在没有塑化、注射、保压、冷却、取出制品等动作的情况下，完成一个循环所需要的时间。空循环时间排除了塑料原料塑化、注射成型工艺和人工操作等可变因素对设备运动特性的影响，对设备机械结构、液压和电气系统的动作灵敏性、运动特性的优劣考查得更为准确，其值的大小反映了设备的工作效率，是表征注射机综合性能的参数之一。空循环时间由合模、注射座前移和后退、开模及各动作的切换时间组成。

第三节　注射机的注射装置

一、注射装置的形式

注射装置是注射机的重要组成部分，其主要功能是完成塑料原料的塑化、并定量、定温、定压地将塑料熔体注入模具的型腔。具体说就是注射装置应在规定的时间内将一定量的塑料加热，使其均匀地熔融塑化到注射成型所需的料温，并以一定的压力和速度把熔料注射到模腔中；熔料充满模腔后，还要保持压力一段时间，以便向模腔补缩和防止熔料倒流，提高制品的致密度。

注射装置的结构形式有柱塞式、柱塞预塑式、螺杆预塑式和往复螺杆式（简称螺杆式）等几种，目前使用最多的是往复螺杆式，其次是柱塞式。

1. 柱塞式注射装置

图 5-9a 所示为立式注射机上常用的柱塞式注射装置，图 5-9b 所示为卧式或角式注射机上常用的柱塞式注射装置。柱塞式注射装置主要由料斗、加料计量装置、塑化部件（料筒、柱塞、分流梭、喷嘴等）、注射液压缸、注射座移动液压缸等组成。

图 5-9b 所示注射柱塞处于退回的位置，此时料斗 12 中的粒料落入与注射液压缸活塞杆相连接的计量装置 11 的计量室 13 中。当注射液压缸推动柱塞 14 前移时，计量装置随之前移，从而使计量室中一定量的粒料落入加料室。当柱塞退回时，料斗中粒料又落入计量室，

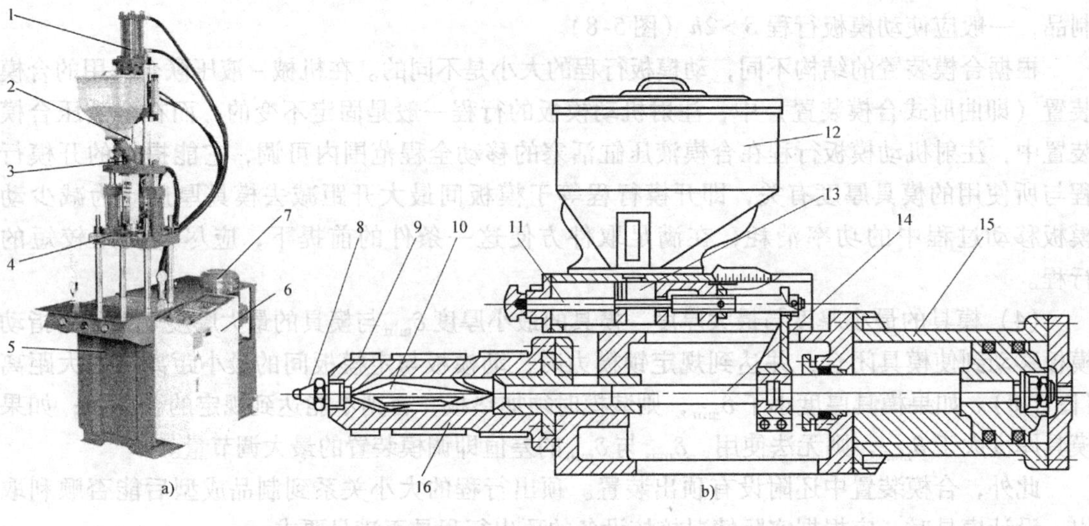

图5-9　柱塞式注射装置

a）立式机用柱塞式注射装置　b）卧式或角式机用柱塞式注射装置

1、15—注射液压缸　2、14—柱塞　3—注射装置　4—合模装置　5—机身　6—电气控制箱　7—液压驱动系统　8—喷嘴　9—加热器　10—分流梭　11—计量装置　12—料斗　13—计量室　16—料筒

同时加料室中的粒料经料筒加料口进入料筒加料区。当柱塞再一次前移时，在柱塞将料筒加料区中的粒料向前推移的同时，计量室的粒料又落入加料室，如此反复循环动作，粒料在料筒中不断前移。料筒外部加热器9的热量传递给料筒内的塑料，使其逐渐熔融塑化为粘流态的塑料。在柱塞的推动下，塑料经过分流梭10与料筒间的窄缝，经喷嘴8注射到模腔中。设置分流梭的目的是增加塑料的传热面积，迫使料流分散成薄层，加强传热效果，从而提高塑化能力和塑化均匀性。

柱塞式注射装置的特点是：

1）塑化不均匀，提高料筒的塑化能力受到限制。由于料筒内塑料加热熔融塑化的热量来自于料筒的外部加热，且塑料的导热性差，塑料在料筒内的运动呈“层流”状态，造成靠近料筒外壁的塑料温度高，熔融塑化快；而料筒中心的塑料温度低，熔融塑化慢。料筒直径越大，温差越大，塑化越不均匀，甚至会出现内层塑料尚未塑化完全，表层塑料已过热分解、变质的状况，特别是热敏性塑料更难以控制。

2）注射压力损失大。因注射压力不能直接作用于熔料，须经未塑化的塑料传递，熔融塑料通过分流梭与料筒内壁的狭缝进入喷嘴，最后注入模腔，造成了很大的压力损失。据实测，采用分流梭的柱塞式注射机，模腔压力仅为注射压力的25%～50%，因此需要提高注射压力。

3）不易提供稳定的工艺条件。柱塞在注射时，首先对加入料筒加料区的塑料进行预压缩，然后才将压力传递给塑化后的熔料，并将头部的熔料注入模腔。可见，虽然柱塞等速移动，但熔料的充模速度却是先慢后快，直接影响了熔料在模内的流动状态，且每次加料量的不精确，对工艺条件的稳定和制品质量也会有影响。

此外，料筒的清洗也比较困难，但因其结构简单，在注射量较小时，仍不失其应用价值。因而，多用于注射量在60cm^{3}以下的小型注射机。

2. 柱塞预塑式注射装置

柱塞预塑式注射装置是将两个柱塞式注射装置并联在一起，一个用来完成塑料的加热塑化，另一个用来注射保压。塑料在预塑料筒内熔融塑化后经连接头转流入注射料筒，由注射料筒完成注射和保压。这种形式改善了单一柱塞式注射装置的性能，但在扩大设备加工能力等方面仍受限制，且结构较复杂。因此，其应用较少，主要用于小型或超小型高速注射装置。

3. 螺杆预塑式注射装置

螺杆预塑式注射装置的工作原理与柱塞预塑式注射装置相似，不同之处在于完成原料塑化的装置为螺杆式结构，如图 5-10 所示。这种注射装置的塑化速度较快且质量较均匀，可以提供较大的注射量，注射过程的压力和速度比较稳定，多用于高速精密和大型注射装置，以及低发泡注射装置等。

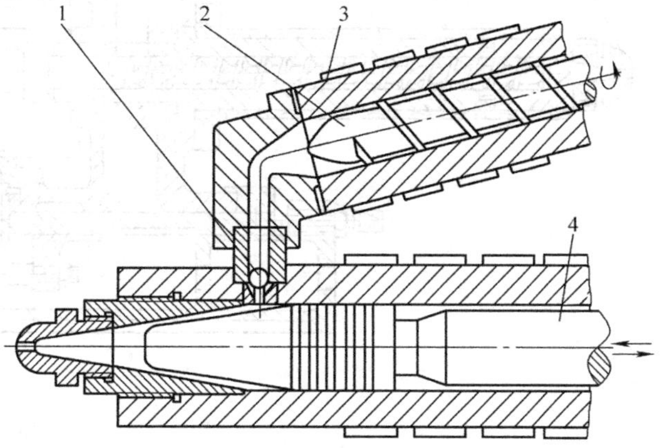

图 5-10　螺杆预塑式注射装置

1—单向阀　2—预塑螺杆　3—加热器　4—注射柱塞

4. 螺杆式注射装置

螺杆式注射装置是目前最常用的一种注射装置，主要由喷嘴、塑化部件（螺杆、料筒）、螺杆驱动装置、注射液压缸、注射座及其移动液压缸等组成，如图 5-11 所示。

螺杆式注射装置的工作原理如前所述，该注射装置的主要特点是，螺杆不仅要做旋转运动，还要作轴向往复运动，完成塑料的塑化和注射充满模腔，它也属于预塑式注射装置。

图 5-11a 所示为由电动机直接驱动的注射装置，其螺杆由电动机经齿轮变速箱变速后驱动。为了使注射活塞不随螺杆转动，活塞与螺杆采用空套连接方式，在活塞与螺杆的连接处设置推力轴承。螺杆与传动部分采用长滑键连接，可使注射时齿轮箱不随螺杆移动。注射座下部设有注射座移动液压缸，以驱动注射座的前移和后退，使喷嘴贴紧或离开模具。为便于拆换螺杆和清理料筒，在注射座中部设有回转轴，可使注射装置绕回转轴回转一定角度（图 5-12）。

螺杆式注射装置还有液压马达直接驱动型，可根据注射液压缸数分为单缸式和双缸式两类结构。图 5-11b 所示为单缸式液压马达驱动的注射装置，螺杆与注射活塞间用推力轴承连接，液压缸活塞不随螺杆转动；螺杆与液压马达通过传动轴和顶轴的连接传递运动。该注射装置结构紧凑、能耗低，属于恒力矩驱动装置，当螺杆出现过载时，液压马达无法驱动，起到对螺杆的保护作用；而电动机驱动装置为恒功率驱动装置，当螺杆过载时容易扭断螺杆。因此，液压马达直接驱动的注射装置目前应用较普遍。

螺杆式注射装置与柱塞式注射装置比较有以下优点：

1）螺杆式注射装置塑化时不仅依靠外部加热器供热，而且螺杆旋转运动产生的剪切摩擦热也对塑料进行加热塑化，因而塑化效率和塑化质量都优于柱塞式注射装置。

2）注射压力损失少。注射时，螺杆头部的塑料是完全塑化的熔料，且没有分流梭造成的流动阻力，当其他条件相似时，螺杆式注射装置可采用较小的注射压力。

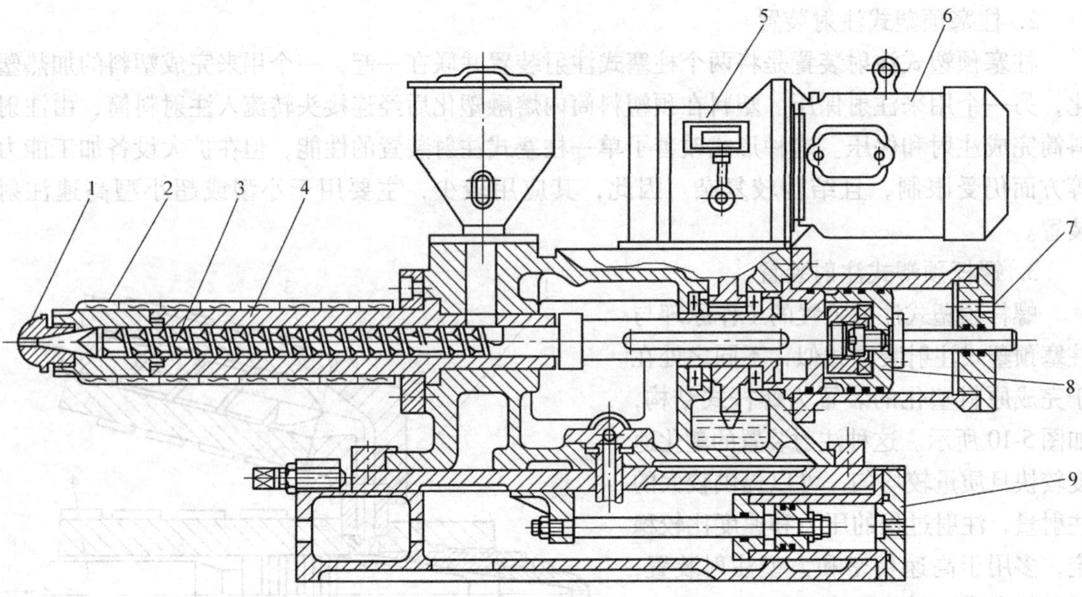

a)

b)

图 5-11　往复螺杆式注射装置

a）电动机直接驱动的注射装置　b）液压马达驱动的注射装置

1—喷嘴　2—加热器　3—螺杆　4、11—料筒　5—齿轮箱　6—预塑电动机　7—背压阀接口　8、12—注射液压缸　9、10—注射座移动液压缸　13—液压马达

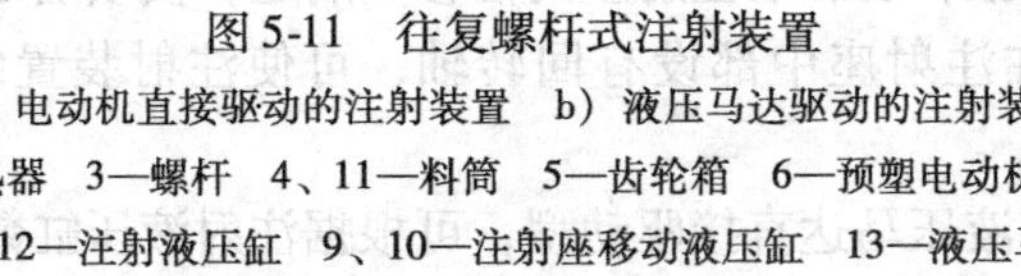

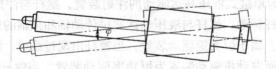

图 5-12　注射座旋转示意图

3）塑化能力大、均匀性好，注射机的生产率高。螺杆兼有对料筒壁的刮料作用，可减少因塑料滞流而产生过热分解。

4）螺杆式注射装置可以对塑料直接进行染色加工，而且料筒清洗较方便。

但是，螺杆式注射装置的结构比柱塞式复杂，螺杆的设计和制造比较困难。由于螺杆式注射装置的优点居多，因而应用十分广泛，特别是大中型注射机大都采用螺杆式注射装置。

二、注射装置的主要零部件

1. 料筒及其加热装置

料筒是注射装置的重要组成部分，其外部设有加热器，内部与柱塞（及分流梭）或螺杆配合。它的主要作用是与螺杆（或柱塞）共同完成塑料的塑化和把熔料注射入模腔，因而要求料筒具有耐热（300～400℃）、耐压（约150MPa）能力，并具有耐蚀性和一定的耐热疲劳性。

柱塞式注射装置的料筒，根据其各部位的作用不同，分为加料室与加热室（即塑化室）两部分，如图5-13所示。

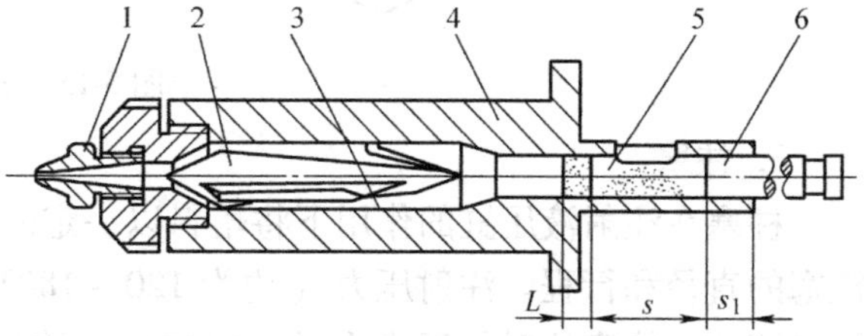

图5-13　柱塞式注射机料筒

1—喷嘴　2—分流梭　3—加热室　4—料筒　5—加料室　6—柱塞

（1）加料室　掉落的塑料在此被柱塞压实、前移进入加热室塑化。加料室应有一定的空间容积（指柱塞注射行程 s 段所占的空间容积），一般为熔料最大注射容积的2～2.2倍。加料口为对称开设的长方形，其轴向长度约为柱塞直径 d 的1.5倍，其宽度约为柱塞直径的2/3。柱塞在后退到终止位置时，与加料室还应有一段配合距离 s_1，$s_1=(1.5\sim2)d$。为了不使加料口处的塑料熔结，保持加料的顺畅，在加料口附近设置有冷却装置。

（2）加热室　加热室完成对塑料加热塑化的工作。由于加热塑化的时间通常比注射成型周期长好几倍，所以加热室的容积一般为一次注射量的4～6倍。加热室的直径为柱塞直径的1.3～1.8倍，其长度约为柱塞直径的5倍。

料筒的加热，目前多采用电阻加热圈，为准确方便地控制料筒温度，通常根据料筒的长短分为2～6段的加热段，用热电偶及温度控制器对料筒温度进行分段控制。

对于螺杆式注射装置的料筒，加料口形式有对称设置和偏置设置两种，如图5-14所示。为增强螺杆的吸料和输送能力，采用偏置加料口形式较好，即图5-14b、c所示的结构，加料口外形多为矩形。当采用螺旋式强制加料装置时，加料口为圆形。

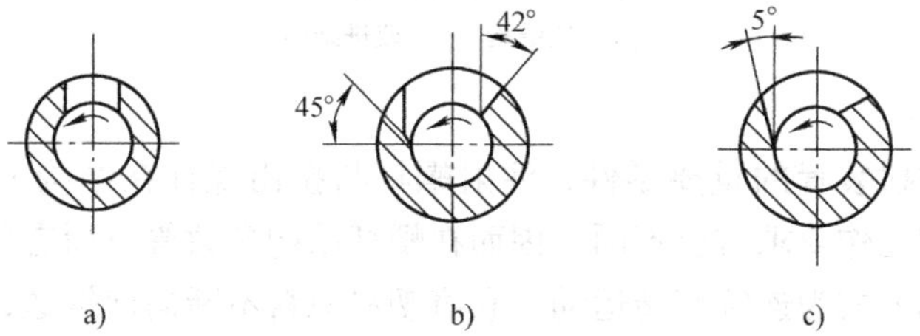

图5-14　螺杆式注射料筒的加料口形式

a）加料口对称正置　b）、c）加料口偏置

2. 分流梭

塑料加热塑化的速度主要取决于传热面积的大小。对于柱塞式注射装置，为提高塑化能力，在料筒的加热室中一般都设置有分流梭。图5-15所示为分流梭的一种常用结构，分流梭的形状似鱼雷，故称鱼雷体。它有三条翅肋与料筒内壁配合，为防止配合间隙挤入塑料，

常用 H7/h6 的配合关系。其余部分加工成锥形，与固态料接触端圆锥角（称扩张角）较其末端的圆锥角（称压缩角）小，锥体与料筒内壁间形成逐渐变浅的压缩通道，以适应塑料状态的变化。

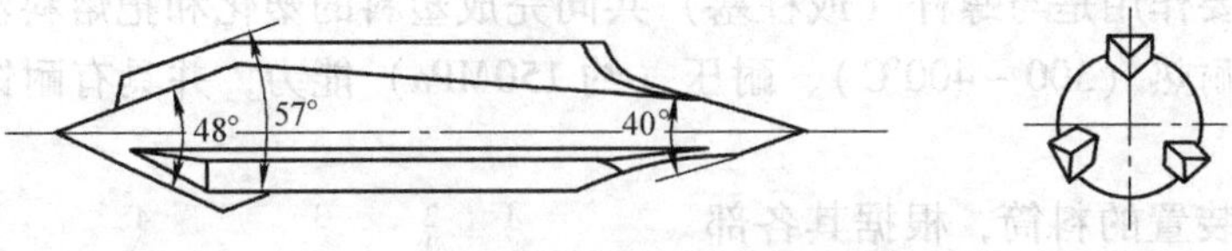

图 5-15　分流梭

3. 柱塞

柱塞在注射液压缸的作用下将熔料以一定的速度注入模腔，注射机每次的注射量取决于柱塞的直径和行程。注射压力（约为 120 ~ 180MPa）与注射速度由注射液压缸的油压和流量来调节。柱塞注射行程终止时，应与分流梭保持一定的距离（一般不小于柱塞的半径），以免损坏分流梭。

柱塞要求表面光洁，且有一定硬度，常用 40Cr 或 38CrMoAl 材料制造，其头部做成圆弧形或大圆锥角的内凹面，如图 5-16a 所示。柱塞与料筒的配合一般用 H8/f9 ~ F9/f9，以保证柱塞运动自如又不漏料。图 5-16b 所示为改进结构，它可以减少柱塞与料筒内壁的摩擦。

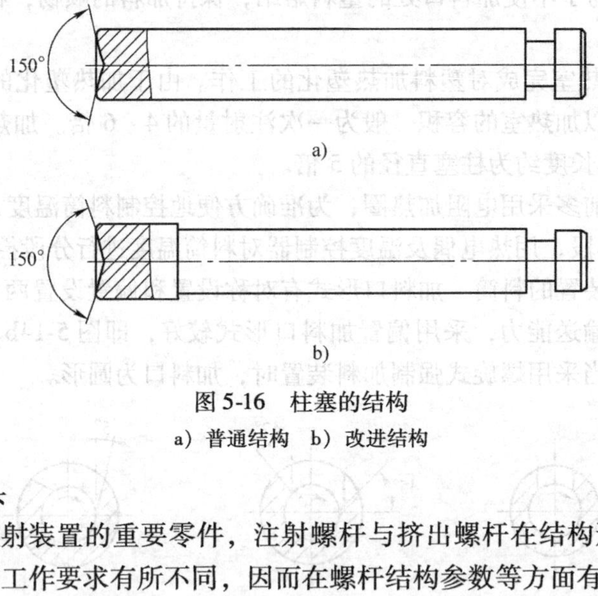

图 5-16　柱塞的结构

a）普通结构　b）改进结构

4. 螺杆及螺杆头

螺杆是螺杆式注射装置的重要零件，注射螺杆与挤出螺杆在结构形式上有许多相似之处，但其运动方式和工作要求有所不同，因而在螺杆结构参数等方面有所区别。

挤出螺杆的运动方式为连续旋转运动，它将塑料原料不断向前推送，在机头端建立起稳定的压力，使熔料连续稳定地挤出成型为所需的制品。挤出螺杆要求塑化能力高、塑化均匀、挤出压力和挤出速率稳定，以保证挤出制品的质量和产量。

注射螺杆的主要任务是完成预塑和注射任务。预塑是间歇性的运动，在整个注射成型周期中所占时间较短，对螺杆的塑化速率、螺杆转速调节等的要求不像挤出螺杆那样严格。注射螺杆的塑化情况可方便地通过背压的调节予以适当调节，塑化过程中，螺杆边转动边后退，其有效长度是变化的。注射螺杆注射时须轴向移动，并进行一段时间的保压等。

因此，注射螺杆与挤出螺杆有以下区别：

1）注射螺杆的长径比 L/D 和压缩比较小。

2）注射螺杆均化段的螺槽较深，加料段增长，而均化段可相应缩短。

3）注射螺杆通常为等距不等深结构，以便于螺杆的制造。

4）注射螺杆的直径 D 与行程 S 相互制约，应有恰当的比例，通常 $S/D=2\sim4$。

5）注射螺杆头的结构形式可依据其预塑和注射要求适当变化，而挤出螺杆头多为圆头或锥头。

为适应不同塑料性能的需要，注射螺杆也有渐变型和突变型螺杆之分。为扩大螺杆的适应性，还有一种通用型螺杆。各种注射螺杆的结构如图 5-17 所示。

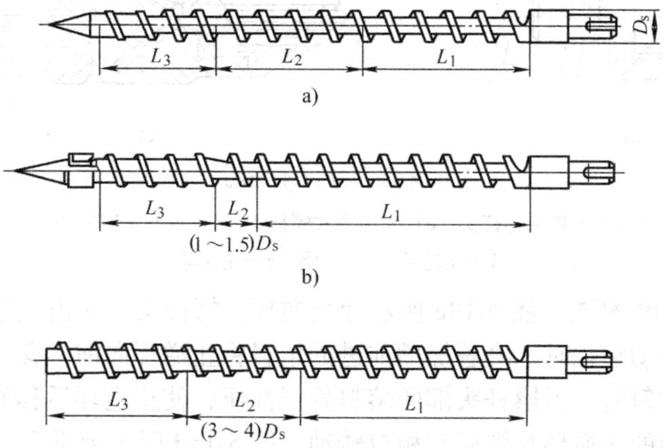

图 5-17 注射螺杆的结构

a）渐变型螺杆 b）突变型螺杆 c）通用型螺杆

渐变型螺杆（图 5-17a）是指螺槽深度由加料段到均化段逐渐变浅的螺杆结构，主要用于热敏性、具有宽的软化温度范围和高粘度的非结晶型塑料的注射成型，如聚氯乙烯、聚苯乙烯、聚碳酸酯、聚苯醚等。

突变型螺杆（图 5-17b）是指螺槽深度在压缩段由深变浅的过渡段较短，变化较突然的螺杆结构，主要用于低粘度、熔点明显的结晶型塑料的注射成型，如尼龙、聚乙烯、聚丙烯、聚甲醛等。

通用型螺杆（图 5-17c）压缩段的长度介于渐变型螺杆与突变型螺杆之间，为 $3\sim4D$。通用型螺杆兼顾了非结晶型和结晶型塑料的不同成型要求，可免去更换螺杆的麻烦，但通用螺杆在塑化质量和能耗方面不如专用螺杆优越。因此，当某台注射机加工的塑料品种相对稳定时，应使用专用螺杆。

为防止注射螺杆注射时，高压塑料熔体沿螺槽倒流（特别是成型低粘度塑料和形状复杂的制品时），以及加工高粘度和热敏性塑料时，螺杆头部排料不净，余料过热分解等现象，螺杆头制成了各种结构形式，以适应不同塑料的成型。常用的螺杆头结构如图 5-18 所示，螺杆头可分为不带止逆结构和带止逆结构两类。

（1）不带止逆结构的螺杆头 图 5-18a 所示为锥形螺杆头，其圆锥角 α 较小，一般为 20°～30°，还可做成带有螺纹的结构，以减少熔料的倒流，主要用于高粘度或热敏性塑料的加工。图5-18b所示为头部呈“山”字形曲面的钝头螺杆头，主要用于成型透明度要求高的PC、AS、PMMA等塑料。

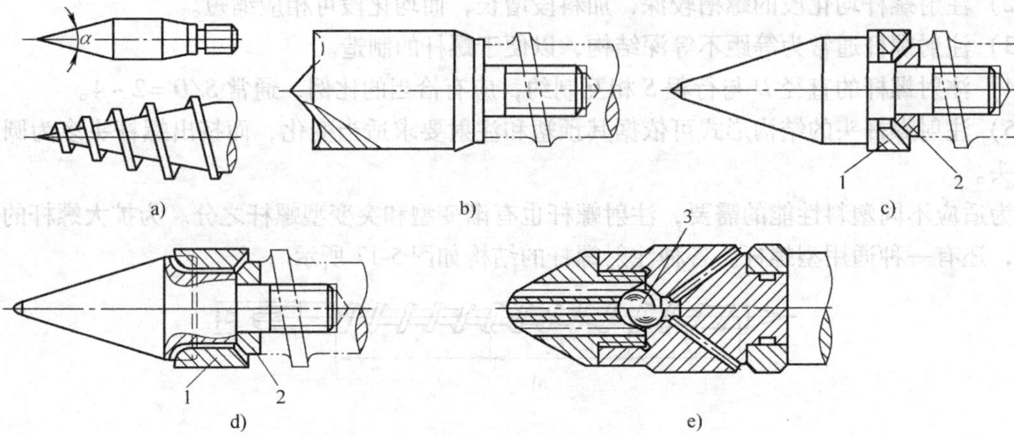

图5-18　螺杆头结构

a）锥形螺杆头　b）“山”形钝头螺杆头　c）止逆环式螺杆头　d）爪形止逆环结构　e）止逆球式螺杆头

1—止逆环　2—环座　3—止逆球

（2）带止逆结构螺杆头　图5-18c所示为止逆环式螺杆头，它由止逆环、环座和螺杆头主体组成。当螺杆转动塑化时，沿着螺槽前进的熔料将止逆环向前推移，熔料通过缝隙进入螺杆头前端聚集；注射时，因螺杆头部的熔料处于高压，使止逆环后移而将流道关闭，阻止熔料的回流，该结构的止逆环与螺杆有相对转动。图5-18d所示为爪形止逆环结构，该结构的止逆环与螺杆无相对转动，可避免螺杆与止逆环之间的熔料因剪切过热而分解。图5-18e所示为止逆球式螺杆头，它由密封钢球、球座和螺杆头主体组成。预塑时，熔料推开钢球，流到螺杆头前部；注射时，钢球密封熔料回流通道，该结构的止逆球无附加剪切效果，启闭迅速。带有止逆结构的螺杆头适用于低、中粘度塑料的注射成型。

近年来，普遍要求在不改变设备合模力的情况下，提高螺杆的注射量和塑化能力。因此，须对注射螺杆的性能进行改进，出现了许多适合注射工艺特点的高效能螺杆。新型螺杆针对普通注射螺杆的缺点，在螺杆适当部位（主要是均化段）设置了多种多样的混炼元件，起到对未熔融塑料颗粒的过滤、粉碎、细化、剪切、混炼等作用，以加速熔融过程，提高制品质量、缩短成型周期和降低能耗。新型螺杆中常见的有销钉型和屏蔽型螺杆，如图5-19所示。

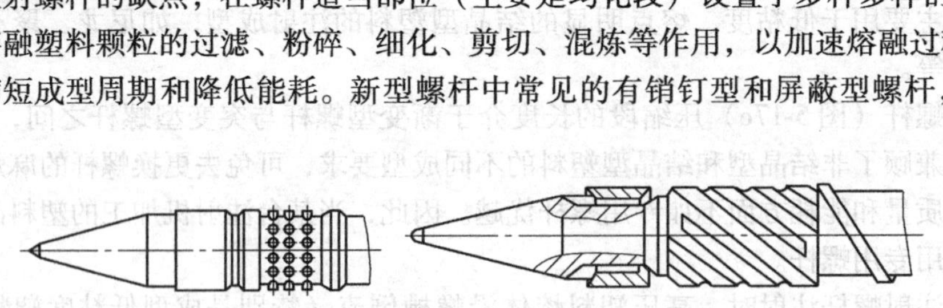

图5-19　新型螺杆

a）销钉型注射螺杆　b）屏蔽型注射螺杆

5. 加料计量装置

为保持注射成型工艺过程的稳定性，必须控制每次从料斗进入料筒的塑料量，它与每次注射到模腔内的塑料量相等。对于螺杆式注射装置，可以通过螺杆后退的行程开关的位置来调节。对于柱塞式注射装置，可通过控制每次从料斗落入计量室的塑料量来实现计量（图5-9），粒料从料斗落入由定量装置的固定板和推料板组成的计量室来定量，转动调节螺母便可改变推板的位置，从而调节计量室的容积，适应不同注射量的需要。

6. 喷嘴

与料筒端部连接的喷嘴在注射时必须与模具浇口套贴紧，使熔料在螺杆（或柱塞）的推动下，以相当高的压力和速度流经喷嘴进入模腔。当熔料高速流经狭小口径的喷嘴时，将受到强烈的剪切摩擦作用，使熔料的温度上升，并提高料流速度，以增强熔料的充模能力。在保压阶段，还需有少量熔料经喷嘴对模内制品补缩。可见喷嘴的结构尺寸关系到注射压力损失、剪切热、补缩作用和充模能力等方面，同时喷嘴结构还需防止预塑时"流延"现象的产生。

喷嘴的类型可分为开式喷嘴、锁闭型喷嘴和特殊用途喷嘴三大类，主要根据需成型的塑料原料的性能和制品的复杂程度、壁厚等因素进行选用。对于高粘度、热稳定性差的塑料，宜选用流道阻力小、剪切作用小、口径较大的开式喷嘴；对于低粘度结晶型塑料，宜选用带加热器的锁闭型喷嘴；对于薄壁复杂制品，宜选用小口径远射程的喷嘴；而厚壁件最好选用较大口径的喷嘴，因其补缩性能好。

开式喷嘴（又称直通式喷嘴）是指料筒内的熔料经喷嘴出口的通道始终处于敞开状态的喷嘴，如图5-20所示。图5-20a所示为短型（PVC型）开式喷嘴，其结构简单，压力损失小，补缩效果好，但因无法设置加热器，所以容易形成冷凝堵塞或产生熔料"流延"现象。短型开式喷嘴主要用于成型厚壁制品和热稳定性差的高粘度塑料，如聚氯乙烯等。图5-20b所示为延长型开式喷嘴，它是短型喷嘴的改型。因延长了喷嘴体的长度，可进行加热，所以解决了冷凝堵塞问题，其补缩作用大，射程远，但仍存在"流延"现象，主要用于厚壁、高粘度制品的成型。图5-20c所示为小孔型开式喷嘴，它因储料多和喷嘴体外的加热作用，不易形成冷凝堵塞，且口径小，"流延"现象不严重、射程远，主要用于加工低粘度塑料和成型薄壁复杂制品。

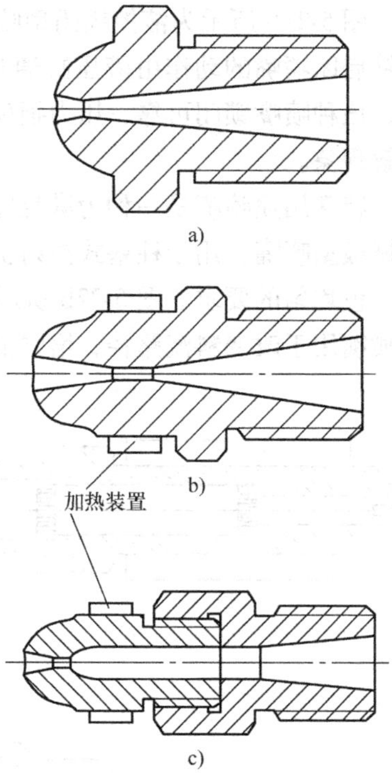

图5-20　开式喷嘴
a）短型（PVC型）b）延长型　c）小孔型

锁闭型喷嘴的熔料通道只有在注射、保压阶段才打开，其余时间都是关闭的，其优点是克服了预塑时熔料的"流延"现象。它对熔料有较强的剪切作用，料流阻力大。常见的形式有料压锁闭型、弹簧锁闭型、料压弹簧双锁闭型、可控（液控、气控、电控）锁闭型等。

图5-21a所示为弹簧顶针自锁型喷嘴，它是在喷嘴上加设顶针、导杆、弹簧、压环等零件而形成，顶针借助于弹簧力通过压环和导杆将喷嘴锁闭。注射时，熔料压力很高，强制顶针压缩弹簧而后退，打开喷嘴，熔料进入模腔；当注射保压结束，开始预塑时，喷嘴内熔料的压力降低，顶针在弹簧力的作用下自行关闭喷嘴（弹簧力应大于预塑时熔料对顶针的作

用力）。该喷嘴使用方便，解决了“流延”问题，但其结构比较复杂，压力损失大，补缩作用小，射程短，适用于加工低粘度塑料。

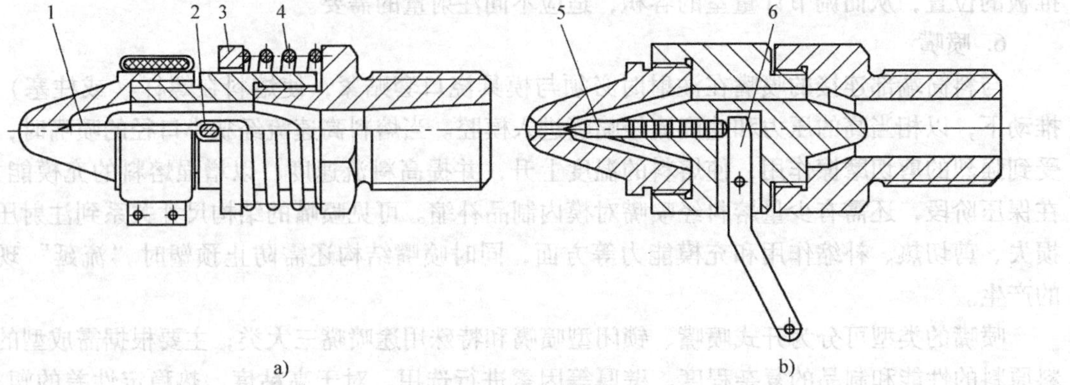

图5-21　锁闭型喷嘴

a）弹簧顶针自锁型　b）液控锁闭型

1—顶针　2—导杆　3—压环　4—弹簧　5—阀芯　6—杠杆

图5-21b所示为液控锁闭型喷嘴，其结构与动作原理和弹簧顶针自锁型相似，只是控制顶针启闭喷嘴的动作由液压缸通过杠杆来驱动，可根据需要保证准确及时地开闭顶针。因此，该种喷嘴锁闭可靠，压力损失小，但需要增加液压控制装置，调节不当有可能产生滞料分解现象。

特殊用途喷嘴是一种为满足特殊工艺要求而设计的喷嘴，如图5-22所示。图5-22a所示为栅板型喷嘴，用于柱塞式注射机生产混色塑料制品，喷嘴流道中设置了双层多孔板，以达到混色均匀的要求。图5-22b所示为迷宫型喷嘴，图5-22c所示为静态混合器型喷嘴。这两类喷嘴用于改变料流路径，增强混合效果。

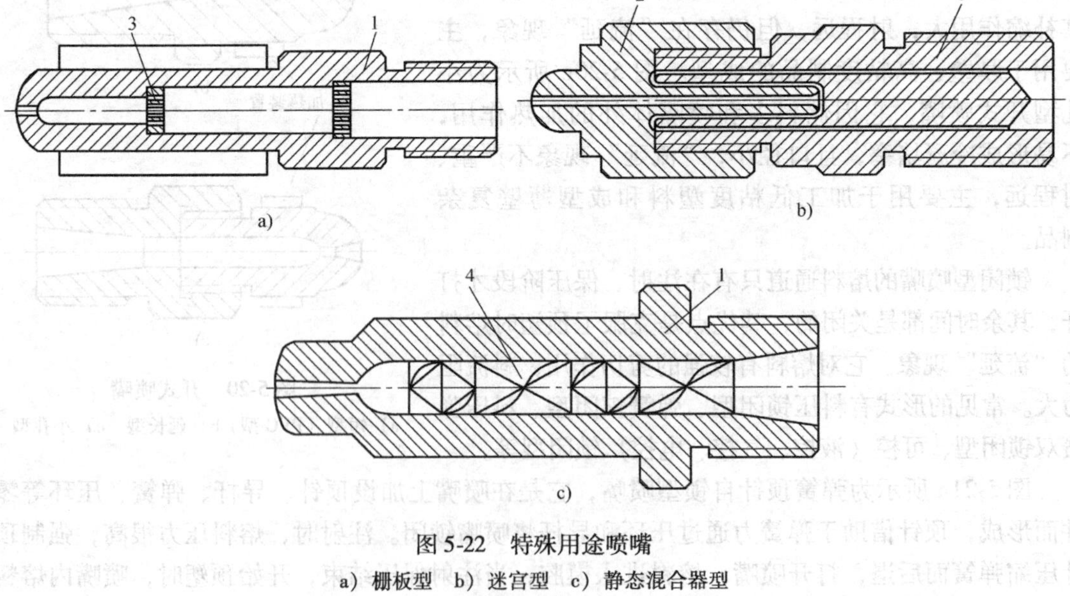

图5-22　特殊用途喷嘴

a）栅板型　b）迷宫型　c）静态混合器型

1—喷嘴体　2—喷嘴头　3—多孔板　4—静态混合器

喷嘴尺寸主要有喷嘴孔直径 d 和喷嘴端部球头半径 R。喷嘴孔径关系到熔料的压力损失、剪切效果、补缩作用和充模能力等，其值应与螺杆直径成比例。根据经验，高粘度塑料喷嘴孔径为螺杆直径的 1/10～1/15，中、低粘度塑料喷嘴孔径为螺杆直径的 1/15～1/20。喷嘴孔径的选用与注射量、喷嘴结构形式有关，各种结构形式的喷嘴孔径与注射量的关系见表 5-6。

表 5-6　喷嘴孔径与注射量的关系　（单位：mm）

注射量/cm^3		30	60	125	250	500	1000	2000	4000
直通式	通用类	2	3～4	3.5	3.5～4	5～6	7	7～8	13
	硬 PVC		4～5	5	6～8	8～9	9～12	9～12	
	远射程			2		3	4	4～6	
弹簧针阀式			1.5	2～3	2～3	3～5	3～5	3～5	6

喷嘴与模具主浇道衬套的尺寸关系如图 5-23 所示。为防止注射成型时出现漏料和熔料积存死角的现象，喷嘴端部球头半径应稍小于（约小 1mm）模具主浇道衬套的凹球面半径 R_0，即 $R<R_0$；喷嘴孔径 d 应稍小于（小 0.5～1mm）模具主浇道的小端直径 d_0，即 $d<d_0$，且应使两孔的轴线同心。

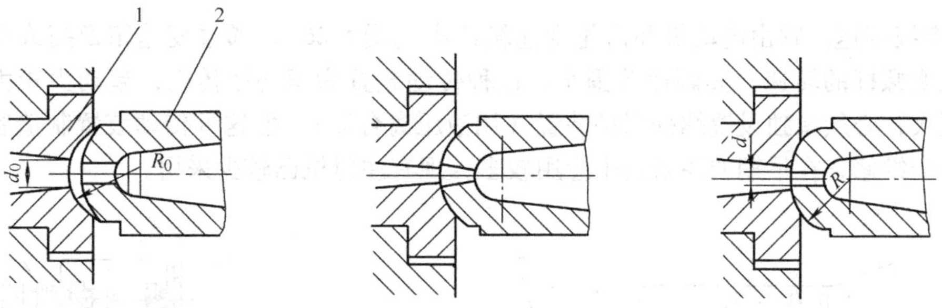

图 5-23　喷嘴与模具主浇道衬套的尺寸关系

a)、b）错误　c）正确

1—模具主浇道衬套　2—喷嘴

喷嘴常用中碳钢制造，其硬度应高于模具主浇道衬套，以延长喷嘴的使用寿命。

7. 螺杆的传动装置

（1）螺杆传动装置的特点和要求

1）螺杆预塑是间歇式工作的，故常带负载频繁起动。

2）传动装置要为螺杆预塑提供所需的转矩和转速，螺杆转速会影响塑化能力，且对塑料注射成型工艺有影响，所以要求螺杆转速能在一定范围内调节，并可通过背压的调整来改善塑化状况。

3）传动装置会影响螺杆的工作性能和注射装置的整体结构，应力求简单紧凑。

（2）螺杆传动装置的形式　螺杆传动装置依螺杆的工作特点和要求不同有许多种类型，按螺杆的变速特性可分为无级变速和有级变速两大类。

1）无级变速。它主要采用液压马达或由液压马达和齿轮变速箱组合来驱动。采用液压马达直接驱动的方式（图 5-24）较为理想，因为这种方式不仅整个注射装置的结构简单紧凑，重量轻、噪声小，传动特性软（即当负荷发生变化时转速能迅速跟着变化，因输入功率一定时，转速与转矩成反比），起动惯性小，还可起过载保护作用，而且可以在不停机的情况下实现较大范围的无级调速，省时、方便又节能。此外，也可采用由高速小转矩液压马达和变速箱组成的传动装置（图5-25），这种传动装置的每一挡转速可以在一定范围内实现无级变速。

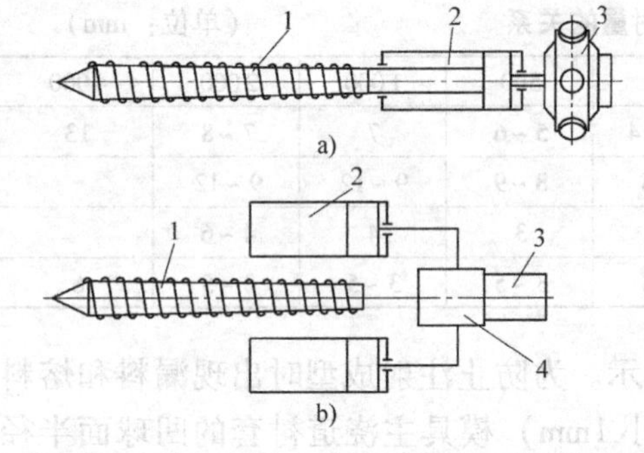

图5-24　液压马达直接驱动螺杆的传动装置

a）单缸后置式　b）双缸随动式

1—螺杆　2—注射液压缸　3—液压马达　4—轴承座

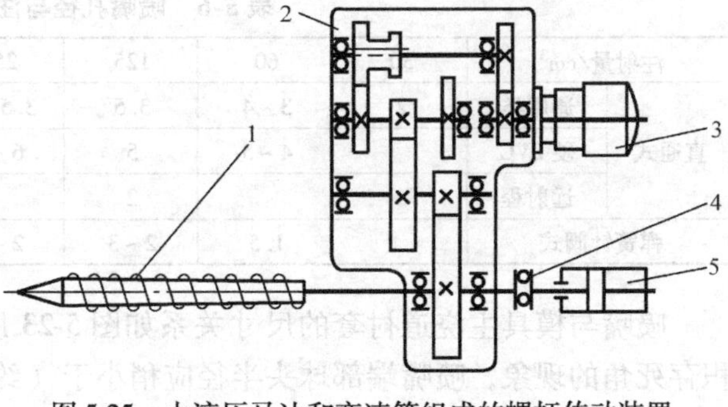

图5-25　由液压马达和变速箱组成的螺杆传动装置

1—注射螺杆　2—调速齿轮　3—液压马达

4—推力轴承　5—注射液压缸

2）有级变速。它由电动机和齿轮变速箱组成（图5-26），通过变速箱换挡或更换变速齿轮来改变螺杆的转速，其调速范围小。这种传动装置为恒功率传动，起动力矩大、惯性大，功耗大，必须单独设置螺杆保护装置（用液压离合器）。但这种传动装置制造容易，成本低，易于维修，在早期的注射机中应用较多，现有注射机已较少采用。

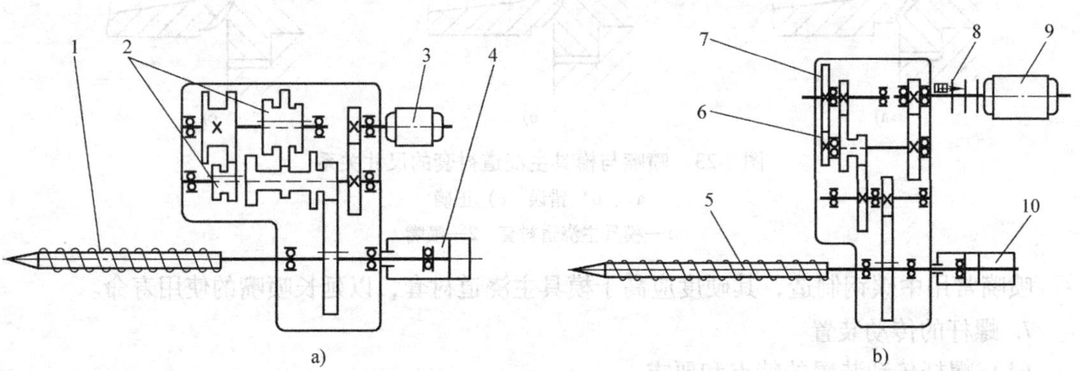

图5-26　由电动机和齿轮变速箱组合的传动装置

a）XS-ZY-125型注射机螺杆传动方式　b）XS-ZY-500型注射机螺杆传动方式

1、5—螺杆　2—变速齿轮　3、9—电动机　4、10—注射液压缸　6、7—调速齿轮　8—液压离合器

8. 注射座及其移动和转动装置

注射座是连接和固定塑化部件、注射液压缸、螺杆传动装置、注射装置移动液压缸等部件的构件，它可以沿导轨（或导杆）前后移动，并能转过一定角度以方便维修。

注射成型时，根据注射成型工艺要求的不同，注射装置有以下三种加料方式。

（1）固定加料　该方式是在注射成型过程中，喷嘴始终紧贴模具主浇道衬套，注射座始终固定不动。它适用于塑料的加工温度范围较宽及喷嘴不易凝结的情况，可缩短成型周期，提高生产率。

（2）前加料　该方式是在注射保压结束后，直接进行塑料的预塑，预塑结束后再将注射座后退，使喷嘴与模具主浇道衬套分离。它主要用于开式喷嘴或需要较高背压进行塑化的情况，以防喷嘴发生“流延”现象。喷嘴与模具分离可防止喷嘴凝结堵塞。

（3）后加料　该方式是在喷嘴与模具主浇道衬套分离后，才进行预塑的工作方式。其喷嘴温度受模具温度的影响较小，适用于结晶型塑料的成型。有时因模具温度较低或喷嘴结构的关系，也要求采用后加料方式生产。

注射座的移动阻力虽然不大，但注射时为克服熔料对喷嘴的反压力，防止溢料，必须有足够的压紧力。注射座的移动一般采用液压缸驱动，注射座移动液压缸所需推力可通过计算求得，也可按估算来确定，小型注射机为 1/3 ~ 1/4 注射总力，中型注射机为 1/8 ~ 1/10 注射总力，大型注射机为 1/10 ~ 1/15 注射总力。

在检修螺杆式注射机时，往往需要拆换螺杆，一般螺杆是从料筒前端抽出和装入的。为便于拆装螺杆，要求注射座可绕转轴转过一定角度，复位后再锁紧回转机构，如图 5-12 所示。

第四节　注射机的合模装置

一、合模装置的基本要求

合模装置是完成模具可靠闭合锁紧和开启动作，实现制品脱模顶出的重要部件，其性能优劣关系到制品生产的质量和效率。它必须满足相应规格的注射机对力、速度、行程、模具安装与取件空间等多方面的要求。具体有：

1）合模装置要有足够的合模力和系统刚性，保证注射成型时不出现因合模力不足而溢料的现象。

2）模板要有足够的模具安装空间和启闭模具的行程，并有一定的调节量以适应不同制品的成型要求。

3）模板运动过程和速度应适应注射成型工艺的要求。即合模过程先快后慢，开模时先慢中快后慢，以防止模具撞击；制品顶出应平稳；同时应有利于提高设备的生产率。

此外，合模装置还应有其他附属装置（如机械、电气安全保护装置，低压试合模装置、检测装置和润滑系统等）。

二、合模装置的类型

随着注射工艺和设备的发展，虽然螺杆式注射装置的基本结构变化不大，但合模装置却有许多发展变化，出现了多种合模装置。注射机合模装置主要由固定模板、移动模板、拉杆、移动模板驱动装置、调模装置和制品顶出装置等部分组成。合模装置的形式按其实现合模力的方式不同，可分为液压式和液压－机械（组合）式两大类。

1. 液压式合模装置

液压式合模装置的合模液压缸与动模板相连，依靠液体压力的作用实现模具的启闭和锁紧，液压缸提供的压力直接作用在模具上。

（1）单缸直压式合模装置　该合模装置是最简单的一种结构形式，它采用一个液压缸来完成模具的启闭和锁紧，如图 5-27 所示。为提高生产率，要求合模装置移模时速度要快，且移模行程较大，对力的需求不大，只要能克服模板的运动阻力即可；但在最终合模锁紧或最初开模的一小段行程时，则要求低速且有较大的作用力。对于单缸直压式合模装置很难同时满足上述力、行程与速度的要求，所以该合模装置多用于模板移动速度不高的中、小型液压机，在注射机上则很少使用。

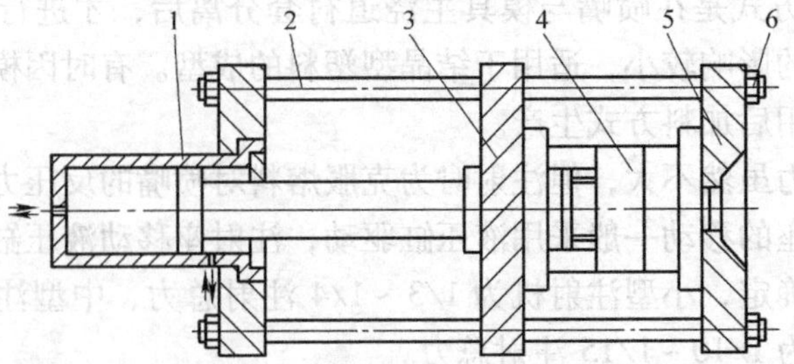

图 5-27　单缸直压式合模装置

1—合模液压缸　2—拉杆　3—移动模板　4—模具　5—固定模板　6—拉杆螺母

（2）增压式合模装置　在液压合模装置中，为获得不同的速度和合模力，可以从液压缸直径和液压油的工作压力两方面加以解决。增压式合模装置是在合模液压缸直径基本保持不变的情况下，通过增加液压缸工作油液压力的方法，来提高锁模液压缸合模力的，其结构如图 5-28 所示。

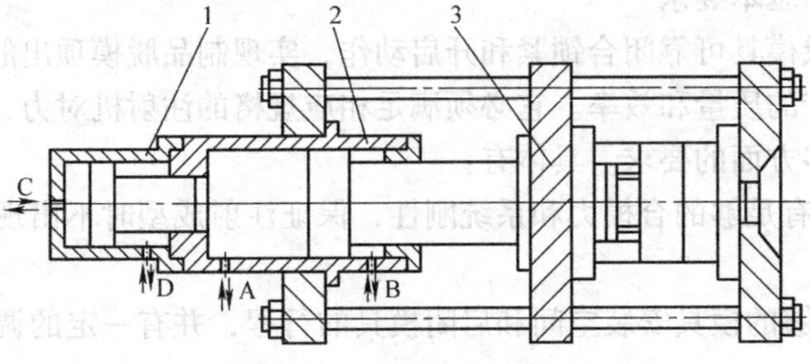

图 5-28　增压式合模装置

1—增压器　2—合模液压缸　3—动模板

注射机合模时，液压油先从 A 油口通入合模液压缸 2 的左腔，合模液压缸右腔的液压油由 B 油口排出，虽然液压缸直径较小，移模力也较小，但可获得较大的移模速度。当模具闭合时（此时合模液压缸的进油路处于关闭状态），液压油从 C 油口进入增压器 1 的左腔，增压活塞向右移动，因增压活塞与活塞杆两端的受压面积不同，使合模液压缸内的压力得以增压，合模力增大，从而可满足合模要求。此时合模液压缸内的油压增大为

$$p = p_0 \frac{A_1}{A_3} \tag{5-6}$$

合模液压缸产生的合模力为

$$F = p_0 \frac{A_1}{A_3} \times \frac{\pi D^2}{4} \tag{5-7}$$

式中，p 是合模时合模液压缸内的油压（Pa）；p_0 是工作油压力（Pa）；A_1/A_3 为增压活塞与其活塞杆截面积之比；F 是合模力（N）；D 是合模液压缸的直径（m）。

注射机开模时，增压器先卸压，液压油从 C 油口排出后从 B 油口进油，推动增压器活

塞向左移动回位后，液压油再从 A 油口排油，合模缸活塞带着注射机动模板左移开模。增压器的 D 油口可随时补充油液，必要时可以从 D 油口进油，使增压器活塞左移后退。

由于油压增高对液压系统的闭封要求很高，所以采用增压器来提高油压是有限度的，目前一般增压到 20 ~ 30MPa，最高可达 45 ~ 50MPa，因此这种结构形式主要用于中小型注射机。

（3）充液式合模装置　该合模装置采用两个不同直径液压缸的组合方式，大直径、小行程液压缸用于合模，小直径、大行程液压缸用于移模，分别满足增大合模力和快速移模的要求。如图 5-29 所示，为了避免大直径合模液压缸影响移模速度，设置了充液油箱和充液阀。

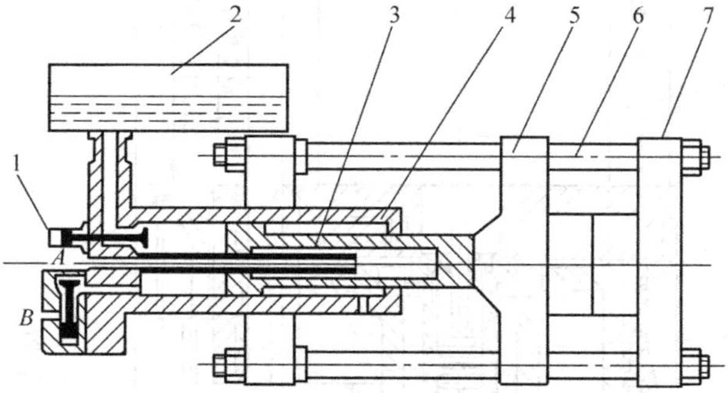

图 5-29　充液式合模装置

1—充液阀（液控单向阀）　2—充液油箱　3—快速移模液压缸　4—合模液压缸　5—动模板　6—拉杆　7—定模板

合模时，液压油首先从 *A* 孔通入快速移模液压缸 3，动模板随着快速移模液压缸的缸筒右行，由于该缸直径较小，从而实现了快速移模动作。在快速移模液压缸缸筒（合模缸活塞）右移合模的过程中，合模液压缸 4 的左腔形成负压，使充液阀 1 打开，充液油箱中大量的油液在大气压的作用下，经充液阀进入合模缸的左腔。当模板行至终点时，向合模缸左腔 *B* 孔通入液压油，同时充液阀关闭，继续通入液压油，使合模缸油压上升至工作油压，由于合模缸的直径较大，产生的合模力也大，因此可满足大合模力的要求。

充液式合模装置可实现快速移模（30m/min 以上）和大的合模力（3 000 ~ 4 000kN）。但是，合模液压缸的直径较大，缸体也较长，结构较笨重，刚性差，功耗大；且一次工作循环中工作油液吞吐量大，易引起工作油液发热和变质等。因此，该合模装置主要用于中小型注射机。

（4）液压 - 闸板式合模装置　充液式合模装置虽能较好地满足合模装置对力和速度的要求，但存在工作油消耗大、易发热变质等缺点。为减少油耗和简化结构，在大型注射机中采用了液压与机械定位装置联合合模的特殊液压合模装置，它主要用于合模力为 3 000 ~ 5 000kN的注射机。

图 5-30 所示为 XS-ZY-1000 注射机上使用的液压 - 闸板式合模装置，其合模装置由液压缸与机械闸板定位装置组合而成，是典型的液压与机械定位装置联合合模的装置。图 5-31 所示为液压 - 闸板式合模装置的工作原理图，合模时，闸板必须先打开，液压油从 *A* 口进入移模液压缸 8 的右腔，由于移模液压缸的活塞杆固定于固定模板的后支承座上，所以缸体

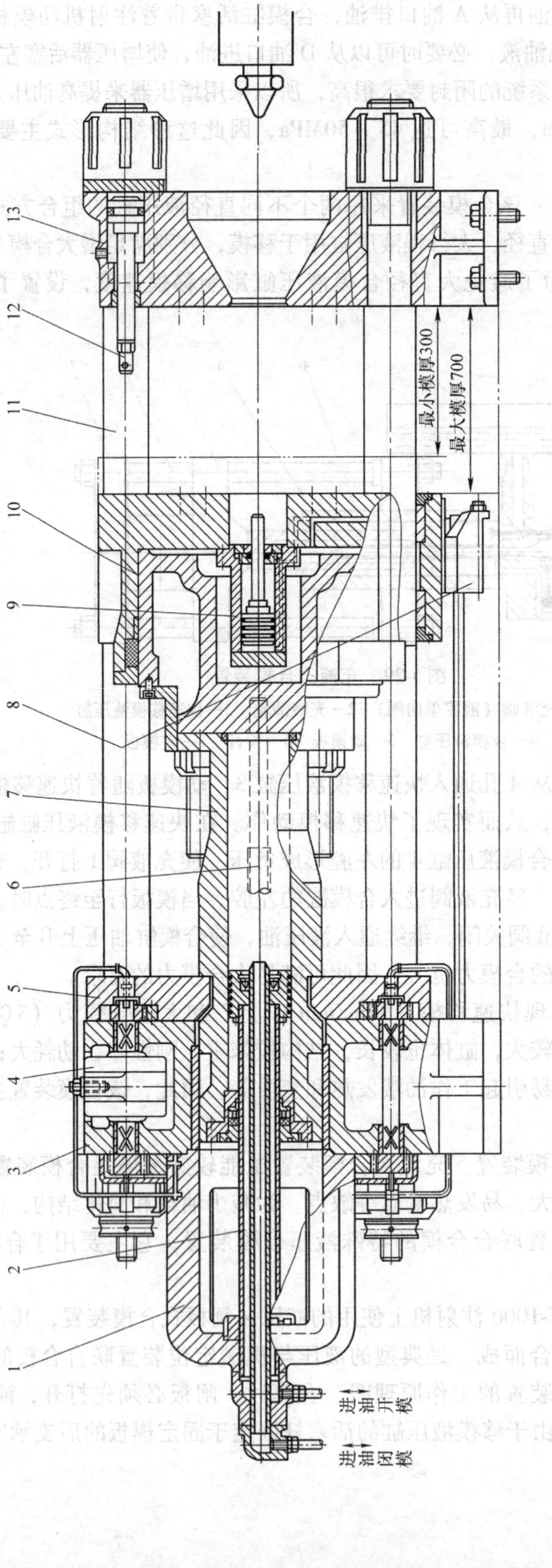

图5-30　液压-闸板式合模装置

1—后支承座　2—进出油管　3—移模缸支架　4—齿条活塞液压缸　5—闸板　6—顶杆　7—移模液压缸
8—滑动托架　9—顶出缸　10—合模液压缸　11—拉杆　12—辅助开模装置　13—定模板

将连同动模板一起快速移模，当缸体上的闸槽外露，行至闸板位置时，移模液压缸停止供油。此时，液压油接通驱动闸板的齿条活塞液压缸 2，使活塞移动，通过传动齿轮 6、驱动轴、齿轮 7 驱动左闸板（图 5-31 中 *A—A* 视图）向右移动；同时，驱动轴左端的齿轮 5 经齿圈 4 传动，驱动齿轮 12、传动轴、齿轮 11，进而驱动右闸板左移（图 5-31 中 *A—A* 视图），如此，左、右闸板同时闸入移模液压缸缸体上的闸槽内。当闸板行至终点位置将移模液压缸缸体（即合模液压缸的活塞）定位后，从合模液压缸的 *C* 口通入液压油，实现高压锁紧模具。开模过程则相反，先将合模液压缸卸压，然后打开闸板，再向移模液压缸 *B* 口通液压油，实现开模。为扩大模具高度范围和减小合模液压缸行程，在移模液压缸缸体上设置了两道闸槽，这样合模液压缸的行程只需等于两闸槽距离即可，而模具高度的调节范围约为合模液压缸行程的两倍。

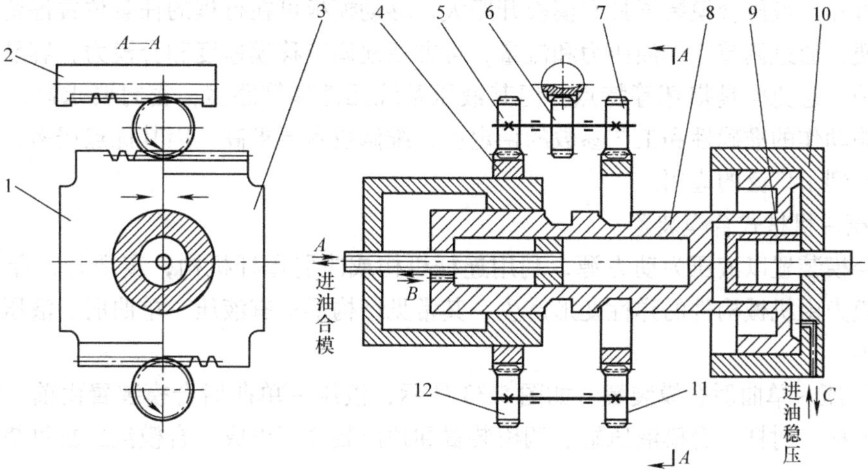

图 5-31　液压 - 闸板合模装置的工作原理

1—闸板（左）　2—齿条活塞液压缸　3—右闸板　4—齿圈　5、7、11、12—齿轮
6—传动齿轮　8—移模液压缸　9—顶出液压缸　10—合模液压缸

（5）液压 - 抱合螺母合模装置　液压 - 闸板式合模装置采用增大合模液压缸直径的方法来增大合模力，不但受到模板尺寸的限制，而且大直径液压缸的制造和维修难度大，对于更大型的注射机不太适用。图 5-32 所示为液压 - 抱合螺母合模装置，它也属于液压与机械定位装置联合的特殊液压合模装置，适用于合模力为 10 000kN 以上的注射机。

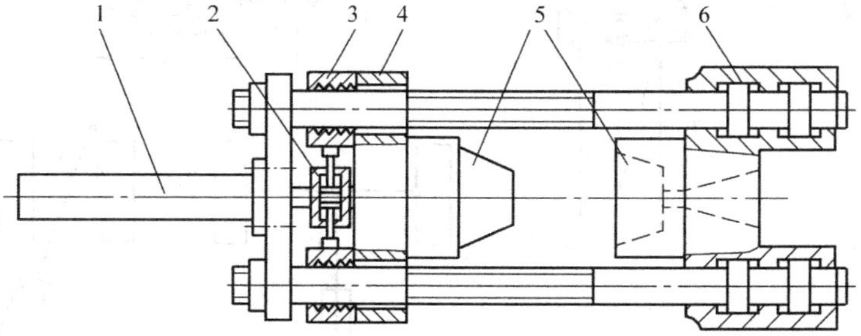

图 5-32　液压 - 抱合螺母合模装置

1—移模液压缸　2—抱合液压缸　3—抱合螺母　4—动模板　5—模具　6—合模液压缸组

该合模装置在每根拉杆的端部设置了两两串接的合模液压缸组6，由四个液压缸组来完成模具的合模，由小直径大行程的移模液压缸1来完成移模。合模时，移模液压缸1推动模板合模，当行至合模位置时，四个抱合螺母3在抱合液压缸的驱动下，分别抱紧四根拉杆的螺纹部分进行定位，然后向四个串接的合模液压缸的左腔通入液压油，拉紧移动模板使模具锁紧。开模时，串接的合模液压缸组先卸压，之后松开抱合螺母，接着由移模液压缸完成开模。

液压－抱合螺母合模装置因移模液压缸的直径小，能实现快速移模；合模液压缸分散布置，既满足合模要求，又便于制造和维修；且可大大缩短拉杆长度，拉杆刚性好。为有效缩短机身长度，减小设备的安装空间，还有将移模液压缸分为两个，将安装位置移到与拉杆并排的两个对角位置，改推式合模为拉式合模的液压－抱合螺母合模装置，它可明显缩小设备所需的安装空间。

由上可知，液压合模装置具有模板开距大；移动模板可在行程的任意位置停留，调节模板间距方便；通过调节工作油压力和流量，可方便地调节移模速度和合模力；容易实际低压试合模保护，避免模具损坏等特点。但其液压系统元件和管路多，密封要求高，一旦有泄漏，会影响动作的准确性和工艺参数的稳定性，维修技术要求高。因其优点居多，在中大型注射机中得到了广泛的应用。

2. 液压－机械式合模装置

这种合模装置以液压为动力源，利用连杆机构或曲肘撑杆机构，实现开、合（锁）模动作，合模力由机械构件的弹性变形产生，其常见结构形式有液压－单曲肘、液压－双曲肘合模装置等。

（1）液压－单曲肘合模装置　如图5-33所示，液压－单曲肘合模装置由前、后固定模板、移动模板、肘杆、合模液压缸、调模装置和顶出装置等组成。合模液压缸可绕一支点摆

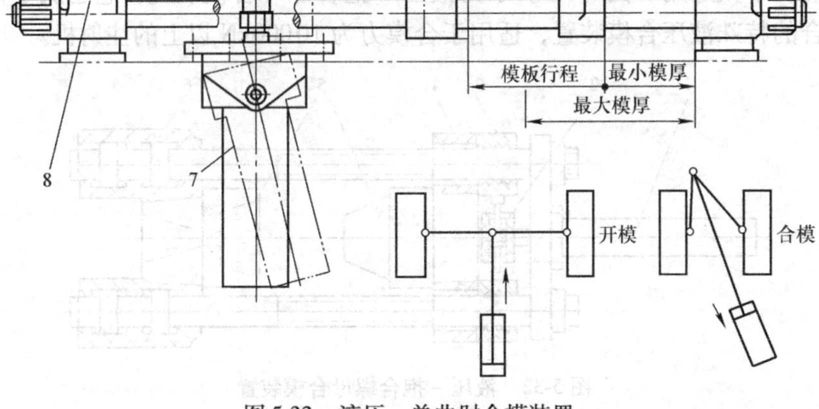

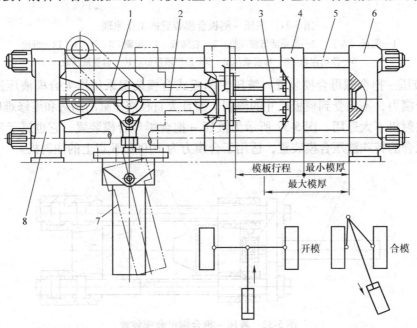

图5-33　液压－单曲肘合模装置

1—肘杆　2—顶出杆　3—调距螺母　4—移动模板　5—拉杆　6—前固定模板　7—合模液压缸　8—后固定模板

动，其活塞杆和肘杆通过铰链连接。当液压油进入合模液压缸的上腔时，活塞下行，带动肘杆机构向右伸展，推动移动模板右移合模。模具刚接触时，两根肘杆尚未完全处于一直线，随着合模液压缸油压的上升，迫使两肘杆弹性变形后呈一直线排列，从而产生预应力锁紧模具（图中实线位置）。开模时，液压油从移模液压缸下腔进入，活塞上行使两肘杆弯折呈小夹角状态（图中双点画线位置），移动模板被拉动左移完成开模。

这种单曲肘合模装置的驱动液压缸较小，装在机身内部，使机身长度缩小，结构简单，易于制造。但由于是单臂推动模板运动，压力集中在模板中心位置，因此模板受力不均，曲肘机构的增力倍数也不大（约十几倍），通常用于合模力在 1 000kN 以下的小型注射机。

（2）液压－双曲肘式合模装置　图 5-34 所示为 XS-ZY-60 注射机采用的液压－双曲肘合模装置，其结构组成和工作原理与单曲肘式合模装置类似，区别在于它采用的是对称排列的双臂双曲肘合模机构，合模液压缸水平安装于后固定模板外侧。合模时，液压油从合模液压缸左腔通入，活塞右移带动移动模板前移，肘杆伸直后实现合模并锁紧（图 5-34 合模装置中上半部分的状态）。开模时，合模液压缸右腔通入液压油，活塞后退，曲肘向内折弯拉回模板，实现开模（图 5-34 合模装置中下半部分的状态）。由于该结构形式是双臂驱动，作用力分布在模板周边的 4 个位置，因此模板受力均匀，可适应较大的模板面积，机构的承载力和增力倍数较单曲肘式大，适用于中小型注射机。但因其曲肘内折空间有限，因此模板行程不大，为增大移动模板行程，可采用如图 5-35 所示的曲肘向外翻转的结构。

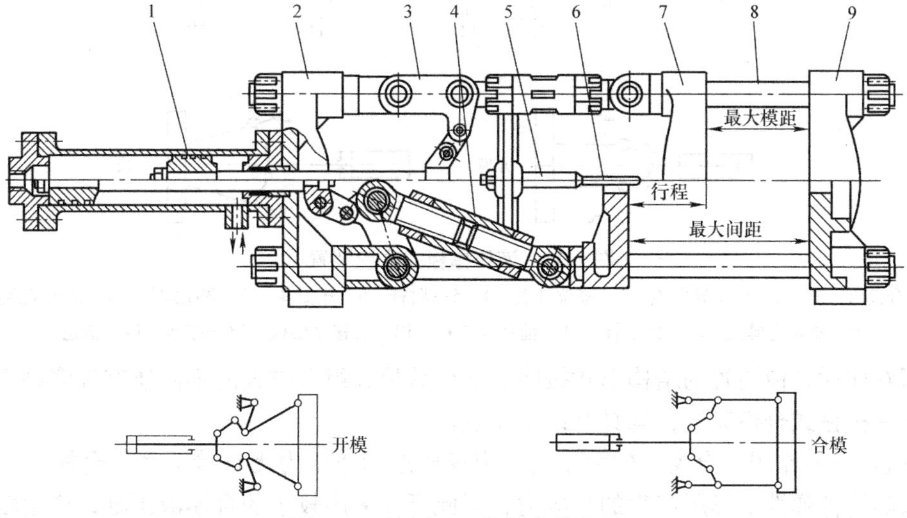

图 5-34　液压－双曲肘合模装置

1—合模液压缸　2—后固定模板　3—肘杆　4—调节螺母　5—顶出装置　6—顶杆
7—移动模板　8—拉杆　9—前固定模板

（3）液压撑板式合模装置　XS-ZY-500 注射机采用的是如图 5-36 所示的液压撑板式双曲肘合模装置，它也具有增大移动模板行程的作用。图中上半部所示为合（锁）模状态，下半部所示为开模状态。合模时，合模液压缸左腔进液压油，推动十字导向板 2 驱动肘杆 4 与 5（撑杆）沿滑道右移，撑杆在行至滑道末端时，因受肘杆向外垂直分力的作用而沿斜面撑开，作用在模板撑座上，从而锁紧模具。开模时，肘杆驱动撑杆下行，合模状态解除，继续左移实现开模。

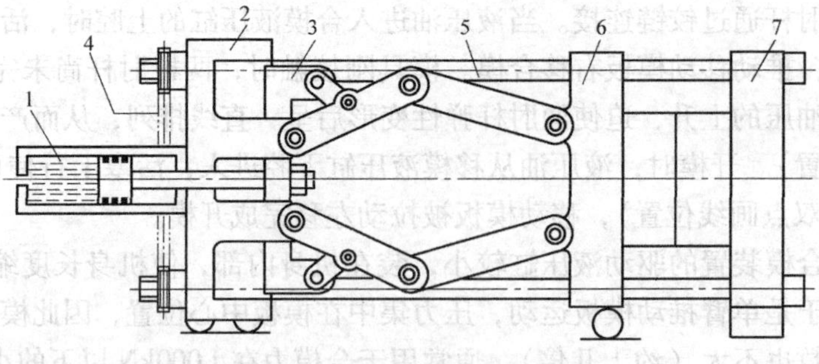

图5-35　外翻式双曲肘合模装置

1—移模液压缸　2—后固定模板　3—肘杆机构　4—调模机构　5—拉杆　6—移动模板　7—前固定模板

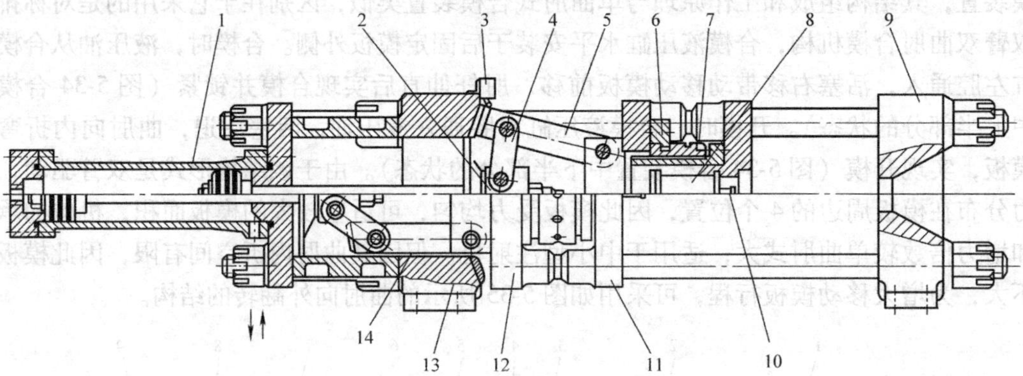

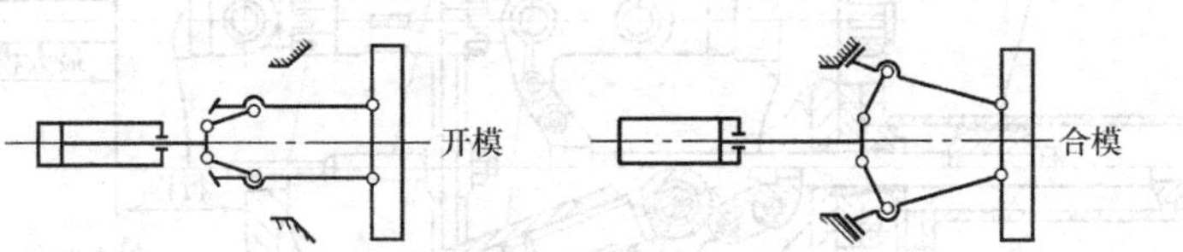

图5-36　液压撑板式合模装置

1—合模液压缸　2—十字导向板　3—限位开关　4、5—肘杆　6—压紧块　7—调距螺母　8—顶出液压缸　9—前固定模板　10—顶出杆　11—前移动模板　12—后移动模板　13—撑座　14—滑道

液压双曲肘合模装置的结构形式按曲肘连杆数量和组合方式的不同还有许多种，无论是何种液压－机械式合模装置，均具有以下特点。

1）机械增力作用。合模力的大小与合模液压缸的作用力无直接关系，合模力来源于肘杆、模板等构件弹性变形所产生的预应力，因此可以采用较小的合模液压缸，产生较大的合模力。增力倍数与肘杆机构的形式和肘杆长度等因素有关，通常可达十几至三十几倍。

2）自锁作用。合模机构进入合模状态后，即使合模液压缸卸压，合模装置仍可处于锁紧状态，其合模可靠，也不受油压波动的影响。

3）模板运动速度和合模力是变化的（图5-37），其变化规律基本符合注射成型工艺要求。合模时，移模速度从零很快升到最高速度后又逐渐减速到零；合模力在模具闭合后才升到最大值。开模过程与之相反。

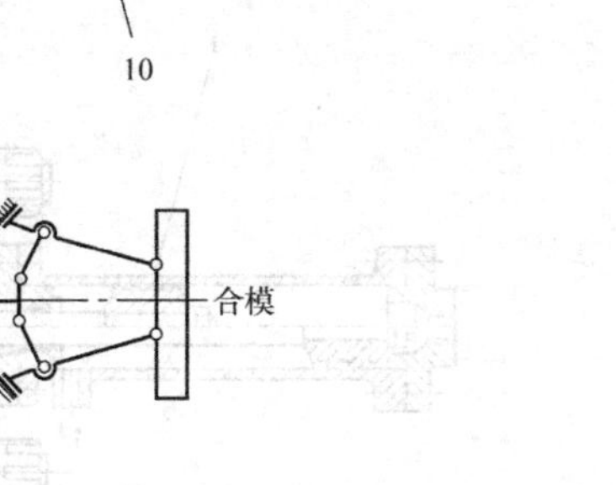

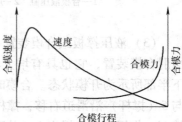

图5-37　模板运动速度和合模力的变化曲线

4）模板间距、合模力和移模速度必须设置专门的调节机构进行调节。

5）肘杆、销轴等零部件的制造和安装调整要求较高。

液压式和液压－机械式合模装置各具特点，两类合模装置的性能比较见表5-7。

表5-7　液压式和液压－机械式合模装置的性能比较

液　压　式	液压－机械式
模板行程大，模具厚度在规定范围内可随意采用，一般无需调模机构	模板行程较小，需设置调整模板间距的机构
合模力容易调节，数值直观，但合模有时不可靠	合模力调节比较麻烦，数值不直观，合模可靠
模具容易安装	模具安装空间小，安装不方便
有自动润滑作用，无需专门的润滑系统	需设润滑系统
模板运动速度比较慢	模板运动速度较快，可自动变速
动力消耗大	动力消耗小
循环周期长	循环周期短

三、模板间距调节装置

模板间距是指合模状态下移动模板与前固定模板工作表面间的距离。在液压－机械式合模装置中，为适应不同模具闭合高度的要求，模板间距必须有一定的调节范围，模板间距的调节机构称为调模机构。调模装置可以通过改变肘杆长度或有效拉杆长度、合模液压缸位置、组合动模板厚度等方法，来调节注射机的装模闭合高度，以下介绍几种常见的调模装置。

1. 螺纹肘杆调距装置

早期注射机有部分合模装置的肘杆由两段连杆与螺套组成，如图5-38所示。螺套两端的内螺纹方向相反，通过转动螺套来改变肘杆长度，以达到调节模板间距的目的。这种形式的调距机构制造容易，但肘杆刚度较低，需手动调节，且调节较麻烦，因此多用于小型注射机，目前已很少使用。

2. 移动合模液压缸位置调距装置

图5-39所示合模装置的合模液压缸缸筒外圆带有螺纹，固定在后固定模板上。转动调节手柄，可带动大螺母转动，使合模液压缸沿轴向移动，从而使整个合模机构移动，达到调整模板距离的目的，它多用于中小型注射机。

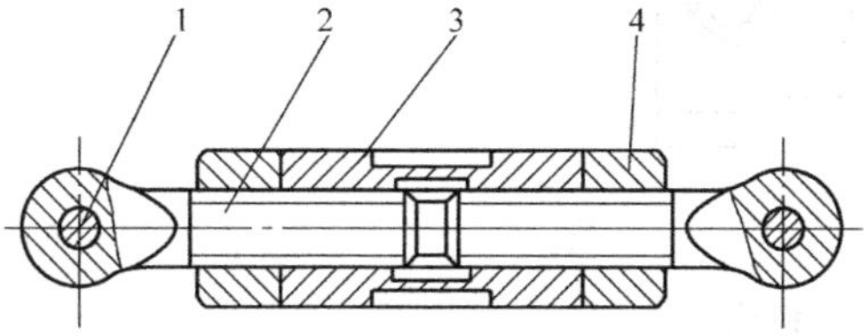

图5-38　螺纹肘杆调距装置

1—销轴　2—肘杆　3—螺套　4—锁紧螺母

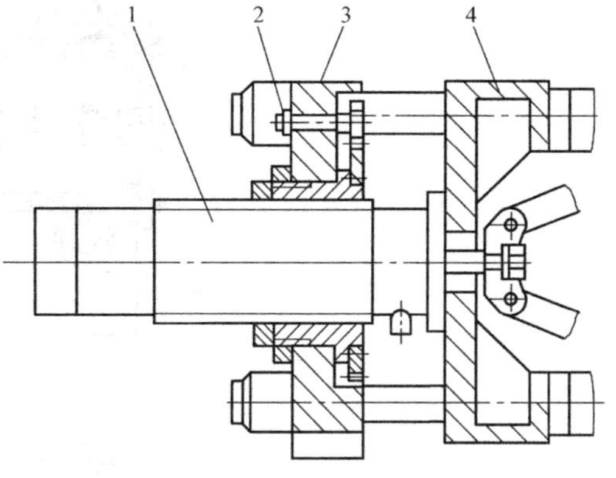

图5-39　移动合模液压缸位置调距装置

1—合模液压缸　2—手动调节传动轴

3—后固定模板　4—后模板

3. 拉杆螺母调距装置

这种合模装置的合模液压缸固定在后固定模板上（图5-40），通过调节四根拉杆上的锁紧螺母，使整个合模装置沿着拉杆做轴向移动，从而达到调距的目的。为了同步调节四根拉杆的位置，须设置调模机构联动系统。如图5-41所示，实现同步调节的方式有很多种，其中齿圈传动和链传动同步调节机构最为常用。

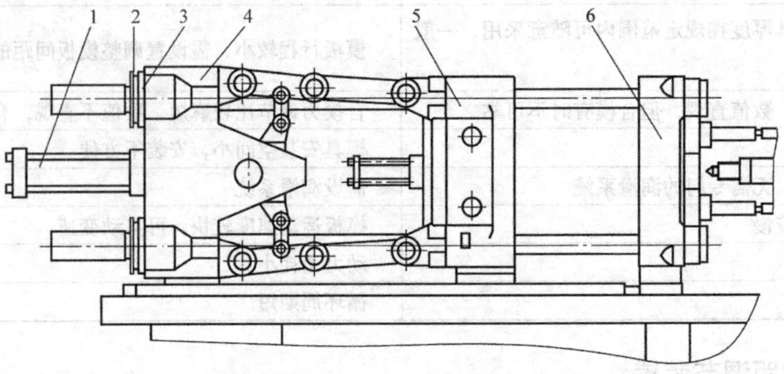

图5-40　拉杆螺母调距装置

1—合模液压缸　2—调距链轮　3—调节螺母　4—后固定模板　5—前移动模板　6—定模板

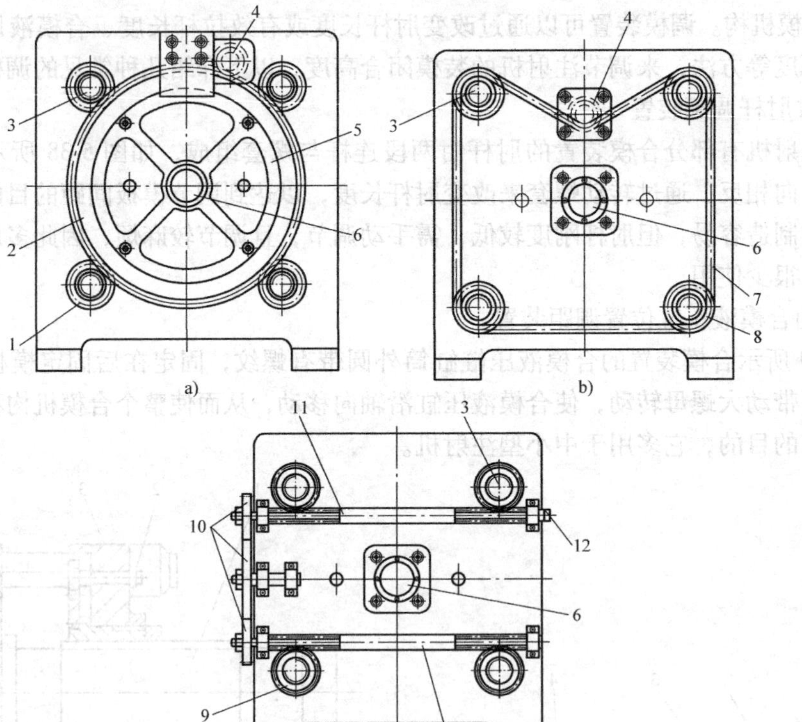

图5-41　调模联动机构

a）齿圈传动机构　b）链传动机构　c）蜗轮蜗杆传动机构

1—齿轮螺母　2—大齿圈　3—拉杆　4—液压马达　5—后端盖　6—合模液压缸

7—传动链条　8—链轮螺母　9—蜗轮螺母　10—传动齿轮　11—蜗杆　12—手动调模端

4. 动模板间连接大螺母调距装置

如图5-33、图5-36所示，合模装置的动模板由左、右两块模板组成，并用螺纹副连接。通过旋转调节螺母，使组合的动模板厚度发生变化，实现模具闭合高度和合模力的调节。该调距装置的特点是手动调节闭合高度比较方便，但对合模力的调节较为麻烦，多用于中小型注射机。

对于液压式合模装置，因模板间距可由液压缸行程直接调节，所以极少设调模装置。

四、顶出装置

塑料制品注射成型后，需要依靠专门的推出机构使制品脱模，因此，在注射机的合模装置上均设有制品顶出装置。顶出装置的种类有机械顶出和液压顶出两种。

1. 机械顶出装置

机械顶出是在注射机的后固定模板上安装限位顶杆，当模具随注射机动模板开模向后移动时，模具上的推出机构模板与限位顶杆碰撞，迫使模具推出机构无法继续随注射机动模板移动，形成相对运动，从而将制品从模具中推出，如图5-33所示。限位顶杆的长度可根据模具厚度和顶出行程要求进行调节，顶杆通常设在后固定模板的两侧。机械顶出装置结构简单，顶出力大，工作可靠，但顶出动作是在开模动作后期进行的，对制品的冲击力较大，且不能进行多次顶出，故单纯设置机械顶出装置的注射机较少（主要在小型注射机上使用），有的注射机会同时配备机械顶出和液压顶出装置。

2. 液压顶出装置

液压顶出装置是在注射机的动模板上设置专门的顶出液压缸，在开模动作结束（或某一时刻）时推动模具推出机构工作，实现塑料制品的顶出，如图5-30所示。由于液压顶出装置的顶出力、顶出速度、顶出行程、顶出开始时间和顶出次数等都可方便地设定，并可自动复位，使用十分方便，适应性强。因此，目前绝大部分注射机均采用液压顶出装置。

第五节 注射机的动力和控制系统

为了保证注射机按工艺过程设定的工艺参数和动作循环顺序准确有效地工作，注射机除机器本体部分外，还应设有动力和控制系统部分。注射机的动力系统通常采用液压驱动系统；控制系统随着电子电气、信息和计算机技术的发展在不断地更新，从传统的继电器控制向可编程序控制器（PLC）和微型计算机控制发展，实现了控制系统的数字化和集成化，使控制精度得到了进一步的提高，调整使用也更加方便。

一、普通继电器控制注射机的液压系统

图5-42所示为XS-ZY-125A型注射机的液压系统，该注射机采用普通继电器对设备的动作和工艺参数进行控制。

1. 液压系统的组成和作用

（1）液压泵　采用一个双联叶片泵，工作压力为6.5MPa，大泵流量为100L/min，小泵流量为12L/min；另一个为单叶片泵，流量为48L/min。大、中、小泵可以同时或单独对主油路供油，以满足液压系统工作部件在动作过程中对速度和力两方面的要求。

（2）溢流阀　阀2为大泵的溢流阀，用来调节系统的工作压力，并作为大泵的安全阀和卸荷阀。阀3为小泵的溢流阀，用来调节系统的工作压力，并作为小泵的安全阀和卸荷阀。阀6为中泵的溢流阀，用来调节系统的工作压力，并作为中泵的安全阀和卸荷阀。

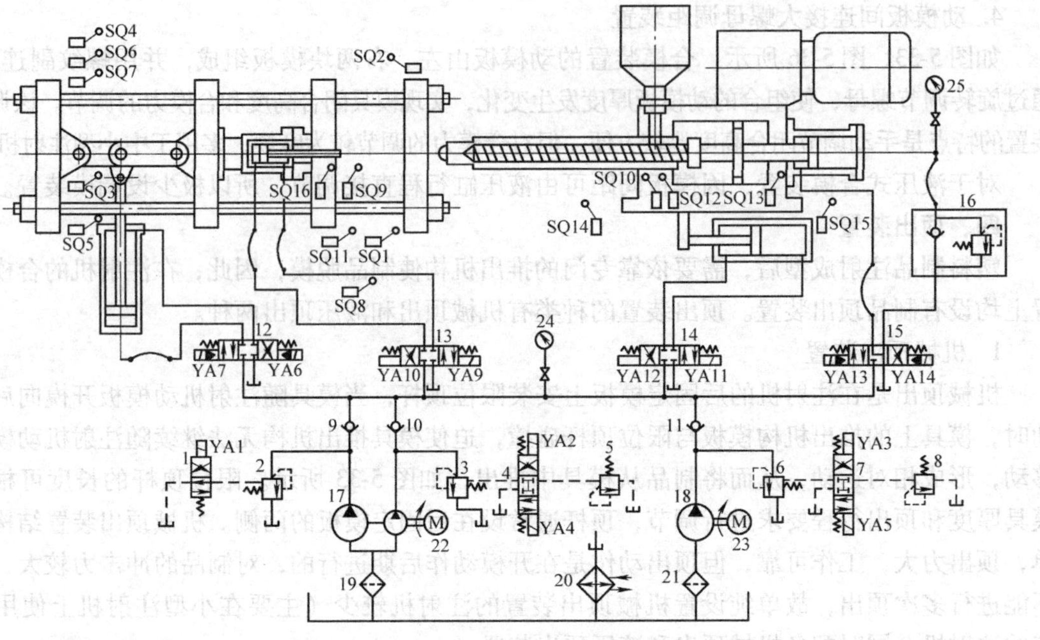

图 5-42　XS-ZY-125A 型注射机液压系统

（3）电磁换向阀　阀 1 为二位四通电磁换向阀，用来控制阀 2。当电磁铁 YA1 通电时，大泵供油工作；当 YA1 断电时，阀 2 的遥控口接通油箱，大泵卸荷。

阀 4 为三位四通电磁换向阀，用来控制阀 3。当电磁铁 YA2 通电时，小泵供油工作，油压由阀 3 控制；当电磁阀处于中位时，阀 3 的遥控口接通油箱，小泵卸荷。当电磁铁 YA4 通电时，小泵油压由阀 5 控制，实现小泵的远程调压控制。

阀 7 为三位四通电磁换向阀，用来控制阀 6。当电磁铁 YA3 通电时，中泵供油工作，油压由阀 6 控制；当电磁阀处于中位时，阀 6 的遥控口接通油箱，中泵卸荷。当电磁铁 YA5 通电时，中泵油压由阀 8 控制，实现中泵的远程调压控制。

阀 12 为三位四通电液换向阀，用来变换合模液压缸油液的流动方向，以达到控制合模或开模的动作。

阀 13 为三位四通电磁换向阀，用来变换顶出液压缸油液的流动方向，实现制品的顶出和顶出机构的退回。

阀 14 为三位四通电磁换向阀，用来变换注射座整体移动液压缸油液的流动方向，从而控制注射座前进或后退。

阀 15 为三位四通电液换向阀，用来变换注射液压缸油液的流动方向，以及控制螺杆的注射和退回动作。

（4）单向阀　阀 9 为单向阀，当大泵卸荷时，防止小、中泵的液压油反向流动。阀 10 为单向阀，当小泵卸荷时，防止大、中泵的液压油反向流动。阀 11 为单向阀，当中泵卸荷时，防止大、小泵的液压油反向流动。

（5）调压阀　阀 5 为远程调压阀，在阀 3 的调定压力值范围之内，实现注射压力的远程调节。阀 8 为远程调压阀，在阀 6 的调定压力值范围之内，实现注射压力的远程调节。阀 16 为单向背压阀，用来调节预塑时螺杆后退的背压。

2. 液压系统的动作原理

（1）合模与开模　本液压系统合模与开模过程都可以实现慢—快—慢的变速过程。

1）合模。

中（慢）速合模：电磁铁 YA3、YA6 通电。因为是中速合模，不需要大流量的液压油，所以大、小泵卸荷。中泵输出的液压油经阀 11、阀 12 至合模液压缸上腔，推动活塞下降，实现中速合模。与此同时，合模液压缸下腔的油液经阀 12、冷却器回油箱。

快速合模Ⅰ：电磁铁 YA1、YA2、YA3、YA6 通电。此时需要大流量的液压油，大、中、小泵输出的液压油分别经阀 9、阀 10 和阀 11 汇合后，经阀 12 至合模液压缸上腔，推动活塞实现快速合模。回油路线同上。

快速合模Ⅱ：电磁铁 YA2、YA3、YA6 通电，大泵卸荷。此时中、小泵输出的液压油分别经阀 10 和阀 11 汇合后，经阀 12 至合模液压缸上腔，推动活塞实现较快速合模。回油路线同上。在快速合模过程中，当 YA2 断电时又转为中（慢）速合模。

2）开模。

慢速开模：电磁铁 YA2、YA7 通电。慢速开模不需要大流量，此时大、中泵卸荷，小泵输出的液压油经阀 10、阀 12 至合模液压缸下腔，推动活塞实现慢速开模。液压缸上腔的油液经阀 12 和冷却器回油箱。

快速开模Ⅰ：YA1、YA2、YA3、YA7 通电。此时需要大流量的液压油，大、中、小泵同时工作，输出的液压油分别经阀 9、阀 10 与阀 11 汇合，然后经阀 12 至合模液压缸下腔，实现快速开模。回油路线同前。

快速开模Ⅱ：YA2、YA3、YA7 通电，大泵卸荷。中、小泵同时供油，输出液压油经阀 10 和阀 11 汇合，然后经阀 12 至移模液压缸下腔，实现较快速开模。回油路线同前。为使动作平稳，在开模后期又转为慢速开模，可在快速开模过程中使 YA3 断电，只由小泵供油，这样可使流量减小，速度转慢。

（2）注射座前移与后退

注射座前移：电磁铁 YA4、YA12 通电。注射座前移速度不需要很快，所以大、中泵卸荷，只用小泵供油。小泵输出的液压油经阀 10、阀 14 至注射座移动液压缸右腔，推动活塞，带动注射座前移。液压缸左腔的油液经阀 14 和冷却器回油箱。

注射座后退：电磁铁 YA2、YA11 通电。大、中泵仍然卸荷，小泵输出的液压油经阀 10、阀 14 至注射座移动液压缸左腔，推动活塞，带动注射座后退。液压缸右腔的油液经阀 14 和冷却器回油箱。

（3）注射　电磁铁 YA1、YA4、YA5、YA12、YA14 均通电。注射时需要大流量的液压油快速完成注射，为此大、中、小泵输出的液压油分别经阀 9、阀 10 和阀 11 后汇合，然后经阀 15 至注射液压缸右腔，注射活塞前进，推动螺杆向前运动，实现注射动作。注射液压缸左腔油液经阀 15 和冷却器回油箱。

注射时，必须保证注射座处于前移位置，使喷嘴压紧模具，所以电磁铁 YA12 需得电。滑板式变速装置可随注射螺杆移动，控制大、中泵卸荷，以调节注射过程的速度。阀 4 和阀 7 采用“H”型阀，阀 5 和阀 8 构成一个旁路，用来调整注射、保压的压力。

（4）保压　电磁铁 YA4、YA12、YA14 通电，大、中泵卸荷。保压时不需要大流量的液压油，小泵的工作情况与注射时相同。

（5）预塑　在预塑过程中，螺杆迫使注射活塞后退，注射液压缸右腔油液经背压阀 16、冷却器回油箱。调节背压阀 16 可以控制注射液压缸右腔油液的压力，以产生预塑所需要的背压，从而控制塑料的塑化质量。当螺杆后退至计量预定位置时，压下限位开关，预塑停止。

注射机在生产工作循环中是没有单独的螺杆退回动作的。主要是拆卸螺杆和清洗料筒时，要使螺杆退回，这时可使 YA2、YA13 通电，大、中泵卸荷。小泵输出的液压油经阀 10、阀 15 至注射液压缸左腔，实现螺杆的后退。液压缸右腔的油液经阀 16 和冷却器回油箱。

以上介绍的是该注射机液压系统的动作原理（未按动作循环顺序），各动作的进行或结束，由相应的行程开关或由其他电气器件发出的信号来控制。各行程开关的代号与作用见表 5-8，有关动作与电磁铁通、断电情况见表 5-9。

表 5-8　行程开关的代号与作用

代　号	作　用
SQ1、SQ2、SQ11	起安全作用，安全门打开开模，安全门关上才能有闭模动作
SQ3	压住行程开关，表明闭模闭足，发出注射座整体前进信号
SQ4	压住行程开关，快速开模变慢速开模；脱开行程开关，慢速闭模变快速闭模
SQ5	脱开行程开关，慢速开模变快速开模；压住行程开关，快速闭模变慢速闭模
SQ6	压住行程开关，中心顶出开始，当顶出杆压住行程开关 SQ9 时，阀动作换向，中心顶出退回
SQ7	开模停止
SQ8	全自动用，制品落下，碰到行程开关时，下一个循环开始
SQ9、SQ16	中心顶出退回及多次顶出（靠 SA6 选择）
SQ10	注射动作中，压住行程开关，大泵卸荷
SQ12	注射动作中，压住行程开关，中泵卸荷
SQ13	压住行程开关，预塑停止
SQ14	压住行程开关，注射座整体前进停止，发出注射信号
SQ15	压住行程开关，注射座整体后退停止

表 5-9　有关动作与电磁铁通、断电情况

动　作	YA1	YA2	YA3	YA4	YA5	YA6	YA7	YA9	YA10	YA11	YA12	YA13	YA14
中速合模			+			+							
快速合模Ⅰ	+	+	+			+							
快速合模Ⅱ		+	+			+							
注射座前移				+							+		
注　射	+			+	+						+		+
保　压				+							+		+
预　塑													
注射座后退		+								+			
慢速开模		+					+						
快速开模Ⅰ	+	+	+				+						
快速开模Ⅱ		+	+				+						
液压顶出		+						+					
顶出退回		+							+				
螺杆退回		+										+	
螺杆前进		+											+

二、普通继电器控制注射机的电气系统

图 5-43 和图 5-44 所示为 XS-ZY-125A 型注射机的电气原理图，其电气控制系统由电动机控制、料筒与喷嘴加热、信号显示电路和动作顺序控制电路组成。

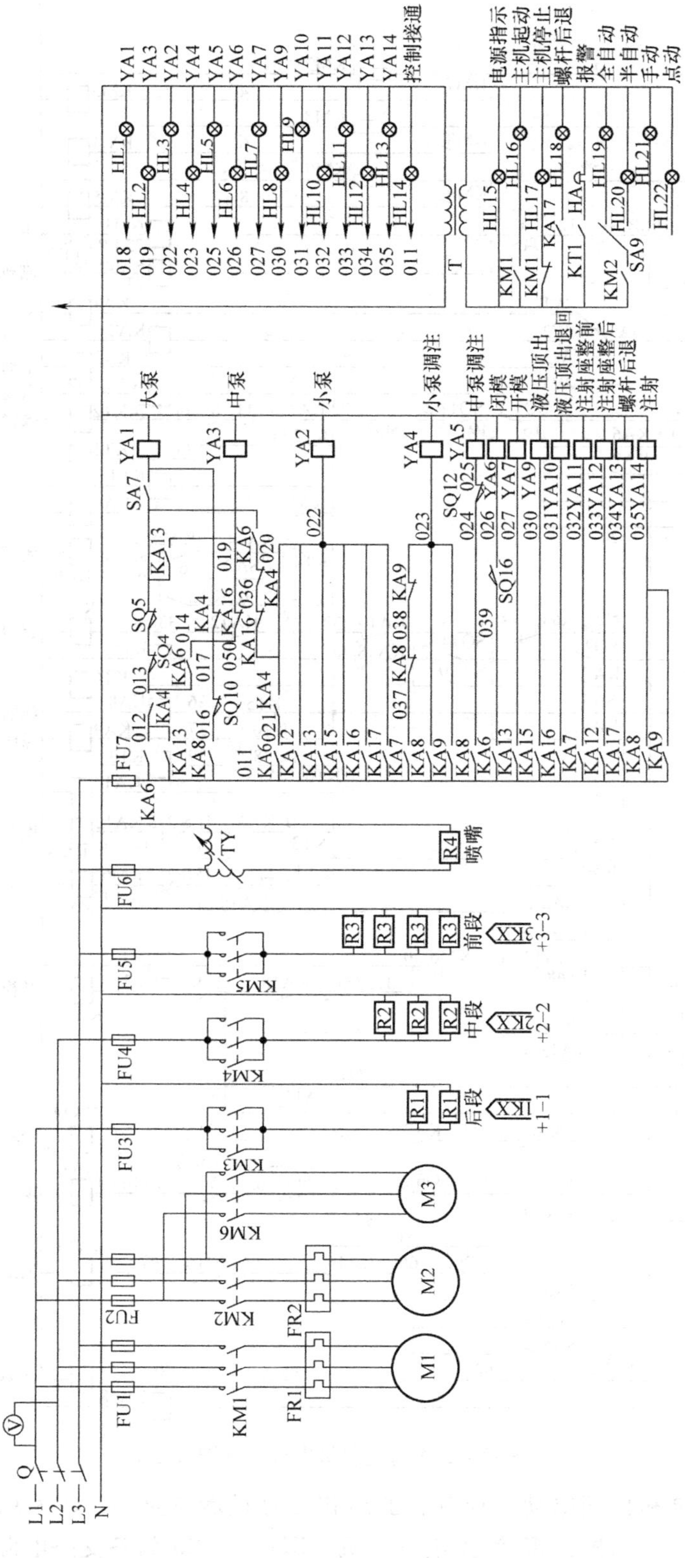

图5-43　XS-ZY-125A型注射机电气原理图（一）

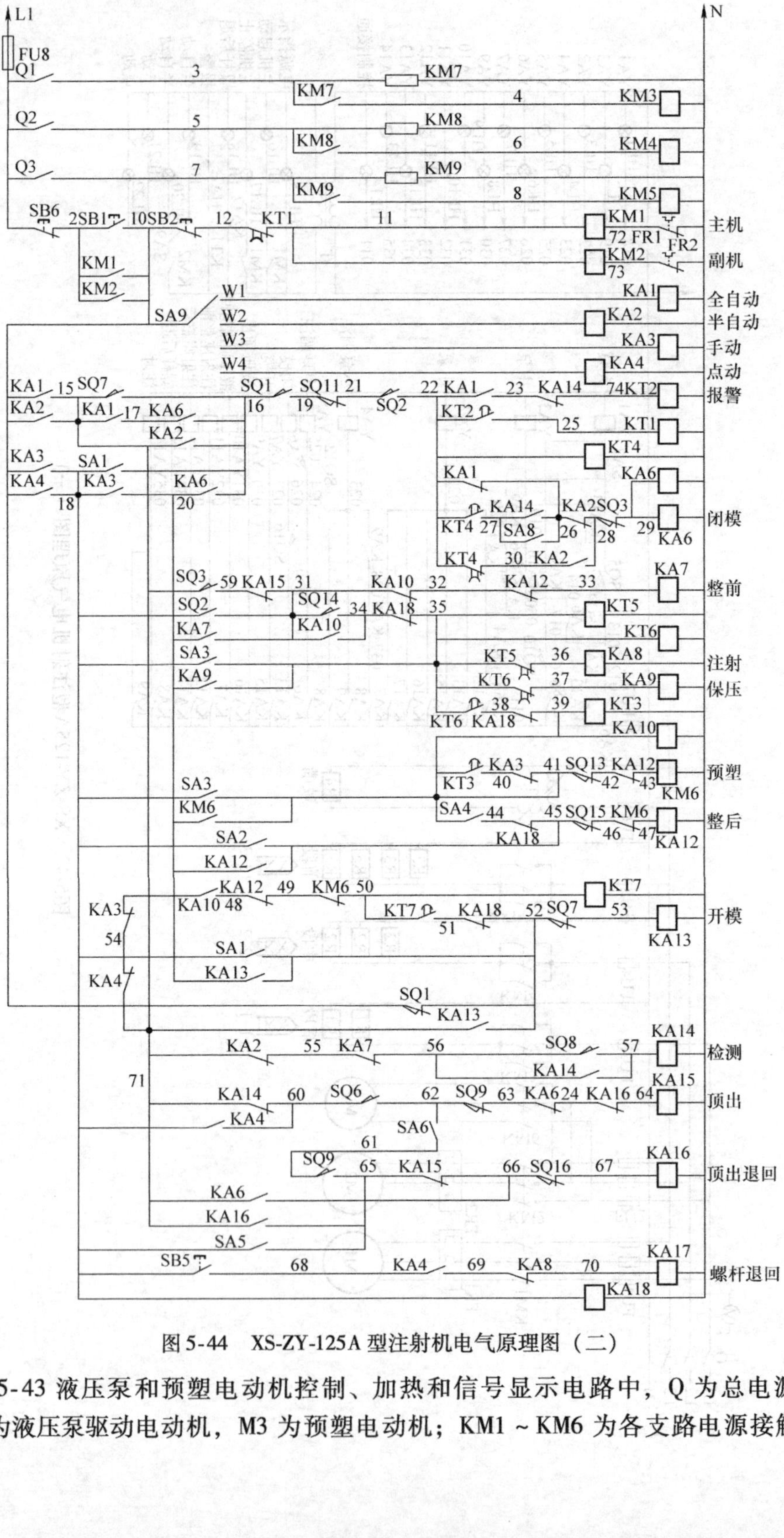

图 5-44　XS-ZY-125A 型注射机电气原理图（二）

在图 5-43 液压泵和预塑电动机控制、加热和信号显示电路中，Q 为总电源刀开关，M1、M2 为液压泵驱动电动机，M3 为预塑电动机；KM1 ~ KM6 为各支路电源接触器触点，用于线路的失压保护；FU1～FU7为各支路的熔断器，用于线路的短路保护；FR1、FR2为电动机的热继电保护器，用于电动机的过载保护；R1～R4分别为各段电阻加热器，用于料筒和喷嘴的加热；1KX～3KX为温度控制仪表的测量头（热电偶）；TY为调压器，用于单独控制喷嘴加热圈的电压大小以控制加热温度；T为调压器，用于信号电路电源的变压；HL1～HL22为各状态的信号指示灯。

在动作顺序控制电路中，对顺序和时间的控制，主要由行程开关和时间继电器来实现动作的自动转换，并有联锁保护措施。

该注射机可实现点动、手动、半自动和全自动四种操作方式。

1. 点动

主要用于注射机和模具安装等的调整。机器的所有动作过程都必须按住相应的按钮，松开按钮动作立即停止。

接通刀开关Q，电源指示灯HL15亮。若要进行预塑、注射操作，必须先接通Q1、Q2、Q3（图5-44），当料筒各段加热达到预先调定值后按下SB1，起动液压泵电动机M1、M2。

把操作选择开关转到“点动”位置，即使SA9与W4接通，中间继电器KA4线圈得电，其常开触点均闭合，常闭触点均断开。关上安全门，压下限位开关SQ1、SQ2，则其触点闭合。然后手拨“闭模”旋钮SA1，电源经KA4→SA1→SQ1→SQ11→SQ2→KA1→KA2→SQ3，使中间继电器KA6线圈得电，YA3和YA6也得电，通过液压系统进行中（慢）速合模。若手松开，则该动作立刻停止。同样，手拨其他各动作旋钮，也将得到相应的动作。

2. 手动

按下某一动作按钮后，即使松开按钮，该动作仍继续进行下去，直到完成该动作为止，机器有自锁作用。必须注意，当一个动作未结束时，不能按另一个按钮（除预塑外）。这种操作方式一般用于试模开始阶段，或者在某些制品实现自动循环控制生产有困难的情况下采用。

把操作选择开关转到“手动”位置，即使SA9与W3接通，此时中间继电器线圈KA3得电，其常开触点均闭合，常闭触点均断开。手拨某一动作旋钮后，即使马上松开，该动作仍能继续进行，因其具有自锁作用。例如，手拨“闭模”旋钮SA1，电源经KA3→SA1→SQ1→SQ11→SQ2→KA1→KA2→SQ3，使中间继电器KA6线圈得电，移动模板合模，直至模板充分闭合，碰到限位开关SQ3后，触点打开，KA6线圈失电时闭模才停止。在各动作进行时均有指示灯亮显示。

点动和手动时，KA18线圈带电，常闭触点均断开，切断半自动回路。

3. 半自动

关上安全门后，工艺全过程的各个动作按一定的顺序自动进行，完成一个工作循环，打开安全门人工取出制品，当安全门再次关闭后，才进行下一次的工作循环。这种操作方式在生产中被广泛采用。

把SA9转到“半自动”位置，即使SA9与W2接通，此时接触器KA2线圈得电，其常开触点均闭合，常闭触点均断开。关上安全门，按下限位开关SQ1、SQ2，触点闭合。电源经KA2→SQ1→SQ11→SQ2→KT4→KA2→SQ3，使KA6线圈得电，其常开触点均闭合，使YA3、YA6通电，实现中速合模。在合模过程中，当撞杆脱开限位开关SQ4时，触点闭合，开关SA7又在闭合位置，电磁铁YA1、YA2、YA3、YA6通电，转入快速合模Ⅰ（如果SA7

在打开位置，只有 YA2、YA3、YA6 通电，则进行快速合模Ⅱ)。当曲肘压住 SQ5 时，YA1、YA2 失电，合模速度由快又转为中速合模。模具合紧后，压下限位开关 SQ3，触点打开，KA6 断电，合模结束。同时 SQ3 常开触点闭合，电源经 SQ3→KA15→KA10→KA12→KA7，KA7 线圈得电，常开触点闭合，YA12、YA4 通电，注射座前移。当注射座碰到限位开关 SQ14 时，常开触点闭合，电源经 SQ3→KA15→SQ14→KA18→KT5→KT6，使 KA8、KA9 线圈得电，其常开触点都闭合，电磁铁 YA1、YA4、YA5、YA12、YA14 通电，进行注射。注射过程可以变速，当滑块压住 SQ10 时，YA1 失电；当滑块压住 SQ12 时，YA5 失电，三只泵组合工作可以使注射速度实现变速。

当注射时间即 KT5 预调时间到时，常闭触点 KT5 打开，KA8 断电，YA1、YA5 也断电，大、中泵卸荷，由小泵供油进行保压。当保压时间到时，常闭触点 KT6 打开，KA9 断电，KA9 常开触点复原，YA4、YA14 失电，KA10 得电，KA7 断电，YA12 断电，保压结束。

保压结束后，常开触点 KT6 闭合，KT3 线圈得电，常开触点 KT3 闭合，电源经 KT6→KA18→KT3→KA3→SQ13→KA12，使 KM6 线圈通电，KM6 常开触点闭合，进行预塑。当撞块随螺杆后退碰到 SQ13 时，KM6 失电，预塑结束，这是固定加料方式。若是后加料方式，则将主令开关 SA4 转向后加料位置，保压结束后，电源经 SA4→KA18→SQ15→KM6，使 KA12 线圈得电，KA12 常开触点闭合，电磁铁 YA2、YA11 得电，注射座整体后退，碰到 SQ15 时，KA12 失电整体后退停止。同时电源经 KT3→KA3→SQ13→KA12→KM6，KM6 线圈通电，常开触点闭合，进行预塑。在碰到 SQ13 时，触点 SQ13 打开，预塑停止。

预塑结束后，电源经 KA10→KA12→KM6→KT7，开始制品冷却计时，冷却时间一到，触点 KT7 闭合，KA13 线圈通电，常开触点闭合，YA2、YA7 通电，进行慢速开模。当曲肘脱开 SQ5 时，YA1、YA3 也通电，进行快速开模Ⅰ。当主令开关 SA7 打开时，电磁铁 YA1 失电，进行快速开模Ⅱ。当撞杆压住 SQ4 时，触点 SQ4 打开，YA1、YA3 断电，大、中泵卸荷，进行慢速开模，碰到限位开关 SQ7 时，触点 SQ7 打开，KA13 断电，YA2、YA7 断电，开模结束。

开模结束时，撞杆同时压住 SQ6，中心液压顶出开始，打开安全门，取出制品。当顶出撞杆压住 SQ9 时，中心顶出退回，即完成生产制品的一个工作循环。再关上安全门，进行第二次动作循环。

4. 全自动

只需要关上安全门，注射机就会自动一个工作循环接一个工作循环周而复始地进行下去。这种方式只有在注射模具也能实现自动脱料的情况下才能使用，同时要求注射机的自动检测装置和报警装置都应能正常工作。

把 SA1 转到“全自动”位置，即 SA9 与 W1 接通，则接触器 KA1 线圈得电，其常开触点均闭合，常闭触点均断开。关上安全门，压下限位开关 SQ1、SQ2，SQ11 脱开，触点闭合。开始第一次工作循环时，必须手动操作一下冲击式检测装置（压一下撞板，让 SQ8 发出信号）。电源经 KA1→SQ7→SQ1→SQ11→SQ2 分成两路：

1）一路经 KA1→KA14→KT2，从 KT2 线圈得电开始计时，一定时间后（预先调定）触点 KT2 闭合，KT1 通电，其常开触点闭合，讯响器 HA 发出警报。由于是从 KT1 线圈得电开始计时，达到预定时间（最长时间为 1 分钟）时常闭触点打开，因此若故障长时间无人排除，则二次控制电源断电，电动机停止，从而起到安全保护作用。

2）另一路电源从 KT4 得电开始计时，到一定时间后（预先调定），触点 KT4 闭合，首次用手碰检测装置，SQ8 闭合，KA14 得电。电源经 KT4→KA14→KA2→SQ3→KA6，使 KA6 线圈得电开始闭模，其余动作原理与“半自动”相同。开模结束时，液压顶出使制品自动落下，冲击检测装置，SQ8 触点闭合，KA14 得电而 KA14 有自动保持作用，KA6 线圈得电，又自动闭模，进行第二次工作循环。KA14 在 KA7 得电时，其常闭触点打开，KA14 失电，检测装置复原。

在半自动和全自动中，液压顶出有单次顶出和多次顶出两种方式，由主令开关 SA6 选择。当将 SA6 拨到多次顶出位置时，开模结束撞杆压住 SQ6，电源经 KA14→SQ6→SQ9→KA6→KA16，使 KA15 线圈得电，电磁铁 YA2、YA9 通电，液压顶出前进。当顶出撞杆碰到 SQ9 时，KA15 失电，顶出停止，电源又经 SQ6→SA6→SQ9→KA15→SQ16，KA16 线圈得电，电磁铁 YA2、YA10 通电，液压顶出退回。由于撞杆脱开 SQ9 而压住 SQ16，因此 KA16 失电，SQ9、KA16 触点复原，电源又通过 KA14→SQ6→SQ9→KA6→KA16，KA15 线圈又得电，再次顶出，如此进行多次顶出循环。

如果 SA6 在单次顶出位置，则电源经 KA14→SQ6→SQ9→KA6→KA16，KA15 线圈得电，液压顶出前进。当撞杆压住 SQ9 时，液压顶出停止，合模时 KA6 得电，液压顶出退回，系统应能保证在合模动作结束之前完成液压顶出杆退回的动作。

三、PLC 控制注射机的液压系统

图 5-45 所示为 SZ-400 型注射机的液压系统，该注射机采用的是螺杆预塑，液压 - 机械双曲肘合模装置，具有液压顶出机构和拉杆螺母同步旋转调模装置。预塑螺杆的旋转、调模动作等均采用液压马达来驱动，顶出装置可进行多次顶出；系统中采用了电液比例控制技术，系统的液体压力及流量均可连续、准确地调节，能进行无级调速，可实现二级注射和一级保压，并可进行快速合模和低压护模，较好地满足了注射成型工艺的要求。相应动作时电磁铁动作的顺序见表 5-10。

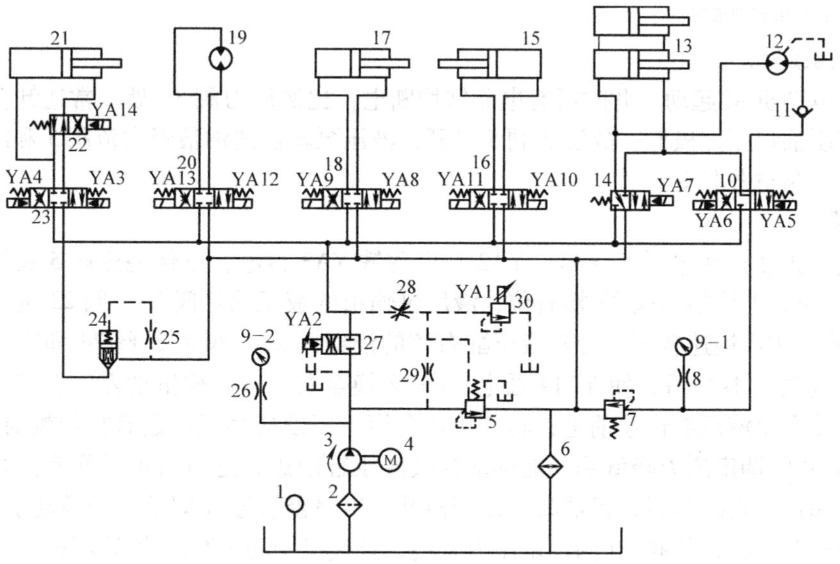

图 5-45　SZ-400 型注射机的液压系统

表 5-10 电磁铁动作顺序表

<table>
<tr><th colspan="2" rowspan="2">动作名称</th><th colspan="14">电磁铁动作</th></tr>
<tr><th>YA1</th><th>YA2</th><th>YA3</th><th>YA4</th><th>YA5</th><th>YA6</th><th>YA7</th><th>YA8</th><th>YA9</th><th>YA10</th><th>YA11</th><th>YA12</th><th>YA13</th><th>YA14</th></tr>
<tr><td rowspan="4">合模</td><td>慢速合模</td><td>+</td><td>+</td><td>+</td><td></td><td></td><td></td><td></td><td></td><td></td><td></td><td></td><td></td><td></td><td></td></tr>
<tr><td>快速合模</td><td>+</td><td>+</td><td>+</td><td></td><td></td><td></td><td></td><td></td><td></td><td></td><td></td><td></td><td></td><td>+</td></tr>
<tr><td>低压慢速合模</td><td>+</td><td>+</td><td>+</td><td></td><td></td><td></td><td></td><td></td><td></td><td></td><td></td><td></td><td></td><td></td></tr>
<tr><td>高压慢速合模</td><td>+</td><td>+</td><td>+</td><td></td><td></td><td></td><td></td><td></td><td></td><td></td><td></td><td></td><td></td><td></td></tr>
<tr><td colspan="2">注射座前移</td><td>+</td><td>+</td><td></td><td></td><td></td><td></td><td></td><td></td><td></td><td>+</td><td></td><td></td><td></td><td></td></tr>
<tr><td rowspan="3">注射</td><td>注射速度Ⅰ</td><td>+</td><td>+</td><td></td><td></td><td>+</td><td></td><td></td><td></td><td></td><td>+</td><td></td><td></td><td></td><td></td></tr>
<tr><td>注射速度Ⅱ</td><td>+</td><td>+</td><td></td><td></td><td>+</td><td></td><td></td><td></td><td></td><td>+</td><td></td><td></td><td></td><td></td></tr>
<tr><td>注射速度Ⅲ</td><td>+</td><td>+</td><td></td><td></td><td>+</td><td></td><td></td><td></td><td></td><td>+</td><td></td><td></td><td></td><td></td></tr>
<tr><td colspan="2">保压</td><td>+</td><td>+</td><td></td><td></td><td>+</td><td></td><td></td><td></td><td></td><td>+</td><td></td><td></td><td></td><td></td></tr>
<tr><td colspan="2">预塑</td><td>+</td><td>+</td><td></td><td></td><td></td><td>+</td><td></td><td></td><td></td><td></td><td></td><td></td><td></td><td></td></tr>
<tr><td colspan="2">防延</td><td>+</td><td>+</td><td></td><td></td><td></td><td></td><td>+</td><td></td><td></td><td></td><td></td><td></td><td></td><td></td></tr>
<tr><td colspan="2">注射座后退</td><td>+</td><td>+</td><td></td><td></td><td></td><td></td><td></td><td></td><td></td><td></td><td>+</td><td></td><td></td><td></td></tr>
<tr><td rowspan="3">开模</td><td>高压慢速开模</td><td>+</td><td>+</td><td></td><td>+</td><td></td><td></td><td></td><td></td><td></td><td></td><td></td><td></td><td></td><td></td></tr>
<tr><td>快速开模</td><td>+</td><td>+</td><td></td><td>+</td><td></td><td></td><td></td><td></td><td></td><td></td><td></td><td></td><td></td><td></td></tr>
<tr><td>慢速开模</td><td>+</td><td>+</td><td></td><td>+</td><td></td><td></td><td></td><td></td><td></td><td></td><td></td><td></td><td></td><td></td></tr>
<tr><td colspan="2">顶针顶出</td><td>+</td><td>+</td><td></td><td></td><td></td><td></td><td></td><td>+</td><td></td><td></td><td></td><td></td><td></td><td></td></tr>
<tr><td colspan="2">顶针退回</td><td>+</td><td>+</td><td></td><td></td><td></td><td></td><td></td><td></td><td>+</td><td></td><td></td><td></td><td></td><td></td></tr>
<tr><td colspan="2">向前调模</td><td>+</td><td>+</td><td></td><td></td><td></td><td></td><td></td><td></td><td></td><td></td><td></td><td>+</td><td></td><td></td></tr>
<tr><td colspan="2">向后调模</td><td>+</td><td>+</td><td></td><td></td><td></td><td></td><td></td><td></td><td></td><td></td><td></td><td></td><td>+</td><td></td></tr>
<tr><td colspan="2">螺杆后退</td><td>+</td><td>+</td><td></td><td></td><td></td><td></td><td>+</td><td></td><td></td><td></td><td></td><td></td><td></td><td></td></tr>
</table>

注：“+”表示电磁铁通电。

1. 液压泵起动

液压泵电动机 M 起动，此时所有电磁铁均断电，比例压力阀 30 处于常通卸荷状态，溢流阀 5 的控制油口压力极低，故溢流阀 5 打开，液压泵输出的油液经溢流阀 5 和冷却器 6 流回油箱，液压泵空载起动。

2. 合模

合模过程先使比例电磁铁 YA1、YA2 和电磁铁 YA3 得电，以使溢流阀 5 关闭，比例换向阀 27 换左位，电液换向阀 23 换右位，液压泵输出的液压油经阀 27、阀 23 进入合模液压缸 21 的左腔，实现慢速合模。合模液压缸右腔的油经阀 22、阀 23、阀 24 和冷却器 6 流回油箱。延时（约 0.4s）后，使 YA14 通电，阀 22 换至右位，合模缸的左、右腔接通，形成差动回路，使合模液压缸快速前进，转入快速合模。当模板移至接近合模位置时，YA14 断电，并使阀 30 的调定压力降低到仅能推动合模液压缸前进，这时若模具间有异物而不能顺利闭合，则超过预定时间后，机器将自动开模并发出报警信号（即低压护模功能）；若无障碍，则模板顺利合模，使阀 30 的设定压力升高，合模机构转入高压合模阶段。

3. 注射座前移

合模动作完成后，YA3 断电，阀 23 复位，合模机构依靠合模液压缸左腔液体的弹性和肘杆机构的弹性变形合模。YA10 得电，电磁换向阀 16 换至右位，液压泵输出的液压油经阀 27、阀 16 进入注射座移动缸的左腔，推动缸体前移（该液压缸活塞固定不动），右腔的油液经阀 16 和冷却器 6 排回油箱，注射座在前进至喷嘴贴紧模具时停止。

4. 注射

电磁铁 YA5 和 YA10 通电，阀 16 保持右位不变，阀 10 换至右位，液压油进入注射液压缸的右腔，推动螺杆进行注射，注射液压缸左腔的油液经阀 14 和冷却器 6 排回油箱。此时，由于 YA10 仍处于通电状态，故液压油可经阀 16 进入注射座移动缸的左腔，以使其保持喷嘴和模具间的压力，防止熔料漏出。该注射机可以三种压力和速度进行注射，各级压力和速度的转换位置由行程开关调定，即在行程开关压合后，通过电控系统改变阀 30 和阀 27 的设定压力和流量来使注射压力和速度转入下一级。

5. 保压

注射动作开始后，注射定时器开始计时。注射完成后，各阀的位置不变，注射液压缸右腔始终作用有液体压力，通过螺杆对模腔内的熔料进行保压，直到定时器计时完毕。

6. 预塑

电磁铁 YA5、YA10 断电，YA6 通电，阀 10 换至左位，液压油经阀 27、阀 10、阀 11 驱动液压马达 12，回油经阀 14 和冷却器 6 排回油箱。在液压马达 12 的驱动下，螺杆旋转开始塑化。此时，螺杆的背压由溢流阀 7 进行调整，并由压力表显示，当背压达到阀 7 的调定压力后，液压油打开阀 7 经冷却器 6 排回油箱，螺杆后退，直至螺杆后退至预定位置压下限位开关后，预塑停止。

预塑时可根据塑料种类和工艺要求的不同，通过比例阀 27 来调整螺杆的转速，从而调整塑化情况。为防止低粘度塑料的“流延”现象，该注射机设有防延动作，可根据需要选用。若选择防延动作，则在螺杆停止后 YA6 断电，YA7 通电，液压油驱动螺杆再后退一段距离，以降低料筒中熔料的压力；然后 YA7 断电，YA11 通电，液压油经阀 27 和阀 16 进入注射座液压缸的右腔使注射座后移。

为满足不同加料方式的需求，可按工艺需要来选择注射座是否有后移动作及动作的先后。选择固定加料时，注射座保持在前端位置，使喷嘴一直与模具浇口套衬套接触；选择前加料时，注射座可在螺杆预塑完成后后退；选择后加料时，预塑是在注射座退回之后才开始的，这样可使料筒内的少许残留熔料被挤出，防止热敏性塑料因在高温下停留过久而分解。

7. 开模

当注射座后退至预定位置时（如果选择了此动作），电磁铁 YA11 断电，YA4 通电，液压油进入合模液压缸右腔，推动合模活塞后退，使模具打开，合模液压缸左腔的油液经阀 23、阀 24 和冷却器排回油箱。开模过程分慢速开模 - 快速开模 - 慢速开模三个阶段，各阶段的开模速度由比例换向阀 27 调定，各阶段的转换由相应行程开关的位置确定。模具打开后，电磁铁 YA4 断电，阀 23 复位，开模动作结束。

8. 顶出

电磁铁 YA8 通电，液压油经阀 27 和阀 18 进入顶出缸的左腔，顶出缸右腔的油液经阀 18 和冷却器排回油箱，顶出活塞前进顶出制品。顶出活塞的返回同样由阀 18 控制。

9. 调模

当需要更换新的模具时，或原来的动、定模板间距不合适时，就需要调整拉杆螺母的位置。向前调模时，电磁铁 YA12 通电，阀 20 换至右位，液压泵输出的液压油经阀 27 和阀 20 驱动调模液压马达 19 旋转，回油经阀 20 和冷却器排回油箱，液压马达 19 带动调模装置驱动 4 根拉杆上的螺母同步旋转，将后定模板前移。向后调模时，电磁铁 YA13 通电，使液压马达 19 的转向与之前相反，则可使定模板后移。

10. 螺杆后退

使电磁铁 YA7 得电，将电液换向阀 14 换至右位，则液压油进入注射缸的左腔，推动活塞带动螺杆后退。这一动作主要用于防延和更换螺杆时从料筒中取出螺杆。

另外，液压系统中单向阀 11 的作用是控制流过液压马达 12 的液体流向，防止其反转。阀 24 实际上是背压阀，使合模液压缸运动时有一定的背压，以防止开、合模动作产生冲击，导致制品和模具损坏。

四、PLC 控制注射机的电气控制系统

SZ-400 型塑料注射机采用了可编程序控制器（PLC）控制来代替常规的继电器控制，这类注射机常称为 PLC 控制的注射机（简称 PLC 机）。它的各个动作由程序编程集中进行控制，动作更加准确可靠，并可根据生产和工艺的需要方便地修改程序和工艺参数，系统中还设有报警系统和故障显示指示灯，大大方便了设备的使用和维护。

图 5-46 所示为 SZ-400 型注射机的电气控制系统。该系统由主电路（电动机驱动和加热）和 PLC 控制电路（机器的动作与状态控制）两部分组成，图中手动操作开关和行程开关分别接到 PLC 的输入端，电磁换向阀的信号线接到 PLC 的输出端，可实现手动、半自动和全自动操作。

1. 开机

打开电源开关 QS6，按下按钮 SB5，KA1 通电自锁，变压器通电接通电控柜电源和 PLC 电源。按工艺要求在温度控制器上将各段加热温度设定好，调好各时间继电器的动作时间，并按工艺要求将系统的压力、速度等参数在拨码盘上设置好，将工作方式选择按钮按下（SB6、SB7 分别为半自动和全自动的位置），系统准备完毕。

2. 加热

按下开关 SB3，继电器 KA2 通电自锁，其常开触点闭合，信号送入 PLC 的 510 端，温控仪 P1、P2、P3、P4 通电，其对应触点闭合，接触器 KM4、KM5、KM6、KM7 通电，信号送入 PLC 的 505 端，PLC 开始检测加热情况。按工艺要求合上各加热段开关 QS1、QS2、QS3、QS4，则对应的加热圈开始加热，加热电流由各电路上的电流表指示。当加热温度达到调定温度时，温控器使其控制触点断开，对应的接触器失电使加热电路断电。当温度下降至规定温度以下时，温控器又使加热电路通电，继续加热。

3. 液压泵电动机起动

按下开关 SB1，接触器 KM3 和时间继电器 KT0 通电，使 KM3 的常开触点闭合，常闭触点断开，使 KM1 通电工作并自锁。此时电动机定子绕组接为Y形，实现低速起动，经过一段时间（由 KT0 调定），当电动机的转速接近额定转速时，KT0 的常闭触点断开，KM3 断电，其触点复原，使 KM2 通电，将电动机的定子绕组改接为△形，电动机转入正常运转。热继电器 FR 对电动机起过载保护作用。

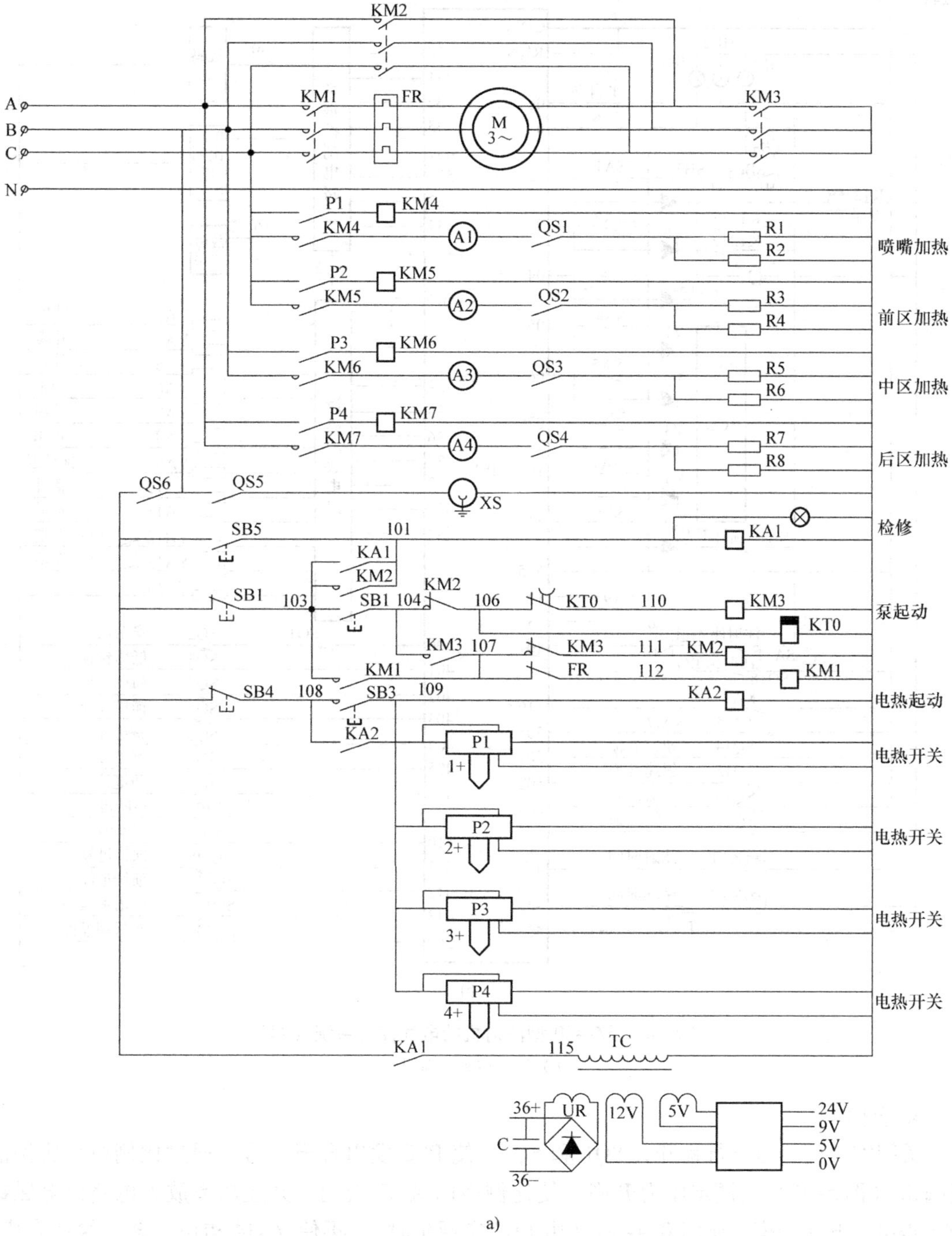

图 5-46 SZ-400 型注射机的电气控制系统

a）动力控制原理图

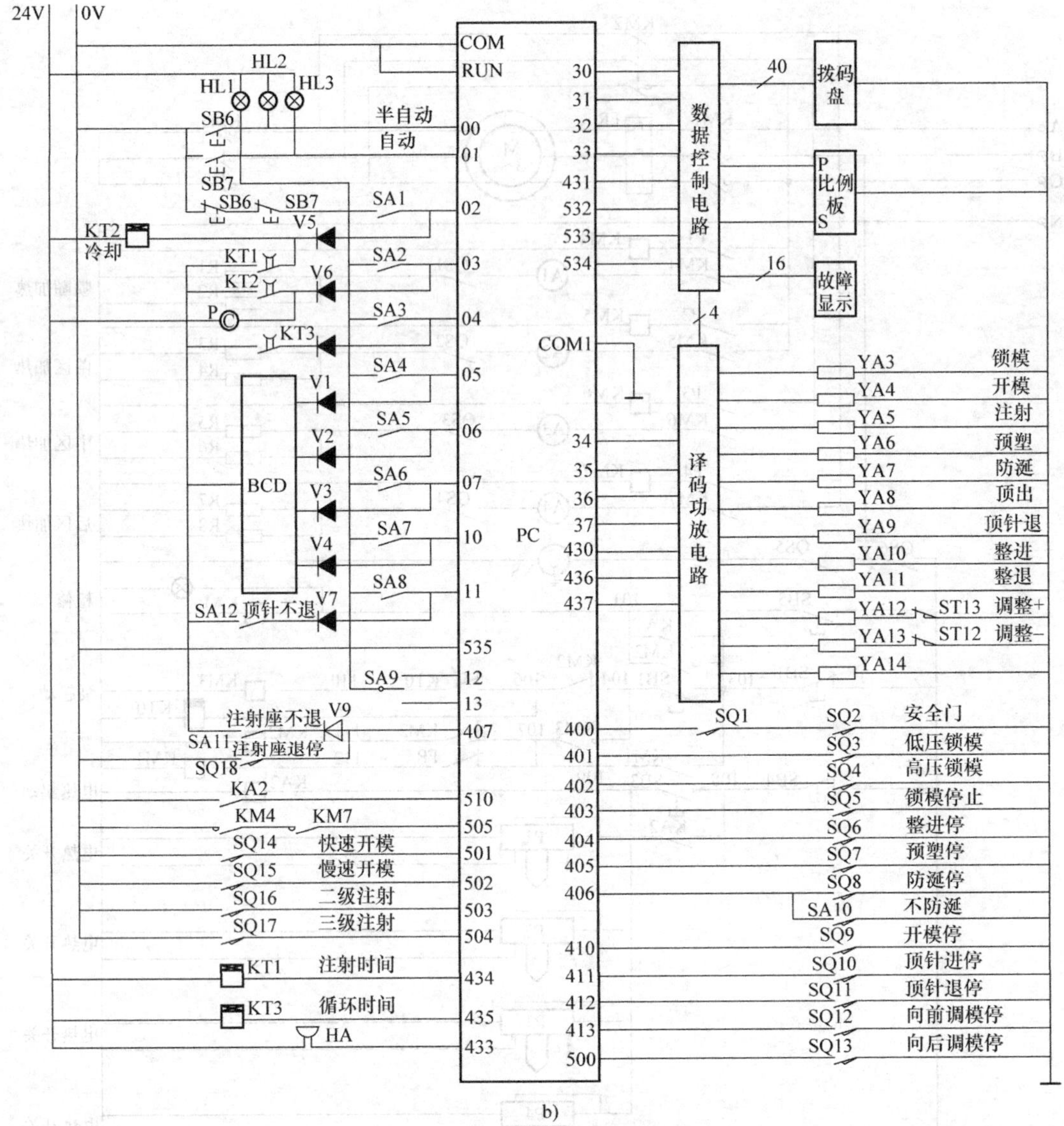

图5-46　SZ-400型注射机的电气控制系统（续）

b）PLC控制原理图

4. 合模

关闭安全门，压合行程开关SQ1和SQ2，使PLC发出合模信号，通过比例板将比例溢流阀30（图5-45）的调定压力升高，使比例换向阀27换向，并经功率放大电路使电磁铁YA3得电，开始合模。延时0.4s后（由PLC实现延时），再使YA14得电，转入快速合模。当动模板压合行程开关SQ3时，通过PLC的控制使YA14断电，并使比例板P点的输出降低，使阀30的调定压力降低，开始低压护模。若模具间无障碍，则模板将SQ4压合，此信号输入PLC的402端，经PLC控制电路将阀30的调定压力升高，进入高压合模状态。若在低压护模时模具间有异物，则在超过程序设定的护模时间后（由PLC计时），PLC从433端输出信号，蜂鸣器HA报警并使YA3断电，YA4得电，开模等待处理。低压护模的工作液压力及快速合模、低压护模的速度均可在拨码盘上预先设定。

5. 注射座前移

模具锁紧后，SQ5 发出信号，送入 PLC 的 403 端使 YA3 断电，YA10 得电，注射座前进，当喷嘴贴紧模具时，压合 SQ6 注射座停止前进。

6. 注射及保压

PLC 在检测到 SQ6 被压合的信号后，即输出信号使 YA5 通电工作，同时使 KT1 通电计时（YA10 仍通电），并按照设定的第一级压力和速度向比例板输出相应的信号，系统进行一级注射。当螺杆前进至 SQ16 设定的位置时，信号由 503 端输入，经 PLC 程序控制按设定的二级注射参数值改变 P、S 的输出，使系统转入二级注射。再前进至 SQ17 被压合，信号从 504 端输入，由 PLC 控制实现三级注射，即进入保压阶段，直到定时器 KT1 计时完毕为止。

7. 预塑

KT1 计时结束，冷却定时器 KT2 通电开始计时，同时 PLC 输出信号使 YA5、YA10 断电，YA6 通电，螺杆开始预塑，螺杆的转速由 PLC 的控制程序设定的数值控制比例板 S 的输出来得到。螺杆在后退到预定的计量位置时压合 SQ7，信号由 405 端输入，PLC 切断 YA6 的电源，预塑停止。

此时 PLC 自动检查 406 和 407 端的状态，若选用防延，即 SA10 断开，406 端无信号，则使 YA6 断电，YA7 通电，使螺杆后退直至压合 SQ8，将信号送入 406 端。然后 PLC 检查 407 端，若 SA11 断开，即需注射座后退，程序又通过 PLC 使 YA7 断电，YA11 通电，使注射座后退，直至压合 SQ18 使 407 端有信号为止。

8. 开模

当 SQ8 被压合且 KT2 计时完毕时，KT2 的触点闭合，使计数器 P 通电进位。同时 406 端有信号，程序转入下一步，使 YA11 断电，YA4 通电，开始开模。此时，比例板 S 端的输出较小，从而使动模板慢速开模，待其压合 SQ14 后，501 端有信号，程序使 S 端的输出升高，转入快速开模；直至 SQ15 被压合，信号送入 502 端才又转为慢速开模；当 SQ9 被压合时，信号送入 410 端，开模动作结束。

9. 顶出

PLC 收到开模结束的 SQ9 信号后，程序使 YA4 断电，YA8 通电，顶出缸顶出，PLC 按预先设定的压力和速度控制比例板 P、S 的输出以控制顶出力和顶出速度。顶出次数从 1 ~ 9 次中选择，最后一次顶出时，若为手动工作方式（SA12 闭合），则顶出后暂不退回，等到下次循环开始时才返回；若是半自动或全自动操作（SA12 断开），则最后一次顶出后立即退回。顶出行程分别由行程开关 SQ10 和 SQ11 调定。

10. 调模

调模为手动操作，将 SA9 扳至与 12 端接通，使 YA12 通电，向前调模；若 SA9 与 13 端接通，则 YA13 通电，向后调模。调模的前后限位分别由行程开关 SQ13 和 SQ12 控制，当后定模板压合其中之一时，其常闭触点断开，切断 YA12 或 YA13 的电源，同时其常开触点闭合，通过 PLC 使蜂鸣器 HA 报警，提示操作者。

11. 其他

开关 SA1 ~ SA8 为手动操作开关，用于在手动操作时使用。时间继电器 KT3 为循环定时器，用于设定全自动操作时两次循环的间歇时间。SB4 是电热停止按钮，SB2 是急停按钮。

为保证操作者的安全，注射机中设有机械和电气安全装置。电气安全装置由安全门上的行程开关 SQ1 和 SQ2 来实现，只有当前后两安全门均关闭（SQ1 和 SQ2 均压合），且安装在定模板上的机械闸板抬起时，才能发出合模电信号进行合模。

五、计算机控制注射机的液压系统

近年来随着计算机控制技术的应用，注射机的控制系统也普遍采用计算机控制，实现了注射机动作和注射成型工艺的数字控制，这对提高注射成型工艺参数的准确性和注射制品的精度有很大帮助。图 5-47 所示为 TTI-95G 注射机的液压系统。此液压系统主要由动力液压泵、比例压力阀（控制压力变化）、比例流量阀（控制速度变化）、方向阀、管路、油箱等组成。图中各阀的作用见表 5-11。液压系统的工作原理与前述注射机相似，不再重述。

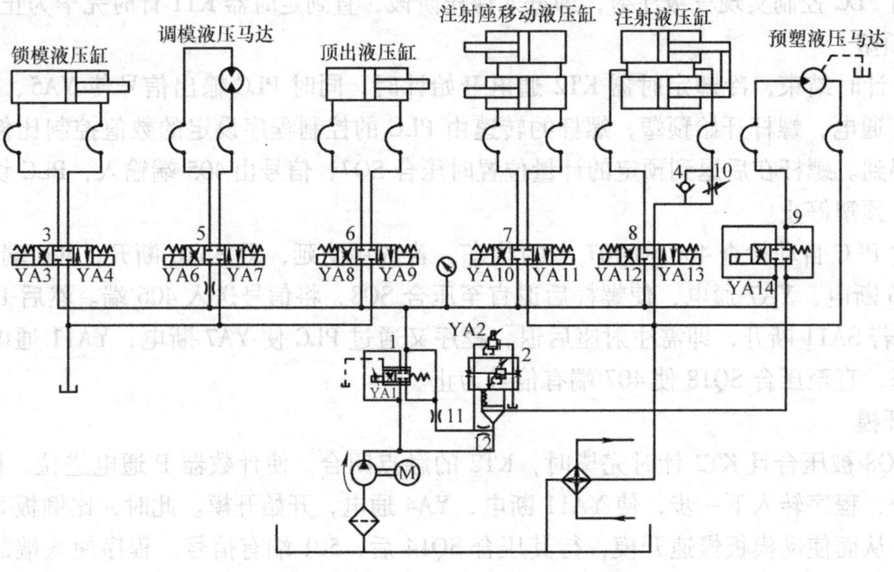

图 5-47　TTI-95G 注射机的液压系统

表 5-11　液压阀的功用

序　号	名称与作用	序　号	名称与作用
阀 1	比例流量阀	阀 6	顶针方向控制阀
阀 2	比例压力阀	阀 7	射移方向控制阀
阀 3	合模/开模方向控制阀	阀 8	射胶/抽胶方向控制阀
阀 4	单向阀	阀 9	熔胶方向控制阀
阀 5	调模方向控制阀	阀 10	背压阀

六、计算机控制注射机的控制系统

计算机控制注射机的控制系统主要由 CPU 板、I/O 板、射移及合模编码板、按键板、D/A 转换板、显示控制板及电源板等部分组成。工作时，注射成型工艺的各参数（温度、时间、压力及速度等）可由控制面板上的按键输入设定值，经数据处理后送给计算机（CPU），计算机按注射成型周期的顺序将各参数转换为指令，经 D/A 转换及 I/O 输入板传给各执行元件，从而实现对注射参数的数字控制。各动作的位移信号经 I/O 板反馈给计算机，用于动作顺序的控制。图 5-48 所示为 TTI-95G 注射机动力控制原理图，图 5-49 所示为 TTI-95G 注射机的控制系统原理框图。

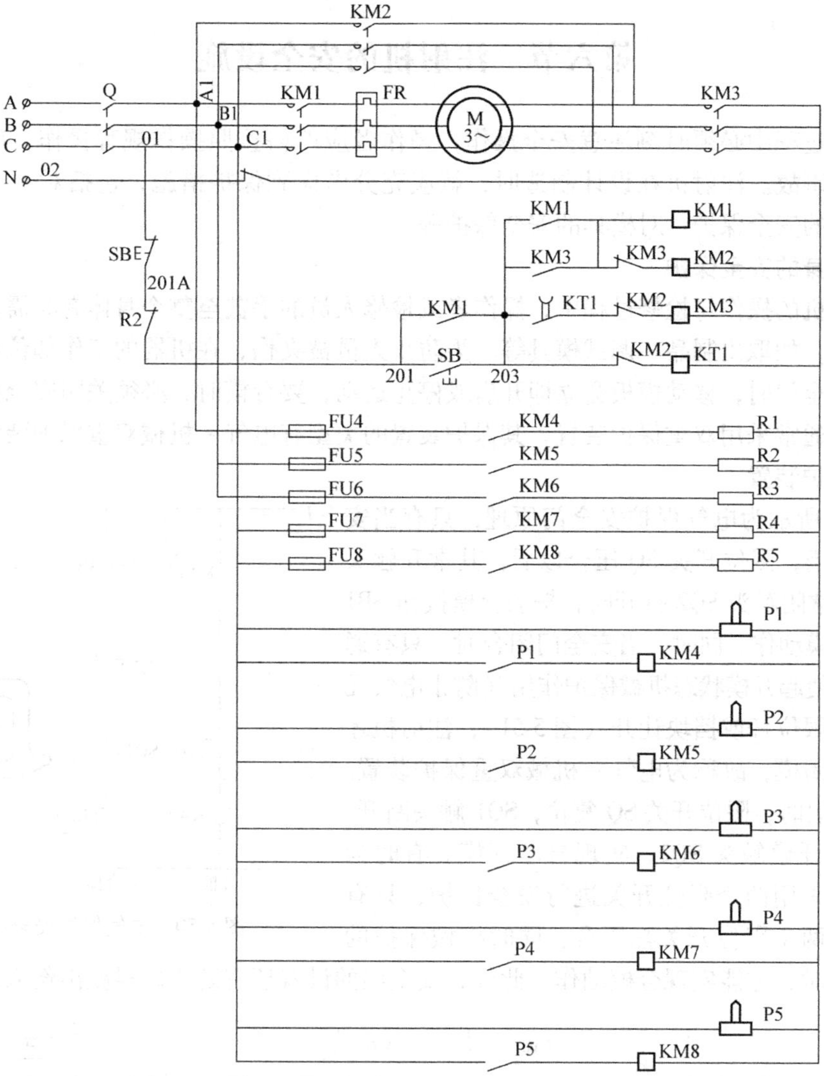

图 5-48　TTI-95G 注射机动力控制原理

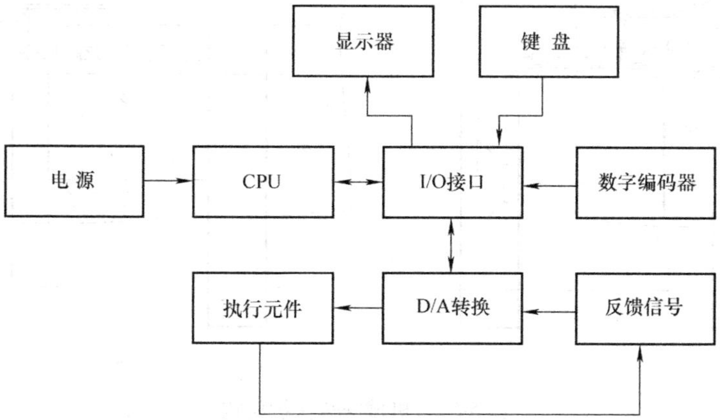

图 5-49　TTI-95G 注射机控制系统原理框图

第六节　注射机的安全设施

在生产过程中必须时刻注意安全操作，操作者应严格按照操作规程操作，确保安全生产，不发生事故。注射机在设计制造时，就应充分考虑到保护措施，包括对人身的安全保护、对设备的安全保护、对模具的安全保护等。

一、人身的安全保护

在注射机的操作与检修过程中，操作者或检修人员的手甚至整个身体有时需要进入机器的运动部位，如取出制品、调试模具等。为防止人员被夹伤，在机器的工作部位设置了安全门。打开安全门时，移动模板会立即开启或停止运动；要合模时，必须关闭安全门后才能动作。安全门通常采用双重保护装置，其保护装置的类型有电气－机械双重保护装置和电气－液压双重保护装置。

图5-50所示为电气保护安全门原理，只有当安全门完全关闭，限位开关SQ压合以后，其常开触头SQ1闭合，常闭触头SQ2打开时，按动合模按钮SB1才能实现合模动作。同时，当安全门闭合时，只有通过机械机构使起开模状态机械保护作用（防止电气元件失效）的限位杆或挡块让开（图5-51），注射机才能实现完全闭模，故称为电气－机械双重保护装置。当安全门开启时，限位开关SQ复位，SQ1触头断开，并自动接通开模触头SQ2，实现自动开模。有时为了可靠，可采用两个限位开关进行安全保护，只有当安全门将两个限位开关都压合，同时机械保护的挡块也让开时，才能实现合模动作。此外，安全门的设置还有防止熔料溅出伤人的作用。

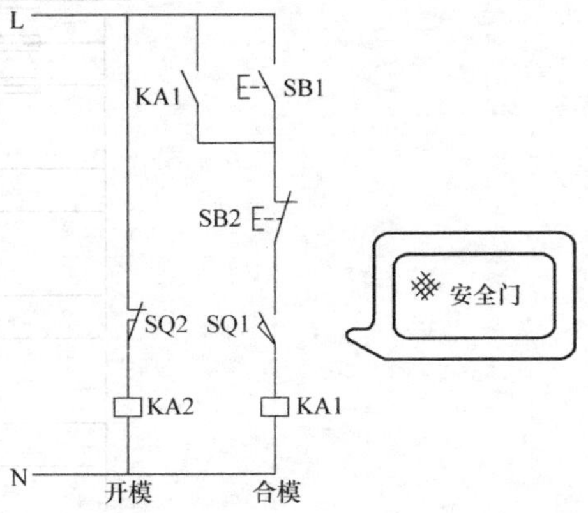

图5-50　电气保护安全门原理

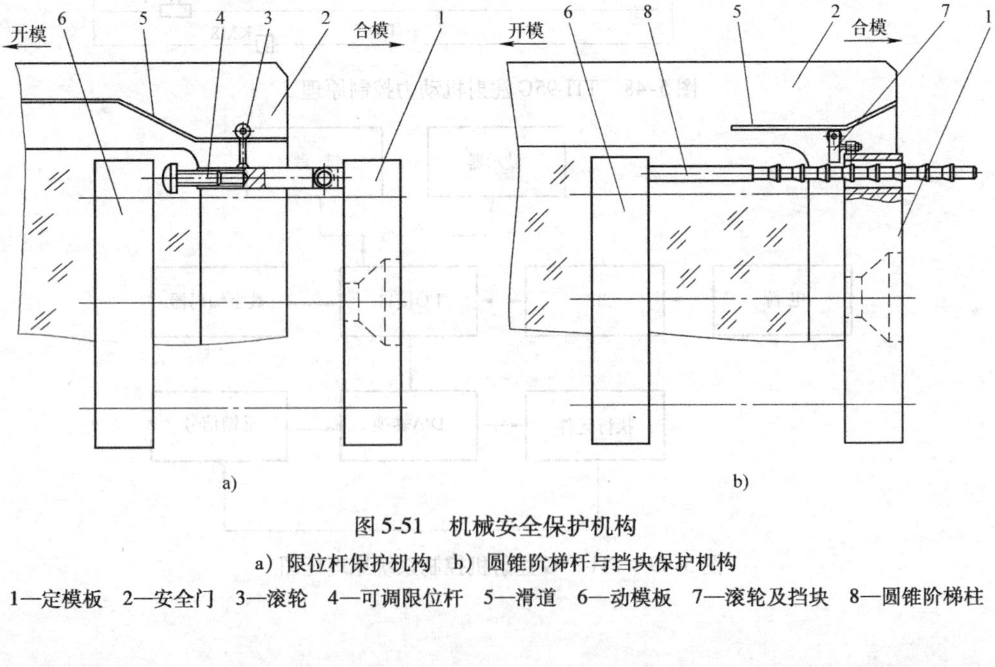

图5-51　机械安全保护机构

a）限位杆保护机构　b）圆锥阶梯杆与挡块保护机构

1—定模板　2—安全门　3—滚轮　4—可调限位杆　5—滑道　6—动模板　7—滚轮及挡块　8—圆锥阶梯柱

图 5-52 所示为电气–液压双重保护的安全门，它除有电气安全保护装置外，还在合模液压回路中增设了凸轮换向阀。当打开安全门并压下凸轮换向阀 2 时（图示位置），液控换向阀的控制油路与回油接通，即使按下合模按钮，也无法进行合模动作。因此，即使在电气保护装置失灵的情况下，如果安全门没有关闭，合模动作还是无法进行，从而实现了电气–液压双重保护的作用。

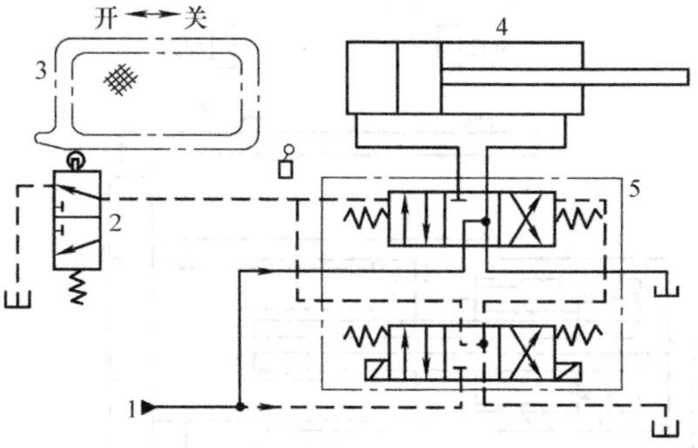

图 5-52　电气–液压双重保护安全门
1—液压源　2—凸轮换向阀　3—安全门
4—合模液压缸　5—三位四通电液换向阀

人身安全保护还有防止热烫伤、合模运动机构挤伤等方面。例如，为防止加热料筒灼伤或防止人、物进入运动部件内而增设防护罩。

二、设备的安全保护

进行注射机整机设计时，除应考虑正常使用情况下需要解决的有关问题外，还要考虑在非正常情况下造成机器事故的可能性，采取必要的防护措施是十分重要的。例如，合模装置采用电气或液压行程开关进行过行程保护；防止塑料内混有异物或“冷起动”而对螺杆进行过载保护；机器液压系统和润滑系统指示、报警保护，以及机器动作程序的联锁保护；在电气线路上设置限流器、热继电器；在液压系统中设置溢流阀等，这些都对电气和液压系统起着过载保护作用。

三、模具的安全保护

注射模是塑料制品生产的重要装备，不仅精度要求较精密，而且造价高，制造周期长，因此，生产过程中应对模具的安全保护予以重视。当模具内留有制品或残留物，以及嵌件放置位置不正确时，模具不允许闭合或升压锁紧，以防模具损坏。目前主要的防护方法是在设备控制系统上采用低压试合模保护措施。

低压试合模是一种液压保护模具的方法，它将合模压力分为两级进行控制。在移模初期为低压快速移模；当模具即将闭合时，液压回路切换为低速低压合模，只有当模具完全闭合后液压回路才切换为高压合模，达到注射成型时所需的合模压力。常见的低压试合模系统有以下两种形式：

（1）充液式低压试合模系统　图 5-53 所示为充液式低压试合模系统。当快速闭模并压合行程开关 SQ1 后，电磁铁 YA3 失电，系统压力由阀 2 控制，进入低速低压试合模阶段，时间继电器开始计时。如无异物，则模具能安全闭合，行程开关 SQ2 将被压合使 YA3 通电，系统压力切换为阀 1 控制，进行升压合模。若模具内存有异物，则模具不能完全闭合，无法压合 SQ2，系统一直处于低压状态，当时间继电器计时达到规定的合模时间后，便自动接通 YA1，则模具自动开模，同时发出报警。

（2）程序试合模系统　图 5-54 所示为程序试合模系统。它是一种按指定程序顺序合模的保护系统，其合模装置的定模板可做少量浮动，正常状态下合模，应先压合行程开关 SQ1，然后压合行程开关 SQ2，最后升压合模。如果模内有异物，则合模时行程开关压合的顺序相反，先压合行程开关 SQ2，后压合 SQ1（或无法压合 SQ1），设备就会自动停机并报警。

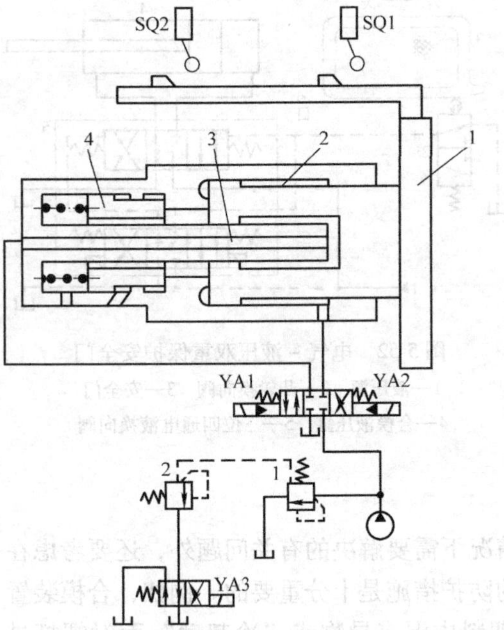

图 5-53　充液式低压试合模系统

1—动模板　2—合模液压缸

3—移模液压缸　4—充液阀

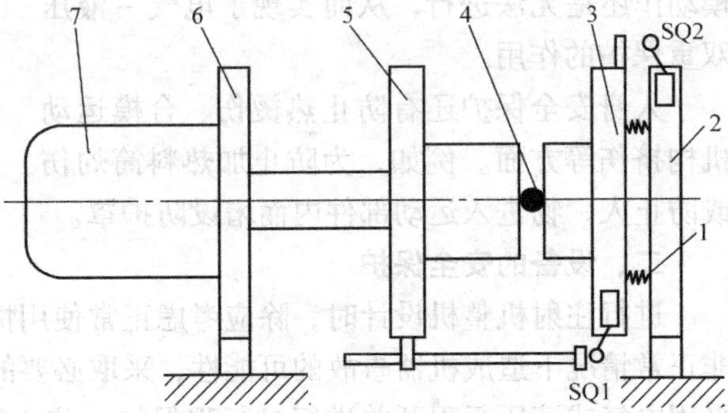

图 5-54　程序试合模系统

1—弹簧　2—模板架　3—定模板　4—异物

5—动模板　6—后模板　7—合模液压缸

第七节　注射机的操作与维护

一、注射机的安全操作规程

注射机的安全操作规程是安全生产管理、明确安全技术责任、规范操作过程和倡导文明生产的重要文件，是注射机操作人员、维护人员必须严格遵守的行为标准。许多安全操作规程的规定都是从血的教训中总结出来的，每个新上岗人员都必须参加必要的安全培训，牢记安全操作规程并认真执行，以确保人身与财产的安全。注射机的安全操作规程具体如下：

1）操作时，禁止将身体的任何一部分或任何物品放在设备活动部位上，不允许在设备与设备之间放置杂物。

2）禁止移开防护罩或安全装置来操作机器，禁止在注射机顶部或后侧取放注射件。

3）不得擅自改装安全装置和电路，改装可能会引起事故或损坏设备；不准带故障运行设备，例如，在行程开关失灵、安全门防护玻璃松脱等情况下继续操作设备，或者用不正当的维修方法（如用胶带、布条绑扎行程开关等）操作设备。

4）不允许两人同时操作一台设备；不准在设备出现故障且正在维修的过程中操作设备。

5）切实执行操作规程，按照铭牌或警告牌的规定操作；检修电路时，必须先切断电源；更换零件、安装模具时必须关闭液压泵；更换加热圈接线不当或维修不当导致漏电时，应立即切断电源，请专业维修人员修理。

6）检查接地线是否可靠接地，接地线应按规定可靠连接并紧固。

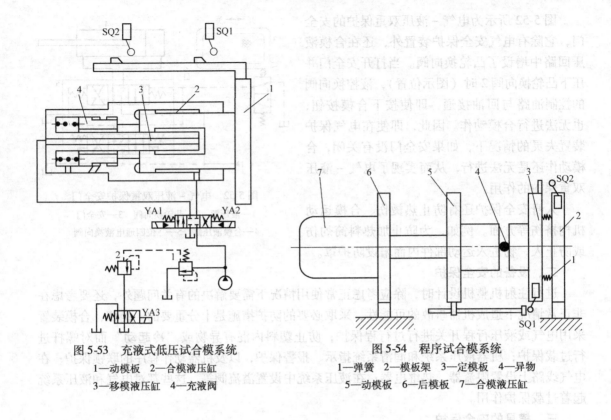

7）设备使用的液压油为易燃品，切勿将火焰靠近设备，检修任何漏油故障前，必须将液压泵电动机完全关闭。

8）严禁在料筒温度未达到设定值时进行预塑、注射等操作；清洗料筒时，应将注射喷嘴移离模具表面以防被溅出物烫伤。

9）每天开机之前均需要检查安全装置（包括电气、液压和机械安全装置）是否正常；每天必须维护和保养安全装置。

10）严禁非操作人员擅自操作设备，未经许可，任何人员不得擅自触碰设备开关或按钮。

二、注射机操作前的准备

注射机操作前的准备工作是每个注射机操作人员必须掌握的内容。注射机操作人员包括设备维修人员、注射成型工艺员和注射机操作员等，他们均需要对注射机的操作和调整方法有一定程度的了解。其中，维修人员要对注射机进行维护、保养和修理，要对设备进行调校和操作；注射成型工艺员要根据注射产品的规格要求调整合适的工艺参数，通过操作和调整设备，生产出合格的注射产品；注射机操作员主要使用注射机进行注射产品的生产。在对注射机进行操作前，需要做好如下准备工作。

（1）阅读说明书　操作前必须仔细阅读设备的使用说明书，熟悉具体机型的性能和操作方法，熟练掌握设备的操作规程。

（2）检查　新安装的设备要求地基基础牢固，设备必须校正水平，有足够的周围空间和充足的水源及电力供应。工作前需对设备的供水回路、电路、油路进行检查，完全达到使用标准后方可使用。检查方法如下：

1）供水回路检查。应检查冷却水路连接是否正确、牢固，是否存在渗漏现象。开机前先开启冷却水阀，对液压油、模具和料斗座进行冷却，之后起动料筒电加热。

2）电路检查。主要检查供电电源是否正常，电源总开关及保险装置是否符合标准要求，三相电源是否正常，液压泵电动机转向是否正确。

3）油路检查。设备在安装校平后，要进行彻底清洁，应对所有的活动部分进行润滑。对于采用集中手动润滑系统的合模系统要拉动手动泵数次，以确保每个供油点都有油供应；对于调模装置、拉杆螺纹、注射装置等运动不频繁或运动速度慢的部位，应使用润滑脂进行润滑。检查液压油牌号是否符合要求，液压油量是否足够。

（3）对注射机电热部分进行检查　检查料筒、喷嘴电加热圈的安装、连接是否正确，热电偶及温控仪表是否能正常工作，对于温度控制较严格的塑料注射成型，还要对温控仪表进行校核。

（4）检查注射机安全装置　检查前后安全门及保护罩是否完好、安装是否正确，安全门与安全行程开关是否工作良好；检查机械安全装置是否工作正常；检查电气安全装置（如限位开关、急停按钮等）是否灵敏、可靠；检查液压安全装置是否工作正常。

注射机操作前的准备工作是设备维护人员和注射制品生产人员的职责，它包括设备的安装、调整、试运行和生产准备等方面，具体流程如图 5-55 所示。

三、注射机的调试方法

调试注射机之前，必须认真阅读注射机的使用说明书和相关技术资料，熟悉设备的正确操作方法及安全操作规程，熟悉设备的各种控制按钮的功能，并确认注射机已安装就位，必

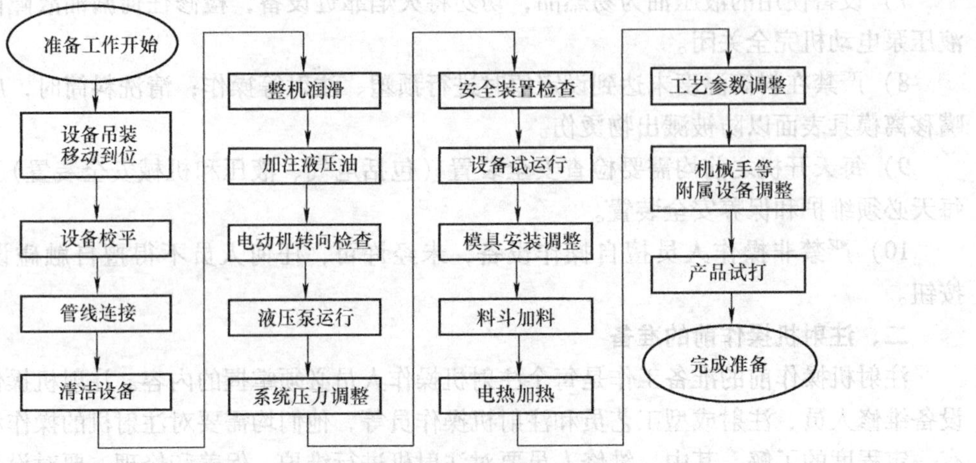

图 5-55　注射机操作前准备工作流程

需的水、电、油路已正确连接，对注射机具体注射成型的产品规格、原材料和技术要求等应有较全面的了解，同时要做好注射机调试之前的模具安装、原料烘干准备等工作。

注射机调试的基本流程如图 5-56 所示，调试过程通常从“手动操作”模式开始，在手动状态下分别调试锁模（合模）、射胶（注射）、熔胶（预塑）、开模、顶出等单一动作，对每个动作涉及的时间、行程、速度、压力和开关量状态等进行相应的参数设置。每个动作参数设置完成后，可在手动模式下试运行几次，若不满足要求可重新进行参数调整，直至运行无误后继续其他动作的调试。完成各动作调试之后，需要进行温度参数设置，包括料筒各加热段温度、喷嘴温度、模具温度等。

手动操作调试结束后，可将操作模式切换为半自动状态，观察半自动循环注射成型的制品是否满足要求，如不满意可对相关的时间、行程等参数进行微调，直至达到生产要求为止。

全自动操作模式是一种无人值守的工作模式，注射机能在调定的注射成型工艺条件下自动完成工作循环。因此，要求所配备的模具能实现制品自动脱模、下落（或由机械手取件），并通过电眼（红外线）检测系统确认某注射成型循环周期内的各个动作已完成，可以继续下一循环，如此循环往复实现全自动注射成型。全自动操作的调试关键是对闭环反馈检测系统和机械手等附属装置的调整，使各系统能够协调、稳定地工作。

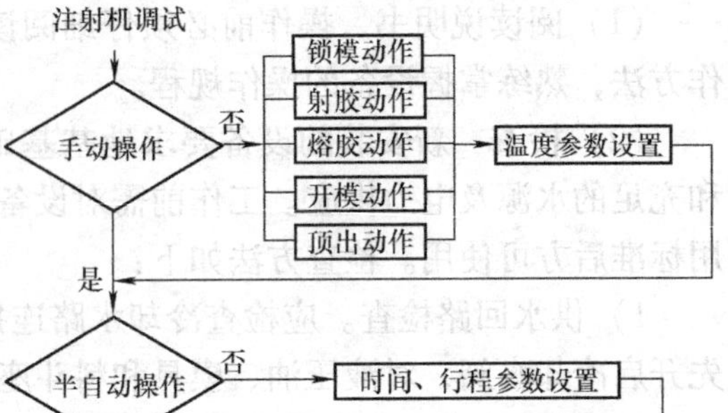

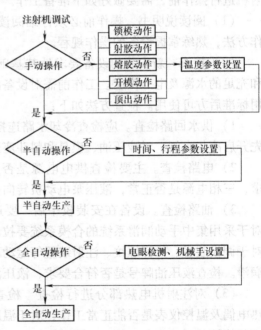

图 5-56　注射机调试的基本流程框图

四、注射机的操作

注射机操作中最重要的是了解注射机各操作按钮的功能、控制系统的性能和特点，掌握注射成型工艺参数的设置方法。不同厂家生产的注射机，其控制系统的性能、特点、按钮功能定义也有所不同，但各种注射机的注射工艺过程动作循环是相同的，每个动作涉及的参数也基本相同，只要掌握好注射机的基本操作规程，再参照生产厂家配备的注射机使用说明书，学会注射机的操作并不难。

1. 注射机的操作面板及其功能

注射机的操作面板通常包括功能操作区、数字操作区、方向键区、动作方式选择区、手动操作区和屏幕显示器等，操作注射机时必须熟悉并正确使用各操作区的按键功能。图5-57所示为亿利达注射机的操作面板，各按键的功能如下。

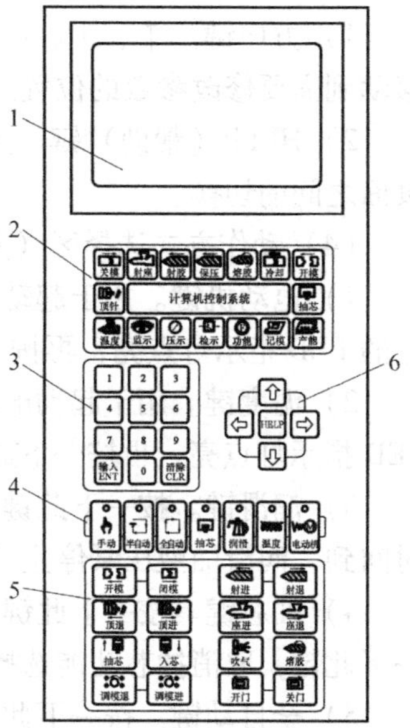

图5-57　亿利达注射机操作面板
1—LED显示屏　2—功能操作区
3—数字操作区　4—动作方式选择区
5—手动操作区　6—方向键区

（1）功能操作区（共16个按键）

1）关模（合模）。进入合模参数显示页面，可查看与合模动作相关的参数设置情况。

2）射座（注射装置）。进入注射装置参数显示页面，可查看与注射装置整体移动相关的参数设置情况。

3）射胶（注射）。进入注射动作参数显示页面，可查看与注射动作相关的参数设置情况。

4）保压。进入保压参数显示页面，可查看与保压及注射动作相关的参数设置情况。

5）熔胶（预塑）。进入预塑参数显示页面，可查看与预塑动作相关的参数设置情况。

6）冷却。进入抽胶（为防流延让螺杆有少量后退的动作）和冷却参数显示页面，可查看抽胶及冷却时间等参数设置情况。

7）开模。进入开模参数显示页面，可查看与开模动作相关的参数设置情况。

8）抽芯。进入抽芯参数显示页面，可查看与抽芯动作相关的参数设置情况。

9）顶针（顶出）。进入顶出参数显示页面，可查看与顶出动作相关的参数设置情况。

10）产能。进入生产能力设定显示页面，可查看制品生产数量、合格品数量和不合格品数量，以及模数等设定值。

11）记模（模具及工艺参数存储）。进入模具及工艺参数存储页面，可查看调模参数设定、模具所生产制品的工艺参数设定，以及相关参数的保存和读取操作等情况。

12）功能。进入功能显示页面，可查看注射机整体工作状态、主要参数的设置、监控时间及密码设置等情况。

13）检示。进入检示页面，可查看输入、输出、手动键的动作情况。

14）压示。显示注射机相关动作的压力情况，须与注射机相关动作键配合使用。

15）监示。显示整台注射机的动作状况。

16）温度。进入温度显示页面，可查看喷嘴、料筒各段温度和模具温度等相关参数的设置情况。

（2）数字操作区（共12个按键）

1）数字键。0～9，用于数值参数的输入。

2）清除键（CLR）。用于清除输入错误的信息。

3）输入键（ENT）。用于确认所输入的数值或信息，以便计算机将该信息存储起来，并将相关参数传输给相应的动作执行部分。

（3）方向键区（共5个按键）

1）方向键。↑、↓、←、→4个方向键用于控制输入光标的移动方向，以方便将光标移动到需要修改参数的位置。

2）HELP（帮助）键。用于帮助查阅相关参数的设定范围及其代表的意义，以及多个页面之间的切换。

（4）动作方式选择区（共有7个按键）

1）电动机键。用于起动液压泵电动机，按一下此键，液压泵电动机起动动作，按键上方的LED指示灯点亮，再按一下此键，液压泵电动机停止，LED灯熄灭。

2）温度键。用于起动电加热回路供电，按一下此键，喷嘴、料筒电加热开启，此处的LED指示灯点亮，再按一下此键，计算机控制电加热回路停止工作，LED指示灯熄灭。

3）润滑键。按一下此键，起动润滑油液压泵工作，此处的LED指示灯点亮，直到润滑时间到，润滑油液压泵停止工作，LED指示灯熄灭。

4）抽芯键。按一下此键，表示手动选择使用抽芯功能，此处的LED指示灯点亮，再按一下此键，取消抽芯功能选择，LED指示灯熄灭。

5）全自动键。按一下此键，此处的LED指示灯点亮，表示注射机处于全自动工作模式，再按一下此键，取消全自动工作模式，LED指示灯熄灭。

6）半自动键。按一下此键，此处的LED指示灯点亮，表示注射机处于半自动工作模式，再按一下此键，取消半自动工作模式，LED指示灯熄灭。

7）手动键。注射机通电后，此处的LED指示灯点亮，表示注射机处于手动操作模式。在半自动或全自动工作模式下按一下此键，此处的LED指示灯点亮，表示注射机从半自动或全自动工作模式转换为手动操作模式。

（5）手动操作区（共16个按键） 它们均在手动操作模式下使用。

1）开模键。按一下此键，注射机进行开模动作，动作结束后停止。

2）闭模（合模）键。按一下此键，注射机进行闭模动作，动作结束后停止。

3）射进（注射螺杆前进）键。按一下此键，注射机螺杆向前运动，完成注射动作后停止。

4）射退（注射螺杆后退）键。按一下此键，注射机螺杆向后退回，退至预设定位置时停止。

5）顶退（顶出杆后退）键。按一下此键，注射机液压顶出装置的顶出杆后退，到达设定行程位置时停止。

6）顶进（顶出杆前进）键。按一下此键，注射机液压顶出装置的顶出杆前进，到达推出行程设定位置时停止。

7）座进（注射座前进）键。按一下此键，注射装置整体向前移动，直到喷嘴与模具浇口套衬套紧密接触时停止。

8）座退（注射座后退）键。按一下此键，注射装置整体向后退回，到达行程预设位置时停止。

9）抽芯键。按一下此键，液压侧向抽芯机构的型芯抽出，到达预设位置时停止。

10）入芯键。按一下此键，液压侧向抽芯机构的型芯插入，到达预设位置时停止。

11）吹气键。按一下此键，压缩空气气嘴吹气，达到预设的吹气延时时间后停止，用于气压顶出或吹落制品。

12）熔胶（预塑）键。按一下此键，螺杆以设定的转速转动，进行预塑动作，螺杆边旋转边后退，到达设定的预塑量位置时停止。

13）调模退键。按一下此键，调模机构驱动注射机动模板和动模向后移动，注射机模板的闭合高度增大。

14）调模进键。按一下此键，调模机构驱动注射机动模板和动模向前移动，注射机模板的闭合高度减小。

15）开门键、关门键。按一下相应键，安全门自动打开或关闭，该功能通常用于大型注射机。

对于不同厂家生产的注射机、不同注射机机型和不同的控制系统，操作面板上设置的功能按键的简图、功能键的设置及控制功能均会有所不同，但其基本的操作功能是相同或相近的，可以参照具体厂家和型号规格注射机的使用说明书，了解其功能按键的定义与控制作用，掌握相应注射机的调试、操作方法。图5-58所示为不同厂家注射机操作面板按键对比，以方便学习和掌握注射机的操作。

2. 注射成型工艺参数的预设

对于注射成型工艺参数的预设，不同厂家生产的注射机，使用的控制系统不同，每个功能页面的格式和参数形式会有所区别，但参数的定义和设定方法是相近的，现以亿利达注射机为例，说明注射成型工艺参数的预设方法。

注射机做好开机前的准备之后便可以开机。首先接通电源，控制系统的计算机会正常起动，进行自动扫描和自动检查程序（系统初始化），屏幕上显示注射机生产厂家的徽标。大约5s后，系统进入正常工作状态，屏幕显示注射机监示画面，系统自动进入手动工作模式，操作面板上手动键的LED指示灯点亮，此时可以开始操作设备。

（1）电热起动及液压泵电动机起动　在控制面板动作选择区中，按一下电热键，此处LED指示灯点亮，设备的料筒加热电路开始工作；再按一下电动机（液压泵）键，相应的指示灯点亮，设备的液压泵电动机开始运转。

（2）参数的设定及修改方法

1）按下要设定参数或要修改参数所在页面对应的按键，进入相应的参数设定页面。

2）按下方向键，将光标移动到要修改的参数处（有些设备需要输入一级操作密码，打开密码锁后方可进行参数的修改，光标才能移动到相应位置）。

3）按下数字键，预置设定或修改此处数值。若还要修改其他参数，可继续移动光标到其他修改位置，继续相关参数的设定或修改。

4）每个参数或信息输入后必须按确认键，只有按确认键后，所输入的内容才能被系统计算机存储及使用。

5）有关参数的具体意义和格式可参阅设备使用说明书。

（3）合模参数的设定及低压调整　在功能操作区按下关模（闭模）按键，进入关模参数设定页面（图5-59）。合模参数的设定涉及闭模速度、压力、行程（切换速度和压力的位置）、时间等。

分类	亿利达注射机	捷霸注射机	震雄注射机	东华注射机	按键名称(英文)	主要功能
功能按键	关模	锁模	5 锁模		闭模(CLOSE)	进入闭模动作参数设定页面
	射座				注射座(CARRAGE)	进入注射座移动参数设定页面
	射胶	射胶	6 射胶		注射(INJECT)	进入注射动作参数设定页面
	保压	保压		压力	保压(HOLD)	进入保压压力参数设定页面
	熔胶	熔胶	7 熔胶		预塑(CHARGE)	进入预塑动作参数设定页面
	冷却			时间	冷却/时间(COOLING/TIME)	进入冷却/时间参数设定页面
	开模	开模	8 开模		开模(OPEN)	进入开模动作参数设定页面
	抽芯	抽芯			抽芯(CORE)	进入液压抽芯动作参数设定页面
	产能				产品(PRODUCT)	进入产品统计、管理参数设定页面
	记模	模号名 复写	读写	DATA	存储(MEMORY)	进入模具与制品注射成型工艺参数存取操作页面
	F 功能	功能选择			功能(FUNCTION)	进入功能操作页面，显示监控的时间及密码等信息设定
	检示	DEF 8 检视	检视		检测显示(CHECK)	用于显示输入、输出、手动键的动作情况
	压示				压力显示	用于测试设定压力值与实际值是否相符
	监示		4 自动检视		监视(MONITOR)	监测并显示整台设备的工作状态
	温度	温度	0 温度	温度	温度(HEATER)	进入温度参数设定页面
	顶针	顶针	9 顶针		顶出(EJECTOR)	进入顶出参数设定页面
动作方式选择	手动	手动			手动(MANUAL)	指示灯亮表示运行模式为手动
	半自动	半自动			半自动(SEMI)	指示灯亮表示运行模式为半自动
	全自动	全自动			全自动(AUTO)	指示灯亮表示运行模式为全自动
	抽芯				抽芯(CORE)	指示灯亮表示抽芯功能启用

分类	亿利达注射机	捷霸注射机	震雄注射机	东华注射机	按键名称(英文)	主要功能
动作方式选择	润滑	润滑 调整			润滑(DIL)	指示灯亮，起动润滑泵工作，计时到停止
	温度			NO	加热(HEATER)	指示灯亮表示起动电加热回路
	电动机	液压			电动机(MOTOR)	指示灯亮表示起动液压泵工作
手动操作选择按键	开模	开模			开模(OPEN)	进行手动开模动作
	闭模	锁模			合模(CLOSE)	进行手动合模动作
	射进	射胶			注射(INJECT)	进行手动注射动作
	射退	松退			螺杆后退(RETRACT)	强制螺杆后退
	顶退	顶针后退			顶杆后退(BACKWARD)	手动顶杆退回
	顶进	顶针前进			顶杆后进(FORWARD)	手动顶杆顶出
	座前	射嘴前进			注射座前进(ADVANCE)	手动注射座前进
	座退	射嘴前进			注射座后退(BACK)	手动注射座退出
	抽芯				抽芯(CORE OUT)	手动液压抽芯型芯插出
	入芯				插芯(CORE IN)	手动液压抽芯型芯插入
	熔胶	熔胶			预塑(CHARGE)	手动预塑
	吹气		吹风		压缩空气吹气	压缩空气喷头吹气，将制品吹落
	调模退	开门 调模退			调模退后(MOLD THICK)	手动调节增大注射机模板间距，以适应模具闭合高度
	调模进	关门 调模进			调模前进(MOLD THIN)	手动调节减小注射机模板间距，以适应模具闭合高度
	开门				开门(OPEN)	安全门打开
	关门				关门(CLOSE)	安全门关闭
		自动调模			自动调模	自动调节注射机模板间距，以适应模具闭合高度

图5-58 不同厂家注射机操作面板按键对比

图5-59a所示的合模参数，其合模动作流程如图5-59b所示。合模动作开始时，先以70%的速度（注射机模板最高移动速度为100%）、40bar（约4.0MPa）的压力进入快速合模阶段；当合模行程达到120.0mm时，切换为低速合模（10%速度）；当合模行程达到80.0mm时，转为低压（10bar压力）合模；当模板行程移至50.0mm时，切换为高压（70bar压力）合模，直到合模完成为止。如果低压时间达到预设的5.0s，合模动作仍未完成，则会报警，表示不能正常合模，模内可能有制品或杂物。

	速度	压力	时间	距离
快速合模	070	040	……	120.0
低速低压	010	010	005.0	080.0
高压合模	040	070	……	050.0

a)

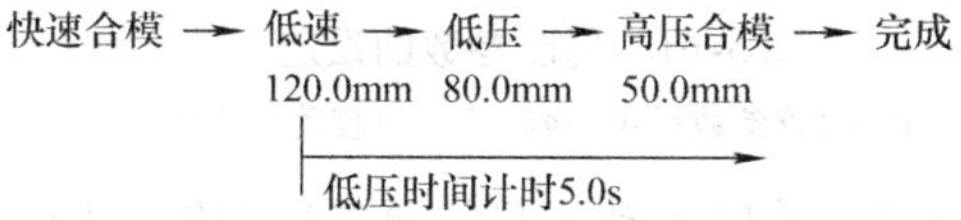

b)

图5-59　合模参数设定

a）合模参数设定内容　b）合模动作流程

注意：低压距离参数的设置值应大于高压合模位置的数值，高压合模位置的数值获得可先输入0000，按合模按键，然后看屏幕显示的监视画面的最后合模位置值，高压合模位置的数值略大于该值即可。

（4）射座进退参数的设定及座退方式的选择　按一下射座按键，屏幕会显示射座参数设定页面（图5-60）。射座退时间表示射胶（注射）后射座后退的动作时间，输入000.0表示注射座不后退；座进延时时间表示注射座前进碰到停止开关，持续座进到设定的时间后，才进行射胶动作。

座退方式的设定：0表示不座退，1表示冷却前座退，2表示冷却后座退。

	速度	压力	时间	距离
射座进	100	025	……	……
射座退	009	025	000.0	……
座进延时	000.5	座退方式:	0	

图5-60　射座参数的设定

（5）射胶（注射）参数的设定　按下功能操作区的射胶按键，系统进入射胶参数设定页面（图5-61）。当射胶一段动作开始（同时开始射胶计时），行程到达100.0mm时，切换到射胶二段；当射胶二段动作行程到达50.0mm时，切换到射胶三段；进行到1.0mm时，切换到保压动作。当射胶计时6.0s后，不论射胶位置是否到达，计时到均转入保压动作。

注意：射胶时间的设定应大于实际时间。若射胶动作只使用一段射胶，则使用射胶三段的压力和速度即可，此时，射胶一段、射胶二段的距离输入极限值999.9mm，射胶三段的

	速度	压力	时间	距离
射胶一段	060	090	……	100.0
射胶二段	080	045	……	050.0
射胶三段	055	060	……	001.0
射胶计时:			006.0	

a)

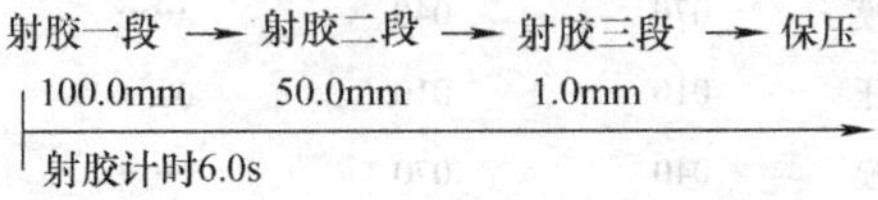

b)

图 5-61　射胶参数的设定

a）射胶参数设定内容　b）射胶动作流程

距离输入参数为所需的射胶行程。若射胶动作只需要二段射胶，则使用射胶二段、射胶三段的压力和速度即可，将射胶一段的距离输入 999.9mm，射胶二段和射胶三段的距离按实际需要设定。

（6）保压参数的设定　按功能操作区的保压按键，进入保压参数设定页面（图 5-62）。当射胶动作完成后，自动切换到保压动作，先以保压一段的压力和速度保压一段时间，然后切换到保压二段，保压二段时间到后即切换到熔胶动作。射胶监视功能用于监视射胶终点的位置，此距离可粗略判断产品的好坏、是否有漏胶或料头阻塞现象；射胶监视置 0 表示不使用，置 1 表示使用。“过量”表示螺杆注射移动行程超过设定的终点位置（即数值比终点位置稍小的值）；“不足”表示螺杆射胶位置未达到设定的终点位置（即数值比终点位置稍大的值）。

	速度	压力	时间	距离
保压一段	045	030	002.0	……
保压二段	040	040	000.5	……
射胶监视:　0	过量:　025.5		不足: 015.5	

a)

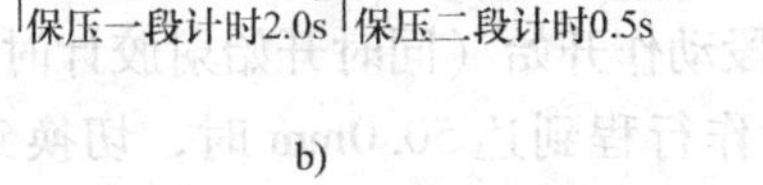

b)

图 5-62　保压参数的设定

a）保压参数设定内容　b）保压动作流程

注意：若只需一段保压，则可用保压一段的参数进行控制，设定时保压一段的参数为所需的保压时间，保压二段的时间参数输入为000.0。调试时不可使用射胶监视功能，待试模完成后，切换到监视页面读取射胶终点位置后，再输入正确的监视范围，启用此功能。

（7）熔胶（预塑）参数的设定　按下功能操作区的熔胶按键，进入熔胶参数设定页面（图5-63）。熔胶距离指预塑时螺杆后退的位置，单位为mm；达到熔胶监视时间时，若熔胶还未完成则看作缺料，因此监视时间设定值应比实际熔胶时间长一些。

	速度	压力	时间	距离
熔胶一段	045	045	……	110.0
熔胶二段	035	035	……	150.0
熔胶监视时间:	020.0			

图5-63　熔胶参数的设定

（8）冷却与抽胶（防延）参数的设定　按下功能操作区的冷却（与抽胶）按键，进入冷却参数设定页面（图5-64）。抽胶（防延）方式分前抽胶和后抽胶两种，前抽胶是在熔胶（预塑）之前先让螺杆后退一小段距离，之后再转动螺杆进行预塑；后抽胶是在熔胶之后再让螺杆后退一小段距离，以防止喷嘴前端熔料压力过大而出现流延现象。抽胶距离参数应设定为注射机当前实际熔胶距离加上螺杆需要后退的距离，例如，若注射机当前的实际熔胶距离为150.0mm，所需抽胶距离为5.0mm，则抽胶距离参数设定为155.0mm。当不使用抽胶时，距离参数输入000.0即可。冷却方式0表示从射胶完成后开始冷却时间的计时，此冷却时间包含了熔胶的时间；冷却方式1表示从熔胶结束后开始冷却时间的计时。

	速度	压力	时间	距离
前抽胶	065	035	……	155.0
后抽胶	000	000	……	000.0
冷却方式:	0	冷却时间:	030.0	

图5-64　冷却（抽胶）参数的设定

（9）开模参数的设定　按下功能操作区的开模按键，进入开模动作参数设定页面（图5-65）。如图5-65b所示，开模动作开始时，首先进入开模前慢（慢速开模）动作；当行程到达80.0mm时，切换为快速开模动作；当行程到达150.0mm时，又切换为开模后慢（慢速开模）动作；行程到达250.0mm时停止，开模动作结束。

（10）抽芯参数的设定　按下功能操作区的抽芯按键，可进入抽芯参数设定的第一页面（入芯参数设定页面，如图5-66a所示）；按下屏幕下的切换键，可进入抽芯参数设定的第二页面（抽芯参数设定页面，如图5-66b所示）。图5-66中设定的时间为入芯（或抽芯）动作时间，当停止方式设定为计次时，表示抽芯/绞牙（脱螺纹）的次数；当停止方式设定为定位时，则表示定位的时间。设定的距离值是指模板停止在此位置时进行抽芯动作。抽芯

	速度	压力	时间	距离
开模前慢	040	070	……	080.0
快速开模	070	040	……	150.0
开模后慢	010	010	……	250.0

a)

开模前慢 → 快速开模 → 开模后慢 → 开模完成

080.0mm　150.0mm　250.0mm

b)

图 5-65 开模参数的设定

a）开模参数设定内容 b）开模动作流程

	速度	压力	时间	距离
入芯快速	050	035	002.0	100.0
入芯慢速	030	030	001.0	……
入芯方式:	0	停止方式:	0	

a)

	速度	压力	时间	距离
抽芯快速	050	035	002.0	100.0
抽芯慢速	030	030	001.0	……
抽芯方式:	0	停止方式:	0	

b)

图 5-66 抽芯参数的设定

a）入芯参数设定内容 b）抽芯参数设定内容

方式的设定分为五种，0 表示不使用抽芯；1 表示闭模动作之前入芯，开模动作结束后抽芯；2 表示闭模动作结束后入芯，开模动作之前抽芯；3 表示开模动作过程中抽芯和闭模动作过程中入芯的方式；4 表示以设定的开模、闭模距离抽芯，指当模板运动到设定距离位置时开始进行抽芯或入芯动作。停止方式分 3 种，0 表示计时方式，1 表示计次方式，2 表示定位方式。图中设定的抽芯快速时间为 2.0s，抽芯慢速时间为 1.0s，故抽芯动作总时间为 3.0s。

（11）顶针（顶出）参数的设定 按下功能操作区的顶针按键，进入顶针参数设定页面（图 5-67）。顶针的动作方式分为三种，0 表示一般方式（单次顶出，自动退回），1 表示振托方式（多次顶出，在顶出行程终点位置附近做多次快速顶出退回动作），2 表示半托方式（单次顶出，暂不退回，待安全门关闭，进行下一动作之前将顶针退回）。风托（压缩空气吹出）方式分四种，0 表示不使用风托，1 表示与顶针同时动作，2 表示与开模同时动作，3 表示与抽芯同时动作。

	速度	压力	次数	时间
顶针进	050	080	0001	……
顶针退	080	050	……	……
顶针方式:	0	风托方式:	0	000.0

图 5-67 顶针参数的设定

（12）特别功能的设定方式 按下功能操作区的功能按键，进入特别功能参数设定页面（图 5-68）。当设备运行在全自动模式下并选择电眼（红外监控）时，电眼时间参数为成品监视时间，若此时间到而成品还没有落下则报警；当设备运行在半自动模式下时，电眼时间参数为安全门监视时间，若此时间到而安全门还没有开启则报警；使用机械手时，电眼时间参数则为监视机械手的定位时间。周期时间为完整的一次注射成型动作循环所需的总时间监视，此值应比实际所需的周期时间稍长约 10 ~ 20s，以免报警。图 5-68 中的循环时间是指完成一模次后，须延迟 0.5s 再继续下一模次的工作。润滑时间为每一次起动润滑油液压泵的工作时间。机械手使用方式设定：0 表示不使用机械手，1 表示使用机械手。电眼使用方式设定：0 表示不使用电眼，1 表示使用电眼。

		电眼时间:	999.9
周期时间:	999.9	润滑模数:	3000
循环时间:	000.5	润滑时间:	010.0
机械手使用:	0	电眼使用:	0

图 5-68 特别功能参数的设定

（13）调模参数的设定 按下功能操作区的记模按键，进入调模及模具参数存取页面（图 5-69）。调模方式分三种，0 表示不能调模，1 表示一般调模及自动调模，2 表示微动调模。保存或读取模具参数时，将光标移动到模存或模取位置，输入模具组别，按下输入 ENT 按键，听到“嘀”一声报警时，即储存或读取完成。

	速度	压力		
调模	040	070	模存	000
锁模	040	070	模取	000
调模方式:	0			

图 5-69 调模参数的设定

（14）电热控制温度参数的设定　按下功能操作区的温度按键，进入电热控制温度参数设定页面（图5-70）。图中实际值为注射机料筒当前各段的实际温度值，设定值为料筒各段设定的加热温度值。加温：若方块为实心表示正在加热，方块为空心表示不加热；断线：若方块为实心表示热电偶感温线断线，方块为空心表示感温线良好。

	1	2	3	4	5	6
实际	025	025	025	025	025	025
设定	180	190	210	230	200	190
加温	□	□	□	□	□	□

a)

	1	2	3	4	5	6
实际	025	025	025	025	025	025
设定	180	190	210	230	200	190
断线	□	□	□	□	□	□

b)

图5-70　温度参数的设定

a）温度参数设定第一页面　b）温度参数设定第二页面

（15）密码参数的设定及资料锁定功能　按下功能操作区的功能按键，屏幕上将会显示密码输入页面，连续按下功能操作区的功能键两次，即可进入上一页面并要求输入密码（4位数字，预设为0755），密码输入正确后，方可对参数进行修改。

资料锁定是将每一页面上的成型资料锁住，以防止其被任意更改而影响塑件品质。使用方法是连续按下功能键两次，在要求输入密码时输入预设的密码，则此时会在输入密码的页面出现一支钥匙，表示资料已锁住，无法更改参数或资料。同理，连续按下功能键两次，输入正确的密码，则页面中的钥匙消失，表示资料锁定已解除，可以更改参数或资料。

计算机控制系统可以对注射机运行过程中可能出现的所有故障进行自动监视和诊断，以文字形式显示在监视页面中。当出现报警时，可在监视页面上查明故障类别，然后做出相应的处理；当故障原因消除后，打开安全门一次即可解除报警。对于严重的故障如果不及时处理，设备便会自动停止运行，并延时停止液压泵电动机。从监视器的显示区可方便、快捷地了解注射机参数的设定及变化情况，及时处理注射成型过程中的故障，实现对注射产品产量和质量的动态控制，操作人员应充分利用屏幕显示的信息，正确操作，确保设备运行可靠。

五、注射机的故障分析与维护

塑料制品的注射成型与塑料原料、注射工艺、模具及注射设备紧密相关，其中任何一部分出现故障，均可能造成注射制品不合格，而因注射机调整、使用不当造成废品，甚至无法成型的情况占相当大的比例。以下对注射机的故障进行简要分析。

1. 注射机的一般故障及其排除

注射机在安装调试及使用过程中出现故障在所难免，一般不外乎机械、液压及电气的故障。注射机可能出现的故障及其排除方法见表5-12。

表5-12 注射机的故障及其排除方法

故障	引起原因	排除方法
液压泵电动机不起动	电源供应断开	检查电源三相供应是否正常，自动断路器是否跳闸。电源箱内控制电动机起动的磁力开关是否吸合
	电动机烧坏	按照规格修理或更换
	液压泵卡死	清洗或更换液压泵
液压泵电动机及液压泵起动，但无压力	压力阀的接线松脱或线圈烧毁	检查压力阀是否通电
	杂质堵塞压力阀控制油口	拆下压力阀，清除杂质
	液压油不洁，杂物积聚于过滤器表面，阻止液压油进入泵	清洗过滤器，更换液压油
	液压泵内部漏油，原因是使用过久，内部损耗或液压油不洁而造成损坏	修理或更换液压泵
	液压缸、接头漏油	消除泄漏地方
	阀卡死	检查阀芯是否活动正常
不合模	安全门微动开关接线松脱或损坏	接好线头或更换微动开关
	合模电磁阀的线圈可能进入阀芯缝隙内，使阀芯无法移动	清洗或更换合模、开模控制阀
	方向阀可能不复位	清洗方向阀
	顶杆不能退回原位	检查顶杆动作是否正常
螺杆不注射	注射电磁阀的线圈可能已烧，或者有异物进入方向阀内，卡死阀芯	清洗或更换注射电磁阀
	压力过低	调高注射压力
	注塑时的温度过低	调整温度表以升高温度至要求点。若温度不能升高，检查电加热圈或熔断器是否烧毁或松脱
	注射组合开关接线松脱或接触不良	将组合开关接线接好
螺杆不预塑，或者预塑太慢	行程开关失灵或位置不当	调整行程开关位置
	节流阀调整不当	调整到适当的流量
	预塑电磁阀的线圈可能烧坏，或者有异物进入方向阀卡死阀芯	清洗或更换预塑控制阀
	温度不足，引起电动机过载	检查加热圈是否烧毁（此时禁止起动预塑电动机，否则会损坏螺杆）
螺杆转动，但塑料不进入料筒内	背压过高，节流阀损坏或调整不当	调整或更换注射单向节流阀
	冷却水不足，以致温度过高，使塑料进入螺杆时受阻	调整冷却水量，取出已粘接的塑料块
	料斗内无料	加料于料斗内
注射装置不移动	注射装置限位行程开关被调整撞块压合	调整
	注射装置移动电磁阀的线圈烧坏，或者有异物进入方向阀内卡死阀芯	清洗或更换电磁阀

（续）

故障	引起原因	排除方法
不能调模	调模机构锁紧装置未松开	松开锁紧装置
	调模机构不清洁或无润滑油而粘结	清洗调模机构，修复粘接部位，加二硫化钼润滑脂润滑
	调模电磁阀的线圈损坏，或者有异物进入方向阀内卡死阀芯	清洗或更换电磁阀
开模发出声响	开模行程开关没有固定牢，或者行程开关失灵	调整或更换行程开关
	慢速电磁阀固定不牢或阀芯卡死	调整至有明显慢速
	开模停止行程开关的撞块调整位置太前，导致开模停止时活塞撞击液压缸盖	调整开模停止行程开关撞块到适当的位置
	脱螺纹机构、抽芯机构磨损，某一部位固定螺钉松脱	调整或更换
液压油温度过高	液压泵压力过高	调至塑料所需压力
	液压泵损坏及液压油浓度过低	检查液压泵及油质
	液压油量不足	增加液压油量
	冷却系统有故障使冷却水量不足	修复冷却系统
半自动动作失灵	若手动状态下每一个动作都正常，而半自动失灵，则大部分是由于电气行程开关及时间继电器故障未发出信号	首先观察半自动动作是在哪一阶段失灵，对照动作循环图找出相应的控制元件，进行检查并加以解决
全自动动作失灵	红外检测装置失灵，固定螺钉松动或聚光不好	使红外检测装置恢复正常
	时间继电器失灵或损坏	调整或更换时间继电器
料筒加热失灵	加热圈损坏	更换
	热电偶接线不良	固紧
	热电偶损坏	更换
	温度表损坏	更换

2. 注射机调整与制品成型质量的关系

注射机调整不当，对制品的成型质量影响很大，生产中应熟悉它们之间的相互关系，以便迅速排除故障，提高制品成型质量。注射机调整与制品缺陷的关系见表5-13。

表5-13 注射机调整与制品缺陷的关系

解决办法		制品缺陷														
		成品不完整	收缩过大	毛边	成品变形	气泡	烧伤痕迹	擦伤	成品表面不光洁	色调不匀	脱模刮痕	难于脱模	速度慢	熔接痕	流纹	黑纹
压力	合模压力			↗									↗			
	注射压力	↗	↗	↘	↗	↗	↘		↗		↘	↘	↗			
	保压压力		↗			↗	↘									
	背压压力	↗				↗				↗				↗	↗	
速度	预塑速度									↗			↗	↗	↗	↘
	注射速度	↗	↗	↘	*	↘		↗					↗	↗		↘

（续）

解决办法		制品缺陷														
		成品不完整	收缩过大	毛边	成品变形	气泡	烧伤痕迹	擦伤	成品表面不光洁	色调不匀	脱模刮痕	难于脱模	速度慢	熔接痕	流纹	黑纹
温度	喷嘴温度	↗	↘	↘	↘	↘	↘	↗	↗		↘	↗	↗	↗	↗	↘
	料筒中段温度	↗	↘	↘	↘	↘	↘	↗	↗		↘	↗	↗	↗	↗	↘
	料筒末段温度				↗	↗				↗						↘
时间	注射时间			↘												
	保压时间	↗	↗	↗		↗		↗					↘			
	冷却时间		↗	↗	↗						↘	↘	↘			
模具	水道宽度	↗	↗			↗	↗	↗	↗					↗	↗	
	模温	↗		↘	*	*									*	
冷却水量		↘	↘		↗	↗		↘				↘	↗		*	
喷嘴口径		↗	↗			↗	↗	↗	↗							↗

注：↗表示增加，↘表示减少，＊表示调整。

3. 注射机的维护

为能够达到最佳机器性能和延长使用寿命，应该定时检查机器，进行相应的维修。例如，注射机的各种密封圈在使用较长时间后，会失去密封作用而发生漏油，应及时更换。注射机停用较长时间，或者需要注射成型不同塑料时，必须先将料筒内的残余料清除。

注射成型时，液压油的温度最好保持在 30 ~ 50℃，油温过高可能造成氧化加速，使液压油变质。液压油浓度降低，将引起润滑功能降低，使液压泵、液压阀容易损坏，还易使密封圈老化，降低其密闭性能。应经常检查液压油的油质，在天气潮湿时，必须每月检查液压油的油质。防止杂物进入油箱，造成滤油器堵塞。

在注射机的使用过程中，操作规程要求定期进行如下例行检查：

1）每日的例行检查。检查液压油的油温，有需要时调整冷却水的供应，以保持油温在 30 ~ 50℃；检查中央润滑系统油量，有需要时增加润滑油。

2）每周的例行检查。润滑各活动部分；检查各行程开关的螺钉是否松脱；各油嘴及接头部分是否漏油。

3）每月的例行检查。各电路的接点有否松脱；液压油是否清洁，如液压油不足，应加以补充；清洗过滤器；各润滑部分如有缺油现象，应加以润滑；检查各排气扇是否工作，及时清理隔尘网上的尘埃及更换隔尘网，以免影响电源箱的散热。

4）每年的例行检查。更换液压油可延长液压阀、液压泵及各密封圈的寿命；清理热电偶按触点；检查电源箱内所有电线接头，检查各电线外壳是否有硬化现象，以防漏电；检查所有指示灯；清洁电动机及各液压阀，电动机外壳的尘埃应清理干净，以免影响散热。

第八节　双（多）色注射机

近年来，随着塑料成型新工艺、新技术的不断发展，塑料双（多）色注射成型工艺逐步得到了应用和普及，促进了双（多）色注射成型设备的飞速发展。常见的双（多）色塑料制品如图 5-71 所示，主要有键码、汽车车灯、便携式电子产品、手机壳、各种把手、日用品等。双（多）色塑料制品的生产通常需要配备双（多）色塑料注射机、双（多）色注射模具和注射成型工艺才能实现，它可在一个生产周期内完成双（多）色或不同种塑料复合制品的生产，同时可缩短制品的生产周期，减少装配工序和简化制品结构，降低生产成本。

双（多）色注射有“混色”注射、“清色”注射和夹芯注射三种。如图 5-72 所示，双混色和夹芯注射装置由两个料筒和一个公用喷嘴组成，每个料筒分别预塑不同颜色的塑料，注射时通过液压系统和控制系统的协同作用，按生产要求适当调整两个注射装置的先后注射次序和注射塑料的比率，即可获得具有不同混色情况和自然过渡色彩的双色塑料制品（图 5-71c）。

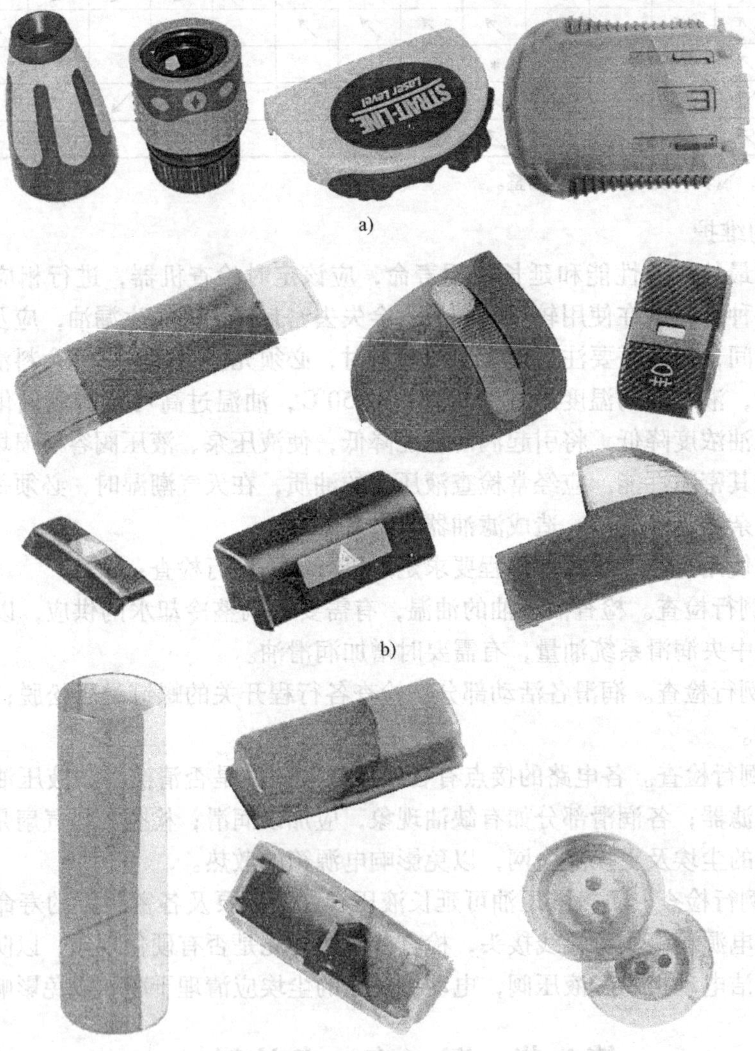

a)

b)

c)

图 5-71　双（多）色塑料注射制品
a）双色制品　b）三色制品　c）混色制品

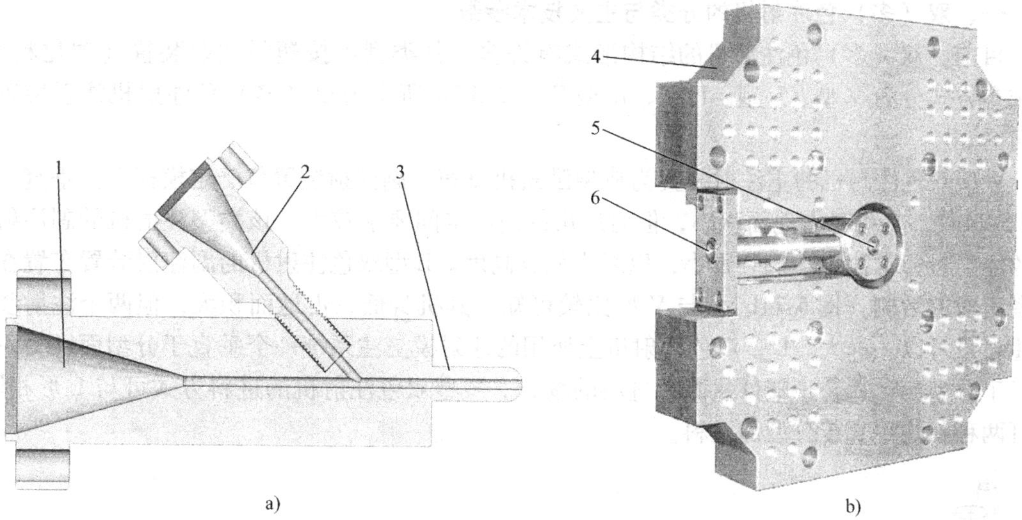

图 5-72　双混色和夹芯注射装置公用喷嘴

a）公用喷嘴示意图　b）公用喷嘴实物

1—第一色料注射喷嘴　2、6—第二色料注射喷嘴　3、5—公用喷嘴　4—注射机定模板

双清色注射机由两个具有独立喷嘴的注射装置和一个带回转机构的合模装置组成，可以生产没有过渡色彩、颜色有明显界限的双清色制品（图 5-71a、b）。进行双清色注射成型时，动模安装于具有回转机构的注射机动模板上（图 5-73），定模安装于注射机定模板上。合模→注射→保压→冷却→开模后，处于第二种颜色塑料注射位置的动模部分将已完成双色注射的制品顶出；接着回转机构带着动模和第一种颜色的制品一同回转 180°，实现两副模具动模部分的换位。再次合模后，两个注射装置同时进行注射，经冷却、开模、成品顶出之后，继续循环往复工作，如此可获得两种颜色分界清晰的双色制品。

图 5-73　带回转机构的合模装置

a）托芯转盘回转机构　b）平面转盘回转机构

1、6—注射机动模板　2、5—液压马达　3—旋转托芯　4—托芯转盘底座　7—平面转盘底座　8—平面转盘

一、双（多）色注射机的分类与主要技术参数

目前，双（多）色注射机的结构形式有许多，其类型可按塑料注射装置（塑化料筒）的排布方式分为V型、L型、P型、R型等，图5-74所示为双（多）色注射机注射装置排布简图。

V型双色注射机的主注射装置为典型卧式机排布，副注射装置位于定模板上方垂直设置（图5-74a），其机身占地面积小，但对厂房的高度空间要求较大，该类型注射机的副注射装置的注射量通常比主注射装置小，以减小机身高度。L型双色注射机的副注射装置布置在操作者正对的后侧（图5-74b），与V型比较可知，其机身低、占地面积大，但两个注射装置的注射量可以一样大。L型双色注射机上所用的注射模浇注系统一个垂直于分型面，另一个平行于分型面，适合于塑件从侧面进料的场合。V型双色注射机的进料方式可与L形相同，也可两种料均垂直于分型面进料。

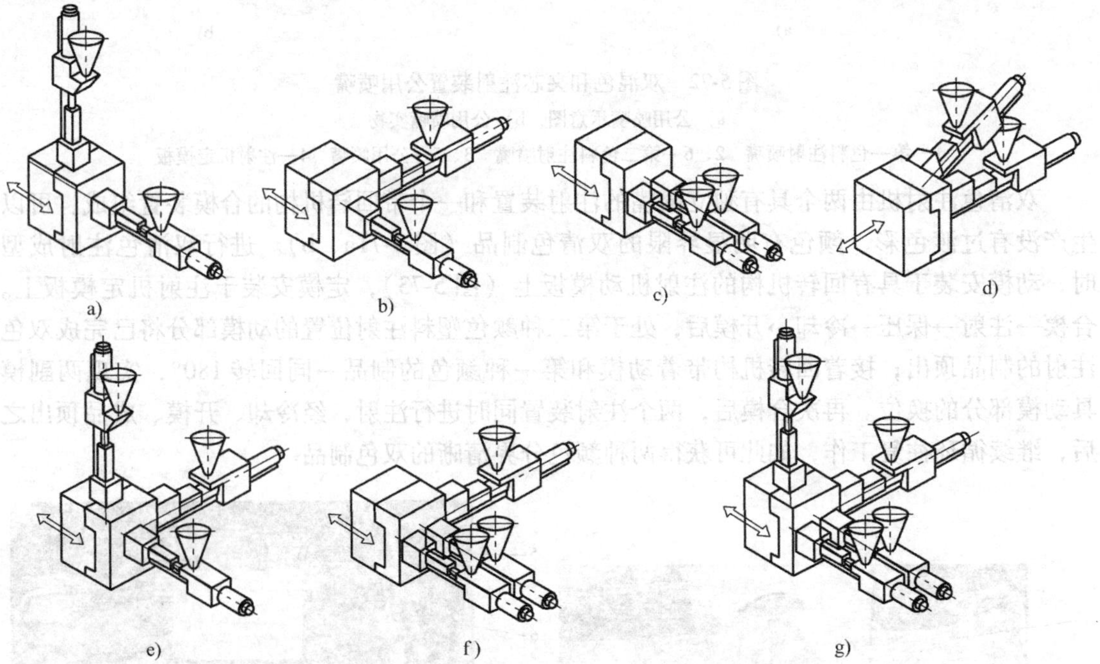

图5-74　双（多）色注射机注射装置排布简图

a）V型双色　b）L型双色　c）P型双色　d）R型双色　e）VL型三色　f）PL型三色　g）PLV型四色

P型双色注射机的主、副注射装置为平行并列排布（图5-74c），机身宽度稍大，其模具浇注系统均垂直于分型面，适合于一模多腔的中小型双色制品的生产。R型双色注射机与P型相似，两注射装平行同向排布（图5-74d），不同的是，其副注射装置位于主注射装置上方，二者之间呈一夹角（通常夹角为12.5°），且副注射装置的注射量一般小于主注射装置。

图5-74e、f所示为三色注射机注射装置的排布方式，它们是在双色注射机的基础上增加一个注射装置构成的，相应的有VL型和PL型。目前，市场上已有四色注射机销售，如图5-74g所示。表5-14为部分国产双色注射机的主要技术参数。

二、双（多）色注射机的结构

图5-75所示为不同类型双（多）色注射机的外形结构图，其基本结构与卧式注射机相似，不同之处在于除主注射装置外，还增设了副注射装置，且副注射装置安放的位置依不同

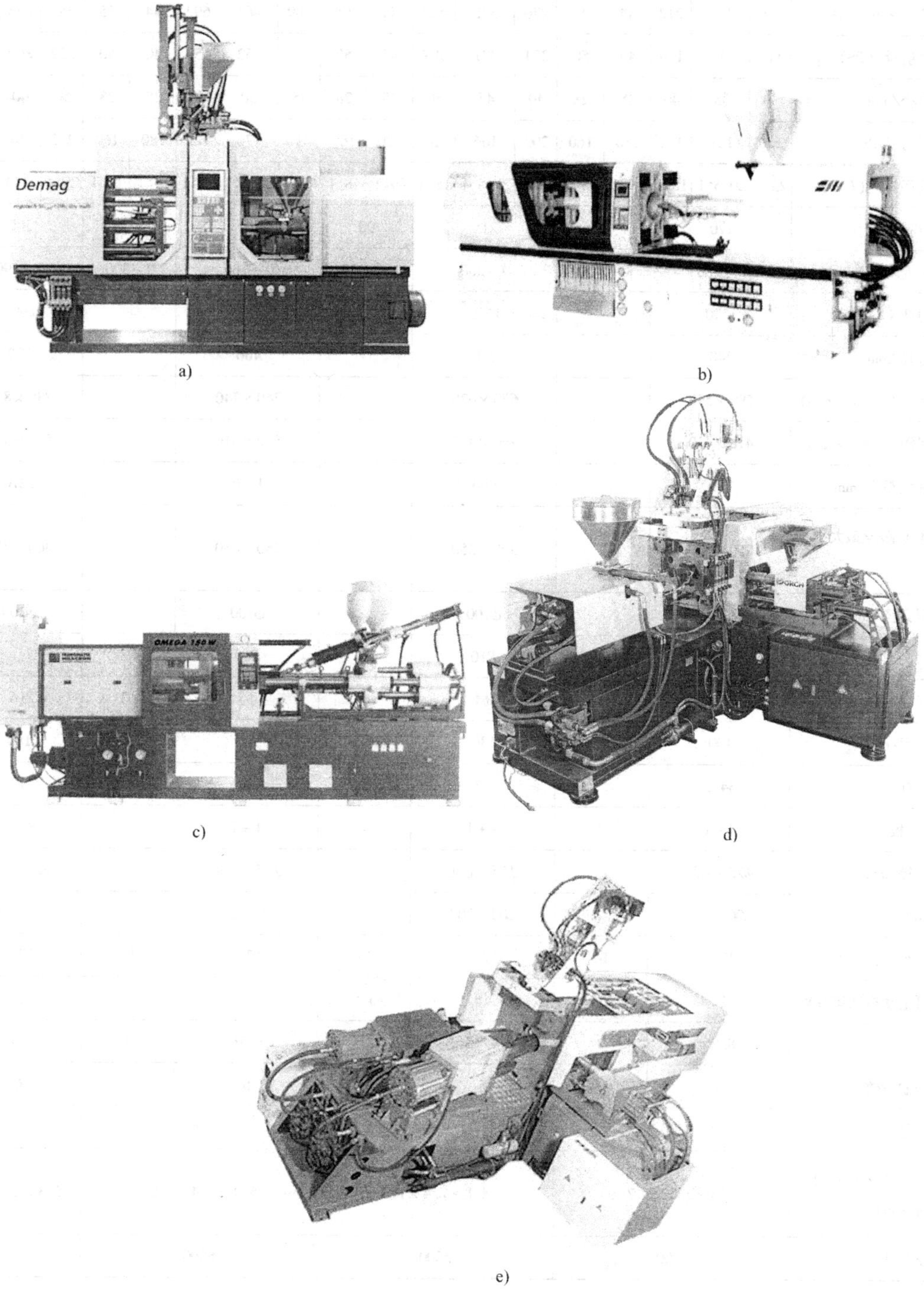

图5-75　双（多）色注射机

a）V型　b）P型　c）R型　d）VL型三色机　e）四色机

表 5-14　部分国产双色

技术参数	BT120-022MI					BT150-022MI					BT200-022MI					BT260-		
	主注射装置			副注射装置		主注射装置			副注射装置		主注射装置			副注射装置		主注射装置		
理论注射容积/cm^3	120	163	212	44	45	270	342	422	44	55	389	481	692	44	55	588	848	1154
理论注射量（PS）/g	113	153	199	40	50	254	321	397	40	50	365	452	650	40	50	552	800	1085
螺杆直径/mm	30	35	40	25	28	40	45	50	25	28	45	50	60	25	28	50	60	70
注射压力/MPa	220	161	124	180	160	209	166	134	180	160	217	176	122	180	160	232	161	118
螺杆长径比/（L/D）	23:1	20.5:1	18:1	19:1	18:1	23:1	20.5:1	18:1	19:1	18:1	23:1	20.5:1	17:1	19:1	18:1	25:1	21:1	18:1
螺杆行程/mm	170			90		215			90		245			90		300		
螺杆转速/（r/min）	0～180			0～300		0～200			0～300		0～160			0～300		0～190		
合模力/kN	1200					1500					2000					2600		
开模行程/mm	340					410					460					520		
模板尺寸/（mm×mm）	590×590					670×670					740×740					835×835		
拉杆间距/（mm×mm）	410×410					460×460					510×510					580×580		
模板最大距离/mm	790					960					1110					1270		
容模量（最小/最大）/mm	250～500					300～550					350～650					400～750		
定位圈直径/mm	$\phi100$					$\phi100$					$\phi100$					$\phi100$		
喷嘴球头半径/mm	$R10$			$R8$		$R10$			$R8$		$R10$			$R8$		$R10$		
喷嘴孔径/mm	$\phi3.5$			$\phi3$		$\phi4$			$\phi3$		$\phi5$			$\phi3$		$\phi6$		
顶出行程/mm	100					130					150					180		
顶出力/kN	34.3					42					49					77		
顶杆数/根	4+1					4+1					4+1					8+1		
顶杆直径/mm	$\phi25+\phi50$					$\phi25+\phi50$					$\phi25+\phi50$					$\phi25+\phi50$		
顶杆孔距/mm	200×200					200×200					200×200					200×200		
液压系统压力/MPa	17.5			14		17.5			14		17.5			14		17.5		
液压泵电动机功率/kW	11			5.5		15			5.5		18.5			5.5		22		
电功率/kW	8.85			2		9.76			2		9.76			2		14		
温度控制段数	5			2		5			2		5			2		6		
油箱容量/L	200					250					300					500		
外形尺寸(L×W×H)/(m×m×m)	4×2.5×1.7					4.8×2.4×1.7					5.4×2.4×1.85					6.3×2.7×1.9		
机器质量/kg	4500					5000					6500					12000		

注射机的主要技术参数

080MI			BT320-080MI						BT380-120MI						BT480-120MI					
副注射装置			主注射装置			副注射装置			主注射装置			副注射装置			主注射装置			副注射装置		
120	163	212	988	1346	1758	120	163	212	1538	2010	2544	182	238	301	1877	2411	3011	182	238	301
113	153	199	928	1266	1652	113	153	199	1446	1890	2366	171	225	283	1764	2267	2830	171	225	283
30	35	40	60	70	80	30	35	40	70	80	90	30	40	45	75	85	95	30	40	45
220	161	124	225	165	126	220	161	124	212	162	128	222	169	134	208	162	130	222	169	134
23:1	20.5:1	18.5:1	25:1	21:1	18.1:1	23:1	20.5:1	18:1	24:1	21:1	18.5:1	23:1	20.5:1	18:1	24:1	21:1	19:1	23:1	20.5:1	18:1
170			350			170			400			190			425			190		
0~180			0~175			0~180			0~133			0~187			0~150			0~187		
			3200						3800						4800					
			580						655						755					
			950×950						1060×1030						1165×1135					
			670×670						730×700						830×800					
			1380						1375						1555					
			450~900						500~1000						550~1100					
			φ150						φ150						φ150					
			R10						R10						R10					
φ3.5			φ7			φ3.5			φ8			φ4			φ9			φ4		
			180						205						250					
			77						111						111					
			8+1						12+1						12+1					
			φ30+φ80						φ30+φ80						φ30+φ80					
			200×200						200×200						200×200					
14			17.5			14			17.5			17.5			17.5			17.5		
7.5			30			7.5			37			11			45			11		
6.5			18.65			6.5			20			8.85			23.9			8.85		
4			6			4			6			5			6			5		
			600						1100						1200					
			6.9×2.8×2.0						7.4×3.35×2.14						8.1×3.6×2.3					
			15000						19000						22000					

类型结构有所不同。双（多）色注射机的合模装置通常配有模具换位装置，如托芯转盘或平面转盘，两种转盘的结构如图 5-73 所示；未配置模具换位装置的双（多）色注射机可以在模具上设置换位机构（图 5-76），也可另配移位机械手来实现第一次注料后塑件的移位。

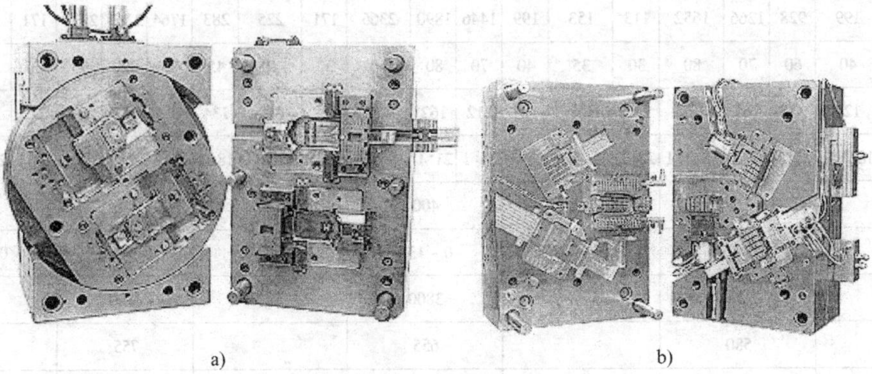

a)　　b)

图 5-76　设置换位机构的注射模

a）双色注射模　b）三色注射模

双（多）色注射机比标准单色注射机多了一组以上的注射系统，因此，其液压和电气控制系统与标准单色注射机不同。双色注射机的液压系统通常由两台电动机分别驱动一个变量液压泵，大流量液压泵向主注射装置供高压油，小流量泵向副注射装置供高压油，主、副注射机构的注射压力和速度均由各自独立的比例压力/流量阀所控制。模具的开模、合模、塑件顶出、模具换位等动作则由大、小液压泵共同供油，协调工作。双（多）色注射机的控制系统通常采用数字化控制，所有动作（包括合模装置、注射装置、模具与转盘动作）和各个注射装置中不同塑料的注射成型工艺参数均由计算机控制，控制系统的 CPU 要完成传感器传送来的大量信息处理工作，对其进行统一监控，使机械和模具完全合为一体，互相配合，确保安全、稳定地生产。

三、双（多）色注射成型工艺的辅助装置

1. 公用喷嘴

双（多）色塑料制品的种类繁多，其注射成型方法和对模具、设备的要求也各不相同。对于混色和夹芯塑料制品注射成型均需要使用一个公用注射喷嘴，其常见结构如图 5-72 所示，注料控制由公用喷嘴的分流阀加以控制。

2. 分流阀装置

双清色制品注射成型又可分为“分流阀技术”和“移模技术”两种工艺。采用分流阀工艺时，模具的动模无需转换位置，模腔分为第一色塑料模腔和第二色塑料模腔两部分，两部分模腔分别与两个注射装置的流道系统相连，两模腔之间由分流阀相隔。分流阀的技术原理如图 5-77 所示，当第一色塑料注射时，分流阀的阀芯先将模腔阻断，注入的塑料熔体仅填充第一色料的模腔，待第一色料凝固后，打开分流阀，注入第二色塑料熔体，保压冷却后开模取出制品。

用分流阀技术生产双清色塑料制品设备可以不配备模具换位装置，从而简化了设备的结构和控制系统，但模具的结构设计会受到一定的限制。相对于移模技术而言，模具流道系统

设计，分流阀位置、形状及阀芯运动方向等均有局限性，该工艺适宜成型双色料以截面为分界的制品，不宜成型双色料沿壁厚方向分层的制品。

3. 移模装置

采用移模技术生产双清色制品时，需要在双色注射机的动模板上配置模具换位转盘，转盘的配置可大大简化双色注射模具的结构，现有模具换位转盘主要有托芯转盘和平面转盘两种，图5-78所示为模具换位转盘的结构。

图5-78a所示的托芯转盘工作时，双色注射模的动模部分不转动，将模具的可转位型芯托出一段距离（应高于动模分型面）后，

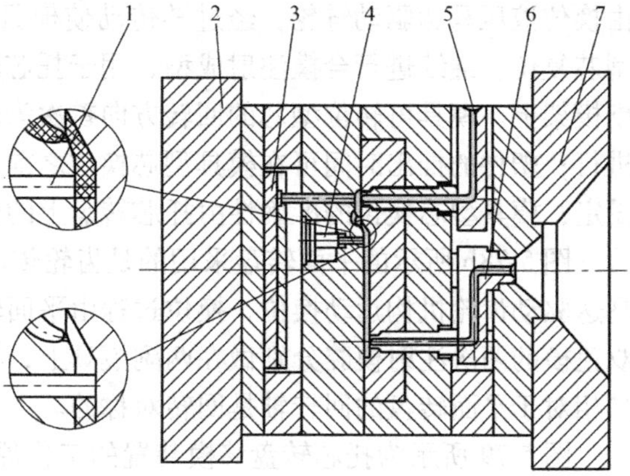

图5-77 分流阀的技术原理

1—分流阀阀芯 2—注射机动模板 3—模具推出机构 4—分流阀驱动液压缸 5—副注射喷嘴 6—主注射喷嘴 7—注射机定模板

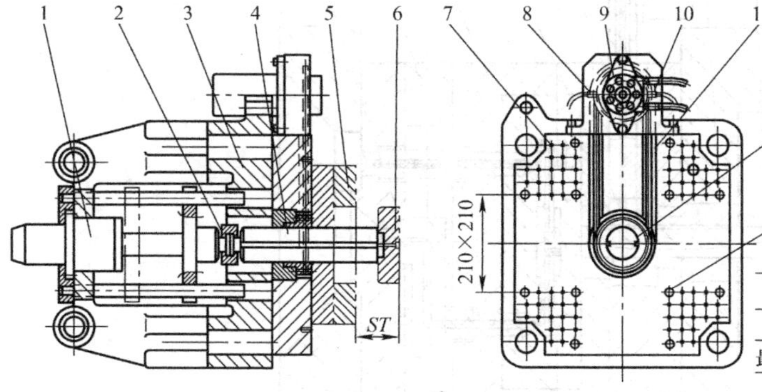

托芯转盘型号	TP580		TP700	
注射机型号	BT120	BT150	BT200	BT260
最大行程ST/mm	90	130	150	180

a)

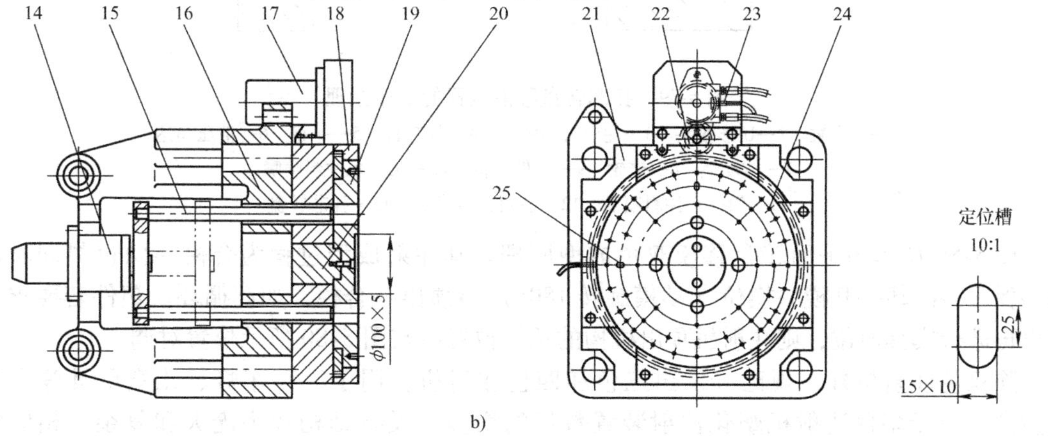

b)

图5-78 模具换位转盘的结构

a）托芯转盘 b）平面转盘

1、14—顶出缸 2—托芯连接头 3、16—注射机动模板 4—托芯 5—动模 6—模具旋转镶块 7、21—转盘座 8、10、23—位置检测装置 9、17—换位液压马达 11—传动链 12—传动链轮 13—锥度定位销 15—顶杆 18—转盘压板 19—齿轮转盘 20—回转轴 22—传递齿轮 24—冷却水接口 25—定位槽

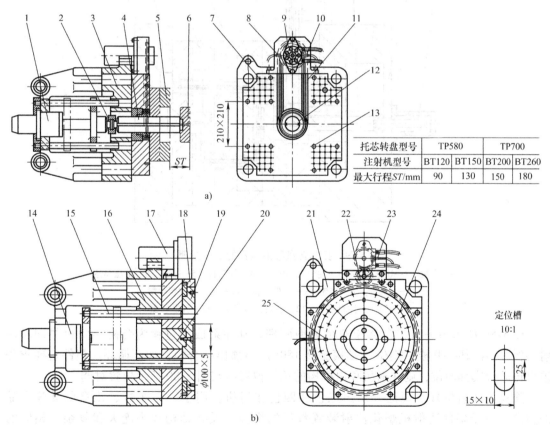

由换位液压马达驱动链轮，经过链传动使模具的可转位型芯顺时针转过180°，再将可转位型芯复位，继续进行合模注射成型，用于托芯转盘的双色注射模的两次注射模腔均做在同一副模架上。模具可转位型芯的回转方向首次为顺时针旋转，第二次为逆时针旋转，如此反复进行；塑件的推出时间可在模具型芯换位之前，也可在模具型芯换位之后，由控制系统进行设定；模具型芯换位的准确性由托芯转盘上的位置检测装置监控。

图5-78b所示的平面转盘采用的是齿轮传动机构，双色注射模动模换位时，由换位液压马达驱动齿轮机构运动换位，换位过程由平面转盘上的位置检测装置监控。用于平面转盘的双色模的两次注射模腔分别做在两副模具上，模具的安装由装模定位锁定位，以保证两副模具相对于平面转盘的回转轴是回转对称的。

图5-79所示为托芯转盘移模装置的工作原理，其注射成型过程为合模→注射→保压→冷却→开模→型芯（连同塑件）移出动模→型芯旋转180°→塑件（已成型件）脱模→型芯复位→合模，然后进入下一循环。

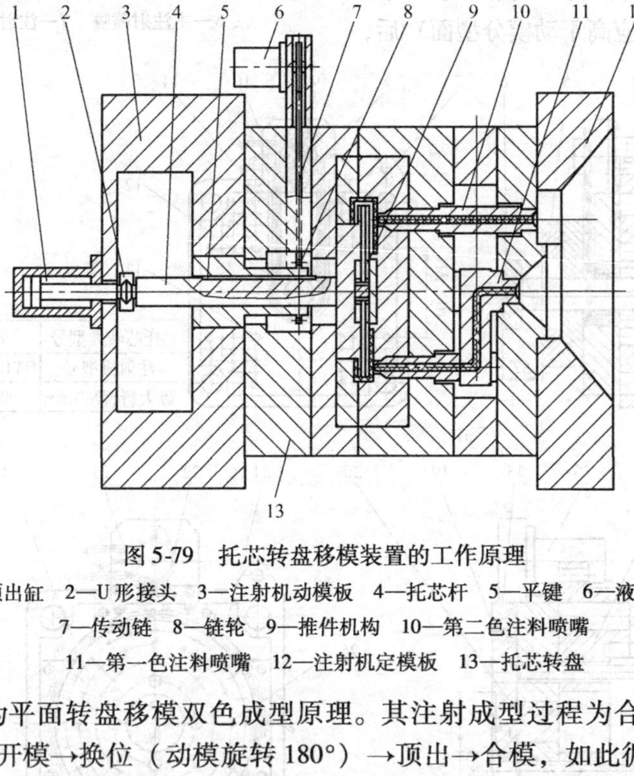

图5-79　托芯转盘移模装置的工作原理

1—顶出缸　2—U形接头　3—注射机动模板　4—托芯杆　5—平键　6—液压马达
7—传动链　8—链轮　9—推件机构　10—第二色注料喷嘴
11—第一色注料喷嘴　12—注射机定模板　13—托芯转盘

图5-80所示为平面转盘移模双色成型原理。其注射成型过程为合模→两色料同时注射→保压→冷却→开模→换位（动模旋转180°）→顶出→合模，如此循环。塑件若要求先顶出再进行模具换位，则注射机顶出机构的顶杆位置应与图5-80所示位置对调。

除双色注射机外，现已开发出三色和四色注射机，用于汽车车灯、儿童玩具等产品的生产。由于多色注射机塑化注射装置数量的增多，设备结构较为庞大和复杂，相应的控制系统功能也要增强。同时，模具换位装置每次旋转的角度不再是180°，且旋转方式不再是顺、逆时针往复转动，而是沿同一个方向旋转，因此，模具冷却系统的进水方式需要随之改变。

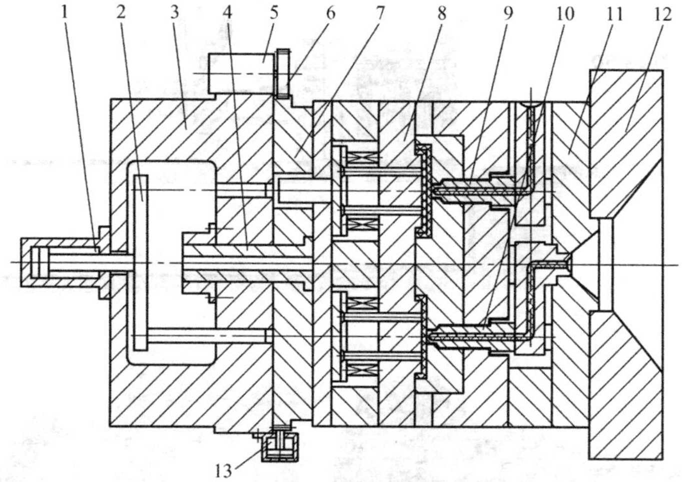

图 5-80 平面转盘移模双色成型

1—顶出缸 2—注射机顶出机构 3—注射机动模板 4—转盘回转轴 5—液压马达 6—传动齿轮 7—平面转盘 8—动模 9—第二色注料喷嘴 10—第一色注料喷嘴 11—定模 12—注射机定模板 13—平面转盘锁紧液压缸

第九节 全电动注射机

一、全电动注射机的特点与应用

全电动注射机是指以伺服电动机为动力源，通过滚珠丝杠、齿形带及齿轮等元器件来驱动设备的各个机构，完成塑料注射成型各种动作要求的注射机，其最为突出的特点是控制系统采用了全闭环控制，可实现塑件的精密注射成型。近年来，随着微型、精密薄壁塑件需求的不断增大，对设备的高精度、高效率、节能环保等方面提出了很高的要求，而全电动注射机具有节能、节材、环保、高效、精密、高速（标准规格的注射速度为 300mm/s，高速可达 700 ~ 750mm/s）等特点，能够较好地适应塑料精密注射成型工艺的要求，因而获得了快速的发展。

1983 年，日本 FANUC 公司研制出了世界上第一台由直流伺服电动机驱动的全电动式精密注射机，它用伺服电动机取代了肘杆式精密注射机的全部液压装置，使注射机的注射成型精度大为提高。目前，生产全电动注射机的厂家众多，除日本 FANUC、日精树脂等公司之外，日本的住友（SUMITOMO）公司、东芝（TOSHIBA）公司、三菱（MITSUBISHI）公司，美国的辛辛那提公司，德国的巴特菲尔德（Battenfeld）公司、费罗玛提克米拉克隆（Ferromotik Milacron）公司，加拿大的赫斯基（Husky）公司，意大利的 Bodini Presse 公司、Mir 公司和 Negri Bossi 公司等世界著名厂商也都完成了全电动注射机的开发并将其投入市场。我国的香港力劲集团、广东东华机械、宁波海天机械、宁波高新协力机电公司等塑料机械生产厂家也开发出了全电动注射机。图 5-81 所示为广东东华机械有限公司生产的 Zeus50 全电动注射机的外形与结构图。

全电动注射机与液压系统驱动的注射机相比，具有以下特点：

（1）高精度 全电动注射机采用伺服电动机经一级带传动或直接驱动滚珠丝杠运动，

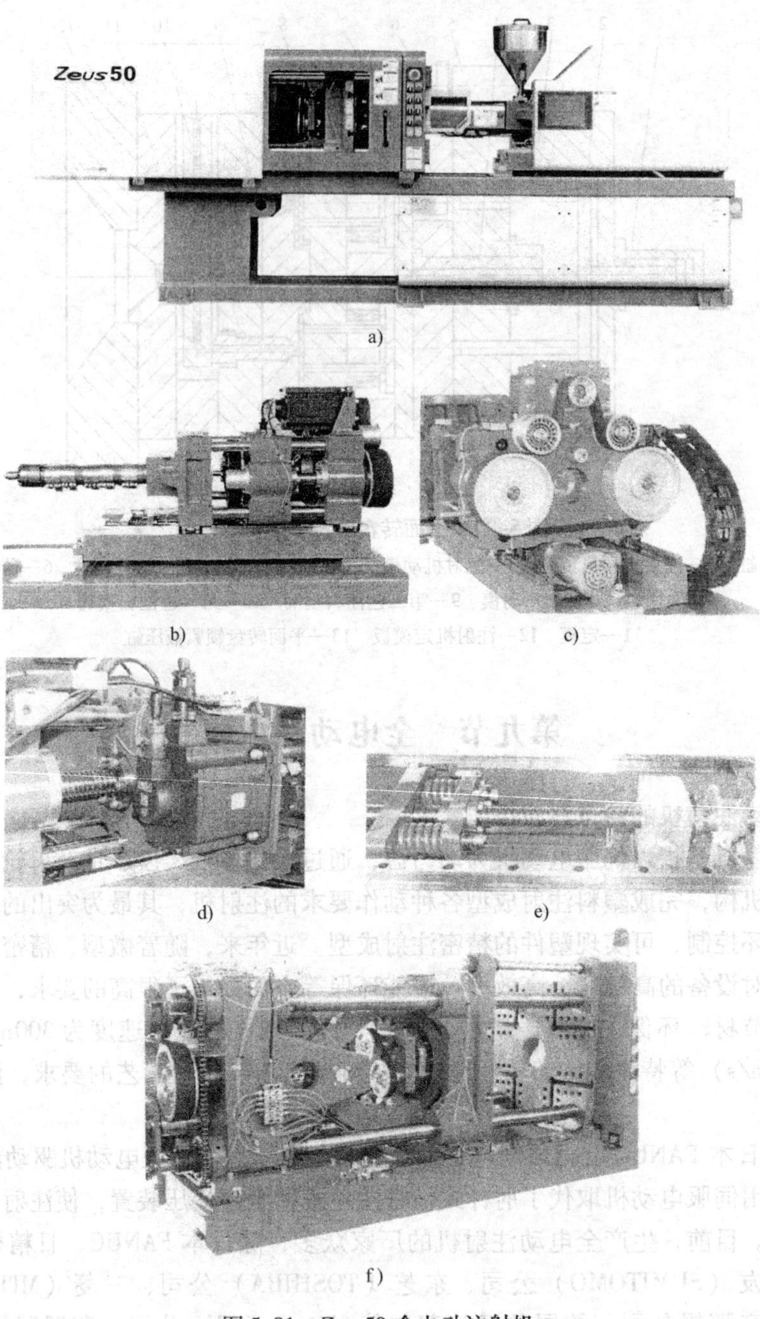

图 5-81　Zeus50 全电动注射机

a）整机外形　b）注射装置　c）螺杆注射运动驱动机构　d）螺杆旋转运动驱动机构
e）注射装置整体移动驱动机构　f）合模与顶出运动驱动机构

实现注射成型过程所需的各种动作，其运动精度不受液压油粘度变化的影响，工艺参数稳定性好，设备整体精度和制品成型精度均比液压驱动注射机高得多。伺服电动机本身可提供高精度的位置、速度控制，滚珠丝杠的精度能达到微米级（0.001mm），由滚珠丝杠和同步带等组成的传动系统的结构简单而效率很高。

（2）低能耗　全电动注射机可节省 50% ~70% 的能源，而且在冷却水利用方面也有类似的效果。

(3) 高重复定位精度　全电动注射机的传动系统为伺服电动机驱动滚珠丝杠，再加上数字化全闭环回路控制系统，使运动部件的运动精度得到补偿修正，从而提高了重复定位精度，其重复定位精度误差约为0.01%。

(4) 低噪声　由于伺服电动机工作时不会发出液压系统增压和高压油换向时的噪声，其运行噪声值低于70dB，大约是液压驱动注塑机噪声值的2/3，这不仅使操作者受益，还能降低隔声生产车间的投资建设成本。

(5) 精密的注射控制　塑化螺杆位置由数字精密控制，原料的注入量与制品非常接近。

(6) 生产周期短　例如，日本NISSEI公司生产的ES200全电动注塑机的产品生产周期可缩短至0.63s，其合模时间为0.1s，开模时间为0.13s，注射时间为0.05s，塑化时间为0.25s，整个生产周期全自动连续进行。

但是，由于每个厂家生产的全电动伺服电动机及其驱动器都不尽相同，因此设备维修困难，维修费用高。

全电动注射机主要用于微型件（如0.694g的听力助听器、钟表、玩具、自动化器件、手机产品零件等）、精密件、光学部件、记录数据的介质（光盘、数字影像光盘、磁光盘及微型光盘）等产品的生产，在医疗器械、信息、电子、精密仪器、计算机与汽车等产品制造领域得到了广泛的应用。

二、全电动注射机的结构

全电动注射机的主体结构由注射装置、合模装置和床身三部分组成，动力源不再是液压系统，而是由伺服电动机及其驱动系统替代，电气控制系统则采用数字式闭环伺服控制系统。

为实现塑料注射成型所需的合模、注射、保压、预塑、开模、顶出及注射座移动等动作，全电动注射机配置了四个伺服电动机，分别用于完成合模、注射、预塑和顶出四个方面的动作，而注射座的前移和后退对注射机的成型精度影响不大，因此由常用的交流电动机驱动。伺服电动机通过同步带传动或直接传动来驱动滚珠丝杠的螺母转动，再由滚珠丝杠传动副转换为直线运动，以替代普通注射机液压缸的工作。预塑工作则由伺服电动机直接取代普通注射机的液压马达，预塑所需的螺杆转速及塑化量均可由伺服控制系统输出给预塑伺服电动机的指令来控制，实现了精确计量。

全电动注射机除注射装置、合模装置、床身、及滚珠丝杠等部件外，还有两个关键部件，分别是伺服电动机及智能数字伺服控制系统，以下对这两个部件做一简要介绍。

1. 伺服电动机

伺服系统是使物体的位置、方位、状态等输出量能够跟随输入目标（或给定值）任意变化的自动控制系统。伺服的主要任务是按控制命令的要求对功率进行放大、变换与调控，对驱动装置输出的力矩、速度和位置进行灵活方便的控制。

伺服电动机在自动控制系统中用做执行元件，它把来自伺服控制系统的电信号转换成伺服电动机轴上的角位移或角速度输出。其工作特点为：当信号电压为零时无自转现象，转速随着转矩的增加而匀速下降。伺服电动机具有大扭力、控制简单、装配灵活等优点。

伺服电动机内部包含一个直流电动机、一组变速齿轮组、一个反馈可调电位器及一块电子控制线路板。其中，高速转动的电动机提供了原始动力，带动变速（减速）齿轮组，使之产生高扭力的输出，齿轮组的变速比越大，伺服电动机的输出扭力越大，但伺服电动机转动的速度也越低。

伺服电动机的工作原理是一个典型的闭环反馈系统，减速齿轮组由电动机驱动，其终端（输出端）带动一个线性的比例电位器进行位置检测，该电位器把转角坐标转换为比例电压反馈给控制线路板，控制线路板将其与输入的控制脉冲信号进行比较，产生纠正脉冲，并驱动伺服电动机正向或反向转动，使齿轮组的输出位置与期望值相符，令纠正脉冲趋于零，从而达到伺服电动机精确定位的目的。

伺服电动机有三条控制线，即电源线、地线及控制线。电源线与地线用于提供内部电动机及控制线路所需的能源，电压通常为4~6V，该电源应尽可能与处理系统的电源隔离（因为伺服电动机会产生噪声）。有时小功率伺服电动机在重负载时会使放大器的电压下降，为此，整个控制系统电源供应的比例必须合理。控制用正脉冲信号的脉宽通常为1~2ms，而脉间通常为5~20ms。

2. 智能数字伺服控制系统

图5-82所示为全电动注射机的伺服系统控制框图，该系统由伺服电动机、数字伺服驱动器、工业控制计算机（简称工控机）、带有串行实时通信系统（SERCOS）接口的I/O模块及信号输入输出器件等组成。

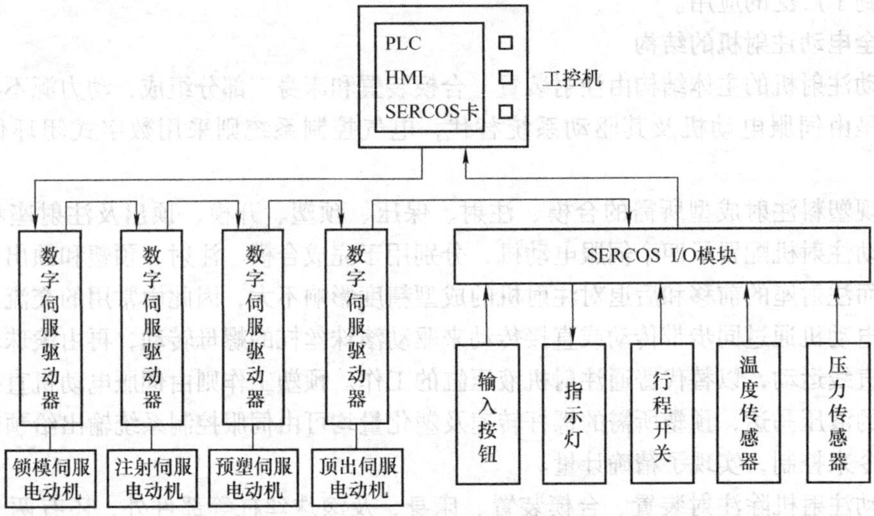

图5-82　全电动注射机的伺服系统控制框图

工控机是伺服控制系统的核心，其中的HMI为人机界面（Human-Machine Interface）的缩写，它由硬件和软件两部分组成。硬件包含处理器、显示单元、输入单元（触摸屏）、通信接口、数据存储单元、变频器、直流调速器等；软件一般分为两部分，即运行于HMI硬件中的系统软件和运行于计算机操作系统下的画面组态软件。通过输入单元写入工作参数或输入操作命令，可实现人与机器的信息交互，完成伺服系统的控制。控制系统需要完成设定控制参数和目标、显示控制结果、协调机器各环节的动作顺序这三大功能。注射过程的压力、位置和速度的控制是由伺服控制系统中的运动控制器来完成的，它根据伺服控制系统发出的控制指令分别对注射、预塑、合模和顶出伺服电动机进行控制，协调它们之间的动作，并把控制结果和相关状态反馈给伺服控制系统。

伺服系统的控制流程可以描述为：由伺服控制系统发出将要进行何种控制（如注射的速度或压力控制）的指令；运动控制器根据接受到的指令和实际状况，给出控制调节信号至变频器；变频器驱动伺服电动机旋转，伺服电动机通过同步带将旋转运动传递给滚珠丝杠螺母，再将旋转运动转换成直线运动，从而实现对速度、压力或位置的控制。

串行实时通信系统接口 SERCOS（Serial Realtime Communication System）是目前世界上唯一一个用于控制系统与驱动器之间通信的标准化的（IEC61491 和 EN61491）数字接口，它使用一个环形光纤网络作为传输介质，并使用了最新 SERCON 816 ASIC 芯片的接口，其最大传输速率可达 2MB/s、4MB/s、8MB/s 或 16MB/s，具体数值取决于设备的设计。通过这个接口可实现额定位置、额定速度和额定转矩的传输，它允许所有的驱动器内部数据、参数和诊断数据通过一个与 SERCOS 兼容的 CNC 来显示和输入。因此，SERCOS 接口被广泛用于 CNC 和数字驱动器控制单元之间的通信。

第十节　其他专用注射机

一、高速、精密注射机

随着塑料制品使用范围的扩大和使用要求的提高，对于尺寸精度、外观质量要求较高的制品，为满足降低成本的需要，发展了精密注射机。精密注射机的主要结构与普通注射机相似，但精密注射成型工艺要求注射压力高（180～250MPa，最高达 415MPa）、注射速度快（达 0.3～0.5m/s）、温度控制严格等，为此要求精密注射机具备大注射功率、控制精度高、液压系统反应速度快、合模装置刚度大等特点。

1. 注射装置

注射装置具有相当高的注射压力和注射速度。使用高压高速注射成型技术时，塑料的收缩极小，有利于控制制品精度，保证熔料快速充模，加快熔料流程，但制品易产生内应力。为在结构上确保上述要求，应加大螺杆的长径比，提高螺杆转速、背压的控制；采用带有混炼效果的螺杆，提高塑化效率和塑化质量；螺杆头部应设有止逆结构，防止高压下熔料的回泄，实现精确计量。

2. 合模装置

精密注射机一般采用全液压合模装置，动、定模板及拉杆结构须耐高压、耐冲击，并且具有较高的精度和刚性。设计合模装置时，应使模板具有若干自由度，在施加合模力的状态下，其平行度可随模具的情况变化。动、定模板的平行度公差为 0.05～0.08mm，合模装置还安装了低压试合模保护装置，用于保护高精度模具。

3. 液压系统

为提高必要的重复精度和增大从高速到低速的调整幅度，精密注射机通常采用复式泵和大容量储能器作为动力源（图 5-83）。对注射油路和合模油路分别控制，有利于减少油路之间的相互干扰，提高液压系统的刚性，保证油液流动的速度和压力稳定。液压元件普遍使用带有比例压力阀、比例流量阀、伺服变量泵的比例系统，以节省能源和提高控制精度与灵敏度。另外，为了使工作油温的变化适应粘度变化，工作液压油设有专门的油温控制器，避免因油温的变化引起液压系统的压力与流量变化而影响工作的稳定性。

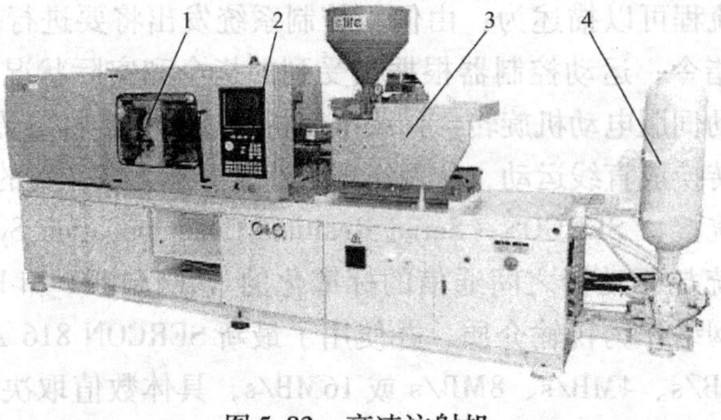

图 5-83　高速注射机

1—合模装置　2—控制系统操作面板　3—注射装置　4—大容量储能器

4. 控制系统

采用计算机系统或微处理器的闭环控制系统，保证工艺参数稳定的再现性，实现对工艺参数多级反馈控制与调节。对料筒、喷嘴的温度采用 PID 控制，使温控精度保持在 ±0.5℃。

二、热固性塑料注射机

与热塑性塑料相比，热固性塑料具有优异的耐热性、耐蚀性、抗热变形性及绝缘等电性能，在塑料制品中占有重要地位。长期以来，热固性塑料制品主要采用压缩模塑成型方法生产，该方法生产效率低，劳动强度大，工作环境恶劣，制品质量也不稳定，远不能满足需要。热固性注射成型工艺和专用注射机的出现，为热固性塑料制品的生产开辟了一个新途径。

热固性塑料在成型过程中，既有物理变化，又有化学反应。成型前，树脂分子多为支链型结构，在一定温度、压力的作用下，分子支链发生交联反应，变成网状体型结构，塑料硬化定型，同时释放出小分子量的气体。制品成型过程是将粉状树脂在料筒中进行预热塑化（温度为 90℃左右），使之呈稠胶状，然后用螺杆（或柱塞）在较高的注射压力下将其注入热模腔内（模具温度为 170～180℃），经过一定时间的固化即可开模取出制品。

如图 5-84 所示，热固性塑料注射机的结构与普通注射机相似，但在塑化部件上有较明显的区别。

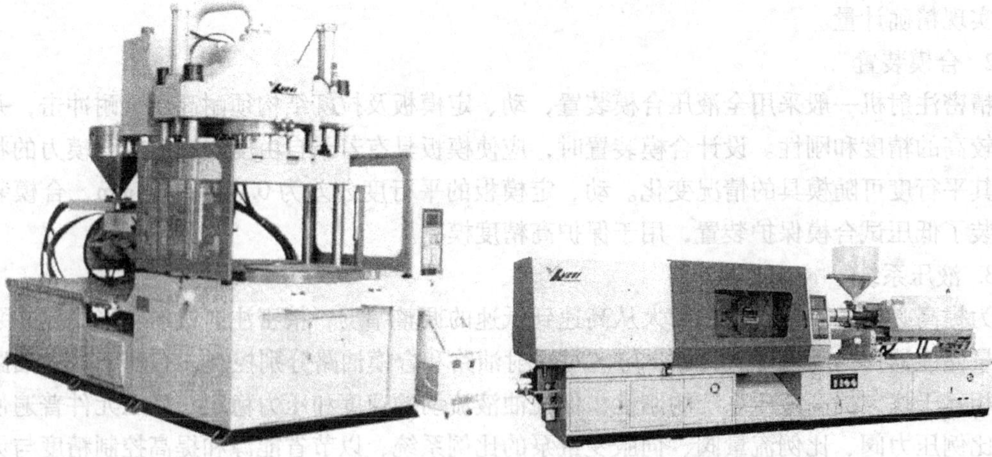

a)　　b)

图 5-84　热固型塑料注射机

a）角式圆盘注射机　b）卧式注射机

1. 螺杆

为避免对塑料产生过大的剪切作用和在料筒内的长时间停留，热固型螺杆的长径比和压缩比较小（$L/D=14\sim16$，$\varepsilon=0.8\sim1.2$），螺槽深度相对较深，以减小剪切作用。螺杆结构形式可分为压缩型、无压缩型和变深型，如图5-85所示。压缩型螺杆因剪切热大，主要用于不易发生交联作用的热固性塑料；无压缩型螺杆的剪切塑化和输送能力均良好，用于一般情况；变深型螺杆适于加工易于交联或玻璃纤维增强的塑料，此螺杆的输送能力较强。为防止注射时塑料的倒流，宜采用如图5-86所示的止逆结构，料筒的两个直径（D_k，D_s）分别与螺杆头和螺杆体相配合，起到止逆的作用。应注意的是，热塑性塑料使用的各种止逆结构在此禁止使用。螺杆通常由液压马达驱动，当物料在料筒内固化时，不致扭断螺杆。

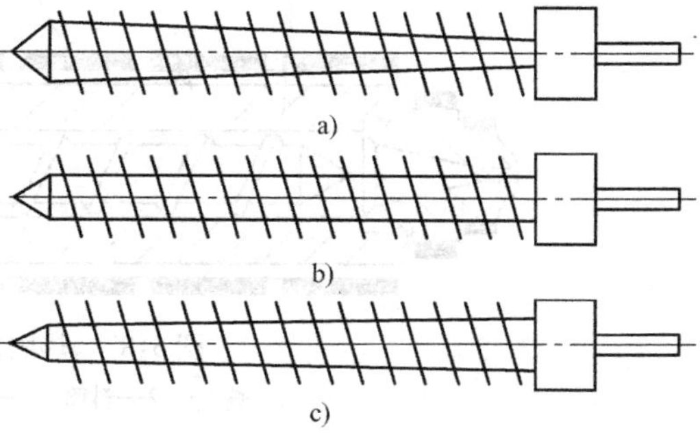

图5-85 热固型螺杆的类型

a）压缩型 b）无压缩型 c）变深型

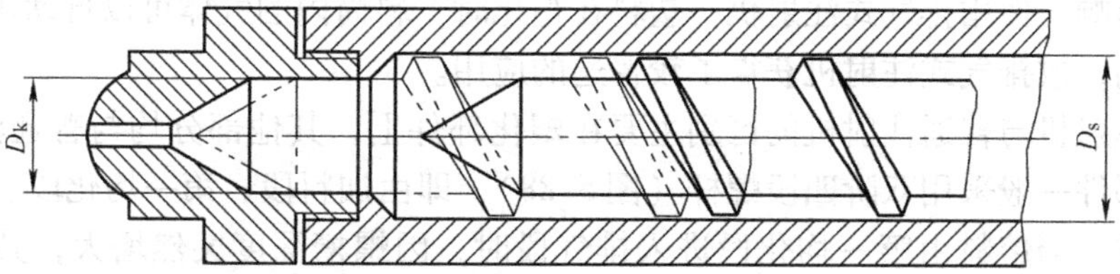

图5-86 热固型螺杆的止逆结构

2. 喷嘴

采用直通式喷嘴，孔径较小。在保压后阶段，因模温较高，喷嘴必须离开模具，以免熔料在喷嘴口固化堵塞。

3. 料筒的加热控制

热固性塑料注射对温度控制的要求非常严格，料筒的加热一般采用恒温控制的介质（水或油）加热系统（图5-87）。该系统的电加热器不直接加热料筒，而是加热介质（水或油），介质由单独的热水（油）循环系统供给料筒外的夹套，再由夹套内的介质加热料筒，这样可使料筒加热均匀、稳定，且易于控制。当介质温度偏高时，恒温控制系统能自动排出部分高温介质，吸入定量的低温介质，实现温度的恒温控制。

4. 合模装置

热固性塑料在固化时有气体排出，其合模装置必须有排气动作，采用增压式液压合模装置易于实现这一动作。生产中只要将合模压力短时卸除，便可使模腔中的气体经模具的分型面溢出。另外，因模温较高，为防止模具的热量传给注射机，在注射机的动、定模板安装表面须加绝热板，绝热板的材质通常可用石棉板或聚四氟乙烯塑料板。

通过使用热固性塑料注射机，热固性塑料注射成型的生产能力可提高10~20倍，制品质量和劳动强度都有所改善，但设备和模具的成本较高，宜于大批量的制品生产。

三、排气式注射机

在注射成型充填塑料时，塑料中因含有较多的$CaCO_3$和木粉等而带入了大量气体，成型

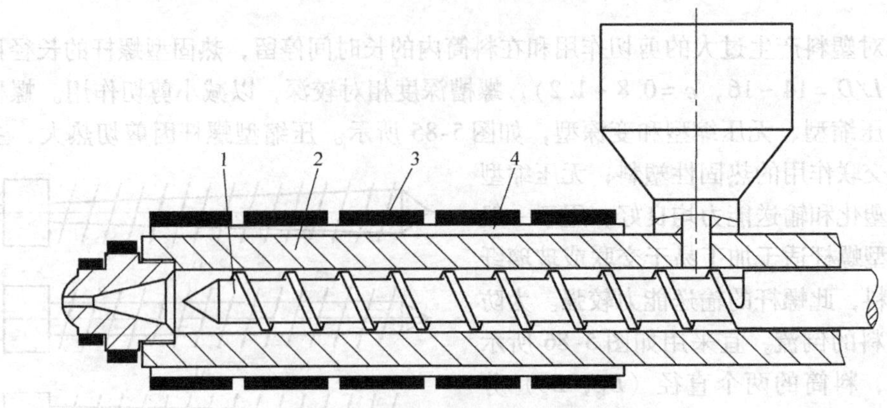

图 5-87　热固性注射机料筒的加热

1—螺杆　2—料筒　3—电加热器　4—液体介质夹套

时需将料筒内的气体排出；注射成型对水分及挥发物含量要求高的塑料时，如聚碳酸酯、聚酰胺、聚甲基丙烯酸甲酯、醋酸纤维素、ABS、AS 等，加工前须进行干燥处理，以减少水分对成型的影响。使用排气式注射机，塑料在塑化时，料筒内的气体可以自动排出，对注射成型极为有利，故排气式注射机获得了较普遍的应用。

排气式注射机与普通注射机的区别主要在塑化部件上，其他部分均与普通注射机相同。排气式塑化部件一般采用双阶四段螺杆（图 5-88），即由加料段、第一均化段、排气段和第二均化段组成。当熔料由第一均化段进入排气段时，因螺槽深度突然增大，其压力迅速下降，促使熔料内所含气体溢出，已去除气体的熔料进入第二均化段聚集，建立起熔料所需的压力。

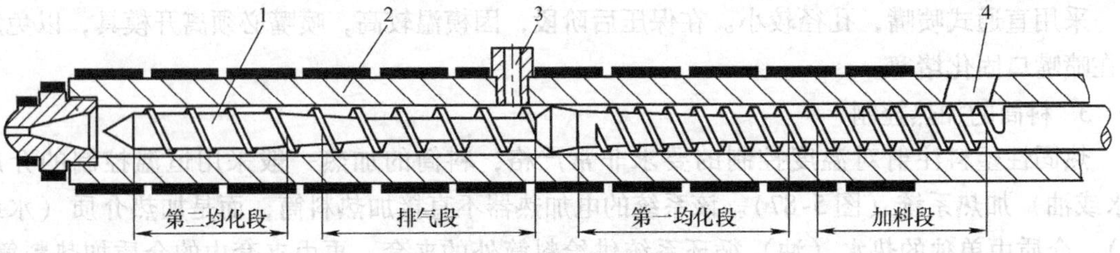

图 5-88　排气式注射机的塑化部件

1—螺杆　2—料筒　3—排气口　4—加料口

排气式注射机的注射装置应能保证生产时排气口不冒料和产量稳定两个基本条件，结构除采用如图 5-88 所示的四段螺杆外，还可采用异径螺杆，如图 5-89 所示。

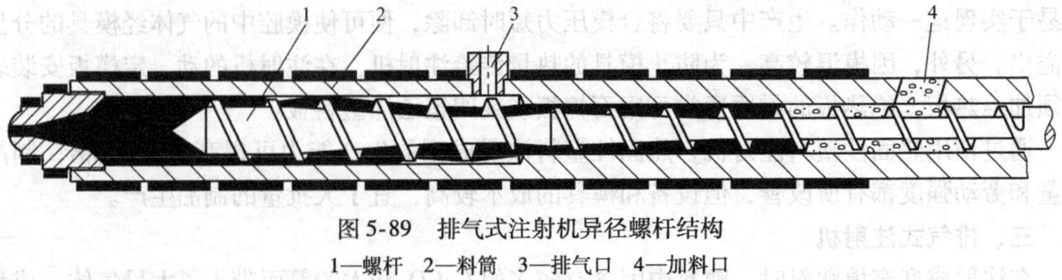

图 5-89　排气式注射机异径螺杆结构

1—螺杆　2—料筒　3—排气口　4—加料口

由于塑料新材料、新工艺的不断发展，塑料注射机也将不断更新和发展，除以上介绍的几种专用注射机外，还有发泡塑料注射机、注射压缩成型机、伸缩型动态注射机、两板式注射机、液压系统与伺服电动机共存的杂混式电动注射机等，在此不一一介绍。

复习思考题

5.1　注射机由哪几部分组成？各部分的功用如何？

5.2　试述注射成型循环过程。

5.3　请比较卧式注射机与立式注射机的优缺点。

5.4　注射机的基本参数有哪些？它们与注射模具有何关系？

5.5　怎样表示注射机的型号？常见的注射机型号表示方法有几种？

5.6　简述柱塞式和螺杆式注射装置的结构组成和工作原理，并比较二者的优缺点。

5.7　柱塞式注射装置中分流梭的作用是什么？

5.8　注射螺杆有哪些基本形式？螺杆各参数对注射成型有何影响？

5.9　注射螺杆与挤出螺杆有何区别，为什么？

5.10　螺杆头有哪些形式？如何选用？

5.11　喷嘴有哪些类型和特点，如何选用？

5.12　什么情况下注射成型选用固定加料、前加料和后加料方式？

5.13　试述液压－机械合模装置的工作原理和特点。

5.14　液压式合模装置为何多采用组合液压缸结构？各种液压合模装置的适用范围有何不同？

5.15　注射机的液压系统通常由哪几部分组成？如何调整系统压力和注射压力？

5.16　设计注射机时采用了哪些安全保护措施？

5.17　双（多）色注射机与普通塑料注射机有何区别？

5.18　双（多）色注射成型模具换位有哪几种方式？各有何优缺点？

5.19　全电动注射机的主要特点与应用如何？

5.20　全电动注射机与其他注射机的主要区别有哪些？

5.21　高速、精密注射机的特点与应用有哪些？

5.22　热固性塑料注射机与普通塑料注射机之间的区别有哪些？

5.23　排气式注射机的特点有哪些？分别用于哪些场合？

第六章　其他塑料成型机械

随着塑料工业的发展和科技水平的不断提高，塑料成型机械也得到了较快的发展。为满足不同塑料和制品的加工要求，以及适应塑料注射成型新工艺的需要，出现了许多塑料专用成型设备，如生产塑料膜材的流延机、生产塑料板片材的塑料压延机、生产中空制品的塑料注吹成型机、生产大口径管材的管材缠绕机，生产农用机械大型壳体塑件的反应注射成型机等。许多专用塑料成型机械已在生产中普遍使用，现对塑料挤出机和注射机之外并已广泛应用的其他塑料成型机械做一简要介绍。

第一节　塑料压延机

一、塑料压延机概述

1. 压延成型的特点和应用

压延成型是塑料成型加工的主要方法之一，它是使用压延机辊筒将基本塑化的热塑性塑料进行加热和多次滚压而加工成薄膜、片材等制品的成型方法。

压延成型主要用于 PVC 树脂的加工，但随着压延成型设备和成型理论的发展，以及树脂改性和配方技术的提高，塑料压延成型的范围有很大扩展，塑料种类从 PVC 发展到了 ABS、聚乙烯醇、聚烯烃类树脂和特殊黏着性树脂等。制品也由软质、半硬质、硬质 PVC 薄膜、片材、板类和人造革、各种橡胶制品发展到了复合材料、贴合制品、合成纸、无纺布、电气和工业零件片材等。目前，压延薄膜的最大幅宽可达 5m，硬片厚度可达 1mm，软板厚度可达数毫米。随着压延成型范围的扩大和制品品种的多样化，压延成型设备也得到了进一步发展。

2. 压延成型工艺流程

为满足不同制品压延成型的要求，在压延成型机的前后配置有多种辅助装置。对于一般压延成型工艺过程，通常以压延机为中心，配以供料系统、加热冷却系统、前联动装置、后联动装置和供电及电气控制系统等，如图 6-1 所示。

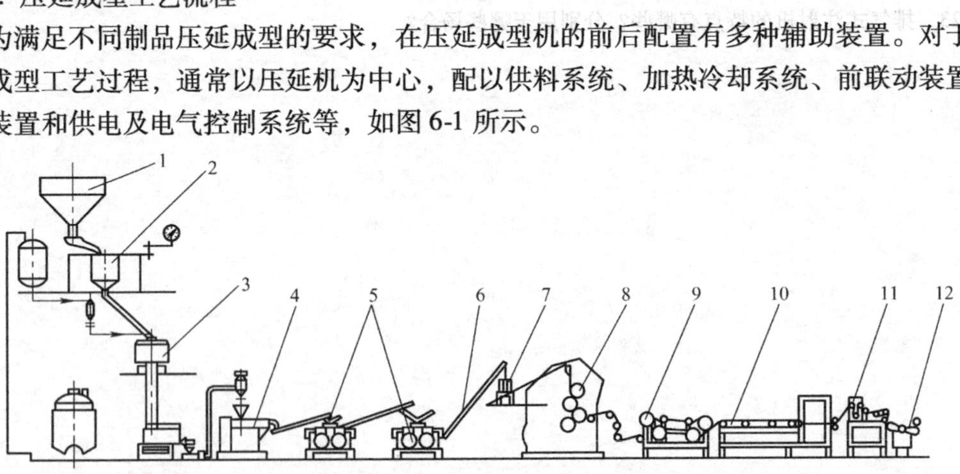

图 6-1　塑料薄膜压延成型生产线

1—料仓　2—计量装置　3—高速捏合机　4—塑化机　5—密炼机　6—供料带　7—金属检测器　8—四辊压延机　9—冷却定型装置　10—输送带　11—张力调节装置　12—卷取装置

供料系统的作用是完成物料各组分的自动计量、配料和混合塑炼，为压延机供给基本塑化均匀的物料。加热冷却系统主要对压延机的辊筒进行加热和冷却，使辊筒达到工艺要求的温度。前联动装置主要用于对加工有衬基制品的衬基（如人造革的衬布、壁纸的衬纸等）进行压延成型前的干燥和扩幅等处理。后联动装置是对压延成型的制品进行牵引、压花、冷却定型和切割收卷等工作。供电及电气控制系统是为整个压延成型系统提供电能和对其进行控制。

加工不同的制品时，压延成型工艺流程的主要组成大同小异，但供料系统和后联动装置有较大的差别。

如图 6-1 所示的塑料薄膜压延成型生产线，其供料系统的主要组成和作用为：计量装置用于对各种添加剂和树脂进行称量和配给；高速捏合机把配好的物料进行充分地搅拌，使物料各组分均匀混合；塑化机完成对塑料的塑化，以及过滤物料中的杂质；密炼机将处理均匀后的物料进行进一步混合、炼塑，初步塑化物料；供料带一般能向压延机均匀地供料，并对供料带上的物料进行检测，以便及时剔除物料中混入的金属异物，防止其刮伤压延机辊筒的工作表面。

后联动装置的主要组成和作用为：冷却定型装置是用一组辊筒对薄膜的上、下表面进行充分冷却，避免因冷却不足而造成薄膜发粘发皱；输送带是让冷却后的薄膜在其上面呈平坦松弛状态，以消除或减少制品的内应力；张力调节装置用于调节中心卷取装置的卷取速度和力矩，以保证卷取速度与压延薄膜的生产速度相吻合；卷取装置用于将薄膜卷取成捆，当薄膜长度达到一定要求后，由人工或自动切割切断，同时转换到另一工位上继续进行卷取工作，可实现自动工位转换的连续卷取。

3. 压延机的分类

压延机可按辊筒的数目和辊筒排列形式的不同进行分类（图 6-2）。按辊筒数目可分为二、三、四、五辊和多辊及异径辊压延机等，其中以三、四、五辊压延机应用较广；按辊筒排列形式可分为“I”、“F”、“L”、“Z”、“S”、“T”、“A”型等，其中以“S”和“Z”型的压延机应用较广。两者的共同特点是，辊筒的排列有利于提高制品精度，便于加料，辊筒结构安排紧凑，机器高度较低等。

4. 压延机的结构组成

图 6-3 所示为三辊压延机的结构，图 6-4 所示为四辊压延机的结构。它们的结构中都有辊筒、辊距调节装置、传动系统、辊筒轴承及润滑装置、辊筒加热冷却装置、安全装置、挡料装置和机架，此外四辊压延机还设有挠度补偿装置。各主要部分的功能如下：

1）辊筒是压延机对物料进行直接施压的零件，辊筒与辊筒之间调节为一定的间隙，加在辊筒间隙中的物料经多次滚压逐渐压延成型。

2）辊距调节装置用来调节辊筒间隙的大小，以满足制品加工厚度的要求。

3）传动系统为压延机辊筒提供所需的转矩和转速。润滑系统起润滑和冷却辊筒轴承的作用。

4）辊筒加热冷却装置通过对辊筒内部进行加热或冷却，使辊筒的温度适合于被加工物料工艺要求的温度。

5）安全装置起生产安全保护作用，用于意外情况时的紧急停车。挡料装置有调节压延制品的宽度和防止物料从辊筒端部挤出的作用。

6）挠度补偿装置用于减少辊筒整体变形对制品厚度均匀性和精度的影响。

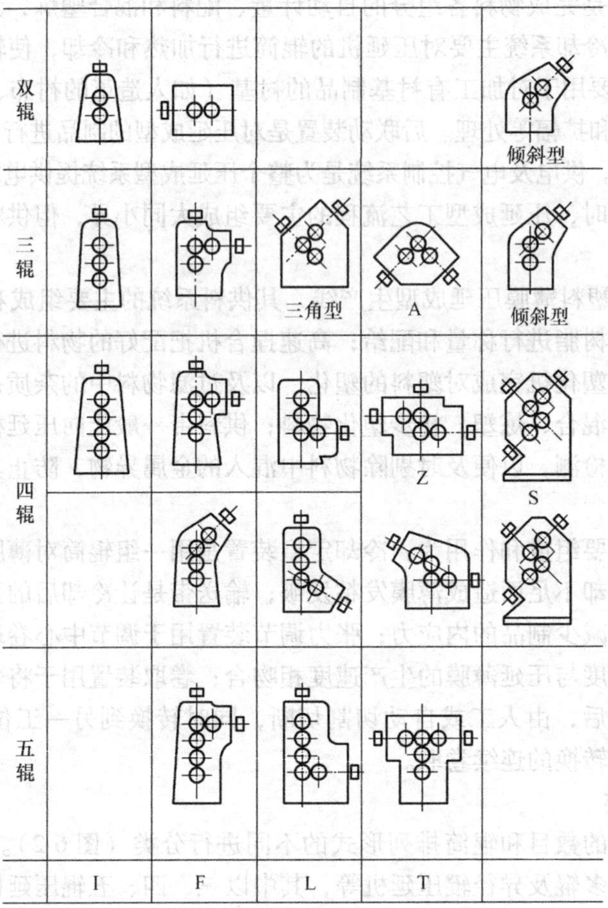

图6-2　压延机分类示意图

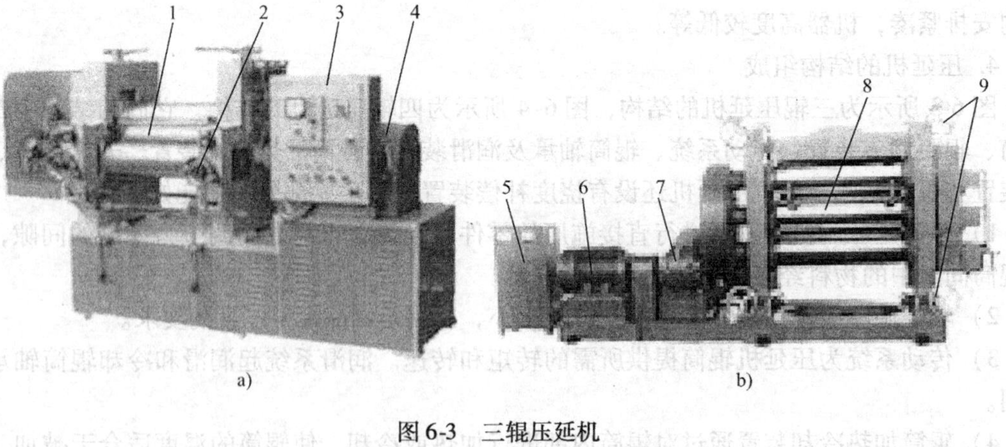

图6-3　三辊压延机

a）辊筒Z型排列　b）辊筒I型排列

1、8—第二辊筒　2、9—辊距调节手轮　3、5—控制箱　4、6—驱动电动机　7—调速装置

图6-4　四辊压延机

1—驱动装置　2—调速装置　3—机架　4—辊距调节装置　5—第二辊筒　6—联动装置

二、压延成型原理

压延成型原理主要体现在成型时物料进入辊筒间隙的可能性、物料的混炼作用，以及压延的均厚作用等方面。

1. 物料进入辊筒间隙的条件

实际压延成型应保证物料能够进入辊筒间隙。如图6-5所示，当粘流态的物料被加到两个具有一定温度、以不同的圆周速度相对旋转的辊筒中间时，辊筒表面将对物料分别作用以径向作用力 F_{Q1}、F_{Q2} 与切向作用力 F_{T1}、F_{T2}。将它们分别沿 x、y 坐标轴分解，如图6-6所示。图中的分力 F_{Q1y}、F_{T1y} 和 F_{Q2y}、F_{T2y} 对物料沿 y 轴方向起着压缩作用，通常称为挤压力；分力 F_{Q1x} 和 F_{Q2x} 则力图将物料自辊筒间隙中推出，而分力 F_{T1x} 和 F_{T2x} 则力图将物料拉入辊筒间隙。因此，为使物料能够进入辊筒间隙，必须满足

$$F_{T1x} > F_{Q1x} \text{ 且 } F_{T2x} > F_{Q2x} \tag{6-1}$$

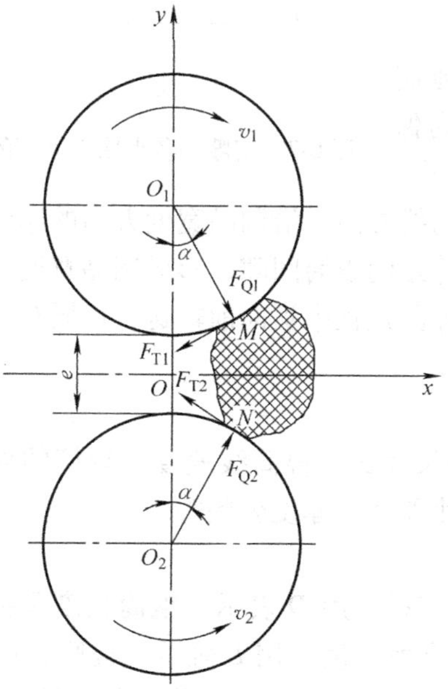

图6-5　辊筒对物料的径向和切向作用力

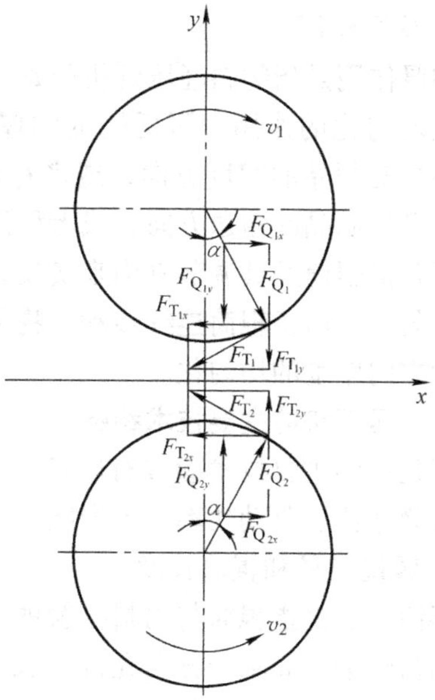

图6-6　辊筒的挤压力和钳取力

而辊筒对物料的作用力为

$$F_{T1x} = F_{T1}\cos\alpha \tag{6-2}$$

$$F_{Q1x} = F_{Q1}\sin\alpha \tag{6-3}$$

$$F_{T1} = F_{Q1}f \tag{6-4}$$

式中，f是物料与辊筒表面的摩擦因数，$f = \text{tg}\rho$（ρ为摩擦角）；α是物料与辊筒表面的接触角，即物料在辊筒上的接触点M、N和辊筒截面圆心连线O_1M、O_2N与两辊中心连线O_1O_2的夹角。

将式（6-4）代入式（6-2），再将式（6-2）、式（6-3）代入式（6-1）得

$$F_{Q1}f\cos\alpha > F_{Q1}\sin\alpha$$

所以，$f > \text{tg}\alpha$或$\text{tg}\rho > \text{tg}\alpha$，即$\rho > \alpha$。由此得出，进行压延成型的必要条件是摩擦角$\rho$必须大于接触角$\alpha$。

由于压延成型物料为粘流态，物料与辊筒表面的摩擦角ρ较大；而辊筒进料口处存料量较少，物料的接触角α较小，因此物料很容易被卷入辊筒间隙。通常把差值（$F_{T1x} - F_{Q1x}$）和（$F_{T2x} - F_{Q2x}$）称为辊筒的钳取力。

2. 剪切力与混炼作用

物料在辊筒间隙中除了受到挤压力和钳取力外，还受到剪切力的作用，如图6-7所示。因为压延成型时，辊筒彼此之间的转速不同，设Ⅰ号辊筒的表面线速度为v_1，Ⅱ号辊筒的表面线速度为v_2，当$v_1 > v_2$时，两辊筒表面的相对速度使物料的运动速度沿y轴方向形成速度梯度。因而物料层间将产生相对运动，从而使物料在辊筒间隙中受到剪切作用，它同挤压力综合作用造成物料更强烈的摩擦作用，达到进一步塑化。

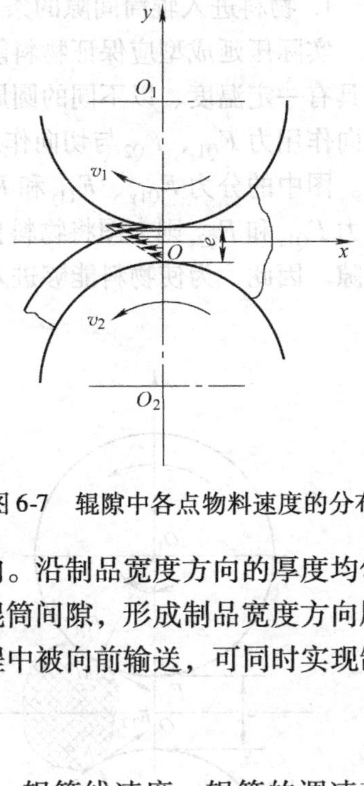

图6-7 辊隙中各点物料速度的分布

3. 均厚作用

均厚作用是指物料经压延机压延成型后，实现压延制品厚度均匀化的作用。压延机的均厚作用从两个方向保证：一是沿制品的宽度方向，或者称沿辊筒的轴线方向；另一个是沿制品的输送方向，或者称沿辊筒间隙处的切线方向。沿制品宽度方向的厚度均匀性由压延机辊筒及其调节机构来实现，物料数次经过等距的辊筒间隙，形成制品宽度方向厚度的均匀化。由于辊筒连续转动，物料在不断通过辊隙的过程中被向前输送，可同时实现制品长度方向厚度的均匀化。

三、压延机的主要技术参数

压延机的主要技术参数有辊筒直径、辊筒长度和长径比、辊筒线速度、辊筒的调速范围、辊筒速比、驱动功率、生产能力、压延制品的最小厚度和厚度公差等。

1. 辊筒直径和辊筒长度

辊筒直径是指辊筒与物料接触的工作外圆表面的直径，用D表示。辊筒长度是指辊筒压延物料时沿辊筒轴线方向允许的长度，也称辊筒的有效长度，用L表示。辊筒直径D与辊筒长度L是表征压延机规格的基本参数。辊筒直径越大，物料被压延作用的区域就越大，物料压延越充分。在转速相同的情况下，大直径辊筒的线速度也大，可相应提高压延产量。

辊筒长度越大，表示允许加工制品的宽度越宽，辊筒的有效长度即制品的最大幅宽。

为保证辊筒的刚度，压延机辊筒长度与直径之比（称长径比）应有一定的比值关系。加工软质塑料时，长径比 L/D 为 2.5 ~ 2.7，最大为 3；加工硬质塑料时，L/D 取 2 ~ 2.2。长径比的取值除了与制品材料的软硬、厚度精度有关外，还与辊筒的选材和加工制造有关。

2. 辊筒线速度和调速范围

辊筒线速度是指辊筒工作表面上任一点的线速度。调速范围是指辊筒的无级变速范围，习惯上用辊筒线速度范围表示。

辊筒线速度是表征压延机生产能力的重要参数，压延机生产能力可由下式求得

$$Q = 60v\rho\alpha$$

式中，Q 是按制品长度计算的压延机的生产能力（m/h）；v 是辊筒线速度（m/min）；ρ 是超前系数，通常取 1.1；α 是压延机的利用系数，加工同一塑料时取 0.92，经常换料者取 0.7 ~ 0.8。

压延超前现象如图 6-8 所示，在 *abcd* 区，物料由辊筒带着向辊筒间隙运动，此时物料的宽度增加，厚度减小。由于此时物料的厚度仍较大，只有靠近辊面的物料的运动速度才与辊筒的速度相近，料层内部的速度低于辊筒的速度，所以 *abcd* 区称为滞后区。当物料运动到 *cd* 截面后，物料的宽度不再增加，而厚度继续减小。此时物料运动的线速度大于辊筒的线速度，所以，*cdef* 区称为超前区。在运动到 *ed* 截面以后，物料速度与辊筒速度之比称为超前系数。

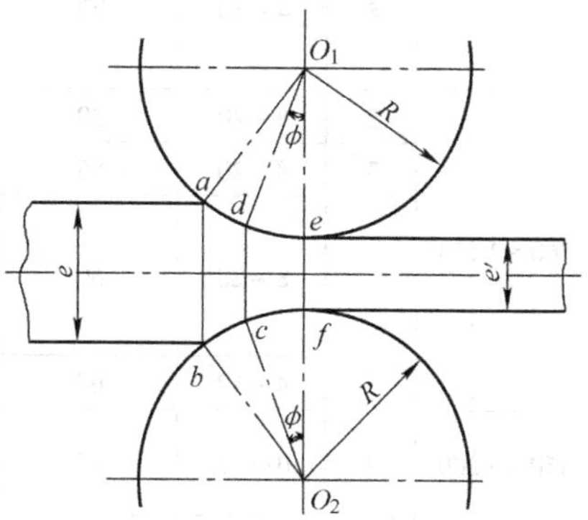

图 6-8　压延超前现象

调速范围主要是为了满足压延机低速起动与较高生产速度之间调节转换的需要，以及加工不同种类物料及不同厚度制品的需要。国产压延机的辊筒线速度及调速范围见表 6-1。

表 6-1　国产压延机的辊筒线速度及调速范围

辊筒规格 $D\times L$/(mm × mm)	线速度及调速范围/(m/min)	辊筒规格 $D\times L$/(mm × mm)	线速度及调速范围/(m/min)
ϕ230 × 600	8.7	ϕ450 × 1 250	4.0 ~ 40.0
ϕ355 × 1 070	11.5 或 23.0	ϕ610 × 1 730	4.4 ~ 54.0
ϕ360 × 1 120	10.0 ~ 30.0	ϕ700 × 1 800	6.0 ~ 60.0
ϕ450 × 1 200	8.36 ~ 25.08	ϕ700 × 1 800	7.0 ~ 70.0

3. 辊筒速比

辊筒速比是指两辊筒线速度的比值，辊筒速比的设置主要是为了实现对物料的进一步剪切混炼作用。实际压延辊筒速比在 1∶1.5 的范围内无级变化，可满足各种物料、制品的加工要求。辊筒低速转动压延时（20 ~ 30m/min），加工较厚制品的速比可取较大值（1.2 以上）；辊筒高速工作时（60 ~ 80m/min），加工薄膜的速比应选小值（1.1 以下）；加工其他制品时，可根据辊筒的转速与所加工制品厚度、物料性能，在速比范围内对比选择。

当速比选择过大时，物料会粘附在速度高的一只辊筒表面，出现“包辊”现象，甚至

使物料因过剪切而变质；如果速比过小，则物料粘附辊筒的能力差，容易夹入空气，形成气泡，影响制品质量。

4. 驱动功率

驱动功率是表征压延机经济技术水平的重要参数。目前，驱动功率还没有简便精确的计算公式，一般采用实测和类比的方法确定。我国部分压延机的基本参数见表6-2。

表6-2　我国部分压延机的基本参数

辊筒规格 $D\times L$/（mm×mm）	辊筒个数	辊筒线速度/（m/min）	主电动机功率（≤）/kW	制品最小厚度/mm	制品厚度偏差/mm	用　途
230×630	2	2~10	7.5	0.5		供胶鞋行业压延鞋底、鞋面沿条等
	3	2~10	15	0.2	±0.02	压延车胎、胶管、胶带和胶片等
	4	4~10	22	0.1	±0.02	压延软塑料
				0.2	±0.02	压延橡胶
				0.5		压延硬塑料或橡胶钢丝帘布
360×1120	2	8~20	30	0.2	±0.02	压延轮胎隔离胶片及一般胶片、胶板
	3	8~20	55	0.2	±0.02	胶布的擦胶或贴胶
	4	8~20	60	0.14	±0.02	压延软塑料
				0.2	±0.02	压延橡胶
				0.5		压延硬塑料
		4~12	60	0.5		压延橡胶钢丝帘布
450×1200	3	10~25	75	0.1	±0.02	压延软塑料
				0.2	±0.02	压延橡胶
550×1700	3	5~50	110	0.2	±0.02	压延橡胶
	4	6~60	160	0.1	±0.02	压延软塑料
		5~50	160	0.2	±0.02	压延橡胶
610×1730	3	6~50	132	0.2	±0.02	压延橡胶
				0.1	±0.02	压延软塑料
		6~30	132	0.5		压延硬塑料
	4	6~50	160	0.2	±0.02	压延橡胶
				0.1	±0.02	压延软塑料
		6~40	185	0.5		压延硬塑料
700×1800	3	6~60	300	0.2	±0.02	压延橡胶
		7~70	300	0.1	±0.02	压延软塑料
		7~30	300	0.5		压延硬塑料
	4	7~60	400	0.2	±0.02	压延橡胶
		7~70	400	0.1	±0.02	压延软塑料
		7~30	400	0.5		压延硬塑料
610/570①×2360	4	6~60	240	0.1	±0.02	压延软塑料（制品）

注：辊面宽度尺寸允许按GB/T　321－2005中的优先数系R40系列变化。

① 异径辊压延机。

四、辊筒

1. 对辊筒的要求

辊筒是压延机的主要部件，其质量优劣直接影响到制品的产量和质量。因此，在辊筒的结构设计、选材、加工制造等方面应有如下基本要求：

1）应具有足够的刚性，以确保在重载作用下，辊筒的弯曲变形不超过许用值。

2）辊筒表面应具有较好的耐磨性和耐蚀性，以及高的尺寸精度和低的表面粗糙度值（$Ra \leqslant 0.2\mu m$），并且几何公差要求严格。

3）材料应具有良好的导热性和高的传热效率。

4）结构合理，便于加工等。

2. 辊筒的结构

辊筒的结构与其加热冷却方法有密切关系，主要有空腔式和多孔式两种形式。空腔式辊筒的壁厚较厚，工作表面温差大，为使辊筒工作表面的全长温度均匀一致，往往需要采用辅助边缘加热的方法予以补偿。如图6-9所示为空腔式辊筒的辊温曲线，目前这种形式的辊筒仅在中小型压延机上采用。

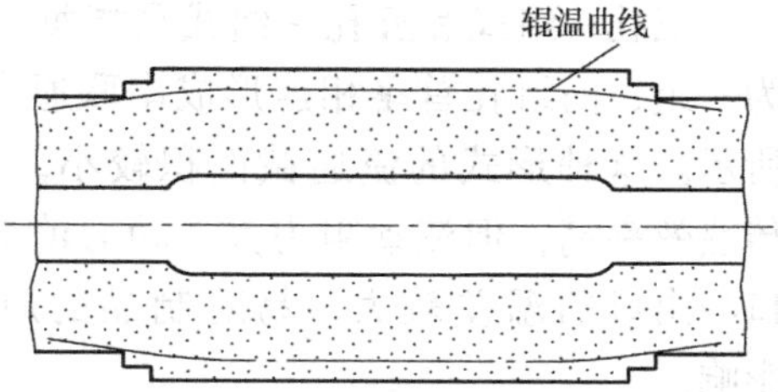

图6-9　空腔式辊筒的辊温曲线

多孔式辊筒的结构如图6-10所示，它是在靠近辊筒表层附近沿圆周均匀钻出直径为30mm左右的通孔，两端通过斜孔与中心孔相通，以便通入加热冷却介质。该结构的辊筒传热面积大（比空腔式大2~2.5倍），介质流速大，对温度反应敏感，辊筒表面温差较小（±1℃以内）。但由于钻孔的需要，辊筒的轴颈尺寸减小，使辊筒的刚性有所下降，同时这种结构比较复杂，加工比较困难，造价高，故在大中型精密压延机和高速压延机上使用较多。

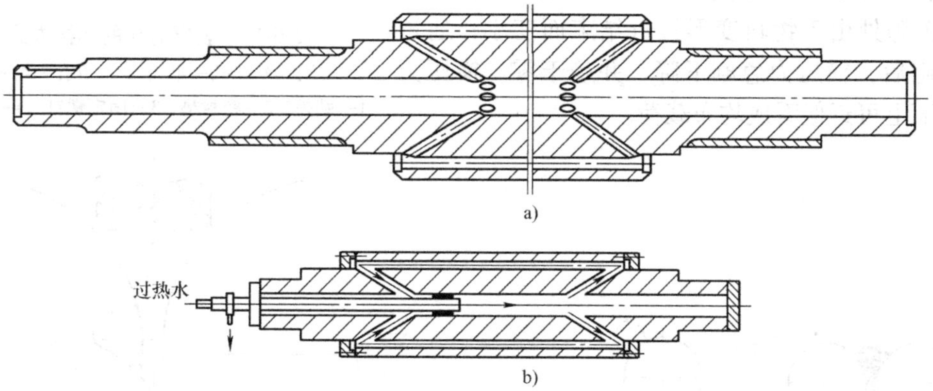

图6-10　多孔式辊筒
a）辊筒结构　b）介质走向

多孔式辊筒的中心孔与表层通孔的连接有三种常用形式，即放射式、三孔一组式和五孔一组式，如图6-11所示。

放射式为每一表层通孔的两端均加工有与中心孔相通的斜孔，介质从辊筒中心孔经斜孔流过表层通孔，从另一端的斜孔流回中心孔。这种结构的介质同时通过所有表层孔道，温差较小，但流通管道的总截面积大，流速较低，因此传热效率相对低些。

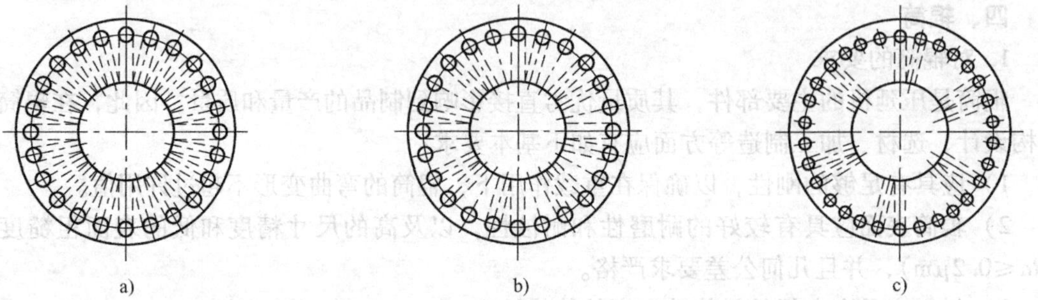

图 6-11　多孔式辊筒的形式

a）放射式　b）三孔一组式　c）五孔一组式

三孔一组式和五孔一组式是指每三（或五）孔为一组，同组孔首尾相连形成串联通道，如图 6-12 所示。这种形式的流通截面积较小，介质流速快，传热效率高，但流动阻力大，动力消耗大，介质入口与出口的温差较大，易对制品的质量造成不良影响。

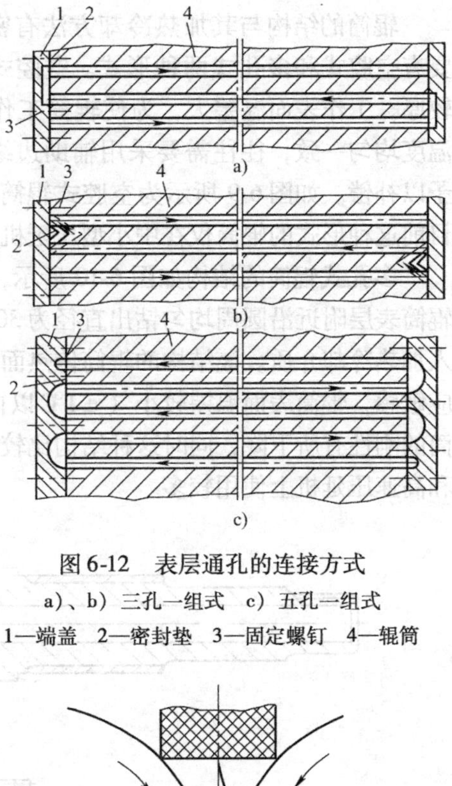

图 6-12　表层通孔的连接方式

a）、b）三孔一组式　c）五孔一组式

1—端盖　2—密封垫　3—固定螺钉　4—辊筒

3. 辊筒的受力与变形

压延机工作时，辊筒受到物料的反作用力，使辊筒有分离的趋势，这种力称为分离力，对单根辊筒而言称为横压力，如图 6-13 所示。由于物料与辊筒的接触面为一圆弧面，所以横压力在横截面上为不均匀的分布载荷（图 6-14）。它随着辊距的减小而逐渐增大，在最小间隙的前方（3°～5°）达到最大值；在最小间隙处由于物料变形接近结束而变小；通过最小间隙后，横压力急剧下降，并趋于零。横压力在纵截面上可近似看成均布载荷。

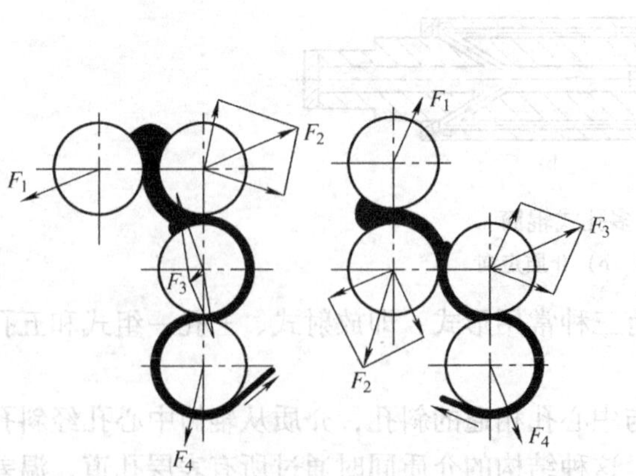

图 6-13　四辊压延机的分离力

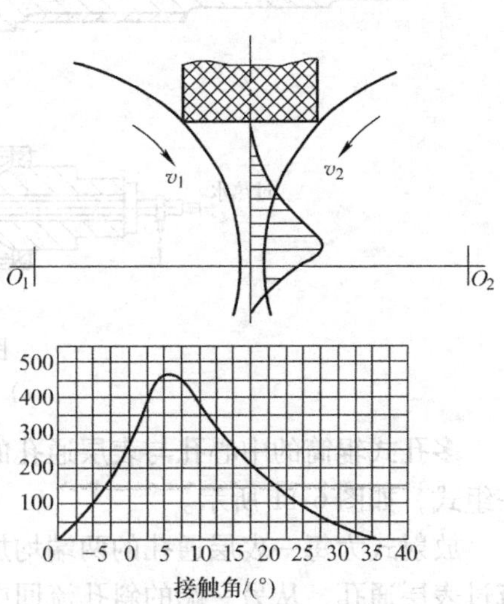

图 6-14　横压力的分布

由于横压力等的综合作用，辊筒会发生弯曲变形，中部变形最大，造成压延出的制品呈中间厚两端薄的截面形状（图6-15），影响了制品厚度的精度。

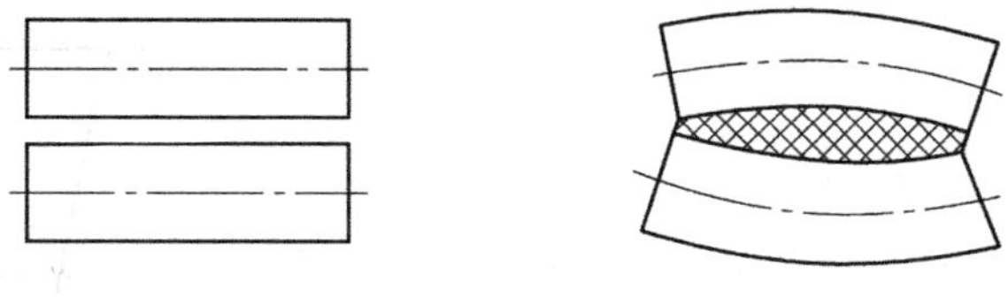

a)　　b)

图6-15　辊筒变形对制品精度的影响

a）变形前　b）变形后

4. 辊筒挠度及挠度的补偿

辊筒工作时会受到横压力、塑料对辊筒表面的摩擦力、自重等的综合作用，其中摩擦力和自重的影响相对较小，通常可忽略不计。按力学原理可求得辊筒挠度变形量一般小于0.5mm，但该值远大于制品的公差要求（制品公差为0.01～0.02mm），因此必须消除变形量以满足制品的精度要求。

要消除辊筒变形对制品精度的影响，通常采用中高度补偿法、轴交叉补偿法和反弯曲补偿法等辊筒挠度补偿措施，前两种方法应用较多，而且往往是两者结合起来使用。

（1）中高度补偿法　为消除制品中间厚两端薄的情况，把辊筒加工成中部直径大，两端直径小的鼓形，其中部的最大直径D'与两端最小直径D的差值称为中高度E，如图6-16a所示。图6-16b所示为补偿后辊筒的工作情况，理论上最理想的中高度曲线应与辊筒挠度曲线相符，但实际中因影响横压力的因素很多，横压力是不断变化的，挠度和挠度曲线也随着变化，故没必要追求精确的中高度曲线。中高度补偿法简单易行，但中高度值不可调节，应用上有局限性，一般不单独使用，常与其他补偿法配合使用，以实现补偿量的调节，效果较好。

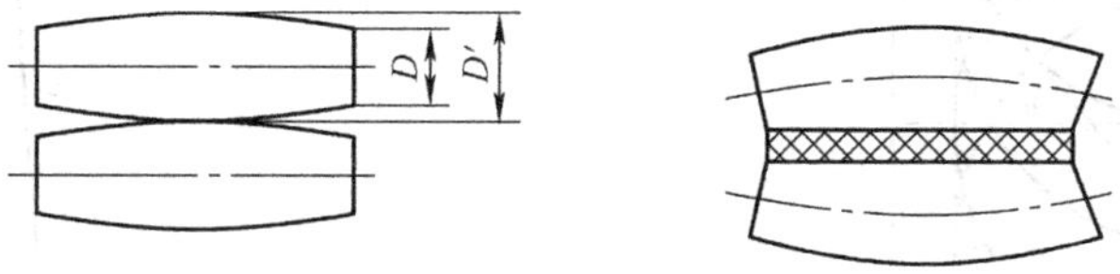

a)　　b)

图6-16　中高度补偿法

a）不工作时　b）工作时

（2）轴交叉补偿法　该法是将两个相互平行的辊筒中的一个辊筒，绕其轴线中点的连线旋转一个微小的角度（旋转角$<2°$），使两个辊筒之间的间隙从中间到两端逐渐增大，形成双曲线，以达到补偿辊筒挠度的目的。图6-17中的e为辊筒间隙，Δe为间隙增量。

挠度曲线的轴线中部变形大，两端小；轴交叉曲线的趋势则与其相反，即辊筒中部间隙无变化，越靠近两端间隙增量越大。把两者叠加起来（图6-18），可提高制品厚度的均匀程度，但不能完全消除制品厚度不均匀的情况。

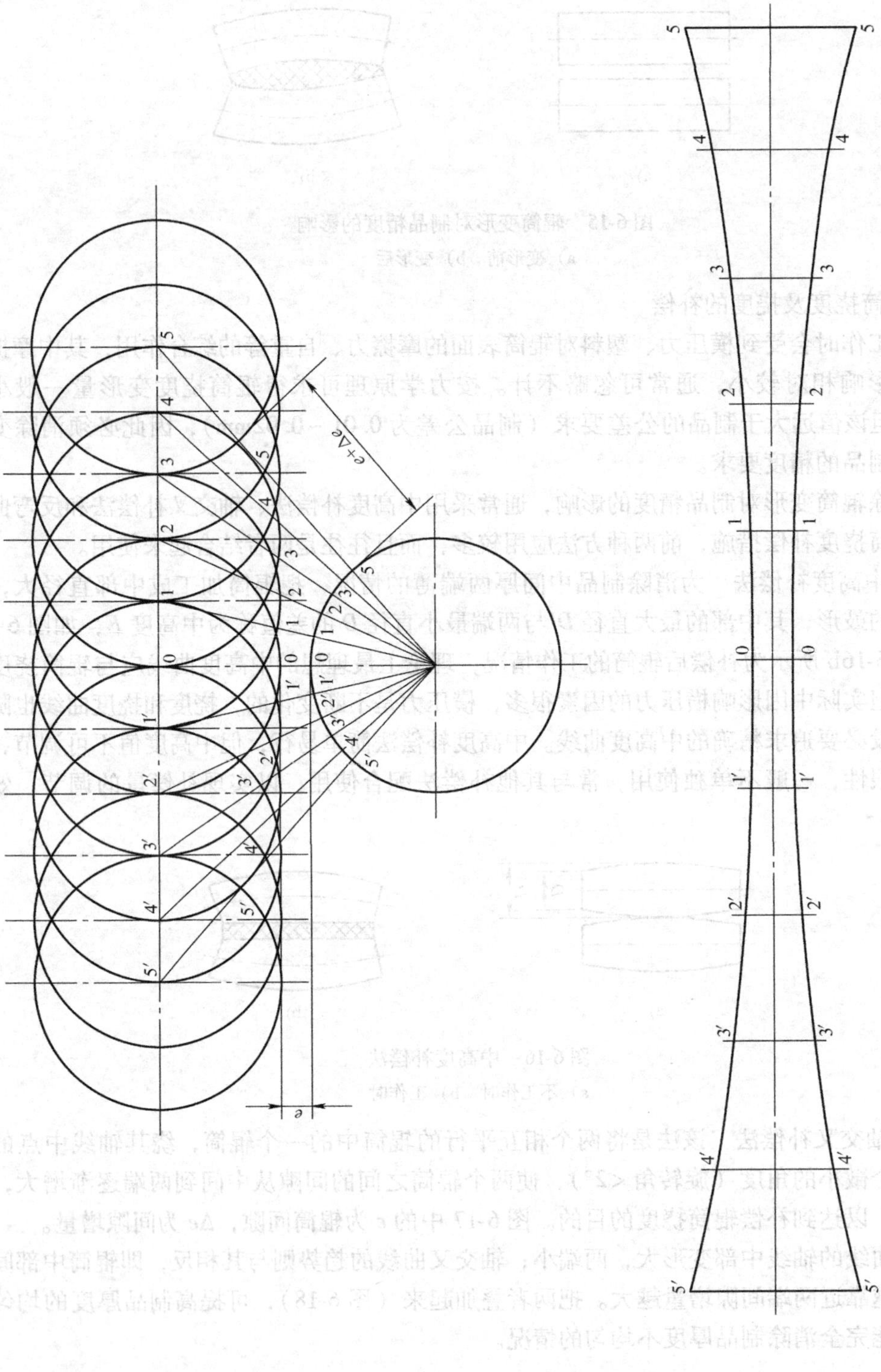

图6-17 轴交叉补偿后的辊筒间隙

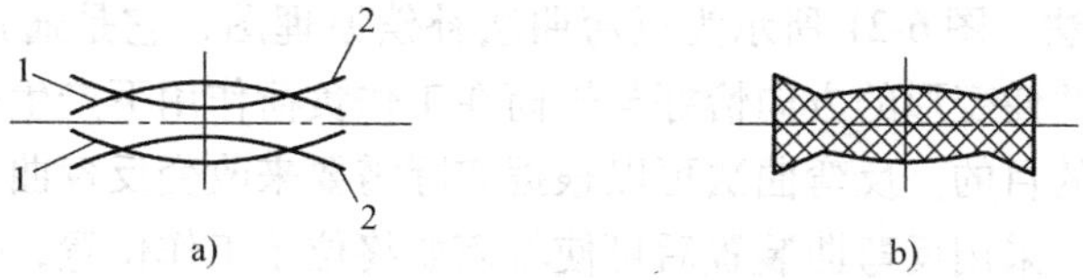

图 6-18　轴交叉后制品断面形状示意图

a）挠度曲线与轴交叉曲线叠加　b）制品断面形状

1—挠度曲线　2—轴交叉曲线

轴交叉补偿法广泛应用在四辊压延机上，轴交叉装置必须设在辊筒两端配对使用。四辊压延机通常是对 1、4 辊设轴交叉装置，使其分别对 2、3 辊产生交叉，交叉方向如图 6-19 中的箭头所示。

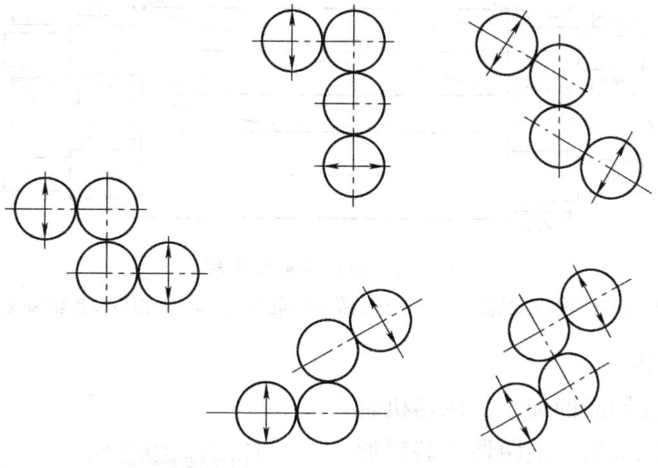

图 6-19　四辊压延机的轴交叉方向

轴交叉装置有很多形式，图 6-20 所示为球形偏心轮式轴交叉装置。两个辊筒轴承 4 内装有球形偏心轮 5，作为辊颈 6 的支座，偏心轮内部压入青铜轴瓦 3，偏心轮上固定有蜗轮 2，并与蜗杆 1 相啮合。电动机驱动蜗杆转动即可改变偏心轮的位置，从而使辊筒的轴心位置发生变化，使辊筒轴线产生交叉。在使用轴交叉装置时，辊筒两端的辊距必须相等，并且两端的交叉值应相同，否则将引起制品的误差。另外这种轴交叉装置在调整后，还要重新调整辊距，因为当偏心轮旋转时，辊筒轴线并不是在一个平面上移动，从而会使两辊筒的间隙发生变动。

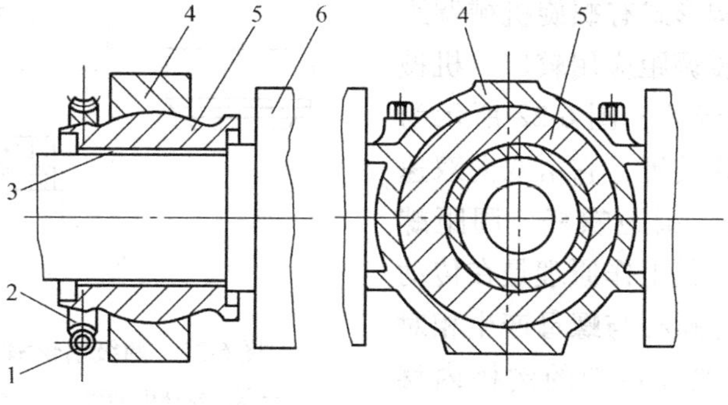

图 6-20　球形偏心轮式轴交叉装置

1—蜗杆　2—蜗轮　3—轴瓦　4—辊筒轴承　5—偏心轮　6—辊颈

（3）反弯曲补偿法　图6-21所示为反弯曲法补偿原理图，它是通过专门机构使辊筒产生一定的弹性变形，并使变形的方向恰好与辊筒在工作负荷作用下产生的变形方向相反，从而达到辊筒挠度补偿的目的。反弯曲法可以根据实际需要来改变反弯曲力的大小，以调节反弯曲量的大小。另外，采用反弯曲装置后可使辊筒始终位于工作位置，使辊筒轴颈紧贴在辊筒轴承的承压面上，较好地克服了辊筒因轴承和辊距调节装置间隙的存在，在工作负荷发生变化时产生浮动的问题，有利于提高压延制品的精度。受结构限制，反弯曲装置通常与辊筒轴承靠得很近，为使反弯曲装置产生较大的补偿量，必须加大反弯曲力，但过大的反弯曲力对辊筒轴承不利，故反弯曲法通常也不单独使用，而往往与其他方法并用。

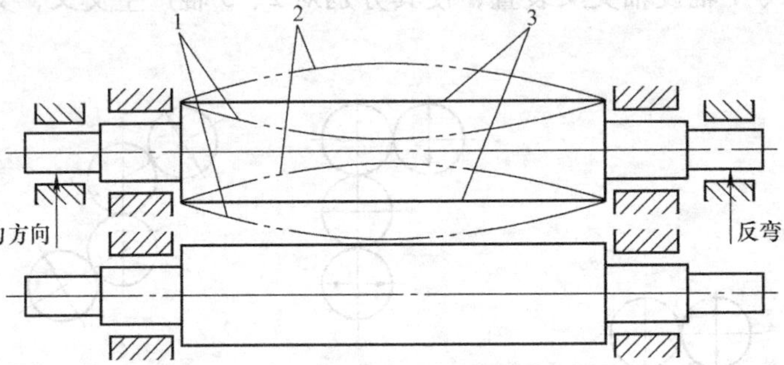

图6-21　反弯曲补偿原理

1—反弯曲作用轮廓线　2—工作负荷作用轮廓线　3—补偿后理想轮廓线

5. 辊距调节装置

为适应不同厚度制品的加工，压延机辊筒的辊隙必须是可调节的。辊距调节装置通常设于辊筒两端的轴承座上。压延机有 $n-1$ 道辊隙（n 为辊筒数），则有 $n-1$ 对辊距调节装置。压延机辊距的可调范围很小，但要求准确度很高。

对辊距调节装置的基本要求是：结构简单、体积小，调节方便、准确度高，具有快慢两级调距速度，能实现粗调和微调等。目前辊距调节装置的结构形式有螺旋机械调距和液压调距两类，机械调距应用较广。机械调距装置有许多结构形式，图6-22所示为两级蜗轮蜗杆传动调距装置，它由双向双速电动机、蜗轮、蜗杆、调距螺杆、调距螺母、推力轴承等组成。其工作原理是在传动系统的带动下，使调距螺杆与螺母产生相对转动，带动轴承及辊筒在机架的沟槽内移动，从而达到调节辊隙的作用。它采用双向双速电动机驱动，既可前进又可后退，既能

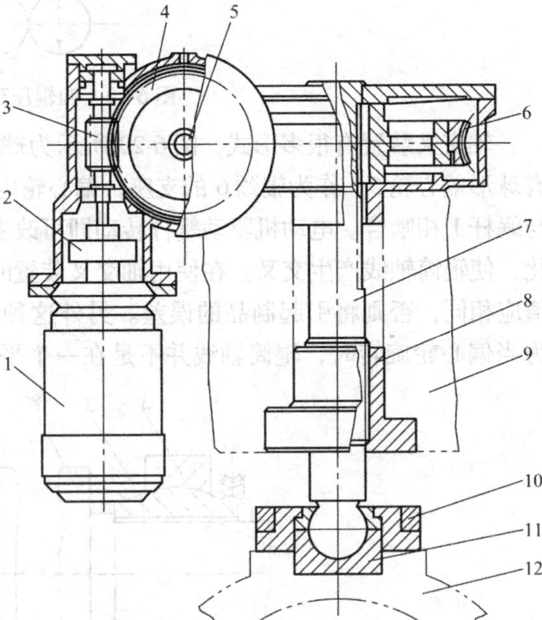

图6-22　两级蜗轮蜗杆传动调距装置

1—双向双速电动机　2—弹性联轴器　3—蜗杆　4、6—蜗轮　5—蜗杆轴　7—调距螺杆　8—调距螺母　9—机架　10—压盖　11—推力轴承　12—辊筒轴承

快速粗调又能慢速微调。国产倒 L 型 ϕ610mm × 1730mm 四辊压延机采用的就是这种形式的调距装置，其调距快速为 5.04mm/min，慢速为 2.52mm/min。调节时，双向双速电动机通过弹性联轴器驱动蜗杆 3、蜗轮 4 和蜗杆轴 5、蜗轮 6，蜗轮 6 带动调距螺杆 7 与螺母 8 发生相对转动，因螺母与机架固定连接，迫使调距螺杆边转动边沿其轴线方向移动，从而带动辊筒轴承移动完成调距动作。

第二节　塑料中空吹塑成型机

一、塑料中空吹塑成型机概述

1. 塑料中空吹塑成型的特点及应用

吹塑成型是生产中空塑料制品的主要成型方法，它是利用压缩空气将高弹态的型坯吹胀、贴模、冷却定型，从而获得中空塑料制品的一种生产方法。其工艺特点是：

1）制品主要是薄壁中空容器类塑件，采用处于高弹态的管状型坯吹胀而成，成型压力和温度较低。

2）制品外表面形状由沿分型面剖分的两个半模成型，内表面则由压缩空气成型，无需模具型芯。

3）吹塑成型设备要求较简单，普通吹塑制品采用简易设备即可生产。

4）中空吹塑成型工艺控制较容易，应用范围广。

中空吹塑成型工艺广泛用于日用品、包装容器、交通安全警示、游乐设施、汽车配件等产品的生产。常见的中空吹塑制品如图 6-23 所示，主要有盛装液体的各种容器，如洗发精、

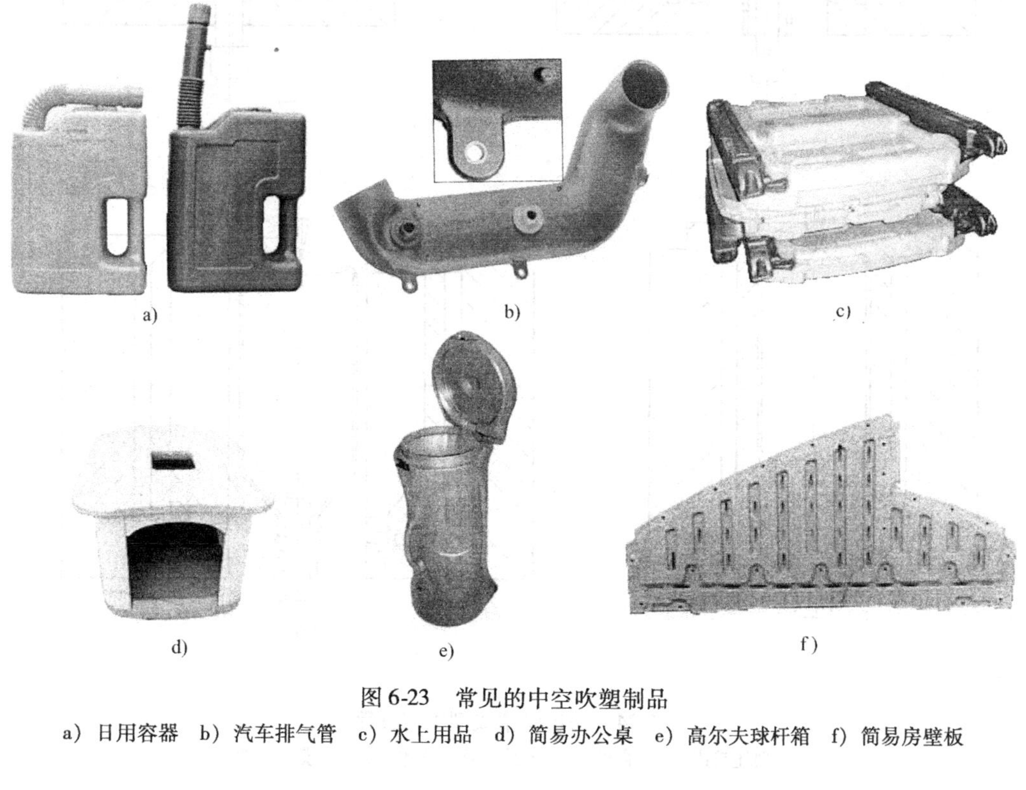

图 6-23　常见的中空吹塑制品

a）日用容器　b）汽车排气管　c）水上用品　d）简易办公桌　e）高尔夫球杆箱　f）简易房壁板

药瓶、食用油桶、饮料瓶、矿泉水瓶、化工原料桶、涂料桶等；道路施工警示防护栏、儿童玩具、水上休闲游乐用品（如游艇艇身）、汽车排气歧管、各种复杂的双层壁制品，如电动工具包装箱、乐器箱、高尔夫球杆箱、办公桌、电话亭、简易房壁板等。

2. 中空吹塑成型工艺

中空吹塑成型工艺过程包括型坯成型和制品吹胀成型两个阶段；根据型坯和吹胀成型的方法不同，吹塑成型工艺可分为挤出吹塑和注射吹塑两大类。

挤出吹塑成型工艺过程如图6-24所示，它包括型坯挤出、合模、吹胀成型、冷却定型、开模、取件等基本工序。挤出吹塑成型的工艺装备相对简单，通常可用带有管坯挤出机头的塑料挤出机与单独设置的液压合模装置组合，进行中空吹塑制品的生产。生产时，由挤出机挤出管状型坯，当型坯长度达到成型制品需要的长度时，人工切断型坯，移至液压合模装置中的吹塑模内进行吹塑成型。该方法用于尺寸较小的中空制品的生产时存在操作不便、生产

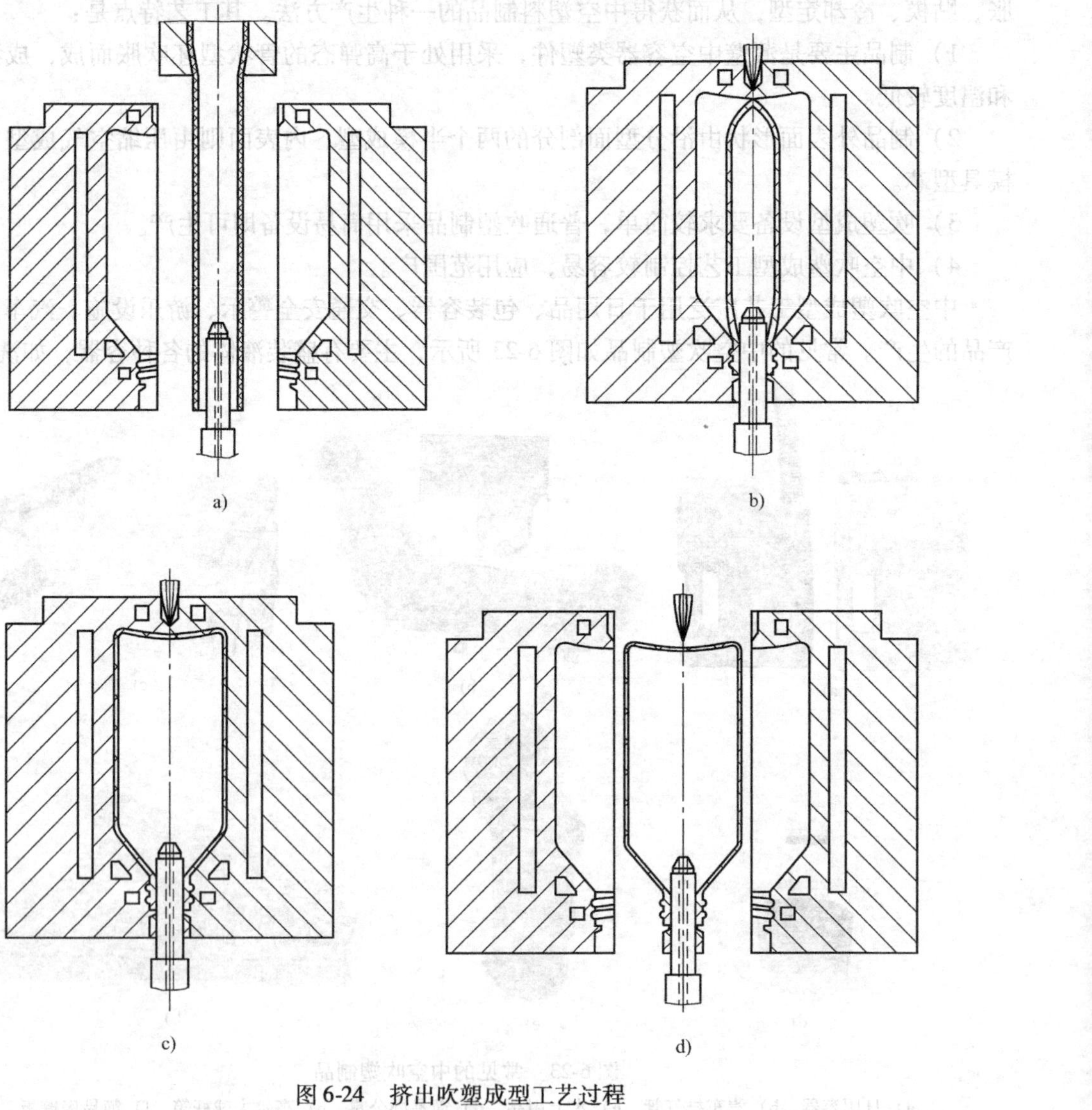

a)　b)　c)　d)

图6-24　挤出吹塑成型工艺过程

a）型坯挤出　b）合模　c）吹胀、冷却定型　d）开模、取件

率低等问题，因此，目前大量采用的是挤出吹塑一体机，将型坯挤出与吹塑成型组合在一起，可实现自动挤出吹塑成型，如图 6-25 所示。

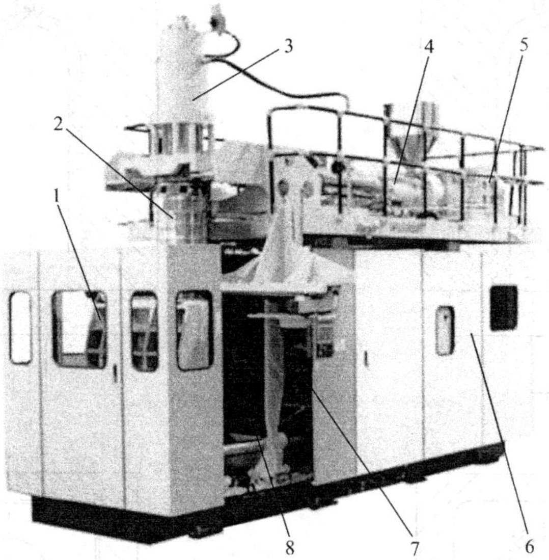

图 6-25　挤出吹塑成型机

1—合模装置　2—型坯挤出机头　3—挤出柱塞液压缸　4—挤出塑化系统　5—挤出驱动装置　6—控制系统　7—压缩空气供给系统　8—中空吹塑模

注射吹塑成型的工艺过程如图 6-26 所示。先用注射模注射成型管状型坯，待型坯冷却到高弹态温度时开模，让型坯随型芯转位至吹塑模中，通入压缩空气吹胀成型，经冷却定型后开模，取出中空吹塑制品。有时塑料材料在高弹态的温度范围较窄，工艺不易控制，为改善吹塑成型工艺，常将刚从注射模中脱出的型坯进行二次加热，达到一定温度后再移入吹塑模中吹塑成型。注射吹塑成型按吹塑过程中型坯加热的次数，分为一步成型法（图 6-27）和两步成型法（图 6-28），两种成型法所使用的设备和工艺流程有所不同。

此外，对于长径比较大的吹塑制品，为使制品的壁厚均匀，可在吹胀之前先将高弹态的型坯拉长，使型坯沿轴向伸长变形，之后再吹胀成型，该方法称为拉伸吹塑成型。对于容量较小的药水瓶或儿童玩具，通常采用蘸吹法成型，即吹塑成型时挤出的型坯不再是管状，而是棒状型坯，按吹塑制品的大小切下一小段实心的坯料放入吹塑模，用吹针直接插入实心的型坯吹胀成型，获得所需的中空制品，该法犹如笔尖蘸入墨汁一般，故而得名。对于双层壁、大型的复杂中空制品，单纯依靠压缩空气难以成型，往往还需要依靠模具的压制作用来成型，这类方法称为模压吹塑法。

二、中空吹塑成型机的组成与分类

1. 中空吹塑成型机的组成

如图 6-29 所示，中空吹塑成型机通常由上料系统、塑化装置、型坯成型装置、型坯长度切割装置、开合模装置及吹塑模具、供气系统、给水系统、控制系统等组成。

（1）上料系统　与挤出机或注射机的加料装置相同。

（2）塑化装置　用于物料的塑化，挤出吹塑的物料塑化装置与挤出机的挤压系统类似，注射吹塑的物料塑化装置与注射机的塑化装置相同。

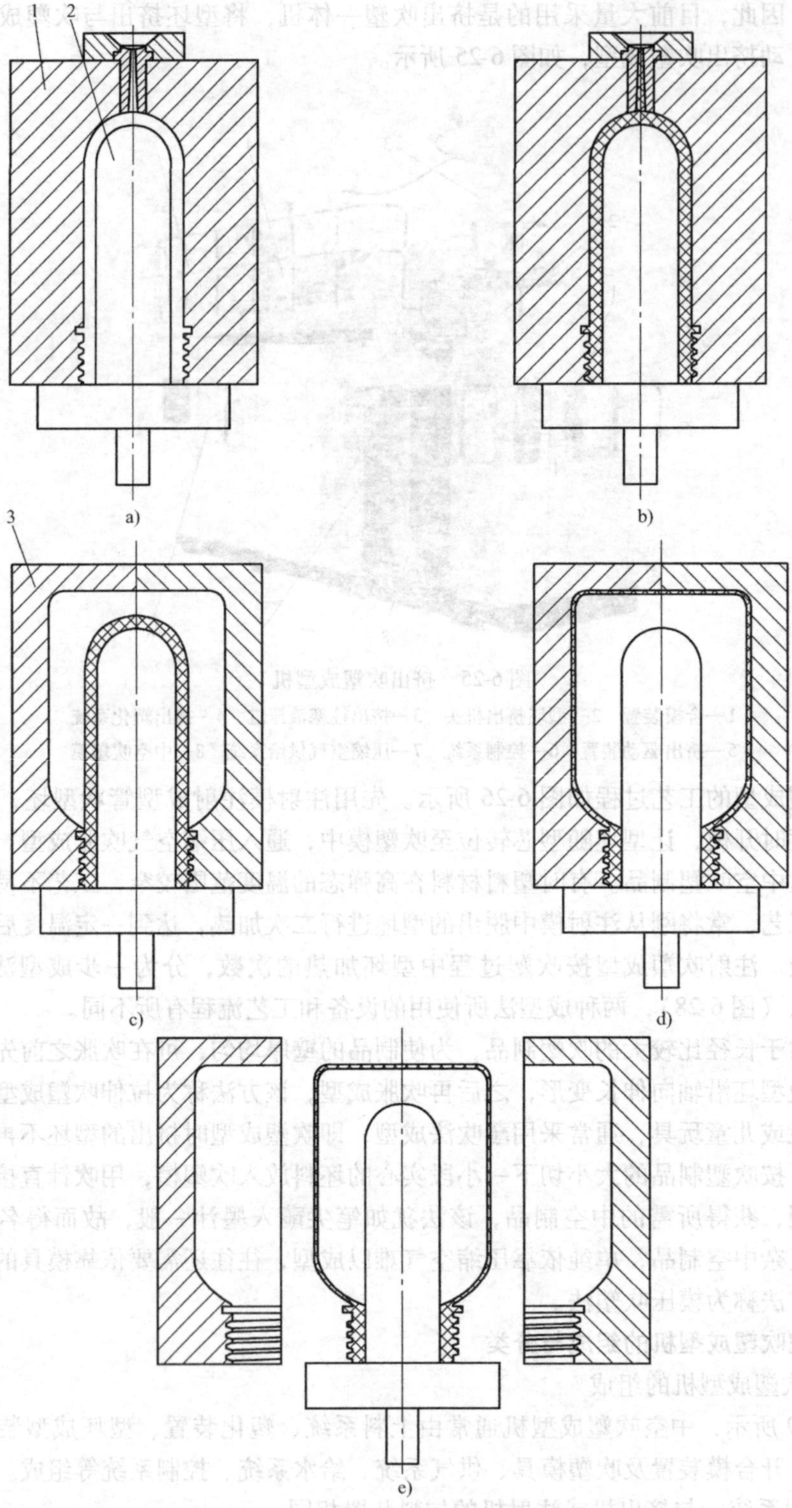

图 6-26　注射吹塑成型的工艺过程

a）合模　b）注射　c）换模　d）吹塑成型　e）开模取件

1—型坯注射模型腔　2—型坯注射模型芯　3—中空吹塑模

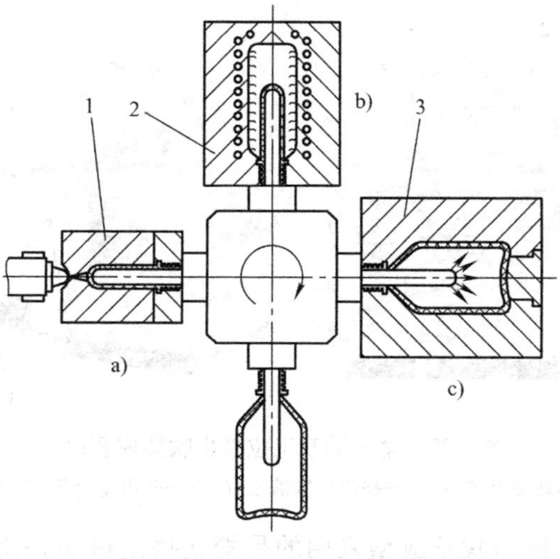

图 6-27　注射吹塑一步成型法

a）型坯注射成型　b）型坯加热调温　c）吹塑成型　d）开模取件

1—型坯注射模　2—型坯预热模　3—中空吹塑模

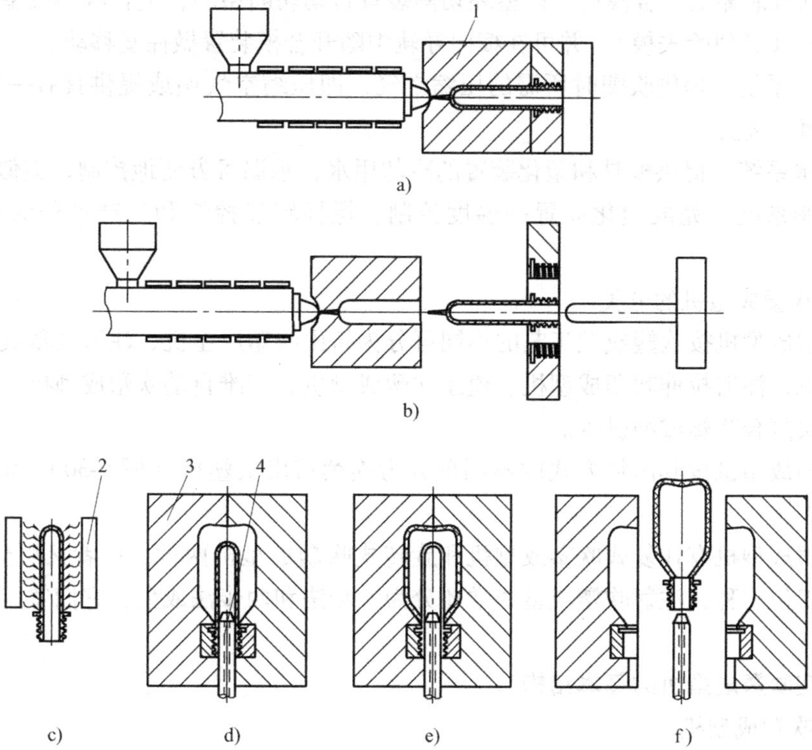

图 6-28　注射吹塑两步成型法

a）型坯注射成型　b）型坯脱模　c）型坯再次加热　d）型坯放入吹塑模　e）吹塑成型　f）开模取件

1—型坯注射模　2—型坯红外加热器　3—中空吹塑模　4—芯棒（吹气管）

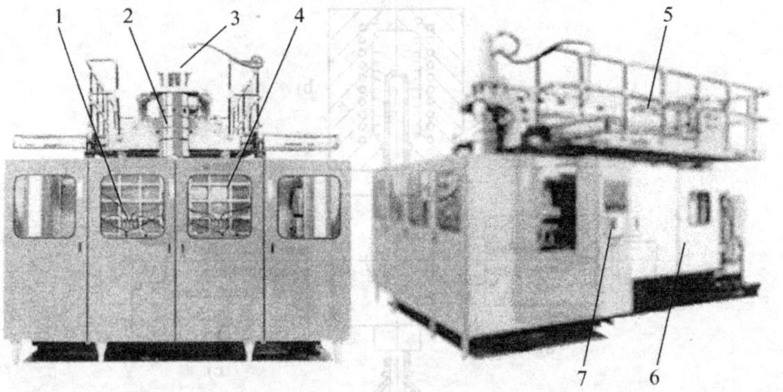

图6-29　全自动双工位挤出吹塑成型机

1、4—合模装置　2—型坯成型装置　3—挤出柱塞液压缸　5—挤出塑化装置　6—机身　7—控制系统

（3）型坯成型装置　挤出吹塑成型采用的是管状挤出机头挤出一定直径和壁厚的无底管状型坯；注射吹塑则是利用型坯注射模来成型管状有底瓶坯。

（4）开合模装置及吹塑模具　开合模装置的结构与注射机合模装置相似，但自动化程度比注射机高。成型时，打开的吹塑模吹气芯棒应正好处于挤出型坯的下方，使挤出型坯能准确地套在吹气芯棒上，合模后，由型坯切割装置自动切断型坯，进行吹塑成型。吹塑模具分为两大部分（类似哈夫模），并可在横向导轨中随开合模装置做往复移动。

（5）供气系统　提供吹塑时所需的压缩空气，即压缩空气站或提供具有一定压力的二氧化碳和液氮等装置。

（6）给水系统　提供模具和塑化装置的冷却用水，水温可方便地控制，类似于模温机。

（7）控制系统　完成塑化装置的温度控制、螺杆转速控制和生产过程的程序动作控制等。

2. 中空吹塑成型机的分类

中空吹塑成型机按吹塑成型工艺的不同可分为挤出吹塑成型机、注射吹塑成型、挤出拉伸吹塑成型机、注射拉伸吹塑成型机、模压吹塑成型机、三维自动吹塑成型机、双层壁吹塑成型机和多层复合吹塑成型机等。

挤出吹塑成型机按其出料方式的不同可分为连续挤出吹塑机（图6-30）和间歇挤出吹塑机（图6-31）。

注射吹塑成型机有往复式吹塑成型机和旋转式吹塑成型机两种，后者又可分为两工位、三工位和四工位三种；注射吹塑成型通常还分为一步法和两步法成型，它们使用的设备也有所不同。

三、中空吹塑成型机的基本结构

1. 挤出吹塑成型机

挤出吹塑成型机主要由型坯挤出装置、中空吹塑装置、控制系统和供气、供水等辅助装置组成。其中，型坯挤出装置由挤出机、驱动系统和型坯挤出机头组成，中空吹塑装置则由吹塑模、模具合模装置、模具移位装置、进气芯棒等部件组成。

（1）连续挤出吹塑　如图6-30a所示，该方法是由挤出机连续挤出管坯。在吹塑机上配置2～3副吹塑模，吹塑模可沿水平导轨平行移动到挤出机头的中心位置，当型坯进入吹塑模且长度足够后，夹紧并切断型坯，移离型坯挤出位置进行吹塑、冷却，最后开模取件。由于在吹塑成型过程中，模具在导轨上往复移动到型坯挤出位置和冷却位置，因而称之为往复式连续挤出吹塑。若将多副吹塑模按圆周分布，模具绕回转轴分别进入挤出吹塑位置和冷却位置，则称为转盘式连续吹塑成型。

图 6-30b 所示为轮换出料式连续挤出吹塑方式。挤出成型时，在挤出机前端采用换向阀来控制熔体的流动，使熔体轮换着从挤出机两侧的型坯挤出机头挤出型坯，从而实现连续生产。

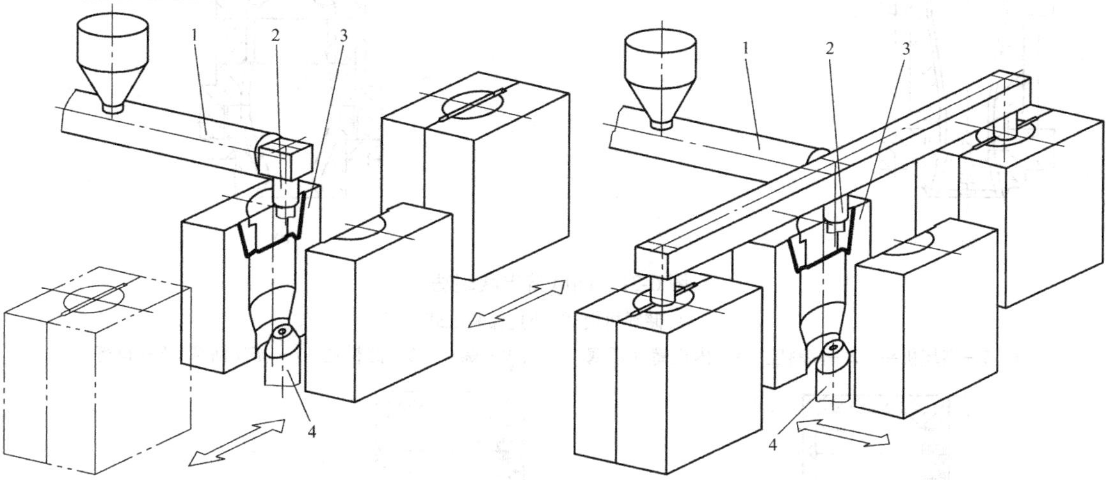

图 6-30　挤出中空吹塑成型机

a）连续挤出式　b）轮换出料式（多头机）

1—挤出机　2—型坯挤出机头　3—中空吹塑模　4—芯棒（吹气管）

（2）间歇挤出吹塑　连续挤出吹塑的型坯在生产过程中是缓慢连续挤出的，其单一型坯的挤出时间较长，造成型坯温度不均匀，导致吹塑制品的壁厚也不均匀。为了克服上述问题，可采用间歇挤出方式，它将挤出机不断熔融塑化的物料先挤入到一个储料腔中（不直接从机头挤出），待储料腔中的物料达到所需数量时，再将储料腔中的物料快速通过挤出机头挤出，用于中空制品的吹塑成型。按储料腔的结构形式不同，间歇挤出吹塑可分为储料机筒式和储料缸式两种结构，如图 6-31 所示。

2. 注射吹塑成型机

注射吹塑成型机主要由型坯注射成型装置、中空吹塑装置、控制系统及机身等部分组成，其中型坯注射装置类似于塑料注射成型机的注射装置，而中空吹塑装置则由中空吹塑模、模具移位或转位装置构成。注射吹塑装置按型坯的运动方式不同分为往复移动与旋转运动两种形式。往复移动式注射吹塑装置的动作原理如图 6-32 所示，其型坯注射模的型芯部分可与吹塑模完全配合，当型坯注射完成，从模具中脱出后，可随型芯直接移入吹塑模中进行吹塑成型，获得所需的吹塑制品。

图 6-33 所示为旋转运动式注射吹塑装置。其型坯模的型芯部分同样可与吹塑模完全配合，型坯注射完成并从模具中脱出后，可随型芯旋转进入吹塑模中进行吹塑成型，脱模后获得所需的吹塑制品。图 6-34 所示为注射吹塑成型机和吹塑模具的实物图。

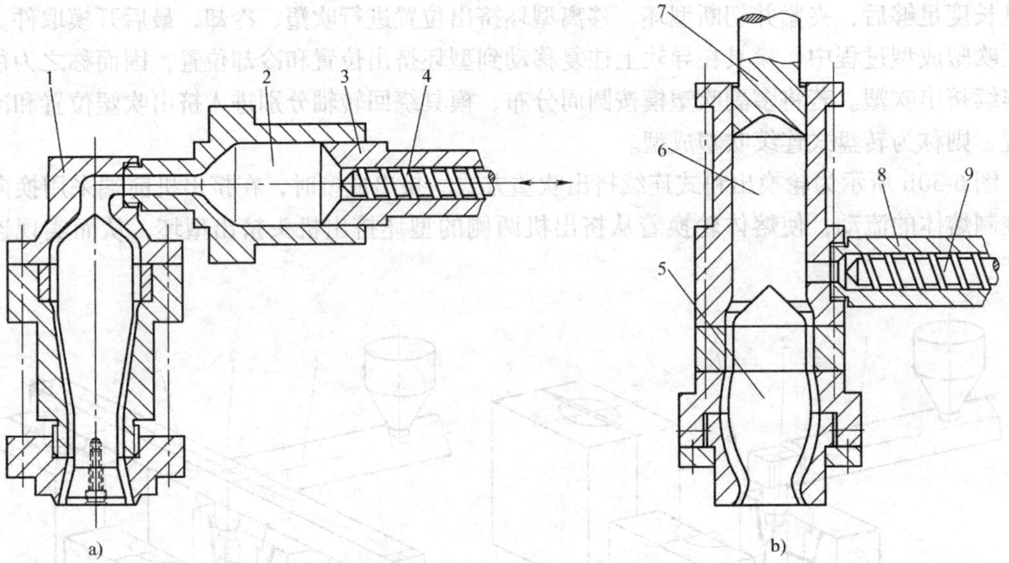

图 6-31　间歇挤出吹塑法

a）储料机筒式　b）储料缸式

1、5—型坯机头　2—储料腔　3—内机筒（活塞）　4、9—螺杆　6—储料缸　7—挤压活塞　8—料筒

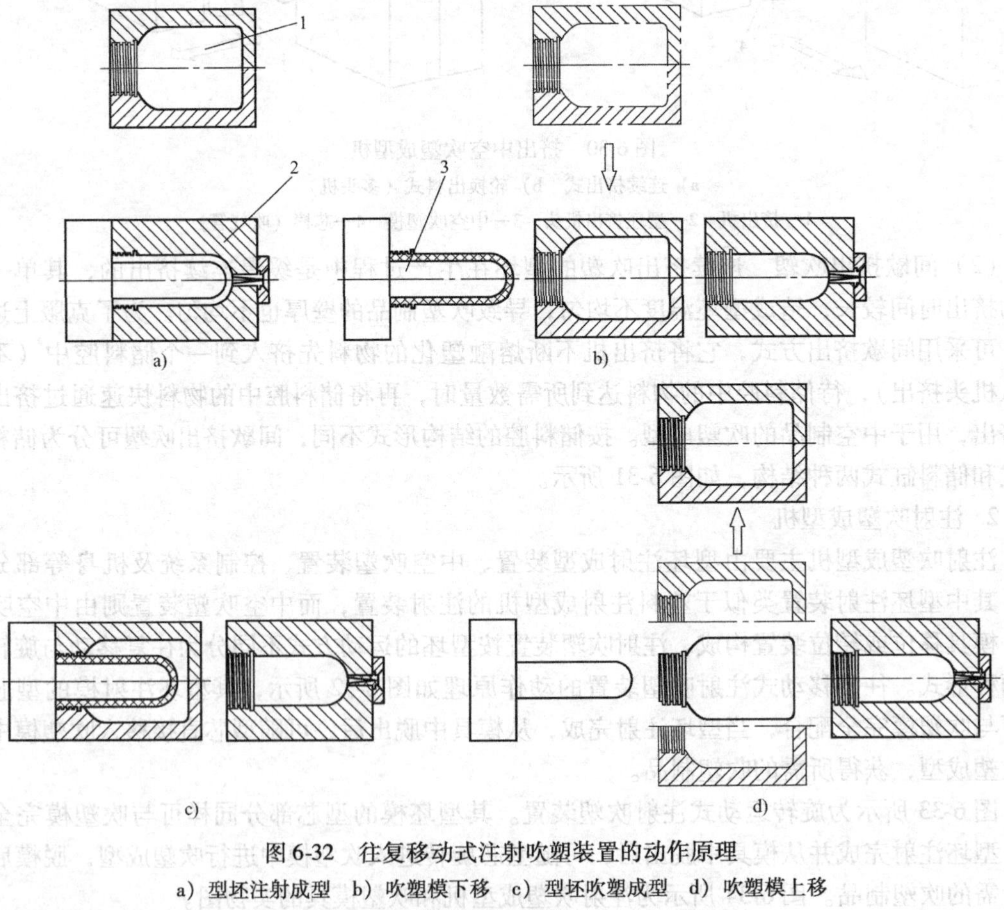

图 6-32　往复移动式注射吹塑装置的动作原理

a）型坯注射成型　b）吹塑模下移　c）型坯吹塑成型　d）吹塑模上移

1—中空吹塑模　2—型坯注射模　3—型芯与型坯

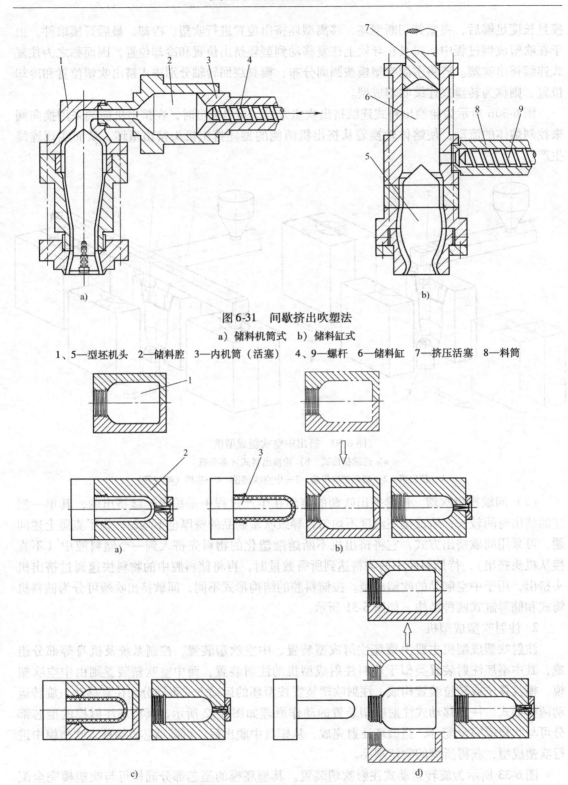

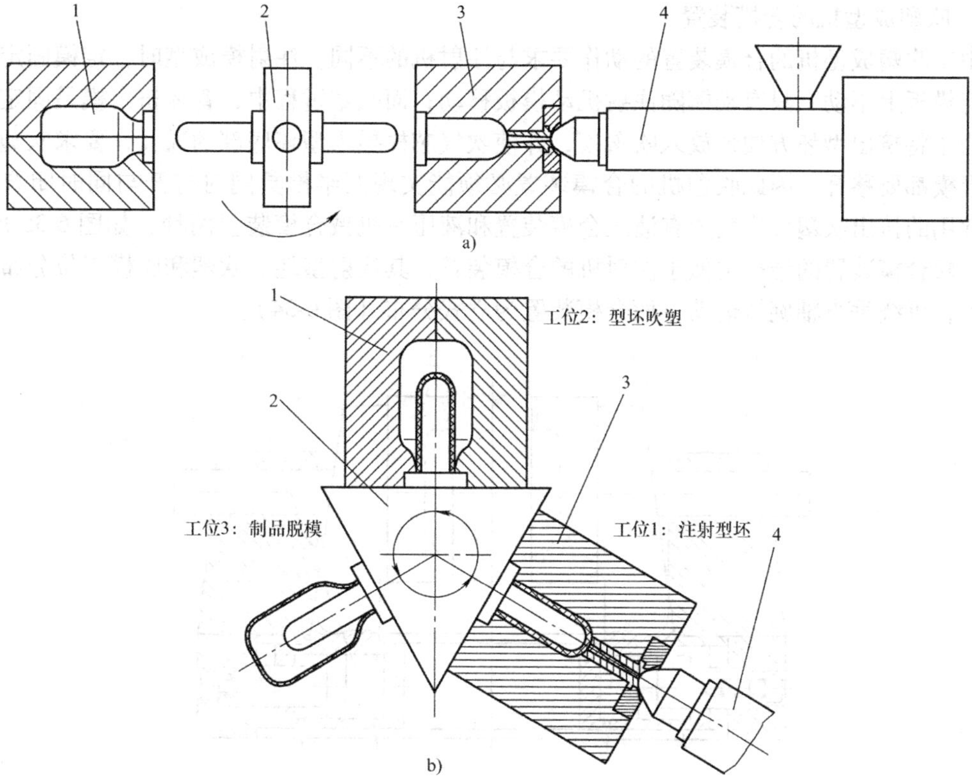

图 6-33　旋转运动式注射吹塑装置

a）两工位　b）三工位

1—中空吹塑模　2—转位装置　3—型坯注射模　4—注射机

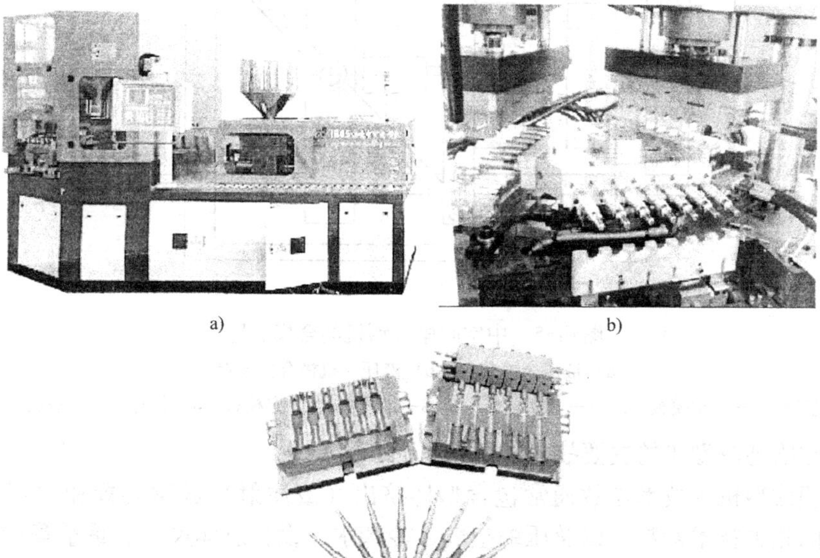

图 6-34　注射吹塑成型机和吹塑模具

a）IB45 注射吹塑机　b）旋转吹塑工作台　c）吹塑模具

3. 吹塑成型机的合模装置

中空吹塑成型机的合模装置的动作要求与注射机的不同。注射模成型时，定模固定在注射机定模板上不动，只有动模随注射机动模板移动；而吹塑过程中，管坯挤出模是固定不动的，为了将挤出型坯方便地放入吹塑模，并使吹气芯棒插入型坯底部的通孔，要求吹塑模的两个半模都要移开，因此吹塑机的合模装置必须能实现两半模具同时打开与同时闭合的功能。常用的挤出吹塑合模装置有液压合模装置和液压－机械合模装置两种，如图6-35所示。注射吹塑合模装置的结构类似于注射机的合模装置，其注射型坯、吹塑和脱模工位分布在水平面上，可绕垂直轴旋转运动，而合模装置为立式分布（图6-34）。

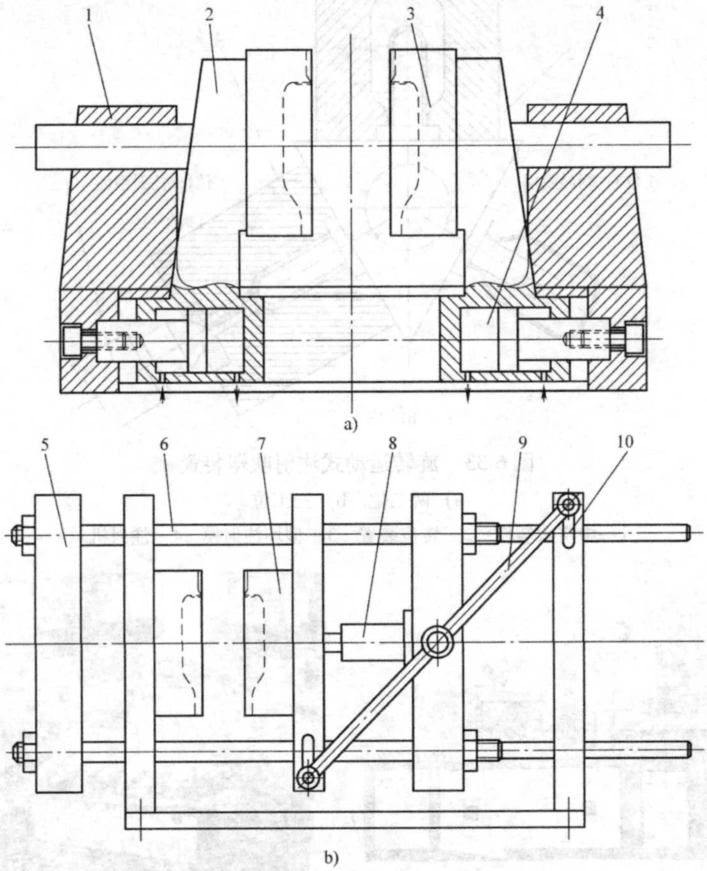

图6-35　中空吹塑成型机的合模装置

a）液压合模装置　b）液压－机械合模装置

1—合模装置基座　2—移动模板　3、7—吹塑模具　4、8—液压缸　5—定模板　6—拉杆　9—联动杆　10—寻滑槽

四、中空吹塑成型机的主要技术参数

中空吹塑成型机的技术参数通常包含型坯挤出（或注射）成型装置和吹塑模具合模装置两大部分的相关技术参数，以及压缩空气、冷却水、设备总体尺寸、重量等参数。

对于挤出吹塑成型机，与型坯成型装置相关的参数有挤出螺杆直径、长径比、螺杆驱动功率、料筒加热功率、最大口模直径、挤出量等参数，与吹塑模合模装置相关的参数有合模力、开合模行程、模具安装尺寸等。另外，还有反映设备综合性能的参数，如生产最大制品容积、空循环时间等，具体参数见表6-3。

表 6-3 部分挤出吹塑成型机主要技术参数

技术参数 \ 型号	HT-2L/TDL-2L	HT II-2L/TDL II-2L	HT II-3L/6	HT-5L/TDL-5L	HT-12L	HT II-18L	TDB-25A/B	TDB-50A/B	TDB-80A/B	TDB-120A	TDB-160A/B	TDB-250L	TDB-1000A
生产最大制品容积/L	2	2	3/6	5	12	18	25	50	80	120	160	250	1 000
空循环时间/(次/h)	1 500	900×2	800×2	1 000	800	700×2	600	450	360	360	300	300	155
螺杆直径/mm	50	60	70	60	70	90	80	90	100	100	100	120	120×2
螺杆长径比（L/D）	22~30	22~30	25	22~30	22~30	22~30	22~30	22~30	25~30	25~30	25~30	28~32	28~33
螺杆电动机功率/kW	11~15	15~18.5	22	15~18.5	22~30	37~45	30~37	37~45	45~55	45~75	45~90	90~132	110×2
螺杆加热功率/kW	3.4~4.4	5.04~6.7	4.7	5.04~6.7	6.2~8.2	8.2~9.1	6.2~8.2	7.3~9.1	8.4~10.5	8.4~10.5	12.1~14	16.2~23.6	22×2
螺杆加热区段	3~4	3~4	3	3~4	3~4	4~4	3~4	4~4	4~5	4~5	5~6	6	5~6×2
HDPE 料挤出量/(kg/h)	30~50	65~80	100	65~80	100~120	130~160	100~120	140~200	180~250	200~280	180~350	320	380×2
PVC 料挤出量/(kg/h)	36~55	70~85		70~85	105~125								
液压泵电动机功率/kW	5.5	5.5	11	7.5	11	11	22	30	37	37	37	45	90
锁模力/kN	37	37	76	60	110	158	215	260~400	440~600	440~650	740~850	770	1 800
开合模行程/mm	138~368	138~368	160~320	148~508	240~620	240~620	350~780	450~1 000	500~1 200	500~1 400	500~1 400	800~1 800	1 000~2 700
模具最大尺寸（W×H)/(mm×mm)	300×320	300×320	450×250	370×390	530×510	610×450	550×650	700×950	800×1 000	800×1 250	900×1 450	1 200×1 720	1 750×2 200
最大口模直径/mm	90	55	30	145	220	145	300	350	420	420	510	620	780
吹气压力/MPa	0.6	0.6	0.6	0.6	0.6	0.6	0.8	0.8	0.8	0.8	0.8	0.8	1.0
气体用量/(m^3/min)	0.4	0.4	0.4	0.4	0.8	0.8	0.8	1.0	1.2	1.6	1.6	1.6	5
冷却水压力/MPa	0.2~0.3	0.2~0.3	0.3	0.3	0.3	0.3	0.3	0.3	0.3	0.3	0.3	0.3	0.3
用水量/(L/min)	35	50	80	50	60	60	60	85	100	150	180	300	330
机器外形尺寸（L×W×H)/(mm×mm×mm)	2.44×1.55×2.35	2.7×1.89×2.5	2.8×2.7×2.5	2.85×1.77×2.58	3.8×2.3×3.1	3.95×4.2×3.1	4.1×2.2×3.5	4.55×2.4×3.6	5.42×2.45×3.9	5.2×2.5×4.2	5.8×2.9×4.4	7.8×2.9×5.4	13.0×11.0×8.0
机器重量/t	3.0	4.2	5.5	6	7.8	13.8	11.5	12	16	17	19	38	98
备　　注	单工位机	双工位机	双工位六模头机	单工位机	单工位机	双工位机	单工位机	单工位机	单工位机	单工位机	单工位机	单工位机	单工位机

对于注射吹塑成型机，其型坯注射成型的相关参数与普通塑料注射机的技术参数相近，型坯吹塑成型装置的技术参数包含模具安装尺寸、成型制品最大尺寸、设备总体尺寸和综合性能等方面的参数，见表6-4。

表6-4　部分注射吹塑成型机的主要技术参数

技术参数 \ 型号	IB28-3S	IB30	IB45	IB60-3S
螺杆直径/mm	40	40	45	50
最大注射容积/cm^3	165	165	227	324
注射合模力/kN	280	300	450	600
吹塑合模力/kN	50	55	60	80
开模行程/mm	120	120	120	140
空循环时间/s	3.5	3	5	6
模具最大尺寸（L×W）/(mm×mm)	350×200	400×250	530×390	740×390
模具厚度/mm	180	180	240	280
主电动机功率/kW	11	15	22	30
液压系统压力/MPa	14	14	16	16
压缩空气工作压力/MPa	1.0	1.0	1.0	1.0
压缩空气用量/(m^3/h)	0.3	0.3	0.5	0.8
冷却水用量/(m^3/h)	3	3	5	6
可成型制品范围/ml	3~800	3~800	15~800	15~800
可成型制品高度/mm	175	175	175	175
可成型制品直径/mm	100	100	100	100
料筒加热功率/kW	6.5	6.5	10	11.85
加热区段	3	3	3	3
总功率/kW	20	25	35	45
机器外形尺寸(L×W×H)/(mm×mm×mm)	3150×1150×2150	3150×1150×2200	3700×1300×2350	4100×1500×2400
机器重量/t	4	4	6	7

第三节　反应注射机

反应注射成型（RIM）是德国在1964年开发的聚氨酯材料成型工艺，其后由美国汽车行业作为一种经济价值很高的成型工艺进行实用化研究，并首次成功地制造了聚氨酯汽车保险杠。反应注射成型所使用的原材料有聚氨酯、不饱和聚酯、环氧树脂等快速固化类树脂和触媒。其成型特点是使用液态低分子量原料注射成型，所需注射压力和合模力仅为一般注射成型的1/100~1/40，特别适用于汽车覆盖件等大型塑件的生产。目前，反应注射成型工艺主要应用于汽车保险杠、车门、前挡泥板、后挡泥板、大型办公用品及办公设备外壳、聚氨酯结构泡沫塑料制品等产品的生产，在汽车、办公设备、医疗设备、日用工业、交通运输、体育娱乐器材、建筑装饰等行业应用广泛。

图6-36所示为反应注射机模型，其工作原理为：首先将储罐内的不同原料按配比要求，经计量泵送入混合注射器，各组分料在混合注射器内的流动过程中进行充分混合，混合后的料在10～20MPa的压力下注入模腔内，入模后立即发生化学反应。当一次计量完毕后，立即关闭混合注射器，各组分料自行循环。模内的料经反应变为表面致密内有微孔的发泡制品。由于这种成型方法的模腔压力低（<4MPa），所需合模力小，所以成型设备和模具都比较简单，为确保工艺过程正常进行，对机器的控制要求严格。

反应注射机与普通注射机不同的是，其反应注射装置（图6-37）与合模装置为分体式结构，一台反应注射装置可按成型需要与不同形式的合模装置相配合，只要将输送管道与合模装置进行适当连接即可；另一个区别是它不用螺杆塑化、注射熔料，而是用柱塞将混合后的原料从混合注射器中注入模具型腔。反应注射机的注射装置由两个独立工作的原料供给系统和混合注射器组成，每个原料供给系统由原料储罐、搅拌器、计量泵、温度调节机及液压元器件等组成。反应注射机中最重要的是混合注射器，其次是与反应注射装置分离的合模装置。以下对这两个重要部分做简要介绍。

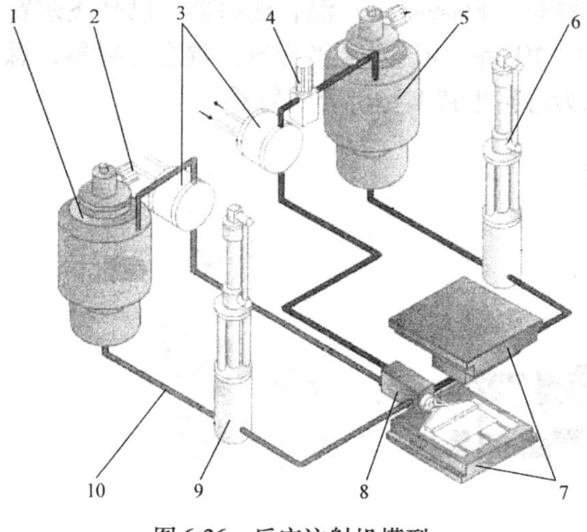

图6-36　反应注射机模型

1、5—原料储罐　2—搅拌器电动机　3—热交换器　4—循环泵　6—液压装置　7—注射模具　8—混合头（能自清洁）　9—计量活塞与供给泵　10—输送管道

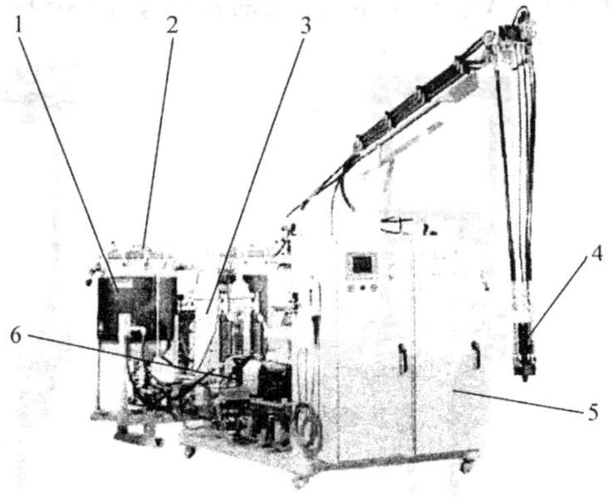

图6-37　反应注射装置

1—原料储罐　2—搅拌器电动机　3—计量活塞与供给泵　4—混合注射器　5—控制箱　6—循环泵

1. 混合注射器

混合注射器有以下作用：

1）用冲击方法使反应物相互混合；产生所需压力，以保证反应料能充分进行混合。

2）在反复循环的反应物之间喷射。

3）利用活塞的移动从混合注射器腔中自动清除反应物。

混合注射器的工作原理如图6-38所示。图6-38a所示为反应物反复循环位置，此时反应物互不接触，只在自己的循环系统中流动，避免发生化学反应；图6-38b所示为反应物喷射位置，此时反应物互相冲击混合，用柱塞将反应物注入模腔。

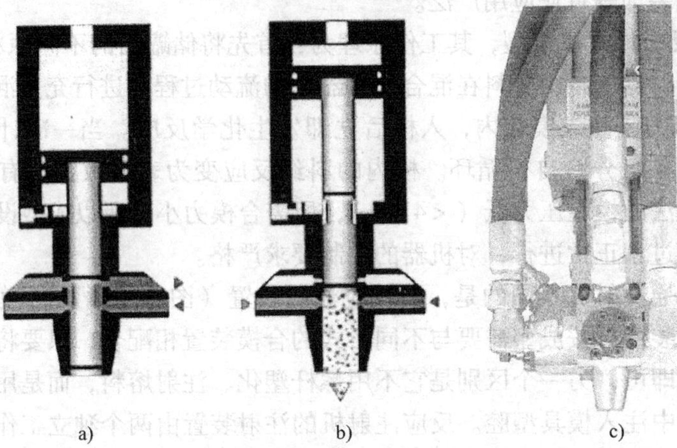

图6-38 自洁性混合注射器的工作原理

a）反应物自循环位置 b）反应物喷射（待注射）位置 c）混合注射器实物

目前，各公司制造的混合注射器的结构形式各不相同，主要类型有克劳斯－马非（Krauss-Maffei）混合注射器，BASF/依拉斯托格仑（Elastogran）混合注射器，巴亭飞尔特（Battenfield）混合注射器，黑耐克（Hennedke）MQ型、MP型（平行流）混合注射器，恩格里特（Angled）混合注射器等，图6-39所示为恩格里特L型混合注射器。

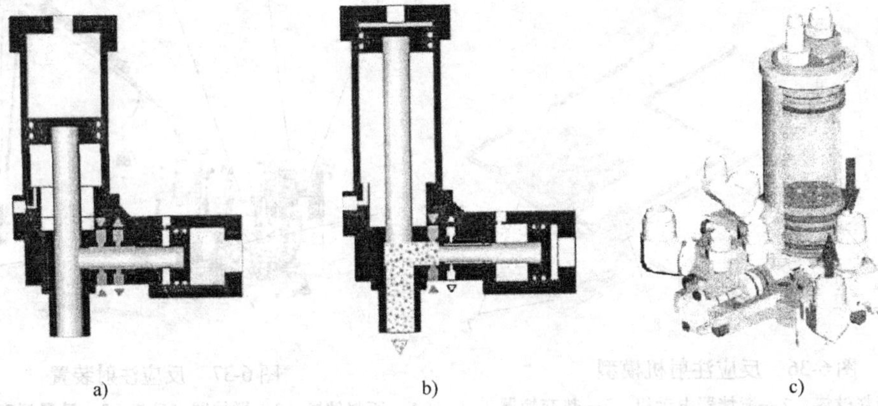

图6-39 L型混合注射器的工作原理

a）反应物自循环位置 b）反应物喷射（待注射）位置 c）3D模型

2. 合模装置

图6-40所示为肯依PH系列合模装置的结构形式。该合模装置是专门为反应注射成型设计的一种长行程液压控制开合模具的装置。带动模具移动的座板在平行的立柱框架之间做上下运动，上、下座板可同时移动，各自由两只液压缸（图中未画出）驱动。整个框架可绕中心轴线旋转360°，由人工进行调节及锁紧；整个框架可沿水平轴做90°翻转（图中双点画线状态），由液压装置驱动。这种合模装置也适用于成型形状较深的高密度硬性聚氨酯发泡塑件，如果在模具上安装脱模器则可实现自动脱模。

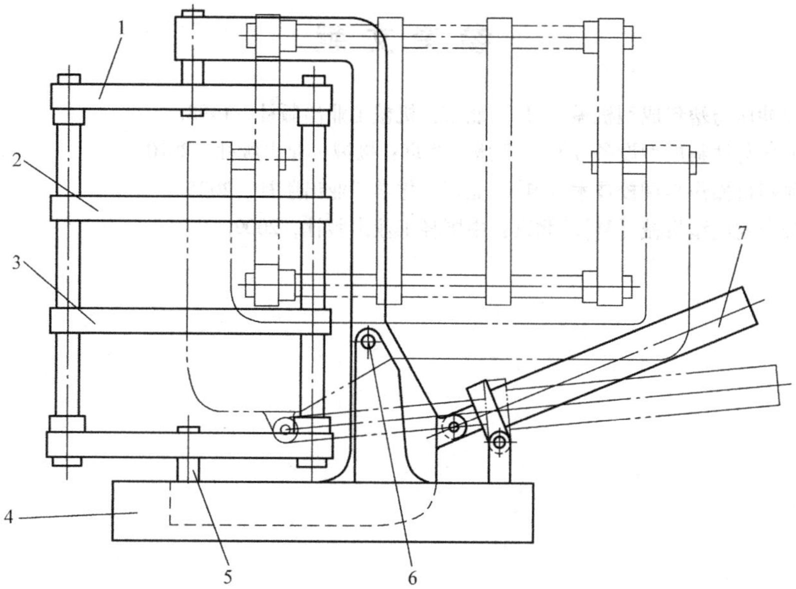

图 6-40 肯依 PH 系列合模装置的结构形式

1—立柱框架 2—上座板 3—下座板 4—底座 5—垂直回转轴 6—水平回转轴 7—水平回转液压缸

复习思考题

6.1 压延工艺流程由哪几部分组成？

6.2 前联动装置的用途是什么？加工哪些压延制品时需要前联动装置？

6.3 压延辊筒为什么设置速比？其大小对压延生产有何影响？

6.4 为什么压延过程对物料有进一步的塑化作用？

6.5 设计辊筒结构尺寸时应注意哪几方面的问题？

6.6 辊筒受哪些力的作用？辊筒变形对制品有何影响？

6.7 辊筒挠度补偿的方法有哪些？试简要说明。

6.8 辊距调整装置如何实现粗调和精调？

6.9 中空吹塑成型工艺有哪些种类？分别应用于哪类制品的生产？

6.10 挤出中空吹塑成型机由哪几部分组成？其挤出装置与塑料挤出机的挤压系统有何区别？

6.11 注射吹塑成型机有几种类型？不同工位数的注射吹塑成型机的吹塑成型工艺有何区别？

6.12 连续挤出与间歇挤出吹塑工艺有何特点？

6.13 反应注射成型工艺通常用于哪类制品的生产？

6.14 反应注射成型机与普通注射机有何区别？其特点是什么？

6.15 反应注射成型机的混合注射器有哪些种类？试简述其工作原理。

参考文献

[1] 欧圣雅. 冷冲压与塑料成型机械 [M]. 北京：机械工业出版社，1998.

[2] 范有发. 冲压与塑料成型设备 [M]. 2 版. 北京：机械工业出版社，2010.

[3] 李忠文. 注塑机操作与调校技术 [M]. 北京：化学工业出版社，2005.

[4] 刘廷华. 聚合物成型机械 [M]. 北京：中国轻工业出版社，2009.